口腔设备学
KOUQIANG SHEBEIXUE
（第四版）

主　　编◎刘福祥　四川大学华西口腔医学院
名誉主编◎张志君　四川大学华西口腔医学院
编　　者（按姓氏笔划排序）

于海洋	四川大学华西口腔医学院	杨继庆	空军军医大学口腔医学院
王　虎	四川大学华西口腔医学院	宋　鹰	首都医科大学口腔医学院
王　鹏	大连市口腔医院	张长江	北京大学口腔医学院
王吉龙	苏州速迈医疗设备有限公司	张志君	四川大学华西口腔医学院
尹　伟	四川大学华西口腔医学院	张振国	北京大学口腔医学院
尹源洪	佛山市彤鑫医疗器材股份有限公司	张殷雷	上海交通大学口腔医学院
孔庆刚	天津市口腔医院	陈　刚	天津医科大学口腔医学院
石　冰	四川大学华西口腔医学院	范宝林	北京大学口腔医学院
邝　海	广西医科大学口腔医学院	罗　奕	北京大学口腔医学院
朱卓立	四川大学华西口腔医学院	岳　莉	四川大学华西口腔医学院
华咏梅	同济大学口腔医学院	周建学	空军军医大学口腔医学院
刘　平	天津东线新技术开发有限公司	郑永良	佛山市宇森医疗器械有限公司
刘福祥	四川大学华西口腔医学院	赵国栋	北京大学口腔医学院
孙　竞	同济大学口腔医学院	胡　民	武汉大学口腔医学院
牟广敦	上海品瑞医疗器械设备有限公司	胡　敏	空军军医大学口腔医学院
麦　穗	中山大学口腔医学院	柳　茜	四川大学华西口腔医学院
苏　静	首都医科大学口腔医学院	贺　平	重庆医科大学口腔医学院
李　杨	四川大学华西口腔医学院	柴茂洲	四川大学华西口腔医学院
李容林	中山大学口腔医学院	曾金波	上海品瑞医疗器械设备有限公司
李朝云	四川大学华西口腔医学院	曾淑容	四川大学华西口腔医学院
杨　璞	四川大学华西口腔医学院		

四川大学出版社

责任编辑:朱辅华　梁　平

责任校对:周　艳

封面设计:严春艳

责任印制:王　炜

图书在版编目(CIP)数据

口腔设备学 / 刘福祥主编. —4 版. —成都:四川大学出版社,2018.8 (2024.8 重印)

ISBN 978-7-5690-2274-2

Ⅰ. ①口… Ⅱ. ①刘… Ⅲ. ①口腔科学－医疗器械 Ⅳ. ①TH787

中国版本图书馆 CIP 数据核字 (2018) 第 194611 号

书　名	口腔设备学（第四版）	
主　编	刘福祥	
出　版	四川大学出版社	
地　址	成都市一环路南一段 24 号 (610065)	
发　行	四川大学出版社	
书　号	ISBN 978-7-5690-2274-2	
印　刷	成都金龙印务有限责任公司	
成品尺寸	185 mm×260 mm	
印　张	25.5	
字　数	651 千字	
版　次	2018 年 12 月第 4 版	
印　次	2024 年 8 月第 5 次印刷	
定　价	65.00 元	

◆ 读者邮购本书,请与本社发行科联系。
电话:(028)85408408/(028)85401670/
(028)85408023　邮政编码:610065

◆ 本社图书如有印装质量问题,请
寄回出版社调换。

◆ 网址:http://press.scu.edu.cn

前　言

《口腔设备学》于 2001 年 4 月出版至今已经是第四版了。作为全国高等院校口腔医学专业本、专科生教材，研究生、口腔临床医生以及口腔医用设备研发、管理、维修、销售人员的参考书，见证了口腔医用设备与技术的进步与发展。

伴随着口腔医学的显著进步，口腔医用器材设备装备与先进技术为口腔医学的发展和现代化提供了强有力的支撑。口腔医用设备的可视、精准、微创、舒适、安全、智能、数字化和装备的系统化已成为主要发展趋势。先进科技的广泛应用，新技术设备的不断推出，设备与装备的快速更新，设备的种类和系统化程度大幅度增加，此次修订再版的《口腔设备学》努力展现这些进展，以满足口腔医学教育、医疗、科研和设备研发制造的需要。

本书第一章至第五章讨论了口腔设备学的概念、定义、范畴以及数字化进展，用一定篇幅介绍了口腔设备管理、口腔医疗设备与医源性感染控制，以及口腔诊疗体位与操作姿势。希望在讨论具体设备之前，建立口腔设备知识的大体框架。

第六章至第十一章集中介绍了口腔医用设备。鉴于口腔综合治疗台在口腔医用设备中的重要性，本书独辟一章对其做了系统介绍。第七章尽可能详尽地罗列了口腔临床使用的医用设备。第八章介绍了用于口腔修复的工艺设备。第九章介绍了口腔医学图像成像设备。第十章介绍了口腔教学设备。第十一章介绍了口腔消毒灭菌设备。

本书对更新换代设备的内容进行了更新和补充，对其采用的新技术原理、结构、操作常规、维护保养、常见故障及其排除方法等，做了修改并增补了新的内容，以增加其先进性、知识性、实用性和可操作性。

在对各类口腔医用设备介绍和讨论的基础上，第十二章以建立口腔诊所和技工加工中心为例，着重讨论了口腔诊所的设计与装备问题。

本书以一定篇幅讨论了口腔设备学的学科体系、设备管理、设备与医源性感染控制、操作体位与人机关系、数字化技术与数字化口腔医用设备，口腔医疗用水、气、负压抽吸系统，口腔医疗管线、口腔医用设备的系统应用，不仅希望本书可以作为一本设备使用手册，同时希望能为设备的系统应用，为建设口腔诊所、医院乃至技工加工中心的设计实施提供帮助，更希望本书为口腔医用设备的未来发展提供想象空间。

本书在第三版的基础上，编者广泛征集意见，总结其在临床、教学和企业应用的经验修订完善，四川大学、北京大学、上海交通大学、空军军医大学、武汉大学、首都医科大学、同济大学、中山大学、天津医科大学、重庆医科大学，以及大连市口腔医院、天津市口腔医院等院校专家和教授及部分企业的工程技术人员参与了本书的编写。

本书是全国口腔医学院校的专家、国内外口腔医用设备主要制造企业的工程技术人员通力合作的产物。

承蒙各口腔医学院校和四川大学出版社的大力支持、参编作者的通力合作，特别是本书责任编辑朱辅华副编审为本书的出版付出了大量的心血。本书名誉主编张志君教授主编的《口腔设备学》前三版为本书奠定了良好的基础。本书得到了中华口腔医学会口腔医学设备器材分会和中国医学装备协会口腔装备与技术专委会的指导和支持；本书还得到了国内外口腔医疗设备生产厂家的热情支持和协助，卡瓦公司、苏州速迈医疗设备有限公司、天津东线新技术开发有限公司、宁波蓝野医疗器械有限公司、上海品瑞医疗器械设备有限公司、上海宇井贸易有限公司、西诺医疗器械集团有限公司、佛山彤鑫医疗器材股份有限公司、佛山宇森医疗器械有限公司、合肥美亚光电技术股份有限公司、上海汉缔医疗器械有限公司等为本书提供了新的信息和相关资料，在此一并表示衷心感谢！

由于科学技术发展迅速，口腔医用设备日新月异，加之编者的能力、学识有限，本书难免存在错误与疏漏，敬请读者不吝赐教。

刘福祥

2018 年 8 月于成都

目　　录

第一章　绪　论

第一节　口腔设备概况

一、口腔设备的含义

口腔设备是医学技术装备的组成部分，在国际上称为牙科设备（dental equipment），是指用于口腔医学领域的具有显著口腔医学专业技术特征的医疗、教学、科研、预防的仪器设备的总称。而与医学专业相同的口腔病理、外科手术和放射等设备未列入此类。

口腔设备同口腔器械、材料一样，是在口腔医疗实践活动中逐步产生和发展起来的。特别是自 20 世纪 50 年代以来，随着社会经济的发展、科学技术的进步以及口腔材料的发展，口腔设备得到了飞速发展。从它的历史发展过程来看，每当口腔设备更新，口腔医学的理论与技术就会出现一次新的变革，充分显示了口腔设备在口腔医学中的地位和作用。口腔设备学就是在此基础上逐步形成和发展起来的。

二、口腔设备学的形成与发展

（一）口腔设备学的概念

口腔设备学是口腔医学与其他自然科学密切结合并在实践中逐步发展而形成的一门新的边缘学科，是在总结口腔设备的产生、发展、使用、维修和管理的基础上，结合当前口腔医学技术装备实践，从口腔医学发展和卫生事业的需要出发，综合运用自然科学和社会科学的理论和方法，研究和探讨我国新的历史条件下口腔设备的运行过程及发展变化的基本规律的学科。

（二）口腔设备学的形成与发展

口腔设备学的教学起始于 20 世纪 60 年代初期，原华西医科大学口腔医院为了帮助口腔临床实习学生正确使用设备，每年由修造室技师为学生讲授口腔综合治疗机、牙科椅及牙科手机的结构原理和操作保养方法。1986—1989 年医院决定由设备科为本科生开口腔设备讲座，给学生讲解综合治疗机、涡轮机、台式电动机、牙科手机的原理结构与操作保养知识，并让学生拆卸、组装实习。原华西医科大学、第四军医大学、原北京医科大学等口腔医学院均相继举办了口腔设备维修技术培训班，为全国培养了设备维修骨干。改革开放以后，随着先进的设备与技术的引进，各学院与口腔设备生产企业或公司联合举办新设备和新技术临床应用和推广学习班，促进了我国口腔医学事业的发展。

一方面先进设备和技术的应用促进了口腔医学的发展，另一方面又对口腔医学教育和在职人员的知识更新提出了更高的要求。医院经营体制改革如何发挥设备的使用率和完好率，提高其社会效益和经济效益，已成为口腔医学界共同关心的问题。1990 年，在原华西医科大学、原北京医科大学、原上海第二医科大学、第四军医大学、原湖北医科大学、原白求恩医科大学口腔医学院专家、教授和口腔设备管理人员参加的口腔设备管理研讨会上，与会代表分析了口腔设备在口腔医学和口腔医学教育中的地位和作用，以及我国口腔设备管理及维修的现状，尤其是口腔医学教育分配制度改革和口腔医疗服务的需求，一致认为有必要设立口腔设备学课程，并使用统一教材。1994 年由原华西医科大学张志君、北京医科大学沈春主编，上述六大院校协编完成了我国第一本也是唯一的一本《口腔设备学》教材，由北京医科大学协和医科大学联合出版社出版发行。1995 年，原华西医科大学口腔医学院率先在口腔医学生中开设口腔设备学必修课。此后北京大学、中山大学、武汉大学、上海交通大学、首都医科大学、同济大学等近 20 所口腔医学院校及专科学校相继成立了"口腔设备学"课程组或教学组，开设了该课程。2001 年，张志君教授主编的《口腔设备学》修订版由四川大学出版社出版发行，成为口腔医学生、口腔科医生、口腔设备管理和维修人员以及各口腔医疗器械厂商的教科书和参考书，有的厂家还将其作为培训教材。口腔设备学作为口腔医学专业的基础学科，被纳入了口腔医学专著及教材内容。

该学科的科研工作也取得了成效。1998 年，刘福祥、张志君教授承担了原卫生部基金课题"数字化口腔综合治疗台的研究"，这是本学科申请的第一个课题。该课题为国内口腔综合治疗台生产企业建立数字化平台，对产品的提升换代具有较大的指导作用。2002 年中华口腔医学会口腔医院专业委员会装备管理学组成立，张志君教授作为学组组长，组织学组成员（各学院主管设备的院长或设备科长）开展了"口腔医疗设备与交叉感染控制"课题的研究，并多次举办了国家继续教育项目班。学组联系日本 NSK 株式会社与四川大学华西口腔医学院合作，进行了 NSK 防回吸手机的实验及临床研究。2006 年以来学组又与相关公司合作进行了口腔医疗供水、供气的污染与消毒灭菌及卫生配置标准课题研究；编写《口腔设备器材术语词典》，开发口腔设备与器材的计算机编码标准，以供上级主管部门或各医疗机构参考使用。

口腔设备学是口腔医学的重要组成部分，是口腔医学各分支学科的基础，是口腔医学中具有自身学术价值和理论水平的基础学科。其发展除与口腔医学临床学科的发展相关外，还与其他学科如理工学、经济学、口腔材料学、口腔技工工艺学、口腔生物力学、口腔生物工程学、医院管理学、社会学等的发展有着极其密切的关系，特别具有理、工、医学相互交叉的鲜明特色。在当今世界上，已有相当数量具备口腔医学、理工学和工程学等专业知识的人才从事这一领域的研究和教学工作。

三、口腔设备的分类

口腔设备品种繁多，从不同的角度有不同的分类方法。通常按设备主要功能和使用方向、结构原理分类，从装备管理的角度又按设备的精密贵重程度分类。

（一）按主要功能和使用方向分类

1. 口腔基本设备

口腔基本设备指口腔各科共用的设备，如口腔治疗椅、口腔综合治疗台、牙科手机、空气压缩机、消毒灭菌设备等。

2. 口腔临床设备

口腔临床设备指主要用于口腔各科临床诊断、治疗的设备，如根管长度测量仪、激光治疗机、超声洁牙机、口腔内镜等。

3. 口腔修复工艺设备

口腔修复工艺设备指主要用于牙体和牙列缺损修复的设备。按制作修复体的种类及加工工艺过程又分为成膜设备、胶联聚合设备、金属铸造设备、瓷修复设备、打磨抛光设备和其他辅助设备，以及 CAD/CAM 计算机辅助设计与制作系统等。

4. 口腔颌面外科设备

口腔颌面外科设备指主要用于口腔颌面部疾病（如肿瘤、外伤、整形）以及颞颌关节疾病的诊断和治疗的设备。该类设备包括各类手术设备、麻醉管理系统、监护仪等，其中具口腔医学特色的是颌骨骨锯和颞颌关节镜。

5. 口腔影像成像设备

口腔影像成像设备指主要用于牙体、牙𬌗、颌面及颞颌关节疾病的诊断的设备，包括牙科 X 线机、口腔曲面体层 X 线机、X 线计算机体层摄影（CT）、牙科 X 线洗片机等。

6. 口腔专业教学设备

口腔专业教学设备指主要用于口腔专业实验教学的设备，如口腔仿真人头模型模拟临床教学系统、口腔显微互动系统等。

（二）按结构原理分类

1. 机电设备

机电设备有口腔综合治疗台、钛铸造机、烤瓷炉等。

2. 光学设备

光学设备有口腔内镜、根管显微镜、各类激光治疗机、光固化机等。

3. 超声设备

超声设备有超声洁牙机、超声骨刀、超声清洗机、超声雾化器等。

4. X 线设备

X 线设备主要有牙科 X 线机、数字化 X 线诊断设备、X 线计算机体层摄影以及 X 线胶片自动冲洗机等。

（三）按设备的精密贵重程度分类

按设备的精密贵重程度分类主要从价值来判定，便于统计、分级审批和管理。

1. 大型精密仪器设备

大型精密仪器设备指由国家有关部委明确规定的设备。

2. 贵重仪器设备

贵重仪器设备在不同时期不同行业有不同的价值起点，20 世纪 80 年代初由原卫生部、财政部、原国家教委规定起价为 1 万元。20 世纪 90 年代初确定为 5 万元。2000 年教育部、原卫生部将起价划为 10 万元。

3. 一般仪器设备

一般仪器设备分为低值设备和专用设备。1995 年之后规定单价在 800 元以上的设备为专用设备，单价在 800 元以下的设备为低值设备。医学装备单价在 800 元以上、耐用期限在 1 年以上的属固定资产。

四、口腔设备的标准及监督管理

口腔设备的标准（质量规范）包括产品标准、安全标准和技术要求，是评价口腔设备质量和性能的技术文件。当某种设备质量标准发布并实施后，生产厂家根据质量标准技术文件的要求进行生产，产品必须向有关的质量管理部门申报，经测试符合标准后方可注册，投放市场。

自 20 世纪 50 年代以来，国际上有很多机构致力于建立统一标准的工作，国际牙科联盟（Federation Dental Internation，FDI）和国际标准化组织（International Standards Organization，ISO）等机构做了大量工作，首先支持制定口腔设备器械材料的国际标准项目计划，并制定了多项技术规范。

ISO 于 1947 年第二次世界大战后由主要工业化国家发起成立，是国际质量管理部门。该组织是一个国际性的、非政府性组织，其宗旨是对器械等技术装备的质量控制和建立标准体系，并在世界范围内促进标准化工作的普及、发展、提高，以利于国家间商品、信息的交流并在科技、经济领域内有效合作。1987 年，ISO 的 "质量管理和质量保证技术委员会" 颁布了国际标准 ISO 9000—9004，统一了各个国家对质量管理和保证的概念和要求，至今已被世界 80 多个国家和地区采纳并等同为国家标准。以后欧洲对医疗器械也制定了 CE 标准。国际上先进的口腔医疗器械生产厂商都获得 ISO 9000 族的认证。同时成立了牙科技术委员会，即 ISO/TC 106 Dentistry，作为 ISO 的分支机构。该委员会负责为各类口腔设备、器械和材料制定标准化的专业技术、术语、测试方法和质量规范，为口腔医疗机构和口腔科医生提供了正确选择和使用口腔设备器械的标准。在美国还产生多家口腔医疗器械的评估机构，经常为常用口腔设备如口腔内镜、超声洁牙机等进行技术评估。

我国自 1958 年成立 "中国标准化协会" 以后，于同年 9 月加入 ISO，成为正式成员。改革开放后，原国家医药管理局（现国家食品药品监督管理总局）着手抓医疗器械质量监督管理工作。我国亦在 1987 年成立了口腔材料和器械设备标准化技术委员会（简称 Tc 99），负责我国口腔设备和器械材料的国家标准和行业标准的规划、制订和管理工作，1995 年以来先后对医疗器械产品质量监督、注册管理、新产品临床试用、产品检验、广告审查。一次性使用无菌医疗器械以及医疗器械企业产品标准化工作和质量管理体系认证、考查等方面做出了若干规定：《医疗器械监督管理条例》（中华人民共和国国务院令 276 号）、《医疗器械生产监督管理办法》（国家药监局局令第 12 号）、《医疗器械注册管理办法》（国家药监局局令第 16 号）、《医疗器械说明书、标签和包装标识管理规定》（国家药监局局令第 10 号）、《医疗器械标准管理办法（试行）》（国家药监局局令第 31 号）、《医疗器械生产企业质量体系考核办法》（国家药监局局令第 22 号）、《医疗器械临床试验规定》（国家药监局局令第 5 号）、《一次性使用无菌医疗器械监督管理办法（暂行）》（国家药监局局令第 24 号），成为医疗器械管理部门、医疗器械生产经营者和使用者的必备手册，对我国医疗器械产品生产、质量控制起到了极大的管理和监督作用。

第二节 口腔设备的发展

现代口腔医学是由古老的牙医学逐渐发展起来的。18 世纪中叶，在第一次产业革命以前，由于科学和技术水平的局限，人们对口腔疾病的认识还比较肤浅，因此治疗口腔疾病的方法处于较原始的阶段，所使用的治疗工具只是一些最简单的器械。随着自然科学技术的进步和社会工业化水平的不断提高，口腔医学理论与技术以及口腔材料的发展，逐渐产生了现代的口腔设备和器材。现主要介绍牙钻、牙科椅和口腔综合治疗台的进展。

一、牙钻的发展

牙钻的发展根据动力源分为初始阶段、发展阶段和现代阶段三个阶段。

（一）初始阶段

初始阶段的牙钻主要以人力为动力源。此时正是第一次产业革命前后，瓦特虽然发明了蒸汽机，但当时的新技术用于发展社会化生产的主要工业，没有带来牙科器械的变革。这一时期的牙钻为弓钻（图 1-1）。

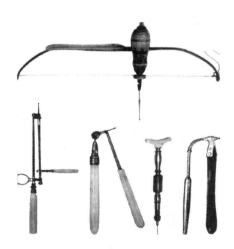

图 1-1 最早的弓钻及其手用器械

18 世纪中叶，英国最早发明了以发条为驱动的牙钻，称为发条式牙钻，又称"森马伊"式牙钻（图 1-2），并用于临床。据记载，该机上一次发条能够转动 2 分钟。当时，引起人们注意的是手机部分与动力机体成为可更换的组合结构，并配制了直手机和弯手机。弯手机的传动靠伞形齿轮来完成，而且增加了车针的变速装置，为牙钻的发展奠定了基础。

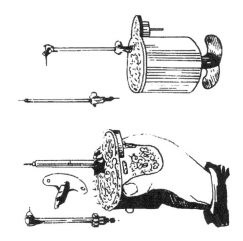

图 1-2 发条式牙钻

1866年肯尼迪将剪羊毛用的手转剪的动力传动改为脚踏式传动。莫里森将这种脚踏式传动应用于牙钻，进一步改进了传动方式，明显地提高了转速（可达700 r/min）并延长了转动时间。后来根据临床需要又出现了易弯式和转轴式传动，其手机与现在的牙科手机相似，转动臂与人的手臂和手腕相仿，称之为脚踏式牙钻（图1-3）。这种牙钻使用了近百年，三弯臂延续至今。当今，个别边远地区仍在使用脚踏式牙钻。牙钻的产生和发展使切割牙体组织成为可能，为龋病的治疗提供了新的手段。

（二）发展阶段

牙钻的发展阶段是主要以电力为动力源的电钻时期。19世纪中后叶，经过两次工业革命，电的发明和应用极大地推动了社会工业化进程，电器引擎的迅速发展，产生了以电池作为动力的牙钻，称为电池式牙钻（图1-4）。电动牙钻的产生提高了牙钻的切割速度，提高了牙科手机操作的稳定性、精确度和治疗效率，称为牙科钻机发展史中第一次革命。

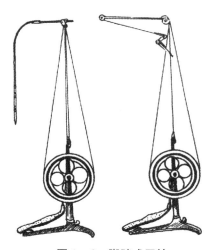

图 1-3 脚踏式牙钻

图 1-4 电池式牙钻

20世纪初期，出现了壁挂式牙钻和台式牙钻（图1-5），其转速达4000 r/min，弯臂、平衡臂和滑轮组与现在的牙钻结构相似。脚踏调速开关的应用再次提高了牙钻的转速。牙钻手机配备了空气冷却装置，以解决牙科手机转速快引起的产热问题。从此，牙钻得到了广泛应用。

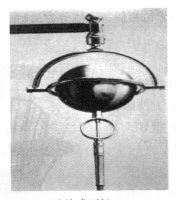
壁挂式牙钻

台式牙钻

图1-5 电动式牙钻

其后，在日本出现了转速为1800～4000 r/min的牙钻。欧洲市场出现了转速为6000 r/min的牙钻，都是采用串激式结构的电动机，这种电动机具有切割速度快，使用安全和方便等特点，与目前国内使用的立式、台式及综合治疗台的电动机的工作原理相同。为保证牙科手机在口腔内转动安全，电动机内设置了制动装置，并将风冷装置改为喷水冷却装置，同时增加了吸水排唾等辅助设施。

（三）现代阶段

牙钻的现代阶段是以流体动力为动力源的高速涡轮牙钻时期。20世纪中叶以来，为使牙钻高速化，增大了电动机传动轮的圆周比，并在牙科手机上增设了轴承，以提高电动牙钻的转速。此后，在英国、美国和日本相继出现了以气压、水压和油压为动力源的牙钻。在激烈的竞争中，以水压和油压为动力源的牙钻很快被淘汰。1957年美国发明涡轮牙钻，其转速高达30万～45万 r/min，被称之为牙钻史上第二次革命。20世纪80年代初，北京手术器械厂开发出涡轮牙钻机（图1-6）。由于高速钻牙，扭矩力大，切割能力强，采取水冷和水气混合雾冷却方式，不仅减轻了对牙髓的刺激和患者的痛苦，而且也降低了医生的劳动强度，很快被临床广泛应

图1-6 涡轮牙钻机

用。其后国际上又研制出了低速气动马达和相配套的直手机和弯手机。

现代的牙钻主要有高速涡轮牙钻、低速气动牙钻和低速电动牙钻，并不断向微型和多功能发展。牙钻均安装在牙科手机内，而且在牙科手机的设计、选材及内部结构方面都有很大的改进。例如，为防止气动手机的回吸，安装了卫生机头、逆止阀等；为适应牙种

植、根管治疗等需要，又开发出与电动马达配套的变速手机、牙种植机、根管扩大仪、颌骨骨钻以及技工微型电机。

二、口腔治疗椅的发展

口腔治疗椅又称口腔手术椅、牙科手术椅，简称牙科椅或牙椅（以下简称牙科椅），在口腔疾病的治疗中起着重要的作用，其发展与牙钻相似，大体分为初始阶段、发展阶段和现代阶段三个阶段。

（一）初始阶段

最早没有牙科椅，患者站立接受治疗。1790 年出现了稍加改造的牙科椅，其功能主要是稳定患者的体位，方便医生操作。其上有固定的头托；右扶手可以放置器械；带有 4 个脚轮，可以推动和转动方向，以利于变换椅位（图 1-7）。

（二）发展阶段

1875 年出现手摇牙科椅（图 1-8）。其右侧摇把调整椅位高低；靠背用把手调节，以接近水平位；头托的方位亦可调节，能用把手锁紧；左边配有漱水系统和痰盂，并配有器械盘，与目前使用的油泵牙科椅相似；脚踏板宽大、方便。牙科椅发展到这一阶段已经比较完善，所需的主要功能均已基本具备。

图 1-7 早期的牙科椅
1. 头托；2. 扶手；3. 脚轮。

图 1-8 手摇牙科椅

20 世纪初期，牙科椅装配了液压装置，称为油泵牙科椅，很快普及并延续至今（图 1-9）。其优点是性能好、故障少、使用寿命较长，能满足口腔疾病的一般治疗。

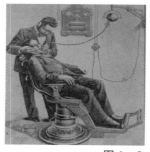

图 1-9 油泵牙科椅

（三）现代阶段

现代的牙科椅为电动牙科椅（图1-10）。其椅位的升降、俯仰甚至头靠角度的调整均用电动调节，患者的治疗体位从坐位变为卧位，既可使患者感到舒适，也方便了医生操作。医生克服了强迫体位，减轻了劳动强度。

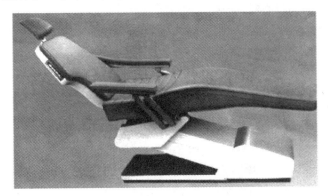

图1-10　电动牙科椅

三、口腔综合治疗台的发展

20世纪30年代末期，诞生了口腔综合治疗机（dental unit），将电动牙钻、牙科手机、三用喷枪、器械盘、照明灯、痰盂、吸唾器等组成一个完整单位。20世纪40年代被引进中国。20世纪50年代，国内开始生产，称为简易综合治疗机（图1-11）。该设备具有操作方便、技术性能稳定、故障发生率低、便于维修等特点，与油泵牙科椅配套，逐步在全国各口腔专科医院及口腔科推广应用。20世纪80年代初，国内生产出涡轮机以后，又开发出以压缩空气为动力源的综合治疗机，含高速手机和低速气动马达手机。此种综合治疗机与牙科椅联动则构成口腔综合治疗台。国外带气动手机的口腔综合治疗台于20世纪50年代末60年代初问世，我国在20世纪80年代初才开始生产（图1-12）。

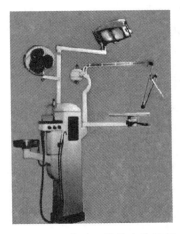

图1-11　电动口腔综合治疗机

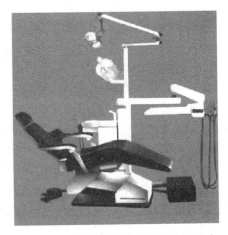

图1-12　中国早期的口腔综合治疗台

口腔综合治疗台是口腔医学最基本的设备，被称为"口腔科医生的工作伙伴"。半个多世纪以来，其发展经历了从原始的生活座椅加简单的器械台到机椅医护工作区及相关的设备器械一体化集成，从机械低速牙钻、自然采光到射流（气动）高速牙钻、光纤照明，从简单的手工操作到自动化、电脑程序控制，从患者的固定体位、医生的强迫体位到可随意调整、舒适安全体位的过程。

（一）口腔综合治疗台的发展现状

现代口腔综合治疗台已综合应用了当代各项高新技术，如微电子技术、计算机技术、医学图像处理技术、光学技术、超声技术等，围绕着美观舒适、高效多能、安全卫生等需求，在设计、结构、选材、工艺等方面不断创新，目前已达到了比较完善的外形、技术、质量、功能和环境的统一，综合体现了精细切削、自动控制、人机工程、机电一体化等20世纪末期的科技水平。

1. 美观舒适

依循人类工效学（人机工程学、人因工程学）原理，突出以"人为中心"的设计思想及美学和功效学统一的设计方案，实现了人机一体化的操作系统。牙科椅的外形及头靠符合人体生理曲线、坐垫柔软光滑、椅位调整平衡，使患者在最舒适的体位下接受治疗。超薄的靠背设计可使医生和助手充分贴近患者，以主动体位操作。治疗台的支臂轻巧、动作精确、活动自如，医生能方便地取用各类器械，便于持续操作而不易疲劳；患者椅多关节头枕，可进行多种位置的调整，适合不同体型、不同年龄以及残疾人等患者；牙科手机的重量、外形和平衡感等都经过人类工效学研究，与手的解剖形态相适应，使用起来轻巧、精确和舒适。

2. 高效多能

高效多能主要体现在治疗效率高和功能多样方面。人机工效电脑程序控制、气动高速牙钻、光纤手机、多功能脚控实现患者椅位、手术灯、牙科手机、洁牙机、内镜图像捕获等功能的控制，加上可配置内置式牙髓活力测试器、超声洁牙机、喷砂洁牙机、高频电刀、光固化机、口腔内镜、心电监护等设施，医生能在治疗台上完成牙髓活力测试、牙体钻削切割、牙体组织洁治、根管治疗、光固化修复和牙龈及牙周手术等多种治疗。近年来，以口腔综合治疗台为中心，可配备口腔X线显影系统、根管显微镜等辅助装置以延展功能。这种多机一体化、功能多样化的综合治疗台，使口腔科医生能快速、准确、有效地进行治疗。

3. 卫生安全

卫生安全主要体现在预防医源性感染、环境保护和安全保护等方面。

（1）预防医源性感染设施成为标准配置。口腔科医生在操作中常常会接触患者的血液和唾液，尤其是牙科手机和三用喷枪的回吸有可能导致各种传染病如乙型肝炎和获得性免疫缺陷综合征（艾滋病）等在医患之间和患者之间的传播。口腔综合治疗台的器械，特别是牙科手机、三用枪及医生的手，则可能成为医源性感染的媒介。因此，预防医源性感染已成为口腔医学界和生产厂商共同研究的重要课题。生产厂商从产品的外形、器械的设计和材料的选择等方面进行了改进和创新，以求预防医源性感染：①牙科椅的流线型设计，选用抗老化、不变形、易清洗消毒的材料，大面积膜压无缝靠垫，周边光滑便于清洗消毒。②为减少医生的手在操作中造成医源性感染，椅位的调整、器械的控制等均用多功能脚控开关。各种功能均编入电脑程序在荧光屏上显示，全部操作包括牙科手机、牙科椅甚至手术灯及痰盂冲洗等均可由一个脚控开关来控制，器械臂亦可自动到位和复位。③牙科手机、三用枪、器械盘、手机托架和手术灯柄均可拆卸消毒。④配备了牙科手机防回吸装置及水、气管道喷气防回吸装置。⑤治疗台水、气管道独立供水，自动管道冲洗及消毒系统等设施将有效预防医源性感染。

（2）环境保护。口腔综合治疗台设计了负压抽吸内置吸唾过滤器、汞分离装置，利用电子吸附处理技术将汞吸附后再排放废水。现代的诊室污染减少，口腔综合治疗台一般配有带自动分离的抽吸系统（真空泵），以排除口腔中的唾液和血液。

（3）配备安全保护系统。牙科椅安全限位保护、机椅互锁、牙科手机及器械动态互锁、漏电保护等功能，能防止意外事故发生。

（二）国内外口腔综合治疗台的发展趋势

随着科学技术的进步和口腔医学事业的发展，21 世纪的口腔综合治疗台将孕育着一场新的技术革命，主要体现在以下三个方面。

（1）数字化口腔综合治疗台将成为口腔医疗机构的标准技术装备。这种综合治疗台在研究口腔医疗工作信息状态、流向以及最佳处理系统的基础上，应用数学采集、多媒体、医学影像数字化处理、人工修复体 CAD/CAM、高速网络及局域网络等技术，建立以高速信息采集传输处理为核心的口腔综合业务信息化系统，包括医院内影像、检验等辅助诊断，口腔修复制作中心，急救管理，以及电子病历、计费 POS 等综合服务中心的数据交换和处理，使之与现代技术水平的综合治疗台整合为新型的口腔综合业务单元。意味着口腔综合治疗台从工业革命产品向信息革命产品的跃升，并且可能带动口腔设备领域新一轮的工业发展和经济增长。

（2）口腔综合治疗台自身技术的重大变革和不断完善。担负其主要功能的涡轮式牙钻，将有可能被变速的电动牙钻或激光代替。尽管涡轮牙钻与电动牙钻相比具有高速、轻便、安全的优点，但存在疼痛、噪声、振动、需要麻醉以及交叉感染等问题。人们开始寻求代替牙钻的设备和技术，为减少气动牙钻回吸，探索用电动手机代替气功手机，采用手机变速装置按 1：5 增速，使电动手机最高速度可达 20 万 r/min。这种增速手机力矩大，而且高、低速手机只需一个电功马达，以此代替气动牙钻。欧美发达国家已开始采用。我国因购置成本高，尚不能在临床普遍应用。目前激光治疗机已开始在临床应用。经临床实践证实，Er：YAG 激光（铒：钇铝石榴石）具有无痛、不需麻醉、无噪声、无振动，可消毒窝洞及根管，亦可减少出血等特点，从而使患者免除了心理压力。尽管其不能形成窝洞的倒凹，对汞合金充填固位有一定缺陷，但伴随着牙科充填材料的发展和环保观念的强化，激光代替牙钻去除龋蚀，制备洞型也是可能的；但它同时也存在对牙髓的热刺激，操作过程的控制和对邻近正常组织的损伤等相关问题。这些因素结合这项技术的花费，使激光作为常规治疗中切削硬组织的工具受到明显的限制。

（3）在追求豪华舒适、质量可靠、安全卫生的同时，生产厂家将继续推出独特的设计风格和个性化特征的产品。

（张志君）

第三节　口腔设备的发展特征

　　21 世纪是知识经济和信息时代，随着社会经济的发展和科学技术的进步，医学模式的转变和口腔医学发展的需求，口腔新材料的不断更新和发展，以信息技术、知识库群和网络为核心的口腔知识工程与口腔软科学的兴起和发展，口腔设备的开发和生产将有更广泛的理论基础和技术来源，会越来越多地采用当代的各种新的科学技术，如微电子技术、计算机技术、数字化技术、自动化技术、激光技术、超声技术、光学技术、图像处理技术、生物技术等，不仅使口腔设备的品种和规格增多，而且有更多高新技术在一种设备上应用与融合。口腔设备将向着更舒适、更有效、更安全、更方便、更经济的方向发展。发展的总趋势可归纳为"高效、微创、直观、安全、经济"十个字，具有以下特征。

一、数字化与信息技术在口腔设备中的应用

（一）数字化技术的应用

1. 单台设备的数字化控制

计算机通过运算发出控制指令，命令设备完成相应的工作。

（1）数字化开环控制，可简化控制系统，如牙科椅控制、烤瓷炉时间与温度控制等。

（2）数字化闭环控制，可实现设备的精确控制、性能检测和故障自检等，如曲面体层 X 线机、口腔激光治疗机。

2. 口腔医疗信息数字采集处理

通过特定传感器检测对象的特征信号，完成对目标信息的感知。

（1）一般信息采集：如根尖长度测量仪。

（2）数字图像采集处理：①可见光数字图像采集处理，如口腔内镜（口腔摄像系统、数字化口腔照相机）等。②X 线数字图像采集处理系统，如数字化牙科 X 线机和数字化曲面体层 X 线机。

（3）口腔模型数字采集处理：常用激光扫描三维数据采集。数字化技术可能替代广义模拟技术，将引发口腔设备又一次变革，如现有的各种记录模型和工作模型可以被数字磁盘和光盘记录所代替。印记模型将不再使用印模材料而可能是一支数字探头，实现智能化的数字分析、数字设计、数字操作、数字评估和系统资源共享。如窝洞及义齿制作教学评估系统。

3. 数字化口腔设备

设备在完成了各种信息的检测、采集、数字化后，交由数字处理器处理，数字处理按设计产生的控制指令控制设备的执行机构，完成整个系统的数字化过程。如 CAD/CAM 修复体设计与制作系统、CAM 冠桥制作系统。口腔颌面部 CT，实现了数字化影像的三维重建，对病变定位、定量准确，有可能使传统的静态影像学诊断让位于互动式的图像操作及展示系统。今后还将推出用计算机和数字技术辅助诊断、治疗口腔疾病的新型专用口腔设备。

（二）数字化口腔设备的组网及网络化

虽然单台数字化口腔设备较传统设备在性质上有了重大进步，但在实际工作中常常需要将若干台数字化口腔设备组成一个新系统。各数字化设备协同工作所表现出的总体效能常远大于单台设备的简单集合。因此，数字化口腔设备的组网及网络化是设备发展的主要特征和趋势。数字化口腔设备智能系统具有数字化接口并通过总线与设备集群交换信息，协同工作，使单台设备发挥更大的功能。这是建设数字化口腔医院的基础。而数字化口腔医院的业务终端将是数字化口腔综合治疗台。数字化口腔综合治疗台是在现有口腔综合治疗台成熟的机电一体化和人机操作一体化平台的基础上，引入全新的数字技术，即口腔综合治疗台数字化。它既是数字化口腔医院的基本医疗设备，也是数字化口腔医院的综合业务单元，肩负着众多数字化口腔设备的基础平台责任，如集成数字化照相机、数字化口腔内镜、数字化X线机、数字化根管长度测量仪、数字化印模仪以及数字化心电监护仪等构成信息处理的硬件设备。相应的软件有：①辅助诊断与数据交换，包括医学检验，影像学诊断，颅、颌、面、牙数字模型和专家辅助诊断等；②综合服务与数据交换，具有辅助机构执行及操作功能，包括口腔修复数字设计与制作、耗材配送及物料供应、医疗计费POS系统、患者资源（病历）管理、综合治疗台的维护安全、远程数字交换等；③治疗系统与数字交换，包括急救、病房、手术、监护及其他科治疗等。这些软件构成口腔综合信息处理系统，实现医生、患者和护士等人机交互操作，完成所有信息的采集、查询、记录处理和交换，从而实现医生高效优质地实施治疗方案。

（三）信息技术促进口腔软件的发展

随着信息技术的发展，一大批用信息技术的方法、原理研制出的软件应用于口腔设备领域，成为口腔设备的组成部分，如专家诊断系统、口腔数字影像处理系统、数字化口腔教学评估系统（洞型预备技能评估、基牙预备技能评估）等。教学评估系统可对学生在模型上预备的洞型和基牙与教师标准模型进行比较，做出客观的量化评估。这些口腔软件有原理、有结构、有解决问题的功能、有价值，无论从数量和质量上都将得到高速发展，不仅促进口腔诊疗设备与技术水平的提升，而且将成为促进口腔医疗、教学、科研发展的新支撑点。

二、新技术在口腔设备中的广泛应用

（1）检查和诊断设备无创、直观，符合医学模式转变的需求。如应用激光脱矿检测、电阻抗检测和定量光导荧光检测等技术进行早期龋的诊断；微型传感器预测牙病的产生和发展；口腔内镜、根管镜、涎腺镜及根管显微技术逐步普及，可直观检查口腔黏膜、牙体、牙髓、根管、涎腺疾病。这些设备和技术使患者在微创、不接受X射线的情况下进行龋病、根管疾病、涎腺疾病的早期诊断和治疗，从而尽量保存牙体组织。为适应生物医学模式向生物心理社会模式的转变，将推动发展一批考虑患者所处的社会环境、生活和卫生习惯、咀嚼行为的定性定量设备和器材。

（2）治疗设备无痛、微创。激光技术的发展和在口腔医学中的应用已引人注目。现有的 $Nd：YAG$ 激光和 CO_2 激光对口腔软组织手术和黏膜病及脱敏治疗比传统方法有显著效果。国际上近年来开发的 $Er：YAG$ 激光治疗机经临床证实是更安全有效的去龋、制备洞型的设备，其治疗效果与高速牙钻相比无显著差异，且在减少患者疼痛、噪声、振动、保存健康牙体组织等方面优于牙钻，实现无痛"钻"牙。这项技术已在国际上逐步获得公认。随着计算机局部麻醉注射设备与技术的开发和普及，将解决近百年来传统的手动麻醉过程中产生的穿刺痛和其他部位的麻木感，提高治疗效果。

（3）随着社会文明进步和口腔预防保健工作的深入开展，21世纪口腔治疗方法将从解决局部问题（拔牙和牙体缺损的修复）转变为解决系统问题（牙𬌗构建和重建），并将发展一批记录、评价、预测牙𬌗系统结构和功能的设备器材。能测量牙体移位、颌面部肌电位与牙体移位关系的仪器，如下颌运动轨迹扫描、关节音、肌电记录三者合一的下颌运动诊断系统，能在三维空间内精确地追踪、显示和记录下颌运动，能全面测量患者的颞颌关节、咀嚼肌运动与咬合力及咬合关系。计算机化的咬合平衡分析系统，实现咬合与肌肉功能的同步测量与记录，处理咬合力分析仪与肌电图仪的数据，精确测量咬合平衡信息，从而优化出适合患者的建𬌗方案，以达到咬合平衡，指导医生克服经验性和随意性操作。

（4）营造轻松愉快的治疗环境和气氛。除设备突出以人为中心的设计思想，更符合人类工效学原理，达到舒适、安全的目的外，还会利用视频、音频及图形图像技术和特定的信息技术与设备，使医生和患者沟通，进行心理引导，把患者对治疗的紧张与茫然转变为轻松、信任与合作，从而把被迫性治疗变成传达愉快治疗体验的过程。

三、消毒、灭菌、环保技术与设备的发展及广泛应用

口腔治疗过程中可造成的医源性感染和环境污染问题已越来越引起国内外口腔医学界及有关部门的重视，都在研究如何预防医源性感染及环境保护的问题。

（1）口腔治疗设备本身的预防医源性感染和环境污染设施将成为设备的标准配置。从设计、选材、工艺及操作等方面具有预防和控制医源性感染能力。牙科手机以及水、气管道的防回吸技术与装置，口腔综合治疗台的部件如牙科手机、三用枪、器械盘、洁牙机手柄等，能反复承受135℃压力蒸汽灭菌。真空泵的广泛应用以及口腔综合治疗台内安装吸汞装置和废液消毒装置，可减少环境污染。

（2）消毒灭菌设备的应用和普及。口腔诊疗设备及牙科手机清洗、注油养护、消毒灭菌设备将会得到很大的发展，成为口腔医疗单位的必备设备。消毒灭菌必然进一步促进牙科手机质量的改进以延长使用寿命。

（3）口腔专用吸尘及环境净化设备的发展。在口腔治疗过程中，钻牙、洁牙、三用喷枪、修复体打磨发生的飞沫、气雾是造成口腔交叉感染的重要途径。目前使用的空气消毒设备效果不理想。今后将发展诊室抽吸系统及空气消毒和净化设备，自动抽吸粉尘、气雾，排除室内菌尘以净化空气，保护医护人员和患者的健康。

（张志君　刘福祥）

第四节　影响口腔技术装备发展的因素

随着社会文明发展与科学技术进步，口腔医学界为了解决自身所面对的特殊技术问题，借鉴甚至引用了当今科学技术领域的相关技术方法，发展了一套相对完善并能较充分

反映工业水平和社会文明进步的技术装备，基本满足了现今口腔医学工作的需求。这些设备及技术装备带有明显的科学技术特定发展阶段的烙印。

设备是人的功能的延伸。为了切削牙体硬组织，人们发展了机械动力牙钻、射流动力牙钻，这是人手功能的延伸；为了能够了解牙体和颌骨的情况，发展了 X 线技术，这是人感观功能的延伸；为了管理更多的患者，人们研制了数据库，为了能使用多位专家的智力、经验，人们发展了专家诊断系统，这是人大脑功能的延伸；为了能使患者按照医生的要求矫治不良行为习惯，人们研究并发展了强化对患者影响的方法，也发展了相应的设备，这是人行为的延伸。根据一定的原理和工作流程，可以把相应设备组成一个有效系统。例如，按照口腔内科、外科、修复科、制作中心、辅助科室、后勤保障、行政管理等工作流程，组织相应设备，装备成一家口腔医院，这是口腔设备发展的另外一条重要途径。把一群看似无关的孤立设备，按照需要解决的问题的内在逻辑，组成一个优化的工作系统，让其在协同工作中发挥最大效益，形成一个新的设备、技术与装备系统。这一方面要求系统中任何一台设备应具有组网集成的能力，同时也要求由多台设备组成的网络是最优化的系统。口腔设备的发展过程，是口腔医学工作者不断发现问题、提出解决问题的方法，并采用新的技术、研制相应设备、形成新的装备系统，以不断延伸口腔科医生个人和群体解决问题的能力的过程。

推动口腔设备发展的原因是简单而明确的，口腔医学发展需求推动口腔设备发展。人们在不断深入解析口腔问题，不断尝试用各种方法、技术解决口腔问题。口腔设备更多的是其他技术向口腔医学嫁接的结果。例如，口腔有世界上最袖珍的陶瓷设备——烤瓷炉，有最小的风动工具——高、低速涡轮手机，有最精细的切削刀具——根管扩锉，有最小的注塑机——隐形义齿注塑机，有相当复杂的椅子——牙科椅等。今后很长一段时间内，人们还将依据这种模式发展口腔设备。不过，21 世纪的口腔设备，应该比 20 世纪有更广泛的理论基础和技术来源，也将有更多种技术在一种设备上融合，设备的信息化和网络化程度会越来越高。

在口腔医疗技术设备与装备的发展历程中，影响其发展的因素主要来自口腔医学发展的需求、科学技术的进步以及工业和社会文明的整体水平。

一、医学模式转变和新的医疗理念

近代医学的一个重大进步是医学模式从生物医学模式向生物－医学－社会模式转变，人的生物属性和社会属性在疾病的发生、发展、转归以及医疗过程中成为必须同时重视的问题，特别是人的社会属性，在疾病与医疗过程中扮演的角色愈来愈重要。在疾病的检查诊断上，将推动发展一批借以了解患者所处的社会环境，患者周围关系链，患者的生活习惯、卫生习惯、咀嚼行为等的定性定量仪器，以及患者现状的综合评价设备。在治疗上，将更注意在治疗疾病的同时，减轻患者的痛苦，降低患者的精神压力，更注重患者的治疗体验，这时期一个重要的口腔医学理念的变化是把被迫性治疗变成传达愉快治疗体验的过程，这就需要发展新的技术方法和设备。例如，营造轻松愉快的治疗环境的设备；无痛治疗系统，可能包括无痛麻醉技术与设备，牙体手术时的牙髓麻醉，除术区麻醉外其他部位无麻木感的麻醉等；发展可引起患者愉快与欣快感的设备。在治疗方法上的一个重要转变是从关注局部问题到解决系统问题，未来口腔科医生的主要工作是介入牙殆构建及牙殆重建。这要求发展一批记录、评价、预测牙𬌗系统结构与功能的设备和方法。能够预测各种治疗预后的设备，如一种全新的数字𬌗架，它应该简单可靠，方便使用，指导临床医生克服经验及随意性操作。

二、对口腔问题的认识方式改变

早期人们认为由贵金属包镶的牙冠是美与地位的象征，限于当时的技术水平，人们发展了各种金属加工技术及相应设备；后来接近天然牙质感和色泽的牙体修复技术被接受，开发出了高分子材料及瓷加工义齿的技术与设备。人们正是在不断寻找更适宜人体生理和心理需求，满足社会文化认知的更经济、更舒适、更方便的技术和设备，以满足口腔医疗发展的需要。值得注意的是随着人们对口腔问题认识的深化，其他科学技术的高速发展，社会经济文化水平的不断提高，口腔医学这门专门解决人类口腔疾病问题的学科，越来越体现其社会化和群体行为特征。为了适应口腔医学与外部科学、社会环境的关系，为了协调口腔科医生群体与患者群体之间的关系行为，口腔软科学也在飞速发展。信息技术，以知识库和知识网络为核心的口腔知识工程正在兴起，它将成为21世纪信息社会中口腔医学的重要基石。信息时代口腔医学所需求的信息处理，知识工程的原理、方法、技术、设备、软件将是全新的。目前人们所能见到的这方面的一个苗头，就是一些专为口腔医学所设计的软件已成为能有效解决特定口腔问题的设备——软设备，而在临床应用。

三、科学技术进步

虽然大量的临床实践已使我们知道在口腔治疗过程中我们需要什么，但常因技术限制而不能实现。例如，人们希望有一种材料可以把义齿和相邻基牙邻面牢固而长久地黏接在一起，不需要在相邻基牙上做牙体预备，尽管已研究发展了多种牙体黏合材料和方法，但目前尚不能达到这一目标。这给口腔医学领域在科学技术发展的基础上，寻找新的方法、技术及设备留下了广阔的发展空间。

科学技术发展推动口腔设备的发展可以表现在以下几方面：

（1）科学原理的突破导致牙科设备进化。随着人们对事物本质的认识，一些科学原理也发生了质的突破，这给口腔设备的发展带来了巨大契机。例如，人类工效学理论的建立及在口腔设备研制中的应用，首次使牙科椅、牙钻、其他附属设备，以及医生、椅旁助理、患者作为整个系统中的组成要素加以考虑优化，从而形成现代口腔综合治疗台的基本设备格局，实现了口腔设备发展史上的一次革命性飞跃。随着信息化技术的不断发展，信息处理能力将成为口腔综合治疗台新的重要因素融入未来的口腔综合治疗台设计，形成数字化口腔综合业务单元。同时，它将向强大的组网能力发展，跨越空间界限，组成虚拟口腔医院。从综合治疗台发展过程中可以看到，科学原理的突破带来了牙科设备的巨大发展。

（2）技术进步导致牙科设备进步。其他领域原有技术的改良、新技术的出现都可能成为牙科设备进步发展的推动力，口腔科医生为了解决自己所面临的工作难题，常常在其他领域寻找可供借鉴或引用的技术、方法、工具和设备。以牙体硬组织切削设备——牙钻的动力源而言，电动力替代了机械动力，气动力取代了电动力，这都是由相应技术进步引起的。这种发展模式还将继续发挥作用。值得口腔设备研究工作者注意的是，我们正面临一个重大的技术变革时期，数字技术的出现，正在更多地替代广义模拟技术，这将引发口腔设备的又一次重大变革。我们不妨把口腔最常用的各种记录模型、工作模型看成是典型的模拟技术产物，而应用数字技术，这些模型可能是记录在磁盘、光盘介质上的一组数字符号，印记患者口内模型不再使用印模材料，而是一个数字探头。用数字印模记录患者牙𬌗状态数分钟后制出一副义齿已不再是一个新闻，而是一种司空见惯的临床过程。由此可见，在口腔设备的发展中，其他技术进步的推动力是十分重要的。

（3）口腔新材料发展带动口腔设备的发展。口腔医学发展的一个重要内容是对各种新材料十分强烈的需求，新材料的不断涌现，带动了相关技术及加工设备的发展。新材料的发展成为口腔设备发展的又一重要推动力。牙体、牙列缺损的修复是现代口腔科最大量的临床工作，人工修复体为了能与天然牙的质感、色泽、硬度、韧性媲美，广泛使用高强度的金属、高分子材料及陶瓷材料，并借鉴这些材料的工业加工技术和设备发展了一系列的口腔加工设备，如用于快速义齿的光胶连设备（光固化义齿成型设备、高温高压下胶连的塑钢成型设备、真空吸塑个体化牙列托盘加工设备、隐形义齿注塑设备、3D 打印义齿快速成型设备）、精铸焊接设备、烤瓷设备、瓷修复体 3D 切削成型设备等。这些事实提示我们，口腔新材料的开发，一般伴随着新设备及临床新技术的出现，这就是口腔设备发展的一条重要途径。

（4）信息技术发展促进口腔软设备的发展。历史上，我们概念中的口腔设备是一些摸得着、看得见，能够实实在在感觉到的物质实体，例如，一台气动涡轮牙钻、一台光固化机。随着信息技术的发展，一大批用信息技术的方法、原理研制出的软件加入了口腔设备家族，成了口腔医学大家庭的新成员。例如，专家诊断系统、口腔数字影像处理系统，这些系统软件有原理、有结构、有解决问题的方法、有价值，成为口腔科医生新的得力工具。软件及其他软设备是一种全新的口腔设备，无论从质量到数量都将得到高速发展，将成为口腔设备中的新秀。这应该引起口腔医学工作者及设备研发人员的高度重视。

四、社会进步

人类社会进步要求口腔医学对社会人群提供更多的口腔健康保障和健康促进，提高人类的生存质量和愉快体验，这要求口腔设备向更安全（防止医源性损伤、交叉感染、环境污染）、更舒适、更方便、更经济（口腔设备的发展应以降低社会总体成本为其经济目标）、更有效的方向发展。社会进步首先是对口腔医学技术水平、服务质量的全方位追求，相应设备的支撑是必需的。从经济型向豪华型设备发展虽然在社会经济发展的某些阶段会有需求，但这与人类社会进步的本意并不合拍。在人类追求可持续发展的今天，经济适用的环保型口腔设备是其发展方向，这是社会进步在口腔医学领域的一个重要表现。社会进步既是口腔设备发展的动力，也用一只无形的手规定着口腔设备的发展方式。社会进步方式、人类行为模式与口腔设备的相互关系应该引起口腔设备工作者的高度关注。

五、社会生产水平及相关工业系统的支持

口腔设备与装备的开发、生产和更新不能脱离社会大生产的具体环境。其产品的技术、材料、质量、工艺以及加工流程等均离不开大工业生产的基础，需要依赖相关工业领域的工业基础与总体技术水平的支撑，这对具有高新技术特征的口腔设备尤其重要。

六、市场竞争

口腔设备既然是商品，在投放市场中面临着极大的竞争。先进的、高效的、带个性化特征和性能价格比优的设备将受到市场青睐，这将促使生产厂家不断开发出新的口腔设备与技术装备。

（刘福祥）

第二章　数字化口腔设备

在我国社会经济体制改革高速发展和人类社会知识经济的大形势下，口腔医学及口腔设备面临进入数字化时代的重大发展机遇。研究这两个背景对口腔医学和口腔设备学的影响，吸纳、融合先进的科技信息，确定口腔设备的数字化发展战略及技术策略，对促进数字化口腔设备的健康发展十分重要。

第一节　数字化口腔设备概述

信息技术和信息处理设备的高速发展，在不同程度上改变了人类生活，推动社会技术进步，引起了一场涉及人类社会进步的技术革命。这场技术革命也将同样引起口腔医学科技的深刻变革。

计算机不仅成为人们工作、生活、学习以及其他事物中不可缺少的工具，也因其在设备的自动化、智能化、微型化方面的突出贡献而成了各种设备的控制灵魂。计算机技术在口腔设备中的应用，为口腔设备向方便、易用、高效、高性能方向发展提供了科学技术基础，为口腔设备的发展开辟了全新领域。

在后工业化社会的今天，口腔设备已经形成了完整的光机电一体化技术系统，集中体现在以医生和医疗为中心的医生、护士和综合治疗台一体化的人机工程学系统，以及医生、护士、综合治疗台和患者的口腔治疗技术系统。在信息技术高度发展的大形势下，数字化技术及设备在口腔医疗领域的广泛应用是口腔设备发展的主要方向。

一、与口腔设备相关的数字化技术

信息技术和数字化技术在近几年来取得了纷繁多彩的先进科技成果，以下仅就与口腔医疗数字化设备初期发展密切相关的重要技术做一介绍。

（一）多媒体技术

当人们借助信息处理技术将语音、文本、图形、图像，以及视频图像变成数字信号进行采集、识别、处理、传输，并按人们需求还原（处理）成人类或计算机更易接受和理解的信息流时，多媒体信息就成了可计算和处理的对象。多媒体信息源经处理变成了数字信号，可以在数字信号处理系统上处理、传输、显示。该技术带来的现实应用是多方面的，在口腔医疗领域的现实应用有以下几点。

1. 医患交流工具

利用多媒体技术创作、编辑数字音乐和数字电影，在口腔医学的应用中，可将枯燥的口腔医学知识编辑成动态的数字电影。例如，演示从龋病到根尖周脓肿以及失牙的全过程，与患者一起观摩牙颌畸形矫治过程中的牙移动及预测治疗结果，为临床提供新型的医患交流工具。

2. 模拟治疗工具

该技术可作为口腔正颌医生模拟正颌外科治疗过程的模型工具，进行手术前的数字模拟手术演练、器材准备。目前，口腔种植已采用虚拟手术技术，利用患者的 CT 资料在计算机上生成牙槽骨和颌骨的三维图形，在虚拟的牙槽骨上，模拟种植手术过程，以筛选种植体的形状、规格，确定种植体的植入方向和深度，以避开上颌窦和下牙槽神经管等重要解剖结构。最后将所有记录了手术信息的数据交由快速制造系统生成手术模板，在真实手术中控制种植体植入的空间位置，达到最佳种植的临床效果。

3. 网络及远程医疗工具

把现实世界的多媒体信息转换成数字信号，在计算机网络上传输、检索、交换，构成远程多媒体信息系统。这是数字化口腔医院和数字化口腔医疗网络的核心支撑技术。在网络终端的口腔科医生可以借助图形、图像、视频影像直观地讨论临床病案或进行学术交流，复杂的手术治疗过程也可通过该系统与广大医生共享。多媒体技术大大拓宽了计算机处理信息、人机交互的范围和能力，将成为数字化口腔设备的重要技术内容。

（二）知识处理技术

人工智能与计算机技术的结合产生了所谓的"知识处理"的新领域，即用计算机来模拟人脑的部分功能，在用其他信息技术获取的处理对象的大量信息基础上，以知识和智能解决各种问题，回答各种询问，或从已有的知识推演出新知识等，以模拟人类思维和智慧中关于识别、认知、归纳、推理、联想的全部或部分功能。根据知识的一般定义："知识是以各种方式把一个或多个信息关联在一起的信息结构"，知识处理要求计算机（信息处理系统）能处理由多个信息关联在一起的信息结构。虽然被处理的对象已大大复杂化，但是更接近专家的思维过程。因为计算机的海量存贮能力和高速运算能力，使人们最感困难的信息记录、管理以及高度重复的机械式查询工作变得简单明快。这是计算机的信息处理能力。"知识处理"使人们不仅可以处理海量信息，而且可以把许多具有不明确规则的"知识"交给计算机，这样极大地减轻了人们日常工作中关于"知识处理"的工作量。随着网络化进程，计算机占有信息的不完整性逐渐下降，计算机"知识处理"的能力将不断加强。知识处理技术在医学领域中的应用十分广泛，例如，资深临床医学专家经验与知识的共享，有效的医患交流都将大量使用知识处理技术。

（三）网络技术

计算机网络技术是人类社会发展数字神经系统——现代信息通道的重要技术支撑点。由高速宽带跨平台传输能力，计算机信息高速处理能力，超级数据库等重要技术体系，构成了人类信息和智力资源共享的技术平台，开辟了人类活动的新空间——网络空间。在现实物理空间的距离、时间、空间等限制因素，在网络空间不仅不会成为问题，有时甚至是一种资源。网络技术不仅在局部技术和实际应用上带来了根本性的变化，甚至引起了整个领域的革命性进步。例如，传统口腔医疗机构为了更有效地使用人力、物力、技术及管理资源达到规模效益，不得不牺牲服务对象就医的方便性，把大量的设备、人员集中在一个围墙里办成一所超级医院。这种医院在饱和工作量时，所需要的大量患者分布在城市的很大范围内，其就医行程很远，常常使这种规模效益医院因患者不饱和而导致医疗资源的严重浪费。如果使用网络技术，分布式的口腔诊所可以建在患者的身边。这种分布式的口腔诊所可以轻易地达到规模数量，并通过网络有效地共享人力、物力、管理、信息资源，患者的医疗需求和医疗资源配置可以达到最优化。

在数字化口腔设备中的现场总线技术是应用最广泛的网络技术。

现场总线是应用在工作现场，在微机测量控制设备之间实现双向串行多节点数字通信的系统，也称开放式、数字化、多点控制的底层控制网络，广泛应用于工业、交通、汽车等方面的自动化系统中。现场总线是当今自动化领域技术发展的热点之一，被誉为自动化领域的计算机局域网，是工业控制技术领域又一个新时代的开始。

该技术是将专用微处理器植入传统的测量控制仪表，使之具有数字计算和数字通信能力，采用可进行简单连接的双绞线作为总线，把多个设备连接起来组成网络系统，并按公开、规范的通信协议，在多个设备之间以及远程监控计算机之间，实现数据传输与信息交换，形成各种适应实际需要的自动控制系统。现场总线把单个分散的测控设备变成网络节点，以现场总线为纽带，把这些设备连成可以相互沟通信息，共同完成控制任务的网络系统与控制系统。通过总线网络系统，可以方便地实现多设备多任务系统的分布式控制。

纵观口腔设备的发展过程，使用现场总线技术是口腔设备发展的一个重要阶段。在口腔设备发展的早期阶段，由人控制设备的运作状态，例如，油泵牙科椅的升降俯仰。后来由于电力驱动的引入，牙科椅控制变成了简单信号的开关控制，通过对动作电动机的运行控制实现牙科椅位置的改变。由于牙科椅控制位点增多，导致控制系统也变得复杂化，逐渐发展成为机电一体化的口腔综合治疗台系统。单片机的引入，使人们可以对牙科椅进行程序控制。目前较高档的牙科椅已有椅位记忆功能。随着口腔综合治疗台的集成度提高，口腔综合治疗台不仅是机电一体的系统，而且是人机一体、医患一体的系统，它将进一步发展为集成信息处理系统、高度智能化的口腔医疗综合业务单元。随着多种设备的引入和多种功能的高效集成，传统的控制方式已远远不能适应需要。引入开放式的现场总线技术，构成口腔综合治疗台的设备控制局域网，不仅能实现口腔设备的智能化及高性能，而且将降低设备的研发费用，降低制造成本，提高附加值，简化维修管理，使口腔设备提升到一个全新的数字化水平。

（四）嵌入式系统

计算机技术的另一个重要发展是嵌入式系统，这是指专门用于植入设备的计算机控制系统。由于集成电路集成度的大幅度提高，可以在一块很小的硅片上集成一个具有复杂功能的系统，配合专门开发的嵌入式操作软件，利用一块芯片，完成一些微型计算机才能完成的某些特定的任务。例如，在一台电视机中植入一个专用嵌入式系统，电视机就具有可以解读数字图像信息并与 Internet 网络交换信息的能力，成为家庭数字处理中心。这一技术为口腔设备的微型化、智能化和网络化奠定了技术基础。

（五）标准化技术

随着数字技术深入人类生活的各个领域，在技术发展过程中出现的设备、技术、系统的多样化逐渐被标准化，既提高了系统资源共享、设备兼容的能力，同时也提高了系统以有限资源满足复杂应用需求的能力。信息技术标准化在信息时代无处不在，成为人们研究开发新的信息处理系统的基础，在数字化口腔设备的发展中，这一基础显得尤为重要。例如，在研制口腔影像数字化设备时，应遵守医学影像采集处理传输的有关标准；开发有组网及接入功能的口腔设备时应考虑数据传输及接口标准，开发广域网时应考虑其跨平台标准等。

数字技术及信息技术的进步是多方面的，其发展速度是惊人的，这里所列举的仅为"冰山一角"，但又与数字化口腔设备的发展紧密相关，这些技术为口腔设备及技术系统在向网络化、系统化、智能化、标准化、多样化的方向发展奠定了坚实的技术基础。

二、数字化口腔设备分类

数字化口腔设备的发展还处于早期阶段，目前进行分类为时尚早。按传统口腔设备进行分类，又不能全面反应数字化口腔设备的特点，为了便于讨论和预测这类设备今后发展的轨迹，可将口腔医疗数字化设备按如下方式进行分类。

（一）根据口腔设备在网络系统中的作用分类

根据口腔设备在网络系统中的作用，可将其分为节点设备和网络设备。

（二）根据口腔设备是否共同工作分类

根据口腔设备是否共同工作，可将其分为单台智能化设备和多台联网设备。

（三）根据口腔设备在临床的使用需求分类

根据口腔设备在临床的使用需求，可将其分为数字化口腔综合业务单元、数字化影像设备、数字化诊断设备、数字化义齿制作设备、数字化医院管理系统，以及在常规数字处理系统中实现特殊功能的口腔医疗软件。

三、数字化口腔设备的基本工作原理

（一）以数字控制为主的单台数字化口腔设备

以数字控制为主的单台数字化口腔设备一般具有多个控制参数。在相同临床功能的传统设备应用中，由术者事先调好各个工作参数，然后启动系统开始工作，在工作中又要根据实际使用情况修正参数或重新设定参数。表2-1列出了某个种植体系所要求的牙种植机的临床工作参数。

表2-1　牙种植机的主要工作参数

	引导孔	植体窝预成形	植体窝精成形	植体旋入
转速（r/min）	3 000	2 000	15~30	20
扭矩（N·cm）	轻量	轻量	<10	<30
冷却水（ml/min）	50	70~100	25	无

有如此多的参数和调节时段，对操作者显然不方便。通常一台种植机要用于多个不同的种植系统，对每个种植系统均要设定相应的工作参数。因此，利用数字化技术对该类设备进行智能控制的要求就提了出来。

1. 数字化开环控制系统

数字化开环控制系统的工作原理如图 2-1 所示。图中 A/D 转换器即模拟/数字信号转换器。

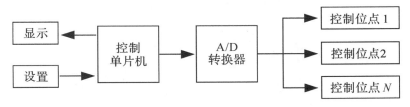

图 2-1　数字化开环控制系统工作原理示意

以上述牙种植机为例，讨论用单片机实现的开环控制过程。

牙种植机的手机在恒定电流下，改变电压可以改变手机的转速；在恒定电压情况下，可以通过增大电流而增大扭矩；供水蠕动泵的电动机通过改变电压就可以改变转速，从而达到控制供水的目的。因此，该系统有手机电压、手机电流、手机正逆转、蠕动泵电动机电压四个控制位点。在上述开环控制系统中，单片机并没有测量手机与蠕动泵电动机的实际转速及扭矩，以此控制手机和蠕动泵达到预设的工作参数，只是根据当前供给电动机的电压、电流，通过在单片机中建立的电压转速曲线和电流力矩曲线，换算成相应的转速、力矩值送入显示器显示，供使用者参考。控制系统中没有建立通过反馈信号的控制，是开环控制系统的重要特点。位于单片机中的存储器，可以记存所设定的多组控制参数（表 2-2）。

表 2-2　在单片机中预存的牙种植机工作控制参数组

	手机电压	手机电流	手机转向	泵电压
控制参数组 1	a	b	c	d
控制参数组 2	…	…	…	…
……	…	…	…	…
控制参数组 n	…	…	…	…

当控制单片机按程序设置，将上述命令参数通过数字/模拟信号（D/A）转换器发给控制位点，控制手机电动机及蠕动泵电动机，就实现了该系统按设定的程序控制牙种植机工作状态的任务。

在临床实际使用中，控制参数组 n 可以对应于某个种植体系统在种植窝成形时的转速、扭矩和冷却水量的技术要求，也可以对应于不同医生的临床使用习惯。

这种数字化控制单元在智能化设备中用途很广泛，由于采用了开环控制原理，可使控制系统大大简化。在口腔设备中，如牙科椅姿态控制、电动手机转速控制、洁牙机功率控制、激光治疗机程控中广泛采用了这一类控制系统。

在种植机这类口腔设备的智能控制中，并不需要精确了解、控制设备的工作状况。例如，手机的转速在 2000 r/min 时用起来顺手，但该手机的真实转速可能是 1800～2300 r/min 范围内的任何一点。因为这对操作没有明显影响，因此用开环控制已经足够了。但是，有些系统则要求通过检测工作头的工作状况，并将这一信号送回控制器，与控制器中设定的参数比较后进行修正并控制工作头，达到精确控制的目的。

2. 数字化闭环控制系统

数字化闭环控制系统的工作原理如图2-2所示。

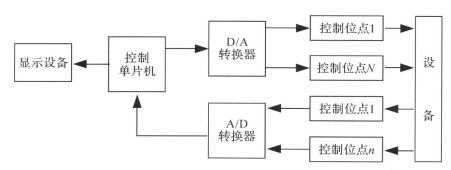

图 2-2 数字化闭环控制系统工作原理示意

该控制系统中，在控制位点安装有信号传感器。传感器检测出设备的工作状态信息，经A/D转换器，变换成数字信号反馈给控制单片机，与其设定的参数比较后产生修正量或作为下一步控制的基础量，通过D/A转换器，转换成模拟控制信号控制设备的工作状态。通常在控制精度要求较高的设备中使用这一数字控制系统，例如全颌曲面体层X线机，闭环控制系统可以补偿机械运动轨迹的误差，较开环控制系统有更高的成像精度。在修复体CAD/CAM系统中，加工头的空间运动也采用这种控制方式。

（二）口腔医疗信息采集处理的数字化设备

口腔医疗信息的采集处理是口腔医疗工作中的一大类事务，种类繁多，工作量大，并有不断扩大和深入发展的趋势。可以肯定人们希望有高效设备完成此类任务。下面根据采集处理信息对象的不同性质，分别讨论不同的数字化系统。

1. 一般信号采集系统

一般信号采集系统的工作原理如图2-3所示。

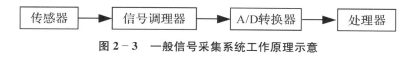

图 2-3 一般信号采集系统工作原理示意

在这种信号采集系统中，传感器将被检测对象的某些特征信号变成电信号；但这种电信号常常比较弱小或信噪比差，需经信号调理器处理成适合A/D转换器变换的信号；A/D转换器将该模拟信号转变成数字信号，输入后端的信号处理器。现在数字化信号采集系统大多是基于这一基本原理设计的，只是因采集的信号对象不同而使用不同的器件构成不同的系统。

以数字化根管长度测量仪为例：

（1）基本构成：①传感器——阻抗仪电极；②被检信号及测量原理——将探针电极尖部至根尖孔的距离变换成电阻值，测量电阻变化率，以测量根管长度；③信号调理器——

电阻信号→电压信号→放大；④A/D 转换器——单路模拟/数字信号转换器；⑤信号处理器——单片机；⑥显示器——液晶显示板。

（2）工作原理：插入根管的电极与贴在患者皮肤上的电极构成电桥的测量臂，当插入根管的电极不断向根尖方向移动时，电桥的输出端出现电阻差，并且该电阻差与电极至根尖孔的距离成正比。根据欧姆定律 I=V/R，将电阻信号变为电压信号；该信号被适当放大，经 A/D 转换器转换为数字信号，输给单片机；经单片机补偿、修正和换算后，在液晶显示板上显示测量数据。

如果能够在螺旋式根管充填器上实现探测电极的功能，将探测到的根管长度信号传输给单片机，作为螺旋式根管充填器驱动电动机的控制信号，在单片机控制模式下，形成一个典型的数字化闭环控制系统，可以制成一个主动探测根管长度并能自动控制充填深度的智能化根管充填器。

2. 数字化图像采集处理系统

口腔医学临床检查中有大量的图像信息资料，这种以传统模拟技术（光学成像、X 线成像）采集信息，并以模拟媒体（底片、正片）传递信息的方式存在诸多不便。

口腔图形、图像信息数字化设备是数字化口腔设备中较大的一类，其工作原理如图 2－4 所示。

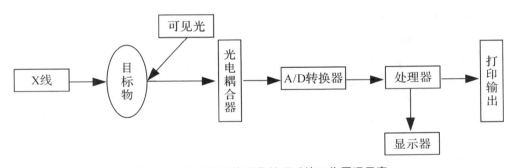

图 2－4 数字化图像采集处理系统工作原理示意

（1）可见光数字化图像采集处理系统：被测目标（如牙体）被可见光照明，目标反射光经透镜成像于位于图像平面的 CCD 阵列（平面光电耦合器）上。该器件将图像的光信号变成使每一像素点上与光强度成线性变化的电信号，该组信号经 A/D 转换器转换成由图像像素（位置）及像素点上光强度信号组成的数字信号矩阵。例如，一幅图像被这一过程分割转变成 1024×768 个点的图像像素矩阵，并且每一个像素位点上其数字量与实物上该点反射的光强度或色彩相对应，就构成了一幅数字图像。该信息进入处理器后可按需要进行数字处理。

这个系统的应用是广泛的，如口腔内镜等。

（2）X 线数字化图像采集处理系统：穿过被测物体的 X 线因物体的密度分布差异而出现强度变化，穿过被测物体的 X 线轰击荧光屏后变成可见光的亮度变化，从而构成一幅黑白图像。将 CCD 受光区与荧光屏贴合在一起，将荧光屏的亮度信号转变成该图像的电信号，形成一幅数字图像信号。这时荧光屏与 CCD 事实上构成了 X 线图像的传感器。例如，拍摄数字化牙片的 RVG 系统中使用的 X 线牙片数字化传感器，就是利用这一原理制成的。

　　当用普通相机或 X 线机拍摄被摄物的照片或 X 线片后，可再将照片或 X 线片置入扫描仪，将该幅图像数字化，以备进一步处理。

　　目前已有一种 X 线磷感光片转移数字化技术的商品出售，原理是将磷感光片像 X 线片一样置入摄片位，常规拍摄 X 线片，将拍摄完的磷感光片置入特制的数字化扫描仪中，扫描完成数字图像。该方法的优点是磷感光片不必像普通 X 线片那样冲洗显影，且可多次使用。这样更接近普通 X 线片的使用习惯，舒适方便。

3. 口腔模型数字化设备原理

　　在口腔修复技术中，大量使用实物模型进行工作。在未来的数字化口腔医学中，三维模型的数字化及其三维重建至关重要。有多种技术可以获得立体模型的三维数据，如莫尔条纹法、激光全息图、轮廓线法、激光扫描等三维数据采集法读取模型的三维数据。在实际应用中要求这些测量方法具有非接触、精确度高、操作简单、高效省时、信息容量大、有利于模型资料的储存和管理等优点。

　　三维激光扫描形貌测量仪基于激光三角测量法，即将单束激光（波长为 $670 \sim 780$ nm）从一定角度射向被测物体的表面，通过安置在特定位置的传感器测量被测点在某平面的投影坐标和照射光与 X 轴的夹角，用三角测量法可以测出该点的空间坐标。同样，用线光源进行线扫描，也可测出物体的三维形貌，将测量结果数字化，就可以完成牙颌模型或面容的三维测量，制成三维实体的形貌数字印模。

　　这一技术的实用化将带来口腔临床医疗和技工工艺的根本性变化，从传统的实物模拟模型进入数字模型，实现智能化的数字分析、数字设计、数字操作和系统资源共享。这是口腔医学进入数字化时代的重要基础工作。

　　原北京医科大学口腔医学计算机应用工程技术研究中心吕培军领导的小组，较早建成牙颌模型三维激光扫描仪和颅面三维激光扫描仪，并在用机器人实现全口义齿排牙的系统中得到成功应用。

4. 空间运动轨迹数字采集

　　下颌运动的研究与临床记录是诊断颞颌关节疾病与确定牙𬌗动态关系经常面临的问题。颞颌关节是一个悬挂的双绞关节，其空间运动不仅受控于关节系统本身，而且也受周围环境多种因素的影响，所以，要确定其正常运动轨迹较困难。下颌空间运动的描记在有了数字化手段后，设备性能有了飞速进步。

　　安置在下颌骨运动空间的三组位移传感器——Sx、Sy、Sg 检测安置在下颌骨（通常是下切牙）上的信号源的位移量。信号源随着下颌在空间的运动，通过三组位移传感器形成下颌空间移动轨迹所对应的一组空间位置信号，经过信号调理、转换，形成一组空间坐标值送入处理器。

　　在临床上，下颌轨迹描记并没有记录下颌运动与时间的关系，没有计算速度、加速度等运动量。因此，确切地说，下颌轨迹描记研究实际上是下颌移动的记录与研究。然而数字化下颌轨迹描记仪可以快速反复记录下颌移动状态，并且容易找出下颌移动的概率分布状态。因此，数字化下颌轨迹描记仪很容易排除影响下颌移动的各种干扰，也容易找到牙尖交错位。

（三）数字化口腔设备系统

设备在完成了各种信息的检测、采集的数字化后，交由数字处理器处理，数字处理器按设计产生的控制指令控制设备的执行机构，完成整个系统的数字化过程。如果处理器具有某些人工智能，那么这个设备就成了数字化的智能系统。其工作原理如图 2-5 所示。

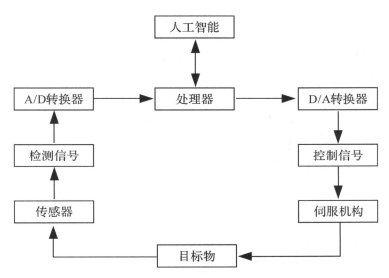

图 2-5 数字智能设备工作原理示意

以牙体缺损嵌体修复的 CAD/CAM 系统为例，扫描缺损的牙体，得到牙体缺损区的一组三维数据——牙体缺损的数字印模；该数字印模被送入嵌体修复人工智能系统，在修复理论及人工智能的干预下生成嵌体的一组三维数据——数字嵌体；将数字嵌体转换成数控加工机的加工指令集，数控加工机即根据该指令集制成一颗嵌体。

1991 年 4 月，由原华西医科大学口腔医学院刘福祥领导的研究小组成功研制了人工种植牙 CAD/CAM 系统。其工作原理如图 2-6 所示。

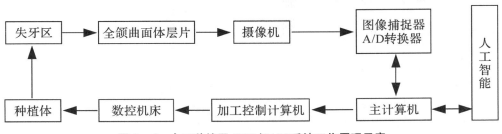

图 2-6 人工种植牙 CAD/CAM 系统工作原理示意

系统启动后，指令摄像机读入失牙患者的全景曲面体层 X 线片，并转变成数字图像后传给主计算机。主计算机对图像增强处理后在专家干预下，判读重要解剖标志，如下颌神经管、上颌窦底。计算机判读失牙区失牙间隙、牙槽嵴骨高度。得到这些关键信息后，根据种植体设计规则，计算机生成数字种植体，并显示在荧光屏上，最后经与专家进行人机交互设计过程，完成种植体的最终设计。该数字种植体（数据集）经加工控制计算机翻译成加工指令，控制数控机床制作种植体，从而完成一个适合个体病案的专用种植体。该系统还可根据长期积累在系统中的病案形成失牙区有关信息的统计学结果，从而设计并生产系列化的种植体。

用于种植牙的钛金属是难加工金属，需要具有高超的加工技巧的熟练工人在专用设备上经多道加工工序才能完成。特别是叶状种植体，其复杂外形和产品的小批量、多样化，致使用常规机械加工设备难以达到制造目的。使用专门研制的人工种植牙 CAD/CAM 系统，借助系统自动检测、智能化设计、数字控制一台普通电火花加工机床，非常容易地解决了种植牙体的复杂加工问题。设备操纵者只需懂得开、关机，夹装、卸下加工原材料，更换电极等，即可按要求完成种植体的制造任务。

（四）数字化口腔设备组网

虽然单台数字化口腔设备较传统设备在性质上有了重大进步，但在发展中常常需要将若干台数字化口腔设备组网成一个新的大系统。各数字化设备协同工作所表现出的总体效能常远大于单台设备的简单集合。因此，数字化口腔设备的组网及网络化是设备发展的主要趋势。

从对目标信息的检测、感知、识别、决策，到对目标对象的控制，是一个智能化系统行为的主要环节。对于单台设备，这些环节简单得多。对于大系统，这些智能化行为是由许多智能化的子系统协同工作而完成的。由于子系统的数量多，传递的信息复杂，接口界面多样化，给由众多子系统组网成一个大系统带来了许多意想不到的困难。为了实现多机组网，系统内的信息传输方式和信息传输资源共享就成了实现组网必须面对的重要问题。

这里涉及局域网信息传输中的一个重要概念——系统总线。从广义上讲，总线就是组网设备传输信号或信息的公共路径，必须遵循同一技术规范进行连接与操作。一组智能化设备通过总线连在一起称为总线段（bus segment），可以通过总线段相互连接，把多个总线段连接成一个网络系统，如图 2-7 所示。

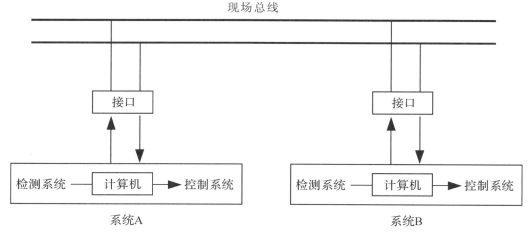

图 2-7 控制局域网总线结构示意

在多台设备连接到系统总线上后，需按规则进行协同运作。所有接入设备使用总线的一套规则，这套规则称之为总线协议。总线协议是使用该总线的设备所必须共同遵守的规定。

现场总线技术是设备控制局域网发展的一个重要阶段，其突出的技术特点改变了以往多台设备协同工作面临的种种困难。该系统具有以下特点：

（1）系统的开放性。开放是指对相关标准的一致性、公开性，强调对标准的共识与遵从。一个开放系统，它可以与世界上任何地方遵守相同标准的其他设备或系统连接。通信协议一致公开，不同厂家的设备之间可实现信息交换。现场总线开发者是要致力于建立统一的用户底层网络的开放系统。用户可按自己的需要和考虑，把来自不同供应商的产品组成大小随意的系统。通过现场总线构筑自动化领域的开放互联系统。

（2）互可操作性与互用性。互可操作性是指互联设备间、系统间的信息传送与沟通，而互用性则意味着不同生产厂家的性能类似的设备可实现相互替换。

（3）现场设备的智能化与功能自治性。它将传感测量、补偿计算、工程量处理与控制等功能分散到现场设备中完成，仅靠现场设备即可完成自动控制的基本功能，并可随时诊断设备的运行动态。

（4）系统结构的高度分散性。现场总线已构成一种新的全分散性控制系统的体系结构。从根本上改变了现有集中与分散相结合的集散控制系统体系，简化了系统结构，提高了可靠性。

（5）对现场环境的适应性。工作在口腔医疗现场前端，作为医院网络底层的现场总线，是专为现场环境而设计的。可支持双绞线、同轴电缆、光缆、射频、红外线、电力线等，具有较强的抗干扰能力，能采用两线制实现供电与通信，并可满足系统安全、防爆要求等。

由于现场总线的以上特点，特别是现场总线系统结构简化，使控制系统从设计组网到后期维护都体现出优越性。

综上所述，一个智能化口腔设备的发展过程如下：①形成控制能力，控制计算机通过运算发出控制指令，命令设备完成相应的工作；②信息检测与感知能力，通过特定传感器检测对象的特征信号，完成对目标信息的感知；③计算机完成智能运算，将感知的信息与预定的规则运算生成控制命令，将上述三个过程集合运行，构成数字化口腔设备的智能化过程，成为一台自主的智能设备；④口腔数字化智能设备具有通信能力，是该类设备智能化发展的更高阶段，具有数字接口并能通过总线与设备集群交换信息，协同工作，使单台设备的功能发挥到最大。

实践中，利用以上技术构筑口腔设备系统工作的数字化平台，从而使口腔设备进入一个全新的发展领域。这些技术的实际应用，将在数字化口腔综合治疗台的章节中进一步讨论。

第二节　口腔设备网络系统

一、现阶段口腔综合治疗台存在的问题

临床口腔设备的主体——口腔综合治疗台发展到今天，已经形成了一个完整的机电一体化平台和人机一体化平台，集现代工业之大成，为口腔科医生、椅旁助手及受诊患者提

供了空前的操作便利性和治疗舒适性。但依据智能化、系统最优化的眼光和作为口腔综合业务系统的功能需求重新审视这一机电系统，发现现阶段口腔综合治疗台有如下问题：

（1）口腔医疗虽然是手工密集性操作，但信息处理的工作量也占极大比例。围绕患者的所有信息处理过程均以医生和患者为中心展开，但现阶段口腔综合治疗台并无口腔医疗信息处理能力，其人机系统的一体化只表现在与治疗操作相关的体位与机械系统的配合，缺乏信息交换处理的能力与人机信息处理界面。最常见的医患沟通只能通过背景知识和信息不充分条件下对语言的理解能力，患者看不到自己口内的情况，读不懂 X 线片。医生也无法让患者直观理解疾病的发展、治疗过程和结果。患者接受治疗是建立在对医生的盲目信任及对未来的假设上，从而为医患不合作及医疗纠纷埋下隐患。

（2）堆砌的控制系统。用模拟控制方法，在口腔综合治疗台上引出了一大堆的连线和控制开关，不仅使操作者深感不便，也使口腔综合治疗台只能停留在简单控制、实现少数功能的水平上。

随着单片机控制技术的引入，这种状况有所改善，目前已实现了对牙科椅姿态的编程控制。但对于这样一个口腔医疗事务的集中区，越来越多的设备要与口腔综合治疗台集成并协同工作，这些设备有数字化设备、模拟设备。由于口腔的数字化设备处于发展的早期阶段，所以很少有人考虑设备的接入及信息标准，设备制造商就须不断在原有基础上研制新的控制器件以满足系统的发展要求。目前口腔综合治疗台的控制系统大部分是这种多控制模块重复堆积构成的互不兼容的堆砌体，既不经济也不可靠，为将来的口腔综合治疗台组网设置了巨大障碍。

二、数字化口腔综合治疗台新增加的功能

口腔综合治疗台的数字化是口腔设备数字化的核心内容。口腔治疗的全过程都在该系统上展开，它肩负起众多数字化口腔设备的基础平台责任。临床需求的发展需要口腔综合治疗台引入全新的数字技术，将使口腔综合治疗台发展成为数字化口腔综合业务单元。

因为口腔综合治疗台已经发展为成熟的机电一体化平台和人机操作一体化平台，所以口腔综合业务单元的功能发展主要围绕以下三个主要方面展开。

（一）口腔综合信息处理系统

口腔科医生的临床诊疗过程，是通过患者讲述、临床检查、历史追述、临床辅助检查、模型研究，综合上述信息及医生的医学知识、临床经验形成治疗方案，经与患者讨论后实施治疗，并在治疗过程中不断调整治疗方案。有些治疗需要辅助系统的高度配合，如修复件制作。所以，该信息处理系统的主要任务是采集、查询、记录相关信息，处理并决策（诸如治疗方案），交换信息。

所有与信息采集、查询、记存、处理、交换有关的设备将集成到口腔综合业务单元中，构成口腔综合信息处理系统，其中大部分工作将交给网络完成。例如，在数字化口腔综合业务单元上集成数字化口腔照相机（即口腔内镜）、数字化牙片机、数字化根管测量仪、数字化印模仪、数字化𬭩架，以及数字化心电监护仪等构成信息处理系统的部分硬件设备，再配合相应的软件即构成口腔诊疗决策信息处理子系统。

支持数字化口腔诊疗决策信息处理子系统的基本工作流程如图 2-8 所示。

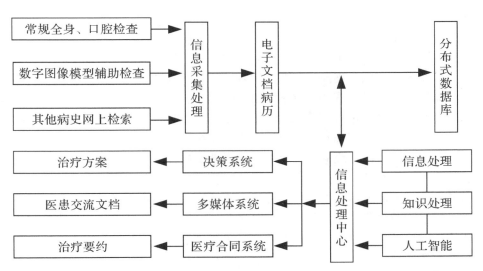

图 2-8　口腔综合信息处理系统中数字化诊疗决策子系统基本工作流程示意

（二）现场总线与设备接入

由于口腔综合治疗台本身的检测与控制位点较多，也为了保护设计和制造资源，口腔综合治疗台的控制系统采用现场总线具有极强的优势。该总线接入诸多设备及测控位点，形成口腔综合业务单元的控制局域网，成为其他数字化设备接入的数字平台。这一总线的基本结构如图 2-9 所示。

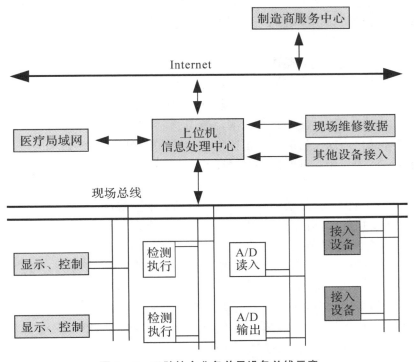

图 2-9　口腔综合业务单元设备总线示意

（三）人机界面

口腔综合业务单元系统不仅仅是一个由传统的机电一体化的口腔综合治疗台和一个高度智能化的数字平台组成，更重要的是，它是由医生、患者及助手与该系统有机整合的协同系统。在该系统中，医生逐渐把一些确定规则的事务处理和规范的数据业务交给系统处理，系统根据医生要求及习惯将有关患者的资料数据提供给医生，供医生诊断、治疗决策。同时，该系统将患者进行医疗选择时所需的背景知识以患者易理解的方式与患者交流。该系统还将从网络上筛选有关信息，获取专家指导及社会相关系统支持，使患者在该系统环境下愉快地接受医疗服务，医生高效优质地实施诊疗行为。该系统将口腔科医生群体长期积累的经验、智慧，通过医生个体充分发挥，成为口腔医疗工作的技术支持中心。

在口腔综合业务单元的全部工作过程中，人是该系统的决定因素。虽然这一系统充分考虑了医生、患者及设备的一体化行为，其系统的工作方式及数据流程是模仿理想的医生工作方式，但人机的交互过程仍然是该系统最重要的过程。因此，实现人机交互界面的优化设计十分重要。

由于该系统的智能化控制功能，已使医生对设备各种功能的操控摆脱了用众多开关控制的局面。现阶段口腔综合治疗台常用的控制方式，是将若干功能归类分组，将每组功能排序编程，然后设置功能控制键。这一过程的人机交互方式是：操作者按下功能键，系统将启动并完成一组相应的功能，这样，控制键的数量将大幅度减少。例如，牙科椅位置的程序控制，通过一至两个键的选择，就可实现多个记忆椅位的控制。

这种方式虽然已大大减少了控制键和操作步骤，但仍需若干控制键来对应相应的控制功能。使用组合键方法，不仅不便于操作，也不便于临床应用。

新的控制方法是在系统上设计一个人机对话窗，通过屏幕选择控制过程，计算机引导进一步操作，这样就可以由少数几个控制键，通过屏幕菜单的人机交互过程完成系统的全部操作工作。

但是，这种人工交互式的操作过程，常使按键次数增加，使临床使用感到不便。改进的方法是通过对医生临床行为习惯的研究，设置优势控制键，在系统上通过简单编程改变优势控制键，以适应不同医生的使用。这些方法通过与系统的交互式操作，基本上实现了控制过程的优化，极大地方便了临床医生，提高了系统的综合效率。

然而，口腔综合治疗台目前尚处于数字化发展的初级阶段，多数未实现这种高效方便的交互式控制，亦未采用先进的现场总线技术。

数字化口腔综合业务终端的核心之一是口腔诊疗数据处理中心。该系统在人机交互上出现了一个功能和结构十分复杂的界面。这个界面有如下特点：①人机交互的信息形式复杂，在这里人机交换的大量信息是多媒体信息，诸如语言、文本、图形、图像等，人机交互双方面临对所交换的复杂信息的接受（输入）、识别，并变成易理解的方式的问题；②信息量大，图像的信息量十分大，有些信息量虽然较小，但在医生日常工作量中的构成比较大，如用键盘输入一份患者的全病历；③临床要求以简捷方式交互，即医生向系统输入的指令尽可能简捷，面对系统输出的信息则要求尽可能丰富和便于理解，如系统给出的头影测量结果不应仅仅是一大堆数据，一组直观的图形更能说明问题；④人机交互信息的模糊性，人向计算机发出的指令多数是模糊的和信息不完整的，这要求人机交互界面必须有模糊处理系统的支持；⑤操作简易性，键盘虽然是最基本的输入工具，但在临床应用中受到许多限制，距离医生的书写和信息表述习惯相差甚远，发展一种更接近医生日常工作习惯的简单易行的信息输入方式势在必行。

鉴于口腔综合业务单元的特殊工作环境和人机界面要求，在笔者研制的数字化口腔综合业务单元系统中，采用当代人机界面技术，搭建了一个适应该系统基本要求的人机界面系统。该系统采用多种技术，有针对性地解决相关媒体的数据输入和表达，其使用习惯接近临床医生的工作习惯，取得较好效果。该系统采取的几种人机交互方式为：①医学图形、图像的输入，采用相关数字化设备，将对象形成数字化图像文件，其格式符合医学图像数据标准，输入口腔综合业务单元；②机椅系统控制采用屏幕菜单导引＋优势键控，实现简捷控制，目前已实现主要功能的语音控制；③数据处理中心系统的控制采用图形交互控制；④临床现场数据录入采用语音录入后台整理方式；⑤使用数字病历书写板，形成与病历记录相近的现场数据录入；⑥保留键盘功能；⑦系统输出将主要以图形、图像方式表达结果。

与口腔综合业务单元进行交互的人机界面方式如图 2－10 所示。

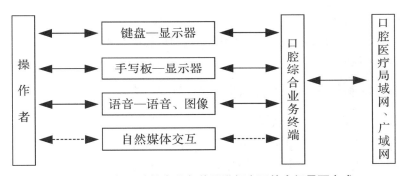

图 2－10　与口腔综合业务单元进行交互的人机界面方式

这一人机界面在现有技术基础上，以较小的开发工作量，快速实现了接近临床使用习惯的功能，有较高的使用价值。

人机交互的未来发展方向是向自然媒体交互发展。今后随着模式识别、知识处理技术的深入发展，计算机以更接近人类自然识别与交流的方式接受和理解操作者自然语言传达的意图，这时的口腔综合业务单元就像一个与医生长期良好合作的工作伙伴，理解并执行医生的意图，提醒医生避免错误操作，而这一切应该通过自然语言交流来实现。

至此，我们已经了解了数字化口腔设备及系统的发展过程：从简单的控制、检测、感知外部信息，多个自律的智能化系统集群协同工作，人工智能，发展到上述的人机交互——与人脑自然思维过程交换信息并与人脑协同工作，表现了从简单系统到高级复杂系统的发育过程。这一发展过程也正是口腔设备的数字化过程。

第三节　数字化口腔医院

人类进入 21 世纪，信息技术渗透到人类生存、发展的各个层面。作为对人类健康服务的口腔医疗技术，正在这一大趋势下悄然发生变化。口腔医疗技术信息化的一个重要结果是数字化口腔医院将进入社会生活，为人类口腔健康服务。

　　数字化技术为我们提供了在一个全新数字空间构筑口腔医疗服务体系的技术基础和手段，社会进步也要求口腔医疗工作者以患者为中心，为患者提供更优、更好的服务。提供这种服务的工作系统应该有更低的社会综合成本和更高的工作效率，这一切促使我们借助先进的数字化技术，重新构建口腔医疗服务技术体系。

　　应该说，从人类能够体验到口腔疾病的痛苦时就有了解决这种痛苦的需求，并推动口腔医疗技术不断发展。时至今日，现代科学派生的口腔医疗技术与人类工业文明并驾齐驱，现代口腔医疗技术充分体现了现代科学技术在生物科学、医学科学、材料科学、工程技术、社会科学等领域的光辉成就：运用人类工效学原理、机电一体化技术、硬组织加工工程技术，建立现代口腔综合治疗台；利用 X 线技术、解剖生理及病理学建立了口腔 X 线学；利用材料工程技术，研制了各种口腔医用材料；利用管理学原理及医患行为分析技术，建立现代口腔医院的管理与服务体系；根据现代社会人类口腔健康需求，社会综合实力及现代口腔医学的实际水平，进行社会口腔医疗资源的配置。这一切充分表明，现代口腔医学建立在科技进步基础之上，它也同样面临迈入信息时代所必须经历的质的飞跃和发展。口腔设备亦将向数字化的人机协同系统发展。

　　在向未来信息社会过渡的进程中，我们头脑中以及传统教科书的一些关于口腔医院的基本理念可能将发生如下变化。

一、口腔医院——新型口腔医疗行为空间

（一）集成、共享与开放系统

　　历史上，从个体的牙医，走向一群人一起工作，每隔一定时间大家一起进行学术交流，依据医疗管理机构制订医院各部门的工作标准和规范，并协调部门间的工作关系。随着信息交流能力不断加强，若干口腔医疗机构可以通过虚拟空间整合成全新的口腔医疗空间：口腔科医生间的交流十分容易，领域间的交流也无障碍，口腔医院不再是向一个围墙空间中集中更多设备、人力、物力、资源的现实结构，而成为一个口腔医疗的行为空间，服务、劳动与资金交换的空间，医疗契约形成及践约的空间，保证这种交换合理、有效、公平，并为社会带来进步、为患者解除痛苦、传达愉悦的空间。口腔医疗的行为空间主要包括两个部分：可以实施口腔治疗的现实医疗空间和口腔医疗系统内部以及系统内部与患者系统、社会系统之间信息交换的虚拟行为空间。集成体现了资源的最优化配置，体现了高速交换信息并有效解决问题的系统能力，保证了资源共享。而这一切的基础均来源于口腔医院是一个开放系统。

　　集成与共享也体现出越来越多的科学技术与方法解决了口腔医学所面临的多种问题。利用生物工程技术有可能产生抵抗龋病及牙周病的疫苗；引入心理学及行为学的理论方法，使我们重新认识种植牙失败的原因；利用工业流水线原理，我们改造了技工室作坊，建成了修复体生产工厂；借助保险技术，可以解决口腔医疗面临资金压力的窘迫；而系统学的理论与方法则使我们重新认识牙颌重建在口腔治疗中的意义及目的。集成多学科的科学技术、方法是口腔医学不断发展的重要驱动力。

（二）口腔医疗——传达愉快体验

　　在高速发展的信息社会，虽然口腔疾病仍然是一个影响健康的问题，但治疗口腔疾病

却可以成为一种传达愉快的经历。这包括采用无痛技术完成治疗；在治疗中创造一种愉快的氛围；通过患者的触、视、听、嗅等感觉，向其传达一种综合的愉快体验；通过一些特定信息技术进行心理行为引导，把患者对治疗的紧张、焦虑、无知与茫然，转变为松弛、平和、信任与合作。这是未来信息社会口腔医疗技术与服务水平的一个重要标志。

（三）口腔健康保障——个性化疾病防治

在未来信息社会，由于我们可以充分掌握患者个体、群体信息及必要的背景信息，使我们有能力及时了解患者口腔健康状况。而现在我们只能期待患者通过牙痛信号得知牙齿有问题后才来就诊，这时多数成为不可逆的、往往伴有口腔咀嚼器官实质性破坏的问题。另外，由于不能充分掌握服务对象的口腔健康状态，预防工作只能采用拉网式的群防群治工作方式，造成资源的极大浪费。在信息社会，由于对患者信息的充分把握，可以把口腔疾病消灭在萌芽状态，以最低的社会成本及时间成本完成口腔预防及口腔疾病的早期治疗工作。在信息网络系统中，由于对患者健康问题了如指掌，并可以通过网络空间及时得到上级医生指导，可以最大限度地规避医疗风险，提高医疗水平和服务质量。

（四）多领域信息交流能力、创新能力

在未来信息社会，一名口腔科医生、一个科室、一所医院均是口腔医疗网络的一个结点，可与整个环境进行信息交流。随着技术进步，交流本身不再成为技术障碍，关键是医生对海量信息的处理加工以及创新能力。要求网络结点的核心——口腔科医生应具有广博的知识及解决问题的实际能力。进入信息社会，口腔医学网络结点的创新能力，特别是口腔医学创造性解决问题的能力，再一次成为发展的原动力或制约瓶颈。

二、数字化口腔医院的基本构成

数字化口腔医院是口腔健康医疗服务网络中的医疗信息岛，也是一个数字化的口腔医疗行为空间。在这里将完成口腔疾病治疗，口腔医疗劳动产品的社会交换，口腔医院与社会环境的物质、能量与信息交换，口腔医院系统的自组织与发展。另外，数字化口腔医院还将承袭传统法人主体，行使其应担负的社会、道义职责及义务。根据上述口腔医院的功能，我们可以推测其结构、任务分布及数据流模式，如图2－11所示。

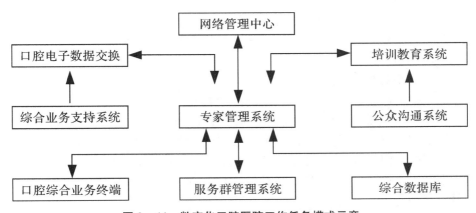

图 2－11　数字化口腔医院工作任务模式示意

（一）专家管理系统

医院的专家包括医学专家、管理专家及信息管理专家。他们分布在医院的网络之中，依靠规则、标准及创造性进行工作，参与、调控医院的日常事务和中远期战略发展。同时，他们更注意信息及其传输的质量，结合人的创造性以及岛内网络的最优化、开放性及集成能力，更注意资源的优化配置及最大限度的共享，更注意充分利用其他科学技术生成新的口腔医学知识并实用化，以全新的思维和方法推进数字化口腔医院的发展与进步。

（二）口腔医疗综合业务终端

简单地说，这是一种数字化口腔综合治疗台，即在现有机电一体化的口腔综合治疗台的技术平台上，集成口腔医疗信息综合处理的能力与系统，如图 2 - 12 所示。

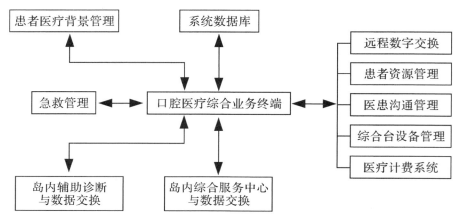

图 2 - 12 口腔医疗综合业务终端工作任务数据流模式示意

数字化口腔综合治疗台是信息社会口腔医院的标准装备。可以单机作为口腔医疗网络中的结点，也可以集群形成一个局域网。这样的系统是否装在一个公共空间并不重要，因为网络空间提供了广泛的技术支援及信息共享，网络中的任何一台终端均可以享有集体智慧、先进技术、信息，以及系统支持，而且可以极大地拓展系统使用者管理使用信息资源的能力。

（三）综合业务支撑系统

口腔综合业务支撑系统是指为口腔综合业务单元提供服务支持的口腔医院所有功能集成。从狭义的医院技术体系而言，这一系统主要指信息化口腔医院辅助诊断信息处理系统和综合服务系统。

1. 辅助诊断信息处理系统

辅助诊断信息处理系统包括：①各类医学检验数据系统；②医学影像数据系统；③颅、面、颌、牙数据模型系统；④殆运动状态信息系统；⑤专家辅助诊断系统。

辅助诊断信息处理系统将患者的各类检查、检验结果以数字化多媒体方式送入网络及综合数据库，供临床口腔综合业务单元随时调用，必要时借助专家辅助诊断系统做出进一步判断和建议，指导临床医生工作。

2. 综合服务系统

综合服务系统更多地集成了医院医疗工作中辅助性机构的执行及操作功能。它们大体上包括：①口腔修复体的数字设计及制作系统；②急救系统；③耗材配送及物料供应系统；④口腔综合台维护与保养系统；⑤药房。

值得注意的是，今后的口腔医院，由于信息化带来的进步，服务中的技术瓶颈越来越少，口腔医院的功能设置将更加强化与突出满足患者的健康需求，医院工作流程将重组，从而可能形成与目前完全不同的科室设置。由于数字化综合治疗台已成为一台拥有多位专家智慧及强大功能的微型医院，口腔科医生的唯一工作目的就是帮助患者全面解决问题。

（四）服务群管理系统

口腔医院实际上是多种服务职能组成的服务群。如口腔科医生服务于患者，而假牙工厂服务于口腔科医生。服务群管理系统的主要职能是在整个口腔医院中优化服务结构关系，从而优化全系统。

（五）其他

数字化口腔医院以知识工程技术重新表达了口腔医学知识，使知识传达变成了实时和无所不在的行为。建立在数字化口腔医院的公众沟通系统使口腔医学知识以前所未有的方式向社会群体扩散，并有极强的针对性，也更易为人们接受和理解。培训教育系统则可随时使口腔科医生知识更新及向新知识领域扩张。通过互联网则有可能把全球的口腔科医生纳入同一个虚拟空间进行交流，保证数字化口腔医院是一个开放系统。

数字化口腔综合业务单元系统结构如图2-13所示。

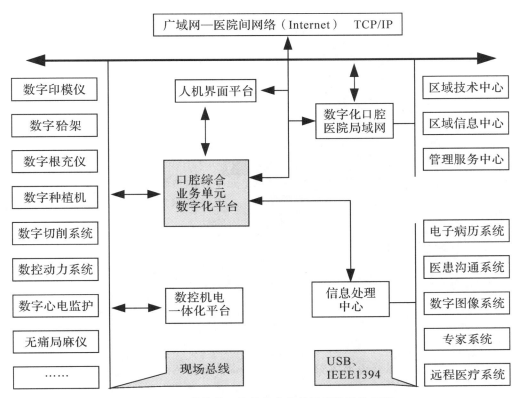

图2-13 数字化口腔综合业务单元系统结构示意

三、数字化口腔医院管理系统的变化

管理行为中最关键过程——信息采集→决策→命令与控制，因网络的出现而发生根本改变。管理者的主要目标是集成、协调、优化网络资源，最大限度地发挥网络成员（包括医学专家、服务人员、信息管理专家等）的创造性、主动性和才干。经过最优整合的团队优势，是数字化口腔医院快速发展的基本保障。

在向未来数字化口腔医院发展的进程中，适时打破目前这种金字塔式的限制性控制系统，以满足临床患者需求为目标，重构口腔医院工作流程，建立平等、集成与合作的网络式管理体系，是建立数字化口腔医院的组织保障。

资源始终是发展的瓶颈，但常常在解决资源难题的同时意外获得发展的动力。资源共享是解决资源问题的有效手段，数字化医院的网络提供了资源共享的技术基础。因而未来有可能以资源共享的程度，作为衡量数字化医院的成功与否的标志之一。

（刘福祥）

第三章　口腔设备管理

口腔医学的实践性很强，不仅要依赖于医生的知识、经验、思维判断、技术操作，在很大程度上也要依赖仪器设备。20世纪以来，随着科技的发展，各种先进的技术如电子技术、光学纤维技术、超声技术、激光技术、电子计算机软硬件技术等逐渐在口腔医学领域得到广泛应用，先进的口腔设备不断投入临床，促进了口腔临床医学的发展。与此同时，随着口腔设备的大量应用，其安全性、可靠性及有效性越来越成为国家和人们关注的问题，对其管理工作的地位和作用也越来越重视。因此，不断地总结、探索和研究新的管理理论和方法，进而加强口腔设备的科学管理，对促进口腔医学事业的发展具有十分重要的现实意义。

第一节　设备管理的概念与内容

口腔设备因其同企业中设备一样，是提高生产率（医疗服务效率）、产品质量（医疗服务质量）的重要工具，同时现代口腔医院的经营管理模式与工业企业管理模式也有很大相似之处。故企业设备管理理论中的概念及理论对口腔医院设备管理也是基本适用的。本章主要以企业设备管理理论来阐述现代设备管理的基础知识。

一、设备的概念

设备是指可供企业在生产中长期使用，并在反复使用中基本保持原有实物形态和功能的劳动资料和物质资料的总称。从该概念来看医用设备可以看作是在医疗服务时，可反复使用且基本保持其实物形态和功能的劳动资料和物质资料的总称（资产）。

二、设备管理的概念

设备管理是以提高设备综合效率，追求寿命周期费用经济性，运用现代管理理论和方法，对设备寿命周期内购置、验收、安装调试、使用、维护维修、调剂报废等全过程，从技术、经济、管理等方面进行的综合研究和管理。在医院设备管理中，其对象是直接或间接用于医疗、教学、科研、预防、保健等工作，具有卫生专业技术特征的仪器设备。口腔设备管理，顾名思义是针对口腔医学专业领域具有口腔医学专业特点的仪器设备进行的管理。

三、设备管理的内容

口腔设备同其他企业设备一样，都有两种形态，即实物形态和价值形态，设备实物形态是从设备规划或设计制造、选型购置、安装、调试、使用、维修、改造直至报废的全过程，是设备实物形态运动过程，是设备价值形态的物质载体。设备经由制造企业规划、投资设计、制造，在投入市场前，它具有了价值，其价值表现形式为生产成本；设备投入市场经销售进入再生产使用前，此时其价值形式表现为设备原值；设备投入使用后，一方面设备使用运行需要资金的继续投入，另一方面，通过折旧，其价值逐渐转移到产品成本中，表现为设备原账面价值减少；当产品更新或工艺改变，一些设备停止使用，设备进入调剂市场，通过出售，可回收设备部分剩余价值；若设备无修理、改造价值时，则可报废收回其残值。设备在不同时期价值不同，价值形态表现也不同，此即为设备价值形态，价值形态是实物形态的货币表现。

设备管理必须依赖于设备的实物形态和价值形态，而对设备实物形态和价值形态的管理又须依托设备档案、管理系统。故设备管理可从技术、经济、管理三个侧面及三者的关系来考虑。设备管理的技术侧面是指在依托设备实物载体的前提下，从物的角度对设备进行的控制管理活动，主要涉及对设备硬件所进行的技术处理，如设备的设计制造、诊断、状态监测、维护保养、维修以及升级改造等；设备管理的经济侧面是指从经济费用角度，对设备采购、运行、维修等方面进行的价值考核管理活动，主要涉及设备配置规划和购置决策、能源成本分析、维护维修经济性评价、设备折旧等；设备管理的管理侧面是指从管理规章制度、管理系统等软件控制措施方面对设备进行的控制管理活动，是从人的角度进行的管理活动，主要涉及设备配置规划及采购管理系统、设备信息管理系统（固定资产管理系统）、设备运营管理系统、设备维修管理系统等。

本章将以设备的实物形态及其管理为主线，以价值形态及其管理为辅线，简单介绍设备生命全过程的管理，主要包括设备配置规划管理、设备采购管理、设备的验收、安装调试管理、设备使用及维修维护管理、设备资产管理、设备质量与安全管理等内容。

四、设备管理的原则

设备管理应当坚持设计、制造与使用相结合，维护与检修相结合，修理、改造与更新相结合，专业管理与群众管理相结合，技术管理与经济管理相结合的原则。（中华人民共和国设备管理条例）

五、设备管理的目标

设备管理的目标是合理运用工程技术，经济、管理等手段，在保证医疗、教学、科研工作正常进行下，使设备寿命周期内的费用/效益比（即费效比）达到最佳的程度，即设备资产综合效益最大化。

第二节 设备的配置规划及管理

随着国家医疗卫生体制改革的不断深化，城乡和区域医疗卫生事业发展不平衡，资源配置不合理的情况将逐步得到解决。也可以说未来医疗机构的资源配置，既关系到国家医疗卫生体制改革，也关系到医疗机构自身发展。口腔设备作为口腔医疗机构中的重要资源，其配置规划是一项系统工程，关系国家政策、口腔医院发展，必须进行科学论证和决策。

一、设备配置规划应遵循的基本原则

（一）能级配置原则

能级配置原则是指医院拟配置的设备应与医疗机构所承担的功能、提供的服务量、服务范围、技术能力等相适应，既不能配置超出其功能定位的设备，也不能配置过于落后，不能满足临床实际工作需要的设备。

（二）安全有效性原则

安全有效性原则即拟购入的口腔设备必须经过相关质量检测部门的认证许可，以确保防护、技术、机械、性能等的安全有效。

（三）效率性原则

传统的效率性原则是指设备的使用率，仅从时间上考虑。目前已有全面生产管理（total productive management，TPM）体系，主张以设备综合效率来度量设备管理水平。设备综合效率不仅考察设备在时间上的利用情况，也考察由于操作和工艺造成的性能降低和合格品率的问题。

（四）经济性原则

目前越来越多的高新技术设备应用于口腔临床，其在推动口腔临床医学进步的同时也带来了卫生费用的快速增长。经济性原则是指口腔医疗机构在配置新设备前必须进行详细论证，需在设备的投入与产出之间寻求一个平衡点，即设备的投资回收期应在一个可接受的水平。

（五）先进性原则

先进性原则是指口腔设备应具有先进性，对于拟购入设备，尤其是精密设备应主要以高技术水平为原则，配置该种设备后，应当能将口腔医疗机构的医、教、研及临床诊疗能力等方面水平提高到一个新的高度。对教学医院来讲，先进性原则应当列入配置原则中的一个重要原则。

此外，配置设备还应考虑设备的环保与节能。在现代社会，环保和能源已经影响或危及政治、经济、文化等方面，是否有效节约能源已是设备设计和制造的主要指标之一。

二、设备配置规划一般流程

（一）提出计划申请

设备管理部门依据本单位发展目标和工作重点，组织使用部门（即临床科室）提出增加或更新设备申请，或者由使用部门直接提出申请。

（二）汇总分析计划申请

设备管理部门将收集的计划申请进行汇总，并依据上年度设备购置计划执行情况、存在的问题、医院设备总体购置情况、调查及预测的相关数据和资料进行分析。

（三）拟定配置规划方案

在分析的基础上拟定医院年度设备购置计划的总目标和实施步骤，拟定初步规划方案。

（四）提出预算

配置规划方案提出以后，设备管理部门要会同医院财务部门编制财务预算，使规划方案数字化，以便纳入财务预算。随着《中华人民共和国预算法》（2014 年修正）的施行，为适应现代管理的要求，医疗机构，尤其是公立医院要求实施全面预算管理，设备配置规划方案所需资金必须纳入医院全面预算管理。因此，在编制财务预算时必须审核预算方案在资金方面的适宜性与可行性。

（五）综合平衡确定最终规划方案

在进行资金预算评估的基础上，单位领导应对规划方案进行综合平衡，从必要性、适宜性、技术性等方面进行再次审核，然后作出决定，确定最终规划方案。

三、设备配置规划可行性的分析与论证

（1）是否符合该时期内国家及地方政府关于设备管理的方针、政策。

（2）是否符合本单位业务发展规划。

（3）是否编制经费预算。

（4）是否进行了市场调研与选型。

（5）是否进行了投资效益预测。

（6）配套设施条件是否完备。

（7）使用人员技术水平是否适应。

（8）是否对售后服务及维修费用进行预评估。

配置规划的科学编制与论证是配置规划执行的前提与基础，是将设备纳入切实可行的、符合后期购置要求的重要控制手段，也是防止后期购置过程中造成失误的有效措施。

四、设备配置规划管理的内容与任务

配置规划管理，也就是计划管理，是为了达到一定目标而做出的决策、措施和安排。设备的配置规划管理就是对设备的计划编制、编制过程、审批、执行以及调整等过程实施的规范化、程序化的管理过程。

口腔设备的配置规划是科学严谨而且复杂的过程，具体执行部门需要根据国家政策、医院发展规划，把与该配置规划有关的机构、职能部门、业务部门等各环节科学地组织起来，进行配置规划的编制、评审、执行和检查，并使计划能够顺利、协调地执行下去，保证其任务的完成并获得好的效果。

配置规划管理包括规划编制、规划执行、检查和规划执行分析、改进措施拟定等几个方面，管理应按照这几个方面的科学顺序不断循环、不断提高。

五、大型医用设备配置管理

大型医用设备是指列入国务院卫生行政部门管理品目的医用设备，以及尚未列入管理品目、省级区域内首次配置的整套单价在 500 万元以上的医用设备。目前，大型医用设备的管理实行配置规划和配置证制度。甲类大型医用设备的配置许可证由国务院卫生行政部门颁发；乙类大型医用设备的配置许可证由省级卫生行政部门颁发。医疗机构在配置医用设备时需要查看拟配置的医用设备是否为大型医用设备，若属于甲类大型医用设备，则需要向所在地卫生行政部门提出申请，逐级上报，经省级卫生行政部门审核后报国务院卫生行政部门审批。若属于乙类大型医用设备，则需要向所在地卫生行政部门提出申请，逐级上报至省级卫生行政部门审批。当获得大型医用设备配置许可证后，方可购置大型医用设备。

第三节　设备的采购及管理

一、设备的采购方式

设备的采购是一个影响设备寿命周期费用的关键控制点，不同的采购方式在采购周期、采购效率、成本、程序、灵活度方面不同，可能带来的采购费用也不同。国家公立医院是政府创办的纳入财政预算管理的医院，对采购依法制定的集中采购目录内的或者采购限额标准以上的货物、工程和服务必须严格依据《中华人民共和国政府采购法》《中华人民共和国招投标法》等有关法规和文件实施。

需要说明的是：上述"集中采购目录和采购限额标准"的对象包括政府采购的三个对象，即货物、工程和服务。属于集中采购目录内的设备（货物类）及采购限额标准以上的设备（货物类）均属于政府采购范围，其采购的实施须严格按照《中华人民共和国政府采购法》及《中华人民共和国招投标法》等法规和文件进行。"集中采购目录和采购限额标准"依据其预算属性又分为中央预算政府采购集中采购目录和采购限额标准及地方预算政府采购集中目录和采购限额标准。其中，属于中央预算的政府采购项目，其集中采购目录和政府采购限额标准由国务院确定并公布，属于地方预算的政府采购项目其集中采购目录和政府采购限额标准由省级人民政府或其授权的机构确定并公布，一般都是两年公布一次，同时公布公开招标数额标准。

公立医院在进行设备（包括计算机、打印机、复印机等纳入集中采购目录的通用设备及医学专用设备）采购时，须依据其预算属性、采购预算及采购项目选择相应的采购方式。

当前，设备的政府采购有以下几种方式。

（一）公开招标

公开招标是指招标人以招标公告的方式邀请不特定的法人或者其他组织投标。采用该方式采购的，应当在国家指定的报刊、信息网络或者其他媒介发布招标公告。该采购方式的优点是凡符合投标条件的供应商都可以参加投标，公平竞争，形成广泛竞争局面，即可以将市场竞争机制最大可能地引入到设备的购置中。因公开招标具有以合理价格获取所需设备、公平公正防止徇私舞弊产生等多方面的优点，使其在采购中占有重要地位。其具体采购流程详见"医用设备的公开招标采购"。

（二）邀请招标

邀请招标是指招标人以投标邀请书的方式邀请特定的法人或者其他组织投标。采用邀请招标方式的，应当向三个以上具备承担招标项目的能力、资信良好的特定的法人或者其他组织发出投标邀请书。其基本程序和要求与公开招标采购大致相同，不同点是将投标邀请书选择性地寄发给相关供应商，而不是以公告的形式发布。其优点是竞争相对激烈，比较适用于同一类性能和功能相近设备、厂商较少的设备的采购。

（三）竞争性谈判

竞争性谈判是指由采购人代表和有关专家共三人以上单数组成的谈判小组与符合相应资格条件的不少于三家的供应商就采购事宜进行谈判的采购方式。其优点是程序简单，不需要编写招标文件，也不需要发布招标公告。根据《中华人民共和国政府采购法》的规定，符合下列情形之一的货物或者服务，可以采用竞争性谈判方式采购：

（1）招标后没有供应商投标或者没有合格标的或者重新招标未能成立的。

（2）技术复杂或者性质特殊，不能确定详细规格或者具体要求的。

（3）采用招标所需时间不能满足用户紧急需要的。

（4）不能事先计算出价格总额的。

（四）单一来源采购

单一来源采购是指只能从唯一供应商处采购的，或者发生了不可预见的紧急情况不能从其他供应商处采购的，或必须保证原有采购项目一致性或者服务配套的要求，需要继续从原供应商处添购的一种采购方式。其优点是谈判时间短、可直接与供应商签订采购合同、速度快、手续简单，不足之处是缺乏竞争性和选择性。

（五）询价

询价采购是由采购人代表和有关专家共三人以上单数组成的询价小组向符合相应资格条件的不少于三家的供应商发出询价通知书让其报价的采购方式。其与竞争性谈判的区别是要求被询价的供应商一次报出不得更改的价格。尤其适用于急诊抢救类医用设备或不同供应商报价的同一种设备的采购或同类产品不同品牌型号但报价相同的设备采购。对已经很好掌握了成本信息和技术信息的医用设备，并且有多家供应商竞争，也可以事先选定合格供应商范围，再在合格供应商范围内用"货比三家"的询价采购方式。该采购方式的优点是可以确保价格具有竞争性、简单客观、机动性强。

上述采购方式是《中华人民共和国政府采购法》针对"集中采购目录内和采购限额标准以上"货物、工程和服务采购所做的法律法规规定，但未对集中采购目录外和采购限额标准下的货物、工程和服务采购做出明确规定，各公立医院在这类医用设备采购时可以参考《中华人民共和国政府采购法》规定的上述采购方式，实施医院内部招标采购、医院内部竞争性谈判等，采购程序也可参照政府采购方式的采购程序进行。

二、设备的循证采购

首先需要说明的是设备的循证采购（evidence-based purchasing）不是采购方式，而是运用循证医学（evidence based medicine，EBM）的理论和方法，对设备的技术特性、临床安全性、有效性（效能、效果和质量）、经济学特性（成本－效益）、社会适应性（法律、法规）进行卫生技术评估，为设备的购置提供决策依据的一种手段。

面对激烈竞争的医疗市场，各医疗机构都十分重视医学技术装备的建设，但由于受社会经济、科技等诸多因素的影响，各医疗器械制造厂商所制造的产品良莠不齐；同时由于国家相关政策、法规不够完善和健全，对产品的安全性和质量控制缺乏评估机构和指标体系，以致市场行为不够规范，在采购活动中存在徇私舞弊、不平等交易现象，且采购常常导致所购设备质低价高或陈旧过时，甚至存在无效或有害设备器械的使用及所谓"新技术"的滥用，这不仅浪费了已有的卫生资源，还加大了国家、医院和患者的经济负担，甚至危害了医务人员和人民群众的健康。因此，引入循证采购的概念，并用以指导采购实践是十分必要的。

（一）循证采购的意义

（1）有利于选购先进、安全有效、经济适用的优质技术设备，提高采购资金的使用效益，降低医疗卫生服务费用。

（2）通过对设备技术、经济等方面的卫生技术评估，有利于提高设备管理队伍的素质，促进管理决策的科学化。

（3）有利于加强廉政建设，减少和杜绝采购活动中不规范行为和徇私舞弊等不正之风。

（4）有利于逐步规范医疗产品市场，保护采购方及供应方的合法权益，促进口腔设备新产品的开发和规范。

（二）循证采购的方法

1. 搜集证据

在确定采购项目后，首先要收集有关资料，获得真实可靠的信息（循证医学证据），以指导采购实践。收集的资料包括：①制造厂（商）或供应商信息，如是否具有生产条件、技术实力、信誉；是否具有独立承担民事责任的能力，良好的商业信誉和健全的财务会计制度；是否具有履行合同所必需的设备生产和销售、维修、培训等专业技术能力；是否具有法律、行政法规规定的其他必备条件，如经营许可证、营业执照、进口商品注册登记证等。②产品信息，包括主要功能技术参数、质量稳定性、安全性、故障率、软件升级和扩展性、环保性、是否经过了充分临床验证等。③国家相关政策、法规及条例，是循证采购的法律依据和准绳，只有了解、熟悉和掌握这些法规和条例才能在采购活动中做到依法采购。这些相关法规、条例主要包括：《中华人民共和国政府采购法》《医疗器械产品注册管理办法》《中华人民共和国经济合同法》《中华人民共和国招标投标法》《机电产品国际招标投标实施办法》《卫生部属（管）单位仪器设备管理制度》《中华人民共和国进口商品检验条例》《大型医用设备和配置与使用管理办法》等。

信息来源：①正式出版的文献图书资料。②国内外医疗器械专业期刊，反映市场调研、同类产品比较、新产品介绍，新设备新技术的临床应用与评价等信息。口腔医学类设备期刊如《口腔设备与材料》、《亚太区牙科季刊》（Dental News）、《亚洲牙科》（Dental Asia）等。③采购指南，如国家药品食品监督管理局和信息中心编制的《进口医疗器械注册产品目录》，咨询公司编制的《医院采购指南》等。④厂商产品介绍及样本资料互联网相关信息检索。⑤实物考查。口腔设备及器材展览会是循证采购了解、收集市场信息的大好机会，可在现场查看实物、操作和咨询，对同类产品在外观、造型、设计、工艺、质量、技术性能及价格等方面进行比较，以获得第一手资料。⑥用户调查。对口腔设备进行用户调查，了解其质量可靠性、性能稳定性、价格、故障率、维修性、安全性、环保性以及厂（商）售后服务等方面的内容。

2. 评价证据

评价证据是循证采购的关键环节，即对有关产品的相关证据的真实性、可靠性、经济学特性、适用性等进行具体的评价。内容包括设备的评价和供应商资格认证。①设备的评价：主要指设备功能、质量及技术特性、临床安全性、有效性、性价比、售后服务、保修甚至易损易耗件的价格等，更为重要的是确定新的是否比现有设备更有效、更安全和具有更高的效益/成本比。②供应商资格认证：供应商是否具备以下条件。例如，具有独立承担民事责任的能力，有良好的商业信誉和健全的财务会计制度；具有履行合同规定的设备生产、销售、维修、培训等专业技术能力；法律、行政法规规定的其他条件：生产许可证、经营许可证、营业执照等。

值得提出的是，虽然我国已建立多个卫生技术评估中心，在推广循证医学理论和方法、医学技术评估方面做了大量工作，但对口腔设备的评估还停留在理论阶段，尤其是对口腔医疗器械的评估尚属空白，更无评估标准。而国际上发达国家均有评估机构，如美国临床研究协会（Clinic Research Association，CRA）对牙科产品进行评价，包括临床领域试验，临床控制测试，实验室测试，对新产品与标本产品进行比较，然后在期刊及网站公布，作为临床医师选购牙科产品的技术指导，供采购设备评估参考。

三、设备的采购管理

设备的采购管理是指对设备采购过程中各个环节进行严密跟踪、监督，实现对采购活动执行过程的科学管理。其管理不仅涉及对设备采购预算的编制及批复、设备采购计划、采购计划执行、合同签订等各个环节的管理，还包括对采购方式是否合理等具体采购执行的管理，以及采购成本控制、采购效率等采购质量方面的管理。

第四节　设备的验收、安装调试管理

一、设备的验收流程

设备验收是设备购置合同执行中最后一个关键环节，是采购管理与使用管理结合部分的第一个环节，也是安装调试的前提和基础。由于不同的运输途径、包装质量的好坏、运输条件的优劣都有可能造成口腔设备数量或质量方面的问题，所以到货后无论是国产还是进口的口腔设备，都必须验收后才能进行安装调试。验收设备是一个多部门合作的工作，一定要安排好前期准备工作，包括选配合适的验收人员、参加验收人员要详细阅读订货合同等资料、做好设备机房布局改造等。验收过程一般由卖方、合同签订部门、使用科室以及其他部门和人员共同进行。设备的验收程序一般包括开箱、清点、查验外形、检查设备机内组件，重点检查精密易碎部件，做好记录。

（一）开箱

开箱时箱体要正立，不要猛力敲击，防止震坏部件。开箱后检查内包装是否有破损，如有残损，要及时拍照、检查包装是否符合设备质量要求。

（二）清点

清点是设备完整性验收的重要环节，要以合同明细单、装箱单、发票为依据对箱内数量一一核对。核对时不仅要核对数量，还要核对编号，如发现数量或实物与单据编号不符，要做好记录并保留好原包装，以便与厂方联系补发。设备包装箱内应含有设备技术说明书及鉴定证书、检验合格证（合格证应有制造厂名称、产品名称和型号、检验日期、检验员代号）、维修线路图纸等。

（三）查验外形

清点数量后，要对主机及附件进行外形检查，外壳铭牌应当标明制造厂名称、产品名称、型号、使用电源电压、频率、额定功率、产品出厂编号、出厂日期、标准号等。要查看设备外形是否完整，有无变形、磨损、锈蚀；是否有运输中的倒置，碰撞等磕碰损伤等，设备面板各开关是否完好，固定螺丝是否松动等。

（四）检查设备机内组件

机内组件要打开设备外壳进行检查，要查看线路板是否新的；机器编号、出厂日期与合同要求是否符合，有无漏装插件的情况。

（五）重点检查精密易碎部件

对于如仪表、监视器、镜头、球管等精密和易碎部件，要仔细检查有无裂痕、擦伤、霉斑、漏油、漏气、污染、破碎等情况。

（六）做好记录

在验收过程中所有与合同要求不符的情况都应该做好有关记录，包括拍照、录像等，以备后续其他索赔事宜。

二、设备的验收内容

设备的验收不仅仅是上述程序的简单实施，其验收的内容主要包括以下几个方面。

（一）设备到货期验收

订货设备应该按期到达指定地点，不能任意变更，包括提前太多时间到货和延期到货，尤其是不能延期交货，以免影响医院业务正常开展。

（二）设备完整性验收

设备完整性验收主要是检验设备是否按合同要求购入，并对设备的包装及外观完好程度进行检查，核对订货数量及零件、配件、消耗品、资料数量，相关手续是否完整齐全。

（三）设备的技术性验收

随着口腔设备的不断发展，设备的集成度与功能性越来越高，其技术性能方面的验收难度也越来越高，需要在安装调试后空转试车及负荷试车一定时间后，对设备传动、操纵、控制等系统是否正常、灵敏、可靠；设备精度要求是否符合合同要求等进行检查后方可进行验收。设备的技术性验收是设备内在质量控制的重要手段，负责对设备进行技术验收的人员，应当具备一定的专业技术水平，熟悉该类设备工作原理、结构功能等方面的知识。

三、设备的安装调试

做好安装调试，也是口腔设备投入使用前的关键环节。正确的安装调试，能使设备充分发挥各项功能；反之，如果安装调试不好，会影响设备性能的正常发挥，甚至影响设备的使用寿命。

（一）设备的安装定位

口腔设备在临床业务大楼中的安装位置、排列、标高以及立体、平面间相互距离等应符合设备平面布置图及安装施工图等规定，其基本原则是要满足临床业务需要及维护、检修等方面的要求。为使安装达到设备技术对环境的要求，如温度、湿度、空气的洁净度、水、电，以及防电场、磁场、电磁波的干扰等，安装前应最大限度满足设备对工作环境的技术要求。

（1）一般条件：场地面积、房屋高度、进入通道、人员安全通道、防尘防潮、温度与湿度、消防通风等。

（2）配套条件：电源（电压、功率、相数、稳压、UPS等）、地线（接地电阻）、防护（磁场屏蔽、放射线、屏蔽辐射）、水（流量、压力）、特殊用气、地面承重（悬吊式、壁挂式拉力），实验台桌的水平、防震功能，防护处理（污水、污物、废气）等。

（3）特殊条件：有些口腔设备除一般条件外，还需要满足一定的特殊要求，如双路供电，特殊要求的接地电阻（必要时进行重复接地），直线加速器的放射防护的特殊要求，高精密和标准计量仪器宜放在楼房底层等，这些特殊要求均须仔细阅读说明书与厂家安装工程师协商尽力保证条件落实。

在安装阶段以制造商或厂家操作为主，医疗机构仅负责提供条件，监督检查安装程序、质量。因为此时并未完成正式验收签字，发现问题均由卖方负责。

(二) 设备的调试与校验

设备的调试校验是使机器达到正常技术指标操作功能的过程。不同类型的口腔设备安装调试前的准备和安装时的要求不同,其调试校验过程也不尽相同,但一般都需要进行空运转试验、负荷试验、精度试验等几项测试,并根据运转情况进行技术分析,看是否需要进行调试校验、是否能达到合同要求。需要说明的是,对于放射或标准计量等需要由国家相关权威部门检测的设备,应按照相关规定通知相关部门进行检测校验。

第五节 设备的使用及维护维修管理

设备在投入使用后则进入了整个寿命周期中延续时间最长的环节,也是其经济效益和社会效益体现的关键环节。设备进入使用环节,也开始了其价值转移的过程,其在使用过程中会发生各种有形磨损及无形磨损。借助标准化手段对使用中的口腔设备进行现代化管理,可以提高口腔设备的可利用率。要更好地对设备进行使用及维护维修管理,就必须了解设备寿命周期和影响设备寿命周期的一些因素。

一、设备寿命周期及其影响因素

设备的寿命周期一般是指从设备开始投入使用时起,一直到因设备功能完全丧失而最终退出使用的总时间长度。由于不同设备使用的物理材料、生产工艺,以及所使用的技术更新速度不同,其寿命周期时间也不完全相同。影响设备寿命周期的因素主要包括以下几个方面。

(一) 物理因素

制造设备所使用材料的物理特性是决定其用途和物理寿命周期的主要因素。由于设备是由多个组件构成的,所以设备的寿命周期是由各个组件,尤其是关键组件的寿命周期(共同)决定的,如电子元器件、机械零部件、组件和电极、传感器等机电一体化的设备,其寿命是由电子元件的失效、机械磨损、材料老化、金属疲劳等物理因素决定。故障率是分析和决定装备使用寿命周期的技术指标之一。

(二) 技术因素

随着电子技术、网络通信等信息技术在口腔设备中的深入应用和发展,使技术因素逐渐成为当今决定设备寿命周期的重要因素,受技术影响最大的产品是计算机和以计算机为核心的医用设备,如 X 线计算机体层摄影(CT)、磁共振成像(MRI)等医学影像学诊断设备,以及受传感器技术、试剂盒和基因芯片诊断技术影响的生化检验设备。

口腔设备的技术因素是决定口腔医疗机构业务开展及工作效率的重要因素,虽然目前是以物理和经济因素为主决定设备的寿命周期,但技术因素也是设备购置管理的一个客观要素,在口腔医疗机构尤其是口腔教学医院是设备更新时应考虑的因素之一。

(三) 经济因素

经济是决定医疗机构规模和发展的要素,也是影响设备寿命周期、衡量设备管理水平的指标。在设备维修维护时,需对其经济方面进行综合核算,若能够继续带来正的效益,就可以继续使用；若因维持费用过高、诊治效率低下、安全因素或技术过时等原因给医疗机构带来负的经济效益，则须提前结束其物理上的寿命周期，尽快报废。

（四）安全因素

安全管理是设备管理部门的重要工作，其与医护人员和患者的生活和健康息息相关。有缺陷或严重安全隐患不能排除的设备要禁止使用，及早结束其物理上的寿命周期，并提前更新。强检医用设备，如心电监护仪、普通 X 线机、CT 等超过有效期，也要禁止使用。在设备的性能安全方面，应该遵循国家职能管理部门的政策、法规，跟踪国家强制性标准、企业标准或公认的质量检测标准，并借助于计量和质量管理标准认证等手段构建医疗机构自己的质量安全保障体系，及时淘汰无安全保障的设备。

二、设备的使用管理

口腔设备的合理使用是在一定条件下进行的，如必须依据设备的性能、荷载能力及技术特性开展医疗业务；必须具有保证设备充分发挥其效能的客观环境，如防潮、防腐、防尘措施；需要有合格的操作者；需要定期维护保养等。而设备的使用管理就是依据这些条件，通过一系列必要的措施，达到减少设备磨损，使设备经查处于良好的技术状态，最终获得最佳经济效果的目的。这些一系列必要的措施就是设备使用管理的方式与手段，包括合理配置设备、编制管理制度和技术规范、进行技术培训以及使用设备后质量记录等。因口腔设备的使用及管理涉及临床科室、医技科室、设备管理部门，所以在合理配置设备、编制管理制度和技术规范、进行技术培训，以及制订使用设备后质量记录等管理措施时，各部门需要密切联系和沟通。

（一）合理配置口腔设备

合理配置口腔设备包括根据临床业务需要使不同口腔设备间在性能、效率上相互协调，依据设备的性能、荷载能力及技术特性开展医疗业务，具有保证设备充分发挥其效能的客观环境，如防潮、防腐、防尘措施等。

（二）编制管理制度及技术规范

严格的管理制度是任何管理都必不可少的，口腔设备的管理也是一样。因口腔设备的使用主要是由临床医生或临床技师操作，而资产管理又主要由设备管理部门统一管理，所以口腔医疗机构需要依托临床科室和设备管理部门共同制订有关设备使用方面的管理制度，并建立相应的监督、检查和奖惩机制。在制订制度时应明确规定口腔设备使用前要进行例行检查、使用过程中要注意管理和维护、用后要保养和对废物进行处理的总原则；管理制度制定好后，能否按照管理制度有效实施要看监督和检查是否严格，奖惩机制能否落到实处，在这方面可以借助标准化手段进行管理。

设备使用操作技术规范是针对具体设备操作前、中、后所编写的准则与标准，包括具体的作业程序、文件和记录等。目前，由于临床医护人员对设备的使用往往只重视操作方法或使用技术本身，而忽略使用前后和使用过程中的一些检查、维护和安全问题，以致未及时发现一些设备故障的出现，导致医疗服务的中断或医疗事故的产生。故可以借助于该标准化的技术规范（包括设备使用前的例行检查，使用中的管理和维护，用后的保养），来提高医疗服务及设备使用和管理的质量水平，提高工作效率和工作的可继承性。

（三）技术培训

随着口腔设备技术的迅猛发展，由医疗器械引发的医疗不良反应事件逐渐增多。据统计，医疗器械不良事件中，60%～70%是由于使用错误造成的，这种错误被称之为"错误使用""操作失误"或"人为错误"。产生这种错误主要是由于一些医护人员对现代工程技术和设备原理缺乏深刻了解，不能很好地驾驭手中的设备所导致的，这也是目前医学教育的缺陷。所以对有关设备的临床培训已成为医护人员获得操作设备所需工程知识的重要途径。

目前口腔医疗机构对设备管理方面的培训不够重视，没有规范，更没有形成常规和制度，培训的方式和途径仅理解为外商或厂家培训。针对这方面的问题，口腔医疗机构可借鉴于已有的医疗培训机制，如毕业生入院的岗前教育和培训、病历书写、科室的三级查房和会诊制度、执业医师考核等，因为这类医疗培训的机制比较健全。如果口腔医疗机构能够借鉴这类机制，并将口腔设备的相关知识和技能纳入培训与考核，就可以引起医护人员对设备的使用问题的重视，积极学习这方面的知识，最终达到对口腔设备的规范使用，降低或避免所谓的"错误使用"。

（四）设备质量记录

设备质量记录是设备使用后，对其性能、效率等方面进行质量活动后所留下的记录。这是获知设备有效运行的客观证据。随着设备质量管理逐渐提上日程，人们对设备质量记录也越发重视。由于设备质量涉及专业工程内容，一般在使用后需要由工程师和使用人员共同填写。但目前由于设备较多而工程师相对较少，导致质量记录存在一定难度。通常使用设备使用管理登记本来进行简单记录，虽然达到了一定的管理目标，但不能充分达到质量管理的目的。不过随着口腔设备技术的不断发展，口腔设备自检功能及设备使用记录自动形成功能的不断发展，质量记录可以很好地予以解决，也可以给口腔设备质量管理等方面提供分析、决策依据。

总之，口腔设备的使用管理带有很强的技术性、经济性和风险性，需要多方面的理论知识，也需要使用部门和设备管理部门共同配合。

三、设备的维修管理

设备在使用或闲置过程中，会发生各种有形磨损和无形磨损，从而造成经济损失。有形磨损是指在物理、化学以及自然条件等因素下引起的设备表面磨损、剥落，以及零部件疲劳、腐蚀和老化等，其技术后果是造成设备性能、精度下降，到一定程度可使设备丧失使用价值。而无形磨损是指设备在有效使用期内，生产同样结构的设备，由于劳动生产率的提高，其重置价值不断降低，从而引起原有设备的贬值；或是由于科技进步而出现性能更完善、生产效率更高的设备，以致原有设备价值降低。出现无形磨损的情况下，由于设备本身技术性能与功能不受影响，设备尚可继续使用。两种磨损都会引起设备原值的降低，但无形磨损不影响设备的继续使用，其使用价值没有降低。

设备的维修及管理是针对设备有形磨损进行的补偿，包括维护保养和检查修理两方面。

（一）设备的维护保养

设备维护保养的目的是减少或避免偶然故障的发生，延缓必然故障的发生。设备维护保养是一项贯穿于设备整个使用过程中的长期性工作，需要根据不同设备的结构原理、使用程序，制订具体的维护保养计划，并由专人负责完成。

1. 维护保养的类型

依据工作性质、工作量大小及难易程度，设备的维护保养可分为日常保养、一级保养和二级保养三类。

（1）日常保养：日常保养又称例行保养，主要是包括外环境的清扫、整理，设备外部处理，包括表面清洁、润滑、紧固易松螺丝和零件以及外观检查等。如对牙科手机的清洗和加注润滑油，一般在每天工作开始前进行，由设备操作和保养人员完成。

（2）一级保养：对设备内部的清洗、润滑、局部解体检查和调整，以及电气设备的通电和光学仪器的测试等。如对 CS16 综合治疗机，每月更换 1 次电刷，由保养人员负责。

（3）二级保养：对设备主体部件进行解体检查和调整，更换易损或破损部件，是一种预防性修理。每季至少 1 次，由保养人员与修理人员共同完成。

2. 维护保养的具体内容

各种设备的结构、性能和使用方法不同，维护保养的具体内容也不同。一般分为两大类：

（1）一般性的维护保养：指所有设备都需要的常规性维护保养，主要内容为接地、稳压、清洁、防尘、防潮、防震、防腐蚀及温度调节等。

（2）特殊性维护保养：指针对不同设备各自具有的特点所进行的维护保养，主要内容有部位检测、性能检测等。其主要目的是监测设备的技术状态，如光固化灯的光源强度检测，激光治疗仪器的激光输出功率检测，以及检验设备精度的检测等。

（二）设备的检查修理

设备的检查修理指设备出现故障或预测将要出现故障前，修复和更换已经磨损或损坏的零部件，以恢复其原有的技术状态和功能。按修理工作量的大小可分为小修理、中修理和大修理三类。

（1）小修理：对设备进行局部性的修理，通常只更换和修复少量的磨损零件，调整部分结构和精度。

（2）中修理：根据设备的技术状况，对设备的主要部件进行修理和更换较多的磨损零件，校正并恢复设备的精度，保证设备恢复和达到应有的标准及技术要求。

（3）大修理：设备在使用过程中周期性的彻底检查和全面修理。对装备全部解体检查，修复和更换所有零部件、校正和调整整个设备，以全面恢复原有精度，性能和效率，达到规定的标准。

设备的修理还可按其工作时间、计划周期划分为强制性修理、定期修理和检查后修理。前两种方法适用于大型或精密贵重的复杂设备，后一种适用于一般常用设备。

（三）设备维修管理的技术经济指标

评价设备维修管理工作的质量，主要通过两个方面：一是设备的技术状态，二是维修和管理付出的代价。建立和考核设备维修管理的技术经济指标，对提高维修管理水平和技术水平，稳定维修技术队伍都具有重要意义。

1. 设备的技术状态指标

设备的技术状态指标指设备的技术参数是否达到出厂时的指标，或能否满足使用要求。现用设备的技术状态指标可用完好率表示。完好率的高低代表设备技术状态的优劣，同时也代表了维修管理质量的水平。

国内有些医院制定了考核设备完好率的标准，将设备技术状况分为完好、基本完好、情况不良和报废或待报废四个等级，详见表3-1。

表3-1　考核设备完好率的标准

分级	性能	运转	零部件	仪表指示系统
设备完好	良好	正常	齐全	正常
设备基本完好	主要性能良好	基本正常	主要零部件齐全	正常
设备情况不良	主要性能不良	常出现故障或使用受影响	主要零部件受损	有一定程度失调
报废或待报废	主要性能丧失	不能正常运转或常出现较大故障	主要零部件不全	失调

按上述状况，可计算医院设备的完好率，即

$$完好率 = \frac{功能完好和基本完好的台数}{总台数} \times 100\%$$

2. 设备维修管理的技术经济效果

设备维修管理的技术经济效果可用维修费用效率表示，即

$$\eta M = \frac{Q}{C_M t}$$

或用单台设备的维修费用表示，即

$$C_M = \frac{C_M t}{Q}$$

式中，ηM 指维修费用效率（台/元或件/元），Q 指设备总数，$C_M t$ 指设备维修费用总额（元），C_M 指单台设备的维修费用（元）。

设备的完好率指标与维修费用效率或单台设备的维修费用指标相结合，可比较全面地反映设备维修管理工作的技术经济效果。

第六节　设备固定资产管理

设备资产管理是对设备运动过程中的实物形态和价值形态的某些规律进行分析、控制和实施管理的活动，是资产管理中一项重要的基础管理工作。在口腔医疗机构中，口腔设备是影响医院业务能力的重要因素，也是开展业务技术的物质基础。在我国，公立医院的大部分资产属于国有资产，而医院设备资产又占其中较大比重。加强医院设备资产管理，使其充分发挥国有资产的作用是十分必要的。因为医院口腔设备大部分属于固定资产，下面简述固定资产的概念与分类。

一、固定资产的概念、特征及标准

固定资产是指在企业、机关、事业单位或其他经济组织中，可供其在使用过程中保持原有物质形态的生产资料和消费资料，如房屋、建筑物、机器设备、运输工具等，是达到一定标准的非货币性资产。其特征主要有：①使用年限超过一年或长于一年的一个经营周期，且在使用过程中保持原来的物质形态不变；②使用寿命有限（土地除外），该特征说明了其计算折旧的必要性；③用于生产经营活动而不是为了出售，该特征是区别固定资产与商品流动资产的重要标志。

判断固定资产的具体标准主要有时间标准和价值标准两个方面。因为大部分公立医院均属于行政事业单位，依据《中央行政事业单位固定资产管理办法》，目前，在中央行政事业单位中，固定资产应符合如下标准：①使用年限在一年以上、一般设备单位价值在1000元以上、专用设备单位价值在1500元以上，并在使用过程中基本保持原来物质形态的资产；②单位价值虽不足规定标准，但耐用时间在一年以上的大批同类物资，按固定资产管理。

二、固定资产分类

医院固定资产种类较多，用途各异。按照医院固定资产的自然属性，结合其经济用途和使用情况，《中央行政事业单位固定资产管理办法》将行政事业单位固定资产分为六大类。①房屋及建筑物：指房屋、建筑物及其附属设施。房屋包括办公用房、生产经营用房、仓库、职工生产用房、食堂用房、锅炉房等，建筑物包括道路、围墙、水塔、雕塑等，附属设施包括房屋、建筑物内的电梯、通信线路、输电线路、水气管道等。②专用设备：指各种具体专门性能和专门用途的设备，包括各种仪器和机械设备、医疗器械、文体事业单位的文体设备等。③一般设备：指办公和事务用的通用性设备、交通工具、通信工具、家具等。④文物和陈列品：指古玩、字画、纪念品、装饰品、展品、藏品等。⑤图书：指图书馆（室）和阅览室的图书、资料等。⑥其他固定资产：指未能包括在上述各项内的固定资产。

三、设备固定资产计价

设备固定资产按货币单位进行计算，即为设备固定资产计价。在医院设备固定资产核算中，主要涉及设备原值、净值、增值、残值与净残值。

1. 原值

原值又称原始价值，是医院在购置某项设备时实际发生的全部支出，包括购置费、运输费和安装调试费等。原值是反映设备固定资产的原始投资，是计算折旧的基础。

2. 净值

净值又称折余价值，是设备固定资产原值减去其累计折旧的差额。通过设备净值与原值的对比，可以大致了解设备固定资产的新旧程度。

3. 增值

增值是指在原有设备资产的基础上进行改建、扩建或技术改造后增加的资产价值。

4. 残值与净残值

残值是指设备资产报废时的残余价值，即报废资产拆除后余留的材料、零部件或残体的价值。净残值是残值减去处置费用后的余额。

需要说明的是，设备固定资产的计价范围包括购置费、安装调试费、运行维持费、维护费、报废变价处理等整个使用寿命周期内的相关费用，这些寿命周期内的总费用构成了该医用设备固定资产计价的全过程。

四、设备固定资产基础管理

口腔设备固定资产具有价值高、使用周期长、使用地点分散、管理难度大等特点，且在日常工作或业务活动中需对其占用的国有资产实施不间断的管理及核算，包括从编制固定资产预算、计划采购、验收入库、登记入账、领用发出到维修保养、处置等各个环节的实物管理和财务核算，因而建立和完善设备资产的基础资料，就成为确保设备资产管理工作正常开展的重要前提和组成部分。设备固定资产管理的基础管理包括设备固定资产入库单、设备固定资产标签与编号、设备固定资产卡片、设备固定资产档案、设备固定资产账簿与统计报表等。

1. 设备固定资产入库单

设备资产入库单是在设备验收合格后，对采购实物入库数量、规格型号的确认，是对采购人员和供应商的一种监控，是医院内部管理和控制的重要凭证。目前仍主要采用纸质形式，内容主要包括：台头、日期、入库单编号、固定资产编号、固定资产名称、原值、生产厂商、代理厂商、合同号、发票号码、单价、数量、采购人、验收人、类别编号、类别名称、规格型号、使用部门、存放地点等。入库单一般为一式两联，第一联为记账联，第二联交采购员办理付款并作为财务记账联。

2. 设备固定资产标签与编号

设备固定资产标签是粘贴或吊挂在固定资产上的用来区分识别固定资产的一种特定标识。根据标签的材质，可分为纸质标签、PVC 标签、金属标签等。固定资产标签上一般有单位名称、资产编号、资产条码或二维码、使用部门、购买时间等信息。随着计算机和网络技术的快速发展，可通过无线网络设备对固定资产条码或二维码进行终端扫描快速获取资产所有信息或进行盘点工作。为了方便设备资产管理，每台设备都必须编号，且编号方法应直观、简便，利于统一管理。随着计算机技术的发展，设备编号可在设置编号规则后，由计算机自动生成，进行统一管理。

设备资产编号一般由两段数字组成，前一段为设备的代号，后一段为该代号设备的顺序号，两段数字间一般用横线连接，如图 3 - 1 所示。

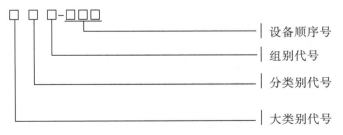

图 3 - 1 设备编号方法

3. 设备固定资产卡片

设备固定资产卡片是固定资产进行明细分类核算的一种卡片式账簿形式，是一项固定资产的全部档案记录，即从进入生产开始到报废的整个生命周期所发生的全部情况，都要在卡片上予以记载。随着管理软件的发展，固定资产卡片从纸质版变为现在的电子版，但是其重要性一直没变，固定资产卡片上的栏目有类别、编号、名称、规格、型号、生产厂家、生产时间、购入时间、原始价值、使用年限、折旧率、存放地点、使用单位、大修理日期、金额，以及转移、报废清理等内容。其重要性主要体现在实际的工作领域，卡片内容的完整性、准确性可以体现内部管理是否规范，对资产评估、性能改善也有一定的意义。故设备固定资产卡片内容应随着设备的调动、调拨、新增、维修、报废进行卡片内容的调整、补充或注销。

4. 设备固定资产档案

设备固定资产档案是指设备从规划、设计、制造、安装、调试、使用、维修、改造、更新直至报废的全过程所形成的图纸、文字说明、凭证和记录等文件资料，通过收集、整理、鉴定等工作归档建立起来的动态系统资料。设备固定资产档案是设备制造、使用、修理等各项工作的一种信息方式，是设备管理与维修过程中不可缺少的基本资料。其内容主要包括前期选型和技术论证、购置合同、检验合格证、安装调试记录等，后期设备登记卡片、故障维修记录、事故报告单剂相关分析处理资料、定期检查和检查记录等。

5. 设备固定资产账簿与统计报表

设备固定资产账簿与统计报表是反映医疗机构设备资产状况及其变动的主要依据。医疗机构应按照相关部门的规定和内部管理需要，定期进行设备统计工作。一般包括按设备类别型号统计报表，按使用科室的设备统计报表，按设备役龄的统计报表，按设备价值的统计报表，按设备复杂程度的统计报表，按设备技术状态的统计报表等，按维修及修理工作量的统计报表，医疗机构可根据自身具体情况进行不同的统计。需要强调的是建立设备统计报表，必须建立健全设备的原始凭证和账簿。

五、设备固定资产变动管理

设备固定资产变动管理是指设备由于验收移交、移装调拨、借用租赁、限制封存、报废处理等情况所引起的资产变动，是需要及时掌握和进行的管理。一般包括向使用部门进行设备移交，部门之间调拨、借用、租赁，以及丢失、报损、报废等方面。本小节简单介绍报废、报损、丢失、调拨等。

（一）设备报废

设备由于严重的有形磨损或无形磨损而退役，称为报废。一般情况下，凡符合下列条件之一的固定资产应按报废处理：

（1）设备严重损坏无法修复者。

（2）超过设备使用寿命，基础件已严重损坏，虽经修理但仍不能达到技术指标者。

（3）设备技术严重落后，耗能过高（超过国家有关标准20%以上）、效率甚低、经济效益差。

（4）设备主要零部件无法补充而又年久失修者。

（5）设备机型已淘汰，性能低劣且不能降级使用者。

（6）设备设计不合理，工艺不过关，质量极差又无法改装利用者。

（7）设备维修费用过高（一次大修超过其原值50%以上），继续使用在经济上不合算者。

（8）严重污染环境，或不能安全运转，可能危害人身安全与健康，又无改造价值者。

（9）设备计量检测不合格，强制报废者。

（二）设备报损

设备固定资产由于人为或自然灾害等原因造成毁损，丧失其使用功能的，按报损处理。

报损、报废的固定资产须由使用单位提出申请，并填写"报损、报废"相关审批单，经技术部门鉴定确定无法修复使用，并逐级审批后方可报损、报废。待报废、报损固定资产在未批复前应妥善保管，已批准报废的资产在处理后，应及时办理财务冲销手续，资产管理部门凭批准的"报废单"进行减账处理。报废、报损固定资产所取得的残值收入必须统一上交单位财务部门。

（三）丢失

由于使用或管理人员玩忽职守或保管不善，发生被窃、遗失等情况，按丢失处理。对发生丢失情况的固定资产，应严肃认真地查清责任，必要时给予一定的经济赔偿和行政处罚。同时，资产管理部门要做好固定资产的减账工作。

（四）调拨

为充分发挥固定资产的使用效益，有时需要将本部门或科室闲置不用的固定资产调到另一部门或科室使用。此时按调拨处理。进行固定资产调拨，须填写"固定资产调拨单"并经调出、调入部门及资产管理部门负责人同意后方可办理。若固定资产产权发生变化，则应做好固定资产的调账工作。单位外固定资产调拨分为无偿调拨和有偿调拨，无偿调拨至本单位以外的固定资产，资产管理部门应根据审批单做好固定资产的减账工作；有偿调拨固定资产的价格由调入方及调出方协议商定。需要说明的是，在海关监管期内免税进口的固定资产对外调拨，必须向当地海关申请监管变更或补交税款等手续；否则，不得外调。

（五）借用

固定资产从本单位一部门借至另一部门使用，按借用处理。借出、借入双方须签订借用协议，其内容应包括具体借期，交接验收手续，逾期及损坏、遗失的赔偿等。固定资产使用地点发生变化，但产权不发生变化，资产管理部门不做账务处理，由借出方、借入方协商处理。

第七节　设备质量与安全管理

口腔设备是口腔医疗机构开展医疗技术工作的物质基础，其直接或间接作用于人体，对人体健康和生命安全有重要影响，其量值准确与否，直接关系到诊断结果和治疗结果。当前，随着科学技术的进步、医学模式的转变、服务市场的需要，人们对口腔设备的质量与安全也提出了更高的要求。口腔设备质量与安全管理是口腔医疗机构管理体系的重要组成部分，其根本目的是使医疗诊断、治疗工作得到保证。

一、设备安全种类划分

2000 年 12 月，国际标准化组织发布了 ISO 14971—2000《医疗器械风险管理对医疗器械的应用》标准。该标准的发布对指导、规范医疗器械风险管理产生巨大作用，对确保医院医疗器械的安全、有效有重大意义。作为口腔医疗器械主要部分的口腔设备也同样适用该标准。依据 ISO 14971 医疗器械的健康安全相关性因素，可将口腔设备安全种类划分为能量安全、生物学安全、诊疗安全。

（一）能量安全

设备在使用过程中会释放各种能量，如激光治疗机的热能、电击治疗机的电能、X 线机的电磁辐射等。这些能量的释放是医疗诊断与治疗所必需的，但是不正常或不希望的能量释放也是构成伤害的直接原因。所以这里将能量安全可理解为，免于设备不正常或不希望的能量释放所造成的损害。

医疗设备能量安全类型详见表 3 - 2。

表 3 - 2　医疗设备能量安全类型

序号	安全类型	对应的安全危害举例
1	电能安全	电击（电子仪器漏电等）
2	热能安全	烫伤（激光治疗控制不当的正常组织烁伤等）
3	机械安全	机械失效引起的损害、机械力伤害（牵引器失控的拉伤等）、高压容器破裂引起的损害
4	粒子辐射安全	致癌、致畸（各种粒子治疗设备的过量射线对人体的辐射等）
5	电磁辐射安全	致癌、致敏（X 线机、微波治疗仪、医用直线加速器的高压发生器的电磁辐射等）
6	声能安全	听力损害、细胞损害（强超声引起细胞空化等）
7	磁场安全	致癌、心血管病（MRI 的磁场等）

（二）生物学安全

随着现代生物技术、基础医学的不断发展，医疗器械也快速发展。因医疗器械所用材料产生的生物学危害已引起业内人士广泛关注，包括所用材料的接触特性（如引发致敏反应）及本身特性（致癌、致畸）。这里我们把医疗设备的生物学安全可理解为免于医疗设备所用材料产生的危害。

医疗设备生物学安全类型详见表 3 - 3。

表 3-3　医疗设备生物学安全类型

序号	安全类型	对应的安全危害举例
1	生物学污染安全	交叉感染、发热（呼吸机、血液透析机清洗消毒不彻底等）
2	生物不相容性安全	毒性、致癌、致畸、致敏（植入物与人体不相容等）
3	化学安全	致癌、致畸（血液透析装置的透析液配比不当等）
4	其他	

（三）诊疗安全

由环境或操作、维护不良以及设备自然老化引起的设备医疗性能参数偏差，会引起诊断和治疗的不准确或严重偏离正常水平，对人体健康产生危害，把免于这种危害风险的安全性称为诊疗安全。这种安全问题不同于上述能量安全和生物学安全所指的设备对人体的直接损害，而是由诊断失效或由治疗失效引起的疾病本身的危害，即医疗设备在诊断或治疗两方面未能达到正常医疗要求而产生的安全问题，在诊断设备和治疗设备上都可能发生。

目前，虽然诊疗安全尚不是一种被普通使用的概念，但其可统归为设备质量问题，应引起重视。

二、设备质量管理

设备质量与医疗安全密切相关，也是设备全寿命周期管理的重要内容，故无论国内还是国外对设备的质量管理都很重视，也都实行了以政府机构为主体对医疗器械的全面监管（医疗器械相关的法律法规同样适用于口腔设备）。本小节就从设备寿命周期角度来简单介绍口腔设备前期质量管理（使用之前）和临床应用质量管理。

（一）前期质量管理

这里所说的口腔设备前期质量管理主要是指口腔设备在临床使用前的管理。目前口腔设备的前期质量管理主要是以政府机构为主体的监管，主要包括对生产企业质量考核、产品标准、临床试用管理规范等方面的管理。美国是世界上最早对医疗器械管理进行立法的国家，其管理方式、方法和质量标准、质量管理体系获得了世界各国职能管理部门的认同和借鉴。我国对医疗器械的监管借鉴了美国食品药品管理局（Food and Drug Administration，FDA）的管理办法，制定了一系列相关法律、法规，主要有：

（1）《医疗器械监督管理条例》（国务院令第 650 号-2014 年修订）（2000-01-04）。

（2）医疗器械生产企业质量体系考核办法（局令第 22 号）（2000-05-22）。

（3）《医疗器械标准管理办法（试行）》（局令第 31 号）（2002-01-04）。

（4）《医疗器械召回管理办法（试行）》（卫生部令第 82 号）（2011-05-20）。

（5）《医疗器械注册管理办法》（国家食品药品监督管理总局令第 4 号）（2014-07-30）。

（6）《医疗器械生产监督管理办法》（国家食品药品监督管理总局令第 7 号）（2014-07-30）。

（7）《医疗器械经营监督管理办法》（国家食品药品监督管理总局令第 8 号）（2014-

07-30)。

（8）《医疗器械使用质量监督管理办法》（国家食品药品监督管理总局令第 18 号）（2015-10-21）。

（9）《医疗器械临床试验质量管理规范》（国家食品药品监督管理总局 中华人民共和国国家卫生和计划生育委员会令第 25 号）（2016-03-23）。

此外，还有《中华人民共和国产品质量法》（主席令第 71 号）及《中华人民共和国标准化法》《中华人民共和国进出口商品检验法》《中华人民共和国计量法》等。这些法律法规的颁布与实施皆是以政府为主体，是对医疗器械进行的全面监管，包括上市前生产质量监管、上市后流通领域的监管以及上市后医疗机构对医疗器械的应用监管。

（二）临床应用质量管理

医疗器械的前期质量管理强调的是上市前的"生产"及"流通"监管，而医疗器械最终是要应用到临床当中去，尽管目前国家的部分法律法规，如《医疗器械监督管理条例》《中华人民共和国计量法》等涉及上市后有关质量问题的应用监管（如召回管理办法），但其是对"生产"监管的补充，并未完全形成以政府为主体的临床应用监管体制（计量设备除外），临床应用质量管理在很大程度上还是依靠医疗结构自身的管理。因而出现因环境或操作、维护不良以及设备自然老化引起的设备医疗性能参数偏差，进而引起的诊疗安全屡见不鲜。

目前医疗机构医疗器械应用质量管理主要包括以下几个方面：

（1）建立有效的质量控制体系：医院可以通过建立质量控制体系，把影响医疗质量的不准确测量、操作失误等所造成医疗事故的风险降低到最低程度。

（2）计量保证：计量是医用设备的技术基础。医院要认真贯彻执行国家计量法，把强制检定、设备测试作为一项经常性工作落到实处。

（3）加强医疗器械使用人员技术培训。

（4）加强医疗器械使用中和使用后维护保养。

（5）做好质量记录。

从狭义方面来讲，设备的质量管理是指设备的产品标准、安全标准以及技术要求是否是按照国家相关法律法规要求进行生产制造；是否向有关的质量管理部门申报，并经过测试；是否符合国家标准或行业标准。而从广义来讲，设备的质量管理还包括设备获取的合理性（如大型医用设备通过应用许可保证医用设备的质量）、应用人员的质量管理（是否具有上岗证）等。医疗器械临床应用质量管理贯穿于从设备计划申请到购置、使用、淘汰报废的全过程中，涉及政府机构、生产商、供应商、医疗机构、患者等多方相关责任主体，要对其全寿命周期过程中的质量进行有效监管，除"前期监管"和"临床应用管理"外，还可以从以下几个方面进行设备的质量管理：①实施卫生技术评估，合理配置设备资源。②招标采购。招标是国际上通用的一种采购手段，是保证采购设备质量的有效途径。③商检。在进口仪器设备到货后，必须按规定及时报请国家商检部门进行商检。若有质量问题，应凭商检证书及时索赔。

三、设备计量

（一）设备计量的重要性

医疗卫生领域中人体各种生命体征参数的获取是通过医学计量技术来实现的，如果医学量值失准则会导致测量结果出现错误，进而直接影响诊断和治疗的准确性与有效性。医学计量的重要性主要体现在：是科学诊断的保证，是药物治疗的科学依据，是理化治疗的有效保证，是生化检验分析的基础，是抢救危重病患者的重要参数。

医用设备是获取医学计量的重要物质条件，其质量管理直接或间接影响着计量结果的准确性。同时，医用设备的医学计量又是医用设备质量管理和医院质量管理的重要组成部分，根据《中华人民共和国计量法》法规："对社会公用计量标准器具，部门和企业、事业单位使用的最高标准计量器具，以及用于贸易结算、安全防护、医疗卫生、环境监测方面的列入强制检定目录的工作计量器具实行强制检定。"故用于安全防护、医疗卫生的列入"计量器具强制检定目录"的设备必须定期定点送往法定剂量检定机构或经授权的计量技术机构检定，凡未按规定申请检定或检定不合格的不得使用，否则属于违法行为。这在法律层面保证了部分医用设备的质量管理，也显示了医用设备计量的重要性。

（二）设备计量的法治管理

1. 计量的法律和法规

计量的法治管理是指国家用法律法规对计量进行的监督和管理。其相应的法律法规包括《中华人民共和国计量法》《中华人民共和国计量法实施细则》《中华人民共和国强制检定的工作计量器具明细目录》《国务院关于在我国统一实行法定剂量单位的命令》，以及国家计量行政部门制定的"国家计量检定系统表（又称溯源等级图）""国家计量检定规程"和各计量行政部门按照《中华人民共和国计量法》及实施细则的原则制定的各种计量管理办法。

2. 测量标准和计量检定的法治管理

测量标准主要包括国家测量标准（又称国家计量基准），部门和企业、事业单位的测量标准，强制检定的范围。其中强制检定的含义是指列入强制检定范围的测量标准和测量器具必须定期定点地送往法定计量检定机构或经授权的计量技术机构检定。凡未按规定申请检定或检定不合格的不得使用；否则属于违法行为，必要时予以处罚。

1987年国务院发布了《中华人民共和国强制检定的工作计量器具检定管理办法》，对用于贸易结算、安全防护、医疗卫生、环境监测方面的工作计量器具55项110种列入强制检定项目，1999年又增加了4种，两次共计55项114种。由于医学计量大都涉及人身健康和生命安全，在国家强制检定目录中医学计量器具及相关品种达50种，几乎占强制检定目录的一半（表3-4）。

表 3－4 强制检定工作计量器具目录

（医学工作计量器具及相关设备）

项别	种别	项别	种别	项别	种别
尺	钢卷尺*	心、脑电图仪	心电图仪	酸度计	酸度计
玻璃液体温度计	玻璃液体温度计		脑电图仪		血气酸碱平衡分析仪
体温计	玻璃体温计	照射量计（含医用辐射源）	照射量计	火焰光度计	火焰光度计
	其他体温计		医用辐射源	比色计	滤光光电比色计
砝码	砝码	电离辐射防护仪	射线检测仪*		荧光光电比色计
	定量砝		照射量率仪	分光光度计	可见分光光度计
天平	天平		放射性个人剂量仪*		紫外分光光度计
秤	戥秤	活度计	活度计		红外分光光度计
	电子秤	激光能量功率计（含医用激光）	激光能量计		荧光分光光度计
流量计	气体流量计		激光功率计		原子吸收分光光度计
压力表	压力表		医用激光源	水质污染检测仪	水质检测仪
	氧气表	超声功率计（含医用超生源）	超声功率计		水质综合分析仪
血压计	血压计		医用超声源		测氰仪
	血压表	血球计数器	电子血球计数器		溶氧测定仪
眼压计	眼压计	声级计	声级计	屈光度计	光度计
场强计*	场强计*	听力计	听力计	验光仪	验光仪
					验光镜片组

注：带＊的强检项目为医学装备相关强检项目。

（柴茂州　张志君　朱卓立）

第四章　口腔医疗设备与医源性感染控制

医源性感染是指在医学服务中，因病原体传播引起的感染。凡是在医疗、护理、预防过程中由于所用医疗设备、器械、药物、制剂、卫生材料、医务人员手或提供医学服务的环境污染导致的感染，均应称为医源性感染（nosocomial infection）。在临床医疗和预防过程中，由于患者及医技人员身体上带有致病性与非致病性微生物，在诊治环境及设施中也存在各种性质不同的微生物，当机体（医患双方）免疫功能下降、消毒与灭菌不彻底、隔离控制措施不严时，这些微生物将会随诊断、治疗以及护理等措施的实施而传播，形成医源性感染。其中，患者与患者、患者与医务人员及患者与陪护人员和探视人员之间通过直接或间接接触途径而引起的感染称交叉感染（cross infection）。

口腔医源性感染控制已成为口腔医学发展中的一个重大课题，越来越引起口腔医学界、口腔医学器械制造厂商及公众的关注。微生物学和医院无菌操作技术的历史性进步为预防口腔医源性感染工作的进展奠定了基础。口腔医疗机构采用的无菌操作，医护人员的防护屏障，设备与器械的清洗消毒、压力蒸汽灭菌、化学消毒剂的应用，口腔医疗器械制造厂商不断研制预防和控制医源性感染的设备与器械等，这一切不仅为口腔工作者以及患者创造一个较为安全的卫生环境，而且也相应降低了直接的、间接的和扩散性的医源性感染，在国际上被称之为"20世纪牙科感染控制的主要成就"。由于我国口腔医护人员感染防范知识薄弱，管理法规实施和监控不力，加之经济因素的制约等诸多因素的影响，口腔医源性感染尚未得到根本控制。随着患者自我保护意识的增强，医源性感染所致的投诉和医疗纠纷明显增多。口腔治疗过程中的医源性感染问题已成为现代口腔医学发展的潜在威胁和羁绊，严重影响口腔医疗质量和医疗安全，威胁着患者和医护人员的健康。口腔医源性感染控制关系到贯彻预防为主的卫生工作方针，是一项涉及卫生学、传染病学、社会学和管理学的系统工程。本章着重介绍口腔医疗设备与器械在医源性感染中的传播媒介作用以及消毒与灭菌技术。

第一节　口腔医疗设备与器械在医源性感染中的传播途径

口腔疾病的诊治操作多在口腔内进行，诊治中常会触及患者的唾液和血液；加之口腔医疗设备与器械特别是气动牙科手机结构与原理的特殊性，经大量流行病学调查和实验研究结果表明，口腔医疗设备与器械可成为医源性感染的传播途径。

口腔医疗设备与器械造成的医源性感染对医患健康的危害问题经历了漫长的认识过

程。早在1953年，阿尔布莱特等第一次描述了致病原可通过受污染的口腔器械进行传播，首次提出了口腔综合治疗台应成为预防感染的研究对象。1956年Fbley首先提出了乙型肝炎病毒（HBV）可以经过反复使用的牙科设备造成患者间的交叉感染，但未引起重视。直至1963年更多的文献相继报道口腔综合治疗台和牙科手机造成医源性感染的可能性以后，才开始引起牙医界及公众的重视。20世纪80年代初，美国牙医协会（ADA）对执业的牙科医生调查，结果显示，美国牙医乙肝病毒感染率是一般人群感染率的3～6倍，口腔外科医生高达38.5%。而我国口腔医务工作者乙肝调查HBV阳性率为25.8%，牙科手机HBV污染总阳性率为62%。更令人担心的是获得性免疫缺陷综合征（艾滋病，AIDS）在全球的流行。我国自1985年发现首例艾滋病患者以来，截至2017年11月底，现知晓存活的人类免疫缺陷病毒（HIV，俗称艾滋病病毒）感染者和艾滋病患者已达754 852人，死亡235 626人。20世纪90年代以来，已有口腔科医生感染HIV并将其传染给患者的报道。由此可见，在口腔操作过程中，口腔医疗设备与器械在口腔医源性感染中的传播风险不可忽视，其传播途径主要有表面污染传播、内部污染传播、空气污染传播和直接损伤感染。

一、表面污染传播

（1）在诊治操作中，口腔医疗设备与器械常常接触患者的唾液和血液，传染病患者的唾液和血液中存在大量的病原微生物，如HBV、HIV、结核分枝杆菌、麻疹病毒及疱疹病毒等。这些病原微生物可直接污染口腔医疗设备、器械、材料、药品、模型、义齿、牙片以及医护人员的手，如果隔离措施不当、消毒灭菌不彻底或医患免疫功能低下，将会造成医源性感染。

（2）超声洁牙机、光固化机、口腔内镜、数字化牙片机、CCD传感器等伸入口腔操作的部分，短时期内多名患者反复使用，如果无控制感染措施，可造成交叉感染。

二、内部污染传播

（一）气动牙科手机回吸

高速涡轮牙科手机停止转动的瞬间，涡轮惯性旋转，在机头内形成负压，可导致患者口腔中的唾液、血液、微生物、切割碎屑等污染物回吸（suck back）入牙科手机内部的死角及水、气管道，甚至可经手机接头进入口腔综合治疗台的水、气管道系统（图4-1）。病原微生物可以在牙科手机内部死角及管道侧壁形成菌落和微生物膜并进行生长繁殖。当再次使用牙科手机时，回吸入牙科手机内部的污染物可以随水雾进入患者口腔造成医源性感染。这已被实验室细菌学、染料试验和对HBV、HIV感染者进行的临床测试所证实。

图4-1 牙科手机回吸

（二）三用枪污染

三用枪又称水气枪（air water syringe，AWS），是口腔综合治疗台必备的装置，主要用于冲洗口腔和干燥牙体表面及窝洞。在治疗操作中，如果三用枪被污染可能造成医源性感染，在国内尚未引起足够的重视。Quinley 等的研究结果表明，在不同的口腔医院、私人诊所检测了 300 支三用枪，以其表面、腔内及从枪内喷出的水等作为标本进行细菌培养，均呈阳性，而且枪内水的污染率超过 92%。这说明三用枪存在回吸现象，如果医生和患者自身免疫功能低下就可能发生疾病的传播。因此，常规在两次治疗之间用枪喷水以喷出污染物是十分必要的，并应采用消毒灭菌措施或一次性使用。

三、空气污染传播

牙科手机高速旋转、超声洁牙、三用枪喷气（雾）、打磨抛光修复体等产生气雾飞沫，污染诊室空气和诊室治疗区域及物品表面，污染区范围以工作区为圆心，半径为 1～2 m。高速牙科手机磨牙产生的飞沫和气雾附着于医生手臂、面部颏下、胸部，隔离措施不当容易形成污染播散。带 HBV 血飞沫和气雾可接触到口、鼻、眼黏膜及损伤的皮肤，防护不当可造成疾病传播。另外有研究结果表明，高速牙科手机产生细微气雾颗粒 1000 单位/分钟，其中 95% 直径小于 0.5 μm；三用枪干燥牙齿产生气雾达 72 单位/分钟，其中 65% 直径小于 0.5 μm。这些直径小于 0.5 μm 的细微气雾颗粒可穿透支气管进入肺部，造成呼吸道疾病传播。

四、直接损伤感染

在口腔操作治疗过程中，医生及患者被探针、针头、车针及手术器械等锐器所伤，称为"锐器损伤"。病原菌经伤口直接进入血液，造成直接感染。

第二节　口腔医源性感染控制原则与措施

一、口腔医源性感染控制原则

（1）避免接触血液、唾液和分泌物。具体措施包括医生自我保护和屏障设置、疫苗接种、空气消毒等。

（2）限制血液、唾液及分泌物扩散，避免污染环境。具体措施包括：①使用一次性器械等；②治疗中使用橡皮防水障和负压抽吸系统；③治疗污染物与废弃物应正规处理等。

（3）对被污染的设备与器械进行严格的消毒与灭菌。

（4）加强控制医源性感染的管理。具体措施包括：①成立医院感染管理组织；②制订工作职责和任务，建立控制医源性感染规范；③建立控制医源性感染管理制度；④定期进行感染监测，如感染发病率监测，诊室空气、物品、灭菌物、药品、消毒剂、医生的手等消毒与灭菌效果的卫生学监测等。

二、口腔诊室医源性感染控制措施

（一）对就诊患者的处理

对就诊患者应询问有无传染病史，进行体格检查及实验室检查。

（二）医护人员的个人防护

（1）医务人员进行口腔诊疗操作时，应穿隔离衣，戴口罩、帽子、护目镜或面罩，保护脸部和鼻、眼黏膜免受污染。

（2）操作时必须戴手套；每次接诊新患者时，需更换手套；当手套被划破或刺破时，应立即洗手并重新更换；使用锐利器械如针头、解剖刀片以及其他锐利器械应用工具夹持，以免划伤皮肤。

（3）每次操作前及操作后应当严格洗手（六步洗手法）或进行手消毒。

（三）隔离措施

（1）医疗机构应配置集中负压抽吸系统，尽可能"四手操作"，可减少污染扩散和空气污染。

（2）治疗过程中可能触及的区域使用一次性覆膜覆盖以避免污染，如治疗台拉手、灯柄、开关、抽吸器软管等。

（3）医生规范操作：操作前做好用物准备，需要时由护士协助添加用物；严禁用污染手使用无菌持物镊夹取物品或接触非诊疗操作区；患者使用后的器械、钻针及取出的印模应放在患者专用的检查盘内，不得乱放；写病历、接电话、拉抽屉等应取下污染手套或戴用一次性薄膜手套，用后弃去。

（4）使用可拆卸的三用枪头或一次性三用枪，一人一换。

（5）与皮肤接触、可能暴露在体液或唾液飞沫中的器械，以及可能被污染的手碰触的器械，如高频电刀、牙髓活力测试器、超声洁牙手柄、光固化机手柄、口腔内镜摄像头、数字化牙片机 CCD 传感器、X 线胶片等，使用一次性防护套或用有效消毒剂消毒。

（6）从患者口腔中取出的物品、印模、蜡型、模型及修复体等需在送技工室前先进行消毒处理，可采用印模消毒清洗机消毒。

（四）设备、器械的消毒与灭菌

设备、器械的消毒与灭菌按照相关卫生标准要求处理。（详见本章第三节）

（五）诊室空气净化

空气净化（air cleaning）是降低室内空气中的微生物、颗粒物等使其达到无害化的技术或方法。口腔诊室空气中的细菌菌落总数应不超过 4 CFU/（5 min·直径 9 cm 平皿）。

1. 通风

（1）自然通风：应根据季节、室外风力和气温，适时进行通风。

（2）机械通风：通过安装通风设备，利用风机、排风扇等运转产生的动力，使空气流动。

2. 集中空调通风系统

集中空调通风系统的卫生要求及检测方法应符合《公共场所集中空调通风系统卫生规范》的规定。集中空调通风系统的卫生学评价应符合《公共场所集中空调通风系统卫生学评价规范》的规定。集中空调通风系统的清洗应符合《公共场所集中空调通风系统清洗规范》的规定。

3. 配置诊室空气消毒器

空气消毒器按原理分为循环风紫外线空气消毒器、静电吸附式空气消毒器等。

（1）循环风紫外线空气消毒器：适用于有人状态下的室内空气消毒。消毒器由高强度紫外线灯和过滤系统组成，可以有效杀灭进入消毒器空气中的微生物，并有效地滤除空气中的尘埃粒子。

（2）静电吸附式空气消毒器：也适用于有人状态下室内空气的净化。采用静电吸附和过滤材料，消除空气中的尘埃和微生物。应遵循国家卫生健康委员会消毒产品卫生许可批件批准的产品使用说明，在规定的空间内正确安装使用。消毒时应关闭门窗，进风口、出风口不应有物品覆盖或遮挡，消毒器应取得国家卫生健康委员会消毒产品卫生许可批件，消毒器的检修与维护遵循产品的使用说明。

4. 其他

患者就医前用含漱液漱口，保持口腔卫生；对刺激性强、易挥发的化学消毒剂密闭存储，防止其溅溢或外溢等都是减少空气污染行之有效的方法。

（六）废物的处理

口腔诊疗过程中产生的医疗废物应当按照《医疗废物管理条例》及有关法规、规章进行处理。

（1）一次性检查盘、手套、纸、器械表面遮盖物等应按感染性废物放入密封包装物中。

（2）血液、消毒剂、灭菌剂要排入污水管道并进行污水处理。

（3）尖锐器械如针头、刀片、探针等应封闭于耐刺破、防渗漏的容器中。

（4）人体组织器官、医学实验动物的组织尸体等应按病理性废物放入密封包装物或密闭容器中。

三、口腔技工室的医源性感染控制措施

（1）口腔诊室应与生产加工区分离。

（2）从临床接收的印膜、模型、蜡型，以及制作完成的修复体、矫治器，应严格进行清洗消毒，一般用消毒剂浸泡或专用消毒设备消毒。

（3）耐高温器械，如金属印膜托盘、正畸钳、雕刻刀、打磨器械等可用压力蒸汽灭菌。

（4）技工人员进行粉尘操作时应穿隔离衣、戴面罩、眼罩等，工作台面需每日清理碎屑和消毒。

（张志君）

第三节　口腔医疗设备、器械的消毒与灭菌

一、消毒与灭菌的概念

消毒指杀灭或清除传播媒介表面的致病微生物，使其达到无害化的处理。灭菌指杀灭或清除医疗器械、器具和物品上一切微生物的处理。高水平消毒能杀灭一切细菌繁殖体（包括分枝杆菌）、病毒、真菌及其孢子等，对细菌芽胞有一定杀灭作用；中水平消毒能杀灭分枝杆菌、真菌、病毒及细菌繁殖体等微生物；低水平消毒能杀灭细菌繁殖体和亲脂病

毒。消毒不一定能灭活细菌芽胞，其无法取代灭菌。

二、消毒与灭菌方法的选择原则

根据医疗器械污染后使用所致感染的危险性大小及在患者使用之前的消毒或灭菌要求，将医疗器械分为三类，即高度危险性物品（critical items）、中度危险性物品（semi-critical items）和低度危险性物品（non-critical items）。

高度危险口腔器械是指接触口腔软组织、血液或其他无菌组织的口腔器械。中度危险口腔器械是指接触皮肤与完整口腔黏膜，而不进入人体无菌组织器官和血流，也不接触破损皮肤、黏膜的口腔器械。低度危险口腔器械是指不接触患者口腔或间接接触患者口腔，参与口腔诊疗服务，虽有微生物污染，但在一般情况下无害，只有受到一定量的病原微生物污染时才造成危害的口腔器械。

口腔器械处理基本原则如下：

（1）凡重复使用的口腔器械，应达到"一人一用一消毒或灭菌"。

（2）高度危险口腔器械应达到灭菌。

（3）中度危险口腔器械应达到高水平消毒或灭菌。

（4）低度危险口腔器械应达到中或低水平消毒。

口腔器械危险程度分类与消毒、灭菌、保存要求详见表4-1。牙科手机灭菌后应清洁保存。

表4-1　口腔器械危险程度分类与消毒灭菌要求

危险级别	口腔器械分类		消毒、灭菌水平	保存方法
高度危险器械	拔牙器械：拔牙钳、牙挺、牙龈分离器、牙根分离器、牙齿分离器、凿等		灭菌	无菌保存
	牙周器械：牙洁治器、刮治器、牙周探针、超声工作尖等			
	根管器具：根管扩大器、各类根管锉、各类根管扩孔钻、根管充填器等			
	手术器械：包括种植牙、牙周手术、牙槽外科手术用器械，以及手术用和拔牙用牙科手机等			
	其他器械：牙科车针、排龈器、刮匙、挖匙、电刀头等			
中度危险器械	检查器械：口镜、镊子、器械盘等		灭菌或高水平消毒	清洁保存
	正畸用器械：正畸钳、带环推子、取带环钳子、金冠剪等			
	修复用器械：去冠器、拆冠钳、印模托盘、垂直距离测量尺等			
	各类充填器、银汞合金输送器			
	其他器械：牙科手机、卡局式注射器、研光器、吸唾器，用于舌、唇、颊的牵引器，三用枪头、成形器、开口器、金属反光板、拉钩、挂钩、口内X线片夹持器、橡皮障夹、橡皮障夹钳等			
低度危险器械	调刀：模型雕刻刀、钢调刀、蜡刀等		中、低水平消毒	清洁保存
	其他用具：橡皮调拌碗、橡皮障架、打孔器、牙锤、聚醚枪、卡尺、抛光布轮、技工钳等			

三、器械消毒与灭菌管理要求

医疗机构应设立器械处理区，已由医院消毒供应中心集中供应的口腔器械可参照本标准具体技术指标执行。器械处理区应按照开展口腔诊疗服务的范围和工作量进行合理化设计。区域应相对独立，以符合医院感染预防和控制的要求。区域内按照工作要求分为回收清洗区、保养包装区、消毒灭菌区、物品存放区。回收清洗区承担器械回收、分类、清洗、除锈、干燥工作。保养包装区承担器械保养、检查、包装工作。消毒灭菌区承担器械消毒灭菌工作。物品存放区存放消毒、灭菌后物品，以及去除外包装的一次性卫生用品等。回收清洗区与保养包装区宜有物理屏障。器械处理区的工作流程设计应由污到洁，装饰材料应耐水、防霉、易清洁，并按照所配设备预留水、电、气等管线。

设备、设施应按照口腔诊疗服务的实际情况进行合理化配置，配备的设备、设施应符合国家相关标准和规定。应配有污物回收器具、手工清洗池、工作台、超声清洗器及灭菌设备。宜配备机械清洗消毒设备，牙科手机专用自动清洁消毒机、自动注油养护机，医用热封机，压力蒸汽灭菌器，干燥设备等。

耗材符合相关要求，清洁剂应符合国家相关标准，根据器械的材质、污染物种类，选择适宜的清洁剂。消毒剂应选择取得国家卫生健康委员会颁发卫生许可批件或符合卫生质量技术规范的消毒剂。润滑剂应为水溶性，与人体组织有较好的相容性。牙科手机润滑剂宜遵循生产厂家或供应商提供的说明书进行选择。包装材料：包括一次性医用皱纹纸、纸塑袋、纸袋、纺织品、无纺布等应符合 GB/T 19633 的要求；牙科器械盒应适合各类型车针、根管器具等器械的放置，器械盒灭菌后可密闭。消毒灭菌监测材料应有国家卫生健康委员会消毒产品卫生许可批件，并在有效期内使用。

四、口腔器械处理操作流程

（一）器械回收

（1）口腔器械使用后应与废弃物品分开放置，及时回收。

（2）口腔器械应根据材质、功能、处理方法进行分类放置；结构复杂不易清洁的口腔器械，如牙科小器械、剂匙等应保湿放置（保湿液可选择生活用水或酶类清洗剂），回收至器械处理区进行处理。牙科手机、电动牙洁治器和电刀应初步去污，存放于干燥回收容器内；其他器械可选择专用回收容器放置，回收容器应于每次使用后清洗、消毒、干燥备用。

（二）器械清洗

1. 口腔器械清洗方法

口腔器械清洗方法包括手工清洗和机械清洗（含剂匙等）、超声清洗机清洗、清洗消毒机清洗。机械设备的清洗操作方法应遵循生产厂家的使用说明或指导手册执行。牙科小器械及其他结构复杂的器械宜首选超声清洗。电动牙洁治器应将其连接的工作尖拆开后分别清洗。电动牙洁治器手柄宜选择手工清洗方法。

2. 手工清洗操作程序

手工清洗操作程序包括冲洗、刷洗、漂洗。首先将器械、器具和物品置于流动水下冲洗，初步去除污染物。冲洗后，应用酶清洁剂或其他清洁剂浸泡后刷洗、擦洗。洗涤后，再用流动水冲洗或刷洗。手工清洗时水温宜为 15～30 ℃。去除干固的污渍应先用酶清洁剂浸泡，再刷洗或擦洗。刷洗操作应在水面下进行，防止产生气溶胶。管腔器械应用压力水枪冲洗，可拆卸部分应拆开后清洗。不应使用钢丝球类用具和去污粉等用品，应选用相匹配的刷洗用具、用品，避免器械磨损。清洗用具、清洗池等应每天清洁和消毒。

3. 超声清洗机清洗

超声清洗机清洗与手工刷洗相比，能减少操作人员直接接触污染器械和造成割、刺伤的机会，而且能够节约人力。超声清洗具有非常独特的清洗原理，超声能量在清洗液中可产生上亿个极细小的气泡，这些气泡破裂会在器械表面产生液体振动。这种振动可去除器械表面的污物，使之悬浮或溶解在液体里。除牙科手机、洁治器手柄等有特殊要求的精密器械外，几乎所有器械都可用超声清洗的方式进行清洗。超声清洗的操作程序是冲洗、超声洗涤、终末漂洗。首先在流动水下冲洗器械，初步去除污染物。然后在清洗器内注入洗涤用水，并添加清洁剂，水温应低于或等于 45 ℃，应将器械放入篮筐中，浸没在水下面，腔内注满水。超声清洗时间宜 3～5 分钟，可根据器械污染情况适当延长清洗时间，不宜超过 10 分钟。清洗后使用流动水进行漂洗。超声清洗操作，应遵循生产厂家的使用说明或指导手册。清洗时应盖好超声清洗机盖子，防止产生气溶胶。应根据器械的材质选择相匹配的超声频率。牙科小器械使用超声清洗时宜配备专用网篮。

4. 清洗消毒机清洗

清洗消毒机是全自动设备，可完成清洗消毒过程。其优点如下：①免去了人工清洗、消毒过程，降低感染机会，减轻工作强度。标准化的清洗、消毒过程一次完成，大大提高工作质量。②直接冲洗器械内腔，确保彻底、安全、有效地消毒中空器械。③标准化消毒过程，93 ℃加热消毒，有 10 分钟的保持时间，可对各类真菌、细菌进行彻底消毒。④全过程为封闭式操作，减少环境污染，降低污染风险，可使污染导致的医疗事故和职业病降到最低。⑤自动操作程序能提高资源的使用率，降低开支，减少污染物处理费用。目前国内外已开发出牙科手机专用清洗消毒机。对清洗消毒器的清洗效果可每年采用清洗效果测试指示物进行监测。

5. 牙科手机清洗保养方法

牙科手机清洗保养方法包括手工清洗保养和机械清洗保养。牙科手机应根据内部结构或功能选择适宜的清洗保养方法。特殊用途牙科手机，应遵循生产厂家或供应商提供的使用说明进行清洗与保养。

（1）牙科手机手工清洗：①在带车针情况下使用口腔综合治疗台水、气系统冲洗牙科手机内部水路、气路 30 秒。②将牙科手机从快接口或连线上卸下，取下车针，去除表面污染物。带光纤牙科手机需用气枪吹净光纤表面的颗粒和灰尘，擦净光纤表面污渍。③使用压力罐装清洁润滑油清洁牙科手机进气孔管路，或使用压力水枪冲洗进气孔内部管路，然后使用压力气枪进行干燥。使用压力罐装清洁润滑油过程中应用透明塑料袋或纸巾包住机头部，避免油雾播散。部件可拆的种植牙专用手机应拆开清洗。④不可拆的种植牙专用手机可选用压力水枪进行内部管路清洗。⑤使用压力水枪清洗牙科手机后应尽快使用压力气枪进行内部气路的干燥，避免轴承损坏。压力水枪和压力气枪的压力宜在 2～2.5 kPa，不宜超过牙科手机使用说明书标注压力。⑥牙科手机不应浸泡在液体溶液内清洗。使用罐装清洁润滑油清洁内部的过程中，如有污物从机头部位流出，应重复操作直到无污油流出为止。

（2）牙科手机机械清洗：应选择正确的清洗程序。机械清洗设备内应配有牙科手机专用接口，其清洗水流、气流符合牙科手机的内部结构。清洗设备用水宜选用去离子水、软水或蒸馏水。电源马达不应使用机械清洗机清洗，牙科手机清洗后内部管路应进行充分烘干。牙科手机不宜选用超声清洗机清洗。

（三）器械干燥

宜选用干燥设备对器械、器具进行干燥处理。根据器械、器具的材质选择适宜的干燥温度。金属类干燥温度 70~90 ℃；塑料类干燥温度 65~75 ℃。无干燥设备的及不耐热的器械、器具和物品，可使用低纤维絮擦布进行干燥处理。牙科手机用具有后真空的压力蒸汽灭菌器进行灭菌后无需干燥处理。

（四）器械检查与保养

应采用目测或使用带光源放大镜对干燥后的口腔器械进行检查。器械表面、螺旋结构处、关节处应无污渍、水渍等残留物质和锈斑。对清洗质量不合格的，应重新处理；损坏或变形严重的器械应及时更换。

牙科手机保养关系到牙科手机的使用寿命。注油过程既清洗轴承或涡轮部件间隙中的碎屑及脏物，也为牙科手机轴承和传动部件涂润滑油。其方法可分为喷气注油罐手工注油和全自动注油机注油。手工保养时，压力罐装润滑油连接相匹配的注油适配器或接头对牙科手机注入润滑油，牙科手机夹持器械的部位（卡盘或三瓣簧）应每日注油，内油路式牙科手机宜采用油脂笔对卡盘或三瓣簧和轴承进行润滑，低速牙科弯手机和牙科直手机注油可参考以上注油方式（若适用），特殊注油方式参考厂家或供应商使用说明书执行。清洁注油时应将注油接头与牙科手机注油部位固定，以保证注油效果还应避免油雾播散。机械保养是自动注油养护机在加压条件下对牙科手机内部水、气管道进行清洗及运动部件的注油养护。其操作简便，设有喷清洗液＋喷油＋吹清或喷清洗液＋吹清＋注油＋吹清程序，具有清洗、润滑、去除多余润滑油的功能。全部过程只需 35~40 秒。其与传统的喷气注油罐手工注油相比，清洗更有效，注油更彻底，并能节省时间、节约成本、减少工作强度。机械注油时，应将牙科手机连接相匹配的注油适配器或接头后插入自动注油养护机内进行注油，选择适宜的注油程序。为避免注油不当造成牙科手机损害，牙科手机生产公司推出了陶瓷轴承的高速涡轮牙科手机，可增加轴承对压力蒸汽灭菌的耐受程度，但同样需要注油润滑。

（五）器械包装

（1）根据器械特点和临床使用频率选择合适的包装材料。

（2）低度、中度危险的口腔器械可不包装，消毒或灭菌后直接放入备用清洁容器内。

（3）牙科小器械宜选用牙科器械盒盛装。

（4）封包要求：包外应有物品名称、包装者、灭菌化学指示物，并标有灭菌器编号、灭菌批次、灭菌日期及失效期，以使灭菌的物品与待灭菌物品不会混淆。只有 1 个灭菌器时可不标注灭菌器编号；口腔门诊手术包的包内、包外均应有化学指示物，包内应放置包内灭菌化学指示物；纸塑袋应密封包装，其密封宽度大于或等于 6 mm，包内器械距包装袋封口处大于或等于 2.5 cm；医用热封机在每日使用前应检查参数的准确性和闭合完好性。采用快速卡式压力蒸汽灭菌器灭菌，器械可不封袋包装，裸露灭菌后存放于无菌容器中备用；一经打开使用，有效期不得超过4小时。

（六）器械消毒与灭菌

物理消毒方法应首选机械热力消毒，化学消毒方法应符合消毒技术规范要求。口腔器械应首选物理灭菌的方法，常用的物理灭菌方法有压力蒸汽灭菌法、干热灭菌法、低温灭菌法和放射线灭菌法等。牙科手机应首选压力蒸汽灭菌，碳钢材质的器械宜选干热灭菌。

小型压力蒸汽灭菌器，应根据待灭菌物品的危险程度、负载范围选择灭菌器类型，详见表4-2。不同分类的灭菌周期和相关的设置只能应用于指定类型物品的灭菌。对于特定负载的灭菌过程需要通过验证。S 型灭菌器应有生产厂家或供应商提供可灭菌口腔器械的类型、灭菌验证方法及验证报告。N 型灭菌器不能用于牙科手机等管腔器械的灭菌。

表 4-2　小型灭菌器类型

灭菌器类型	灭菌负载范围
B 型	用于有包装的和无包装的实心负载、A 类空腔负载和标准中要求的检测用的多孔渗透负载的灭菌
N 型	用于无包装的实心负载的灭菌
S 型	用于制造商规定的特殊灭菌物品，包括无包装实心负载和至少以下一种情况：多孔渗透性物品、小量多孔渗透性条状物、A 类空腔器械、B 类空腔器械、单层包装物品和多层包装物品

（1）灭菌前准备：每日设备运行前应进行安全检查，包括压力表处于"零"的位置，记录打印装置处于备用状态，灭菌柜门密封圈平整无松懈，柜门安全锁扣能够灵活开、关，柜内冷凝水排出口通畅，电源、水源等连接妥当；打开电源，开机预热，选择相应灭菌程序。灭菌器用水应符合 YY0645 要求。

（2）灭菌：装载灭菌物品不能超过该灭菌器最大装载量；灭菌器应配有灭菌架或托盘，托盘应有足够的孔隙使蒸汽穿透；使用灭菌架摆放包装类灭菌物品，物品间应留有一定的间隙；使用托盘摆放纸塑包装器械和无包装器械应单层摆放，不可重叠；配套使用器械应分开灭菌，如牙科手机与车针、电动牙洁治器手柄与工作尖等器械应拆开灭菌；待灭菌物品应干燥后装入灭菌器内。

（3）灭菌器维护：应根据生产厂家或供应商提供的使用说明对灭菌器进行维护。灭菌器操作人员应对灭菌器进行日常维护，包括检查灭菌门密封圈、排放滤网、灭菌舱内外表面的清洁、更换记录器打印纸等。灭菌器调试或更换消耗性的部件，如记录装置、过滤器、蒸汽阀、排水管、密封圈等应由经过专业培训的人员进行维护。灭菌器使用满12 个月或使用中出现故障，应由专业人员进行全面维护一次。灭菌器的日常维护、年度维护、更换部件或调试均应形成文字记录。

第四节 消毒与灭菌效果监测

根据原卫生部《医疗机构口腔诊疗器械消毒技术操作规范》要求，医疗机构应对口腔诊疗器械的消毒与灭菌效果进行监测，确保消毒、灭菌合格。监测方法采用工艺监测、化学监测和生物监测。

一、压力蒸汽灭菌的监测

（一）物理监测

每一个灭菌周期应监测物理参数，并记录工艺变量如温度、压力、预真空程序等。工艺变量及变化曲线宜由灭菌器自动监控并打印，将记录纸归档备查。

（二）化学监测

1. 特殊监测——B-D试验

检测预真空灭菌器冷空气排出情况，提示灭菌器的真空水平，应在每日使用前进行。小型压力蒸汽灭菌器可不做B-D试验。

2. 过程监测——暴露控制

采用包外指示胶带以识别灭菌过程是否完成，变色彻底可以分发，变色不彻底需重新灭菌。每包均应使用。

3. 多个参数监测——包内监测

将包内化学指示物放置在常用的、有代表性的灭菌包或盒内，或使用化学PCD，置于灭菌器最难灭菌的部位。裸露灭菌的器械将包内化学指示物放于器械旁进行监测。包内化学指示物可监测灭菌器多个或全部参数，如时间、温度、饱和蒸汽的渗透等，反映灭菌器的性能，是否具备灭菌条件，提示每一包裹灭菌是否合格——变色彻底可以使用；变色不彻底不能使用，需重新灭菌。应每包进行。

（三）生物监测

生物监测是利用抵抗力最强的微生物——嗜热脂肪杆菌芽胞，经过灭菌循环后的死亡情况来判断灭菌物品是否达到无菌水平，是检测压力蒸汽灭菌效果的"金标准"。生物监测包应选择灭菌器常用的、有代表性的灭菌包制作，或使用生物PCD，置于灭菌器最难灭菌的部位，且灭菌器应处于满载状态。生物监测方法和结果判断应符合WS 310.3标准要求。

灭菌器新安装、移位和大修后应进行物理监测、化学监测和生物监测。物理监测、化学监测通过后，生物监测应空载连续监测三次，合格后灭菌器方可使用。监测方法应符合GB 18278的有关要求。对于小型压力蒸汽灭菌器，生物监测应满载连续监测三次，合格后灭菌器方可使用。

二、干热灭菌的监测

干热灭菌效果的监测应进行工艺监测和生物监测。

（1）工艺监测：从记录仪上观察温度上升与持续时间，若所示温度达到预定温度，则灭菌合格。

（2）生物监测：生物监测的指示剂选用枯草芽胞杆菌黑色变种芽胞。

三、环氧乙烷气体灭菌效果的监测

环氧乙烷（EO）气体灭菌效果的监测应进行化学监测和生物监测。

（1）化学监测：使用包外及包内化学指示剂。

（2）生物监测：指示剂选用枯草芽胞杆菌黑色变种芽胞。

四、紫外线消毒效果监测

紫外线消毒效果监测应进行日常监测、紫外线辐射强度监测。

（1）日常监测：辐射时间累计超过 1 000 小时需更换新灯管。

（2）紫外线辐射强度监测：使用紫外线辐照计检测，辐射强度低于 70 μW/cm^2 需更换新灯管。

五、使用中的消毒剂监测

使用中的消毒剂应定期进行浓度监测和微生物污染（染菌量）监测。

（1）浓度监测：对于含氯消毒剂、过氧乙酸、戊二醛等消毒剂应每日监测其浓度。

（2）微生物污染监测：使用中的消毒剂每月监测一次，质量控制标准为细菌菌落总数不超过 100 CFU/ml，并不得检出致病性微生物。

第五节　口腔医疗设备的选择

口腔医疗设备既然可成为口腔医源性感染的传播媒介，在选购时应考虑其具备抗医源性感染的能力和能反复承受消毒与灭菌。

一、口腔综合治疗台的选择

口腔综合治疗台应在设计、工艺、选材及操作等方面具有抗医源性感染能力。

（1）设计上应是流线型、程控或脚控，手术灯为感应式开关，尽量减少医生手的触摸。

（2）选用抗老化、不变形、易清洁消毒的材料。

（3）工艺上应是大面积膜压无缝靠垫，周边光滑，易清洁和消毒。

（4）治疗台的备用件和配置件如牙科手机、三用枪、超声洁牙机手柄等均能承受135 ℃压力蒸汽灭菌。

（5）水、气管道有防回吸或冲洗、消毒装置，以及独立供水装置。（详见本章第六节）

二、牙科手机的选择

为控制牙科手机回吸所造成的医源性感染，生产厂家在牙科手机的设计和选材上进行了研究和改进。

(1) 质量性能符合 ISO 标准认证，能承受 134 ℃压力蒸汽灭菌。

(2) 牙科手机防回吸技术与装置，归纳起来有以下几个方面：

1) 卫生机头系统（clinic head system）：日本 NSK 中西公司开发出了卫生机头系统（图 4-2）。该系统在牙科手机头部包括高速手机、气动马达直手机和弯手机安装了圆盘迷路装置 Dust Shield。1993—1999 年经瑞典 UMEA 大学、日本东北大学、日本新潟大学、新加坡国立大学、原华西医科大学等口腔医学院进行了细菌学和病毒学的研究。结果表明，卫生机头系统具有防止口腔内污染物进入牙科手机的效果，可有效防止牙科手机的回吸。美国食品药品管理局确认使用卫生牙科手机可以大幅度减少从牙科手机管道浸入综合治疗台的细菌的效果。

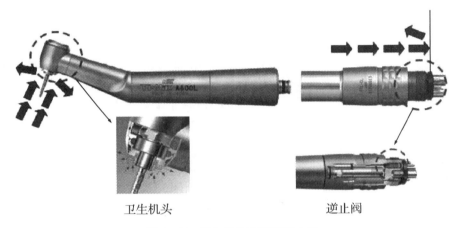

卫生机头　　　　　　　　　　逆止阀

图 4-2　卫生机头系统和逆止阀

2) 逆止阀：又称防回吸阀（anti retractive vavles）。1978 年 Crowforl 设想出一种称为防回吸阀的装置，当牙科手机停转时，阻止污染物回吸入牙科手机。这种装置的有效性在后来的研究中被证实。日本 NSK 手机的水管及快插接口的水道内装上了防止回吸的逆止阀，经日本齿科大学、新加坡大学以及四川大学华西口腔医学院进行细菌学和病毒实验研究，结果表明逆止阀能有效地防止口腔内污染物的回吸。此外，瑞士 Bien-Air、芬兰 Planmeca 等品牌牙科手机均装有逆止阀，可防止牙科手机回吸。

为了对防回吸牙科手机的有效性做出更加确切的评价，四川大学华西口腔医学院在对 NSK 防回吸牙科手机进行细菌学和病毒学实验研究的基础上，在临床状态下以乙肝患者为实验对象对普通牙科手机和防回吸牙科手机进行了对比研究。结果表明，当唾液中病毒浓度较低时，回吸率无显著差异。当唾液中病毒浓度较高时，两者之间有显著差异（$P<0.05$）：防回吸牙科手机水、气管口的回吸率分别为 25％和 30％，而常规牙科手机水、气管口的回吸率则高达 60％和 70％。因此，临床上接触患者血液的操作，如急性牙髓炎开髓、严重牙周出血治疗等情况下使用防回吸牙科手机，逆止阀结构能有效地防止乙肝病毒的回吸，降低发生医源性感染的可能性。

3) 喷气防回吸技术：又称正压防回吸。1997 年 Matsryama 报告了喷气防回吸新技术，当牙科手机停转时，可自动增强气路内的气压，因而制造出气压屏障而防止牙科手机因停转时造成的负压回吸。采用微处理器控制涡轮气压，使驱动气压始终高于因涡轮停转引起的负压，可有效防止污染物回吸。Kavo、Sirona 等品牌手机设有此装置。

（3）快插接头，能旋转 360°，ISO 四孔。

（4）增加牙科手机数量，以适应压力蒸汽灭菌的周转。最低达到 5～7 支/台，其中高速 3～5 支，低速 2 支，视门诊量而定。

（5）增加易损配件，如轴承、密封圈等。

三、压力蒸汽灭菌器的选择

（一）具有抽预真空和后真空功能

小型压力蒸汽灭菌器按照欧洲 PrEN13060，根据待灭菌物品的危险程度、负载范围，可分为 B 级、S 级、N 级三种类型。B 级具有多次预真空及后真空干燥功能，适用于各类有包装的、无包装的、实心的、中空的、多孔的器械物品的消毒；S 级具有预真空（一般为一次）及后真空干燥功能，用于制造商规定的特殊灭菌物品，包括有孔器械、小件多孔物品、无包装的实心器械、A 类中空器械、B 类中空器械、单层包装物品和多层包装物品的消毒；N 级则无抽真空功能，适用于无包装的实心器械消毒。由于牙科手机属 A 类中空器械（长度与直径之比大于 5），建议采用 B 级压力蒸汽灭菌器，牙科手机内部有水、气管道和腔隙，操作中牙科手机回吸可造成水、气管道污染，且管道内有空气。在灭菌前抽真空，可以将牙科手机管道和腔隙内的空气抽走，确保蒸汽充分渗透到管腔而达到灭菌效果；同时抽真空还可减少腔内空气中的氧气在高温条件下对器械表面的氧化侵蚀。后真空即为灭菌后再抽真空，有利于加快冷凝水的蒸发，减少蒸汽产生的湿度，加速被灭菌物品的干燥，便于保存和发放，防止污染。一般对包装的物品，残留在封套表面的水珠需在5 分钟内蒸发。在干燥程序结束时，灭菌腔内残余湿度，实心器械应不超过 0.2%，织物不超 1%。干燥的消毒物品便于保存和发放，防止污染。

（二）具有可靠的灭菌效果

压力蒸汽灭菌效果监测有化学监测、生物监测和物理监测。①化学监测：即化学指示卡于 134 ℃经 3.5 分钟变色。②生物监测：即选用嗜热脂肪杆菌芽胞菌片，经灭菌循环后，经 2～48 小时培养观察其灭活程度。③物理监测：即灭菌过程物理参数的显示，参数包括温度、压力和灭菌时间及真空度，应配有内置式或外置式微型打印机打印显示物理监测结果。此外有些压力蒸汽灭菌器自身配置 B&D（Bowe & DICK）测试，主要用于检测多层织物灭菌物的蒸汽渗透性与灭菌安全性。

（三）确保灭菌器水质

压力蒸汽灭菌器必须使用蒸馏水，因为蒸馏水具有纯净、无杂质、无离子、不会产生水垢等特性。如果灭菌器不使用蒸馏水（有的用自来水）将损坏灭菌器，表现为真空活塞密封性减弱，真空度降低；电磁阀密封不严，蒸汽泄漏，影响灭菌效果；细管路堵塞，压力传感器和温度传感器失灵，使灭菌器不能正常运转。有的产品设计和安装了实时检测蒸馏水水质的功能，以监测水的电导率（杂质多、离子多，水的电导率则高），电导率高于40 $\mu s/cm$ 时报警，达到 60 $\mu s/cm$ 时设备会自动停机。

具有自动水质监测功能的灭菌器可保护管路及器械，但这种类型的压力蒸汽灭菌器价格较高。因此，口腔医疗机构如果使用无水质监测功能的压力蒸汽灭菌器，应坚持用合格的蒸馏水，并具备其他检测水质的技术。

（张志君　苏　静）

第六节　口腔治疗供气、供水系统的污染与消毒灭菌

由于大气和环境的污染以及牙科手机的回吸作用，口腔治疗中供气、供水的污染及其消毒与灭菌是口腔感染控制亟待解决的问题。

一、口腔治疗供气、供水系统的污染

（一）供气系统

空气压缩机和压缩空气是口腔治疗中不可少的动力源，而目前口腔科使用的压缩空气是完全没有净化、灭菌处理的。压缩空气来源于大气，大气中存在许多细菌和各种病毒。有数据显示，取自于室外大气的空气压缩机供气的，三用枪喷出气体的细菌含量大约在 700 CFU/m³；取自于诊室内空气的空气压缩机供气的，三用枪喷出的气体的细菌含量大约在 1200 CFU/m³；取自于封闭的狭小泵房内空气的空气压缩机供气的，三用枪喷出的气体的细菌含量大约在 900 CFU/m³。以上均检测出有致病菌存在。这并不包括机械运转产生的许多金属粉末和油雾以及过滤芯产生的絮状物。有数据显示，中心供气装有空气过滤器的机构，过滤芯一年以上更换的占 40%。

过滤器不更换会加重污染，主要有三方面原因：①过滤材料的密度不足以挡住细菌；②细菌大量蓄积在过滤芯表面而形成菌斑，并破坏过滤层使之形成漏洞；③细菌与病毒的浸润作用。这些细菌、病毒、异物大约有 10% 被喷入了患者的口腔内，其余的被释放在患者和医生的周围约 1.5 m² 的环境之中。

值得提出的是，不少诊所和口腔科将单台空气压缩机装在诊室和椅旁，采集的是诊室污染的空气，更加重了气源的污染程度；有的口腔医疗单位将空气压缩机装在楼梯角或地下室，又无空气净化装置。气源质量直接影响医务人员的职业安全，使口腔科诊室空气中细菌含量远远高于其他诊室，这也是口腔科医生比其他科医生容易感染常见传染病的主要原因。

（二）供水系统

1. 供水形式

口腔综合治疗台供水系统主要有市政水直接供水、独立储水器单独供水和中心水处理系统集中供水三种形式。

（1）市政水直接供水：大多数牙科诊所及基层医院目前均采用市政自来水直接供水方式，此种方法在口腔综合治疗台地箱的进水管道内加装过滤器，能过滤部分粗大颗粒或杂质。

（2）独立储水器单独供水：某些治疗台采取在牙科椅上安装独立储水器内置蒸馏水的供水方式。

（3）中心水处理系统集中供水：在医院内建立水处理站，将水净化后可为中心药房、科研室、口腔综合治疗台等提供优质纯净水。

2. 口腔综合治疗台的水路污染情况

国外研究报道，口腔综合治疗台水系统中生物膜异养菌的含量一般为每毫升数万至数十万个。国内报道，牙科手机出水端细菌含量普遍在 1000~100 000 CFU/ml，而我国城市市政用水细菌含量要求低于 100 CFU/ml。由此可见综合治疗台的供水污染情况是相当严重的。

3. 引起水路污染的原因

因供水质量和回吸等原因，水路中有浮游生物及由微生物堆积形成的生物膜。其中，浮游生物可过滤去除；生物膜的去除则相对困难，是引起水路污染的主要原因。生物膜的形成主要由以下因素所引起：①管路内低速甚至静止的水流有利于生物膜形成；②表面/流量的比值高，细菌易附着在管壁上；③管路内持续累积的细菌共同形成；④牙科手机回吸污染形成；⑤水源性细菌具有易附着管路表面的特性；⑥进水为正在形成的生物膜不断提供营养；⑦附着管壁的细菌不断繁衍，生物膜量逐渐增大。

二、口腔治疗供气、供水系统的消毒与灭菌

口腔医疗机构治疗供气、供水系统的污染及其消毒与灭菌是当今口腔医学界预防和控制医源性感染的新课题。国内外口腔医疗企业均进行了大量的研究和开发工作，研制的装置和产品已推向市场，并逐渐被口腔医疗单位采用。但是，口腔医疗单位仍存在重视和投入不够的问题，且控制医源性感染的装置和设施还有待进一步改进和完善。

（一）供气系统

（1）对压缩空气进行无菌化处理，采用臭氧或等离子灭菌技术与原理制成的空气无菌净化处理装置，将其安装在空气压缩机空气吸入口处，以净化压缩空气使其达到无菌。

（2）空气压缩机应设置专用的吸气口，吸入户外 10 m 以上高度的新鲜空气，吸气口周围 100 m 内不能有污染源。

（3）不在诊室或椅旁等不洁净的区域安装空气压缩机。采用集中供气时应设置洁净机房和污染机房。洁净机房安装供气设备、供水设备等，污染机房安装集中负压抽吸设备、污水处理和废气处理设备。

（4）洁净机房应安装空气净化器，定期检测空气质量，其室内空气质量标准应达到消毒供应室洁净区的要求。

（二）供水系统

1. 独立供水系统（独立供应、中心供应）

制纯水装置专供口腔综合治疗台牙科手机及三用枪用水，先期投资和运行成本高，但无法对管路内的生物膜进行控制，维护要求高，不能杜绝回吸污染，且造成很大的水源浪费。

2. 无菌水供应系统

将口腔综合治疗台水路分成两个回路，其中一路专供治疗使用，水源采用 0.9％氯化钠（生理盐水）或其他无菌路径供应的无菌水，主要用于手术或种植等。但每次需灭菌、

安装。

3. 防回吸装置

防回吸装置包括牙科手机防回吸装置及治疗台水、气管道防回吸装置，即正压防回吸。在治疗台水、气管道内安装单向逆止阀，当涡轮手机正常工作时，单向逆止阀处于关闭状态；当涡轮处于惯性旋转时，单向逆止阀开启，空气进入水、气管内，避免水、气管内形成负压，减少高速涡轮手机回吸污染水气管道。但单一使用仍有水源的污染问题，单向逆止阀随着时间延续防回吸效果有所降低。

4. 水路冲洗系统

为了减少和清除口腔综合治疗台及牙科手机管道内生物膜对水的污染，20世纪80年代以来，当Scheid证实更换口腔综合治疗台水管内的水可以清除污染物后，管路内冲洗就作为一种推荐方法。美国牙科协会与预防中心建议在每天诊治第一位患者之前，让牙科手机空转几分钟，并在患者间至少冲洗20~30秒，以排除牙科手机回吸的污染物。目前国内外不少品牌口腔综合治疗台都装有定时冲洗系统，可冲洗与牙科手机、三用枪、超声洁牙机连接的水管。冲洗系统能减少牙科手机和水管内沉积的污染物，但有学者研究证实不能完全消除污染，需配合其他方法，才能提高预防污染的有效性。

5. 口腔治疗台内部管道消毒循环系统

很多学者对化学消毒剂控制生物膜的有效性进行过研究，证实多种化学消毒方法行之有效。可根据不同制剂的杀菌效果，对水路进行间歇性（浓度稍高）或持续性（浓度较低）消毒。我国常用的氯制剂消毒市政水的方法，对于口腔治疗台水路的消毒仍然是简单、高效、经济的一种方法。也可采用臭氧、酸化水作为消毒剂。

6. 口腔医疗专用循环供水管路系统

根据我国对医院直饮水管路系统的要求，口腔治疗水专用供水管路系统应不低于医院直饮水供水管路系统，即建立循环供水管路系统，根据口腔医疗用水规律设计管路循环水量在用水量的5~10倍。具体的管路要求可参照《GB 51039—2014》。规模较大的口腔医疗机构可分区循环供水。使用循环供水机作为供水系统的动力源。消毒剂可按上节选用。实践证实，在循环供水平台下使用普通氯制剂消毒时，0.02 mg/L（0.02 ppm）即可有明显的效果。

7. 口腔治疗台治疗用气、用水质量的取样与检测

从以上论述中可以总结出：口腔治疗台气、水管路内壁的生物膜是主要污染源，而大量的回吸物质同时附着在生物膜之上。生物膜本身具有一定的附着性，其堆积过多时，或受外力致管路大幅度扭曲变形时都会造成生物膜大面积自然脱落，此时污染指标会陡升数倍，这使我们无法获得客观的检测结果。可使用"手机管路揉搓器"作为采样器具。其作用使手机管路做蛇形蠕动，促使生物膜脱落，然后再行取样。这样可以比较客观地反映污染状况。

（张志君 刘 平）

第五章　口腔诊疗体位与操作姿势

多年来，不少口腔医学专家和工程技术人员在采用现代技术的同时，对口腔诊疗中各个环节进行了不断研究，特别注意人与机器，人、机器与环境等的关系。其中，特别是医生的操作姿势和诊治体位被认为是整个环节的关键。在使用以口腔综合治疗台为主体的各种口腔医疗设备时，应考虑医护人员和患者的感受，在设计和研制口腔医疗设备时必须强调人在整个诊疗过程的主体地位。

口腔诊疗过程是一个极精细的操作过程，不少操作仅在 0.1~0.2 mm 范围内进行。然而，长期以来，医生在使用口腔医疗设备时，并未重视自身的操作姿势和诊疗体位，以至在操作中往往处于弯腰、扭颈或各部位肌肉不协调状态。这种状态，既不能充分发挥先进设备的效能，也可能因持续的强迫体位引起医生一系列的职业性疾病。有学者统计，口腔医护人员的颈、肩、腕综合征和腰痛病发生率高达 85%。日本学者西方雄三对 46 名口腔科医生进行脊柱 X 线检查，发现 63% 有脊柱侧弯和变形性腰椎病，87% 有脊柱不同程度的扭曲。对 26 名口腔科医生用莫尔条文摄影检查，发现工龄在 4 年以上者腰椎和胸椎侧弯的发生率高达 100%，其中变形性腰椎病占 83%，右肩上抬占 83%，左肩上抬占 17%。这些研究结果表明，医生在口腔诊疗中必须改变传统的诊疗姿势，严格按其生理状况，规定科学的操作姿势和体位，这是十分重要的。尤其对即将进入临床的口腔医学生，进行严格的正规操作训练显得更为重要。

第一节　医生正确操作姿势的理论基础

传统的口腔科医生工作时长期以来处于弯腰、曲背、扭颈的强迫体位，因此工作多年的口腔科医生易产生颈椎及腰背部的疾病，对健康带来很大影响。早在 1945 年，美国 Kil Pathoric 曾经提出"四手操作"，试图改变这种局面。但由于工业技术等问题未能付诸实践。1960 年 Beach 首先提出了平衡的家庭操作位（balanced home operation position with natural consistent movement，BHOP with NCM），其主导思想是要求口腔科医生在处理患者时的姿态如在家中坐着看书或编织毛线那样轻松自如，身体各个部位都处于放松的状态，没有任何紧张和扭曲。要达到这一要求，口腔科设备及器械应做相应改进，不仅要求具备能把患者的体位调节到最合理的综合治疗台和可调节医护人员坐位的治疗椅，配上高速涡轮手机、强力抽吸器以及三用枪，从而使医生能坐着舒适、患者躺着放松，在助手的协助下，医生完成各种操作。这种操作技术又名"四手操作"。这在口腔科的医学行为学上是一次飞跃，它能降低医护人员体力和精神上的疲劳，提高工作效率。患者所处的体位状态轻松，在态度和蔼的医护人员照料下可消除恐惧感，提高安全感。

20 世纪 80 年代，我国的某些医学院校、大医院及口腔科诊所也开始进行四手操作，但操作的姿势还不甚规范，没有达到 BHOP 的标准，医生虽然坐着，但仍处于弯腰、曲背的状态。

1985 年，Beach 在 BHOP 的基础上提出了 PD 理论。PD（proprioceptive derivation）意译为固有感觉诱导。这一理论已在日本 HPI 研究所下属的口腔科诊所中付诸实施，并且正在不断发展和完善，目前已成为指导口腔科四手操作的独具一格的理论体系。Beach 将这种由 PD 理论指导的口腔科四手操作称为"PD Performance"，中文可译为固有感觉诱导操作，为口腔科医生正确的操作姿势和体位提供了理论与实践的基础。

多年来，PD 理论经过许多学者的不断完善，已形成指导口腔诊疗操作的理论体系。其核心是以人为中心，基本点是按人的固有感觉，规范一系列的操作姿势和体位。所谓固有感觉是指平衡感觉及肌筋膜的本体感觉在人体内部的一种感受，它能使人及其行为与周围环境建立一种自然平衡的感觉。提高医生对自身本体感觉的认识是学习口腔医疗技术的起点。

人在生活中的三种基本姿势为坐、卧、立（包括走路）。

人处于坐位时，脚底与坐骨均为支撑点，支撑点面积比立位大，重心相对比较稳定。脊柱保持伸直时又可充分发挥背部肌肉的作用，使抗重力肌保持较稳定。在这种状态下进行精细操作最恰当。因此，口腔诊疗时，医生的操作体位，特别是进行精细操作时常采取坐位。

人处于卧位时，人体的重心最低，支撑点面积最大，稳定性也最高，从生理角度看也最自然、舒适。但若进行精细操作，采用卧位则有一定困难。

人处于立位时，保持了人体脊柱的生理弯曲，人体重心线从头颅中心开始，向下通过脊柱和骨盆中心直达脚底。根据力学定律，人体重心与地心吸引力方向一致，对胸腔和腹腔组织无压迫作用。可见，立位是一种自然的稳定体位。但如果长时间在站立状态下进行精细操作，由于支撑点只有脚底，支撑点面积较小，难以达到长时间的稳定。

PD 操作位的原理，是通过人的本体感觉诱导，使人体的各个部位处于最自然、最舒适的状态。在这种姿势与体位下进行精细操作，既保护了操作者避免受不良姿势造成的损害，又能在最省力的条件下发挥最大功效。口腔科医生的工作属精密操作范畴，误差要求小于 0.1 mm，如果站着工作，人的重心高，支撑点少，容易失去平衡，更不能进行长时间的精雕细刻，因此对操作者来说，坐着是最佳的姿势。因为人处于坐位时脚底与坐骨结节都有接触支撑点，重心低，稳定性比立位好。

但是，什么是最佳的坐位姿态，其标准又是如何定的呢？这就要通过固有感觉的诱导，通过诱导使人体的各个部位都处于零位的最佳状态。譬如当你取端坐位，两肩平衡、挺胸，上臂自然下垂，肘部贴近胸部，示指轻轻接触并置于心脏水平，自然闭眼，体会其最舒适最轻松自如的姿态。做以上的试验都需闭眼，虽没有视觉的参与，但人们却能感觉到什么样的姿态是失去平衡的姿态，这种感觉就是固有感觉。它是人体内部的一种内在感觉，主要是平衡感觉及肌筋膜的本体感觉。通过固有感觉的诱导，使失去平衡的部位能回到原先最佳的姿势位。

第二节 正确的操作姿势和诊疗体位

根据 PD 理论，规范口腔科医生及其助手的操作姿势，以减轻其劳动强度；规范患者的诊疗体位，使其在较舒适的体位下接受治疗。

一、医生的正确操作姿势与体位

（一）基本的姿势和体位

口腔科医生在操作时，身体各部位的规范姿势及体位应按如下要求：

（1）头部：眶耳平面前倾 30°，视线向下，呈 80°俯角，两眼瞳孔的连线呈水平位。

（2）肩部：自然放松、下垂，左右对称，两肩肩峰的连线呈水平位。

（3）肘部：位于身体的侧方，保持前臂活动自由，前臂外展幅度不宜超过 10°，腕部伸屈范围应小于 10°。

（4）手指：自然放松，如以右手示指的指端作为工作点，其位置应该在躯干与膝连线的中点。

（5）肋下缘—髋：呈平衡不倾斜姿势。操作时医生的中腹部即脐区和患者的头部轻轻接触。

（6）髋—膝关节：腓骨小头同坐骨结节的连线呈水平位。

（7）膝—脚底：小腿与地面垂直，脚平放在地面，呈自然位。小腿的高度与操作者的第四腰椎平面至地面的高度保持 1:1.5。

此时，医生的第七颈椎与第四腰椎的连线与地面基本垂直。

采用上述体位与姿势，医生的知觉和平衡感都处于最佳状态，也是人们在生理条件下进行精细操作的最佳体位。

（二）医生位置的表示方法

以患者口腔为中心，医生的位置可用时钟数字表示。患者头顶方向为 12:00 位，脚尖方向为 6:00 位，其口腔左侧为 3:00 位，口腔右侧为 9:00 位（图 5-1）。

当医生对患者的不同牙位进行治疗时，为维持标准体位，医生必须经常变换座椅的位置。根据 PD 操作位的原则，医生所选择的最佳用力方向应与作业面垂直。操作时基本姿势与体位不变，仅手腕、手指及肘部等相应变动。这些变动也是通过人体本体感觉诱导调节到最佳状态。

（三）调节因素

为保持这种"平衡操作"的体位，医生要根据患者的具体情况随时调节以下五种可调节的因素。

（1）医生位置的变化，必须根据工作需要在 9:30～12:30 范围内变化位置。

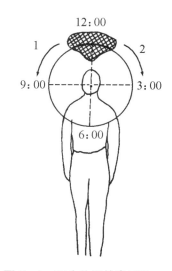

图 5-1 医生位置的表示法

（2）患者椅位垂直高度的变化，必须使医生的操作点处于视觉清晰的范围内，即在医生胸骨中点或心脏的水平。

（3）患者头部前倾或后倾分别不得超过正 8°或负 25°。

（4）患者头部左右转动的角度均不得超过 45°。

（5）患者的张口度应视具体情况而定，若需要牵拉口唇或颊部时，患者应半张口以放松口腔肌肉，以利牵拉。

二、助手的基本操作姿势与体位

一般情况下，助手采用立位或椅坐位。采取椅坐位时，助手的肘关节应比患者的口腔位置高 10~12 cm，背部伸直，大腿与地面平行。左腿靠近口腔综合治疗台，并与口腔综合治疗台平行。助手的座椅前缘应位于患者口腔的水平面以上。

三、患者的诊治姿势与体位

患者接受口腔疾病的诊治时，主要有两种体位，即椅坐位及仰卧位（水平位）。

（1）椅坐位：患者坐在诊疗椅上，椅背与椅面垂直或稍后倾。

（2）仰卧位：诊疗椅靠背呈水平位或抬高 7~15°，患者以仰卧位姿势接受诊疗。

目前，口腔科医生及患者的诊治体位与姿势虽无统一规定，但总的趋势是口腔科医生逐步从立位改为坐位。当医生坐在 9:00~12:00 位操作时，患者最理想的姿势是仰卧位，既舒服又有利于口腔科医生进行精细的手工操作。但由于各种条件限制，患者在接受诊治时不能采取仰卧位，此时，医生也可根据不同的诊治内容和不同的设备条件，选择较合理的诊疗体位。

四、医生和患者常见的姿势和体位

临床上常根据不同的诊治内容及设备条件，选择医生和患者均较合理的姿势和体位。常见的有以下几种：

（1）医生取 8:00~9:00 立位，患者采取椅坐位，其椅靠背与椅面垂直或后倾 60°。

（2）医生取 9:00 椅坐位，患者亦取椅坐位，其椅靠背后倾 60°。

（3）医生取 9:30~12:30 椅坐位，患者取仰卧位，其椅背呈水平位或抬高 7~15°。

五、诊疗操作区的要求和范围

为了保证口腔医疗工作的顺利开展，应严格划出医生、助手和患者的诊治范围。

医生和助手有他们各自的、互不干扰的工作区域，以保证通畅的工作线路和相互密切配合。以患者的长轴为中心把术区分为医生工作区和助手工作区，各区域中的活动和器械必须互不干扰。

医生和助手与患者的位置关系用一个假想的钟面来考虑。设想以患者的脸作为一个钟面，12:00 正时指针指向患者的头顶，医生的工作区域范围在 9:30~12:00，医生不能超出此界限。这个区域可放置车头、车头架、一个小的工作台和任何不需要助手传递交换的器械。助手的工作区域在 12:30~3:30 范围内，这个区域可放置三用枪、抽吸器、手用器械、材料、调刀、调板、盛器和银汞调和器。总之理想的放置是使所有器械和材料应放置于医生和助手伸手可及的工作范围内。

PD 操作位的基本原则是助手应在尽可能靠近患者口腔的范围内传递所有的器械和材料，使医生的动作局限在肘以下的关节范围内，使其能保持正确的操作姿势。

医生和助手必须始终以轻松自然的、不扭曲的体位进行操作，这是以人类正常的生理活动为基础的操作位。

（一）医生工作区

通常医生的工作区在 8:00～12:00 位（图 5-2）。在此工作区，医生无论采用椅坐位还是站立操作，都可获得比较理想的诊治入口通路及最清晰的操作视野。同时，在这个区域还可放置医生在诊疗中常用的牙钻机头、机头架和某些器械等。

（二）助手工作区

助手的工作区主要在 2:00～5:00 位（图 5-3）。除助手在此工作区外，还可安放一些口腔设备，如抽吸器、水枪、供气泵、手术器械和材料等。

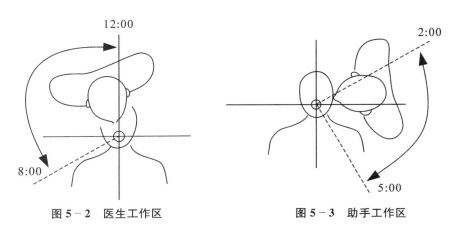

图 5-2　医生工作区　　　　　　　图 5-3　助手工作区

（三）器械传递区

助手将有关的器械传递给医生，或医生将用毕的器械交还给助手，这些活动常在 5:00～8:00 位进行。器械托盘也放在此区。器械托盘理想的位置是患者口腔、医生肘部与器械托盘前缘形成边长为 30 cm 的等边三角形内。当然在具体工作中，还应当根据医生诊疗位来确定。

医生采取 8:00 立位诊治时，器械托盘应在患者的左胸前方；医生在 9:00 站立位或椅坐位诊疗时，器械托盘应位于患者的正前方；医生采用 11:00～12:00 位时，器械托盘应调整到患者的右肩外侧。

器械托盘放置高度应与医生肘关节高度相同。但患者取椅坐位诊疗时，器械托盘应低于患者口腔 20 cm；患者取仰卧位诊疗时，器械托盘则与患者的肩部高度一致。总之，器械的传递应尽可能靠近患者的口腔。

（四）非工作区

非工作区主要是在 12:00～2:00 位。可将超声洁牙机、高频电刀等放在非工作区，但该区一般较少利用。

　　总之，诊治区的活动范围在规定了各自的工作区的同时，还必须划出相应的活动范围。其原理是首先保证医生、助手和患者在诊疗过程中的正确姿势和体位所占据的空间，以及必要的活动空间，使其移动身体各部位时均不受任何物体阻碍。在诊治过程中，各种设备与器械均应放在传递和使用方便、合理的位置。

　　诊疗区的大小主要是由口腔综合治疗台的长度、坐在靠近患者头部旁的医生身体厚度、助手所需的空间和放置器材的诊疗台的宽度决定。同时还应保留医生和助手的基本活动空间，即在医生的右侧要保留放置器械托盘所需的空间，以及助手坐位与步行的空间（图 5 - 4）。

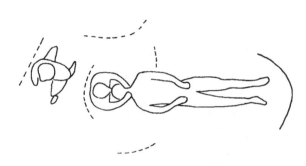

图 5 - 4　诊疗室活动空间

第三节　保证正常操作姿势和诊疗体位的基本条件

　　根据口腔诊疗内容的不同，在调整各自的操作体位和姿势时，为了能长期维持符合生理状态的体位即 PD 操作位，保证正常操作姿势和诊疗体位，尚需要一些基本条件。

一、调整体位

为了保证操作视野清晰，需要调整医生或患者的体位。

（一）医生位置的移动

医生整体位置的移动主要由操作点决定。应始终保证医生的用力点与作业面相互垂直，以达到良好的操作效果。为此，医生主要在 8:00～12:00 位做整体移动。

（二）患者位置的移动

1. 患者头部左右移动

随诊疗部位的改变，患者头部随之向左侧或右侧转动，一般左、右转动的幅度均不超过 45°。这样，可以防止医生在诊治时手指、腕和臂部出现较大幅度的变化或处于强制状态。

2. 患者头部前后移动

患者上、下颌咬𬌗平面应与地面成 90～120°角。随诊疗部位改变，患者头部需要前后移动，但应防止患者身体上部不自然地前倾和转位。

3. 患者下颌的张闭口活动

患者下颌张口幅度一般为 1～3 横指宽，相当于 1.5～4.5 cm，以保证不同部位都能有良好的操作视野。

4. 患者全身上下移动

不同的诊疗内容，工作点有变化。要保证医生始终处于最佳操作位，可调整口腔综合治疗台的高度。上升或下降口腔综合治疗台，使患者整体移动。

二、配备适当设备

口腔科医生的操作姿势与常用设备的大小和功能有直接关系，尤其是口腔综合治疗台和操作者座椅。只有功能齐全和大小适当的设备才能保证医生的正确操作姿势。

（一）对口腔综合治疗台的基本要求

人体最稳定和自然的体位是平卧位。口腔综合治疗台的长与宽应根据人体的身高与宽度决定。

口腔综合治疗台的长度，除头靠支托外，应以人的第 7 颈椎为基点决定其长度。我国成年男子第 7 颈椎至脚底长度的平均值为 152 cm，其平卧时以两肘之间与两肩之间较宽，肩宽 49～50 cm，肘间距为 67～70 cm。

口腔综合治疗台因涉及人体体重支点部位，应加以一定厚度的软垫，并应使其椅座面、背靠面的机械曲度与人体生理性弯曲尽可能一致，使患者的背部、坐骨区及四肢都有比较充分的支托，身体各部分的肌肉和关节均处于自然松弛状态。

口腔综合治疗台上的头支托可向上下、前后方移动。其大小应适度，以其顶端与患者的头部平齐为宜。如果头支托过大，则医生的身体距患者口腔较远，使医生体位不自然前倾，改变了自然的生理操作体位。这样，既影响医生的自由活动度，又使医生易发生疲劳。头支托的厚度应尽可能薄，在支托下面不宜有突出物，以免影响医生操作。头支托左右两侧只需稍留余地，使患者头部易固定在其中央。为防止患者头部向左侧或右侧转动时压迫双耳，可在支托相应部位留两个间隙。

整个口腔综合治疗台椅面的硬软应适度。椅面过硬，患者平卧时，其头、肩、坐骨区等部位受压，患者易感到不舒适而改变体位；椅面过软，则造成脊柱的非生理性弯曲，同样易使患者疲劳。口腔综合治疗台的头靠、椅面的调节要求灵活。

（二）对医生座椅的基本要求

座椅是医生保持正常操作姿势与体位的重要保证。其基本要求是：椅位能上、下调节，可调高度为 38～45 cm；有适当厚度的泡沫软垫；背靠呈镰刀形，曲率半径为 30 cm，可全方位旋转，旋转到前面可作腹靠，旋转到侧面可作腰靠，口腔科医生身体前倾和侧弯时也可起支靠作用；设有方向脚轮，使座椅在地面上能自由移动。目前，也有不少学者主张，为保持操作者的生理体位，不使用靠背。所以，某些产品的椅背较小，其高度以医生立位时手能触及即可。

医生处于椅坐位时，座椅的高度以使医生大腿与地面平行，下肢自然下垂为宜。座椅过高，医生的体重分布至下肢，足悬空，造成下肢和背部肌肉过度紧张；座椅过低，不能保证医生腰骶部的适宜姿势和体位，也会增加背部肌肉的负荷，从而改变了医生的生理体位，降低了诊治效率。坐垫柔软适当，可使医生的臀部完全得到支持，并且小腿和脚应有一定的空间余地，有利于医生更换体位。

口腔诊疗过程中，无论设备或器械的设计、要求、使用或放置等，都应以人为中心，以 PD 操作位为核心。这样才能充分发挥各种设备的最佳效能，防止在强迫体位下进行诊治，既减轻医患疲劳又提高医疗质量。

第四节　器械的握持与传递

一、器械的握持与传递原则

为了使医生保持正确的操作姿势，最高效率地利用其时间和技能，除口镜、镊子及探针外，其他器械应由助手传递。

器械传递的原则是"在正确的部位传递需要的器械"。

医生和助手为了保持平衡操作姿势，在各自的工作区中活动，而他们的上臂不能过度地伸展和弯曲，因此，器械和材料的放置及传递等活动必须限制在一定的范围。①外侧：肘关节与肋弓缘接触时前臂转动的弧线。②中央：正中矢状面。③边缘部分围成的区域称"基本工作圈"。

医生右手基本工作圈和助手左手基本工作圈在患者脸部的中线相交，医生基本工作圈和助手基本工作圈在患者的胸骨切迹到颏部区域相连接，形成椭圆形的传递区，亦称"传递椭圆"。

二、器械的握持、传递与交换

器械握持包括握持、传递和交换。握持包括医生握持或助手握持，传递由助手进行，交换是在医生和助手之间交换。

（一）器械的握持

基本握持法有执笔法、掌握法、掌－拇指法、掌－拇指反握法四种。

1. 执笔法

执笔法是最常用的方法，使器械握在拇指和示指之间，中指放在下面作支持，用中指末端作支点。这种握法类似于执笔，常用于手用器械和探针的握持。

2. 掌握法

器械握于掌内，第三、四、五指紧绕柄，示指绕柄 2/3 圈，拇指沿柄指向工作端。这种握法常用于拔牙钳、三用枪及矫正牙钳的握持。

3. 掌－拇指法

器械握于手掌内，四手指紧绕柄，大拇指沿柄方向伸展，尽量靠近工作端并作为手指支点。这种握法用于釉凿的握持。

4. 掌－拇指反握法

掌－拇指反握法常用于握持橡皮障夹及某些拔牙钳，握法相似于掌－拇指法，用于器械工作端低于尺骨边缘而需用手掌握持的器械。

（二）器械的传递

一个好的口腔科助手，在将器械传递给医生时，医生能一下子拿住器械并以正确的握法握持器械，而不需要变换手指位置以取得更舒适的姿势。医生必须保持正确的姿势，张开其手及手指，接受助手传递过来的器械；同时，助手必须正确地把器械传递给医生，而不是医生从助手手里拿器械。

1. 手用器械的传递

（1）执笔式握持的传递：手用器械常用执笔式全握持。助手应用左手握持器械的非工作端，并根据窝洞方向来确定工作端的上下。在传递区内，器械应与患者的殆平面平行。当医生位于 11:00～12:00 时，器械柄与患者口角连线平行；医生位于 9:30 时，器械柄与患者口角连线成 45°角。助手左手用轻微向前向下的力量把器械传递到医生手中，使医生能稳固地握持器械，并进入口腔使用。这种方法能保证医生以正确的姿势握持器械。

（2）掌－拇指握持的传递：首先，医生保持正确掌－拇指接受器械的准备姿势，助手把器械放在医生张开的手指中，然后医生握住器械。

2. 镊子的传递

与手用器械一样，镊子由助手传递，医生以执笔握持。所不同的是，当镊子夹住物体时，助手必须握在其工作端；如果镊子可锁住的话，助手仍握在其非工作端，留出足够的柄长度，使医生保持正确的握法。

3. 口镜和探针的传递

助手左手持探针的非工作端，右手的拇指、示指握住口镜柄的前 1/3 与中 1/3 交界处。从工作台上拿起，然后向左转动工作凳，此时器械柄与助手的手背成 45°角，非工作端指向医生的胸部。这样能保证医生正确的握持姿势。当医生用完这些器械后，助手用相反的过程拿回器械并把它们放在工作台上。但绝大部分医生把口镜保留在左手中，这样更有利于医生右手接受器械。

4. 注射器的传递

助手用左手拇指及示指握住注射器针筒中央部分，右手轻捏住护针套，尾部对着医生，左手稳固地握住器械。医生右手置于工作区，手心向上，中、示指张开 3 cm，拇指向上。助手把针筒放于医生中、示指之间，根据医生的习惯使注射器尾部轻触拇指掌面。当医生拿稳注射器后，助手松开左手，同时用右手拉开护针套。这样可避免针头污染。正因为这个原因，才需要双手传递。当医生用完注射器后，助手用左手持针筒，右手把护针套再次套于针上，并挪开注射器。

5. 银汞输送器的传递

银汞输送器的握法有掌握法和指握法两种。掌握法：筒部位于示指与中指之间，尾部（可动部分）位于拇指基部的突出部分。指握法：筒部位于示指与中指之间，尾部位于拇指末节的掌面。

（1）掌握法的传递：助手右手持银汞合金盛器，左手拇指置于靠近银汞输送器开口部分，左手拇、示指牢固握住输送器，含有银汞合金的输送器首先与患者的口角连线平行；然后用拇指在输送器中间部用轻微压力和示指向下活动，使拇指在示指上产生滚动，这样输送器转 45°，这时输送器长轴指向医生右手；助手把输送器尾部放入医生手掌拇指基部的突出部分，筒柄滑过示指指端穿过手掌到达拇指掌部；这时医生收紧掌及手指握住器械，把银汞合金放入患者口腔。输送器的开口部必须朝向正确的方向，即补上颌牙，开口应向上；补下颌牙，开口应向下。

（2）指握法的传递：含有银汞合金的输送器保持上述拇指示指握法，不同之处在于其柄只需转30°，将输送器尾部送到医生右手拇指，同时体部位于示指与中指之间。因为医生拇指比拇指基部掌侧突出部分来得近，故柄转动角度小。

以上所述均为直接放置技术，但如果助手既要手持银汞充填器，又要传递输送器，这就需运用"直接放置"及"平行交换技术"相结合的方法。

6. 拔牙钳的传递

为保证绝对无菌操作，拔牙钳在传递过程中，助手只能接触消毒袋外面，而不直接接触拔牙钳本身。

消毒袋靠近拔牙钳手柄部是开口的，助手只握住喙突部分的袋外部分。助手手心向上，左手掌及示指、拇指握于消毒袋的一端，使拔牙钳柄对着医生，把拔牙钳传递给医生。医生张开手，手掌向上四指并拢，拇指与示指呈45°。当助手把拔牙钳放在医生手掌中时，医生握住拔牙钳柄，并把拔牙钳从消毒袋中抽出。传递的整个过程助手只接触其外面的消毒袋。

（三）器械的交换

1. 正确交换器械的先决条件

根据医生操作程序，当用毕前一种器械而需要后一种器械时，前后两种器械要进行交换。正确地交换器械需要以下三个先决条件：

（1）助手要预先知道医生的需要。

（2）医生设定合理的器械应用顺序。

（3）医生在用完器械后，必须示意这一器械已用毕。通常将这一器械的工作端离开患者的牙齿，同时把器械柄向外移出2 cm。这样，助手就知道医生已用毕这一器械，需要下一步的器械，并考虑通畅的器械动线。

正确的传递方法使医生不必再次调整手指的位置去握持器械，只需直接握住器械就能正确地使用。这种方法简单易学，不会引起助手的手和手腕扭曲，能有效地应用于所有的手用器械的交换。

2. 器械交换中的常见错误

（1）助手握持器械的工作端传递给医生。用这种方法，医生只能握住器械的非工作端，为了以正确的执笔式握住器械，医生只能再次向器械的工作端移动拇指和示指。

（2）助手在传递区右侧边缘的外面交换器械。在交换时，助手左手越过患者的胸部进入医生的工作区，导致助手上臂过度紧张和扭曲。

（3）在交换之前，医生把用毕器械向上并靠近自己移动，而不是向下向外移动。这样，器械交换是在患者脸以上的平面进行。这种情形必须避免，因为器械有可能掉落在患者脸上，造成患者面部创伤，尤其是那些尖锐的器械如雕刻器、挖匙等。另外，患者见到器械会产生紧张和恐惧。

（潘可凤）

第五节　PD 理论与技术在口腔医学教育中的应用

一、技能获得、转移和验证训练

技能获得、转移和验证系统（the skill acquisition, transfer and verification system, SATV）是能将掌握的技能熟练地转移到临床实践中去，并能对其验证的教学体系。该系统训练主要按以下 4 个阶段进行：

（1）最佳操作位及活动范围的测定：以固有感觉为基础，以人体为中心进行实习。通过固有感觉定位人体各部位的空间关系，身体各部位的尺寸、角度均利于实习设备进行测量记录，自我感觉能够达到最佳手指操作、视线控制的体位条件。通过实习达到手指的灵活控制及正确的视线轨迹，从而熟练掌握手指控制和操作的技术程序。

（2）利用仿头模型进行手指操作视线控制的实习：将以上所得测量记录转移到仿头模型及其治疗环境中。在仿头模型上进行手指和视线的控制训练以及基本器械操作实习，进而用高速手机进行基牙预备，同时用 CCD 摄像机将经过标记的头部及手指的运动记录下来，对自己的操作及所用时间进行综合分析与评价。

（3）进行口腔各科的模拟临床实习：在以上基本操作姿势及技能训练的基础上，应用以上理论进行口腔各科、各病种的临床模拟应用实习。实现正确的治疗，减少重复及多余动作，缩短治疗时间。

（4）进行口腔各科的临床实习：验证和确认以符合 PD 要求的治疗环境。在 PD 环境中掌握人际关系和技能，并在 PD 环境下相互配合练习。

二、医生应采取的最适宜体位

在几个阶段训练中，应特别关注医生最适宜体位的感受，并进行相应调整。为了让医生获得最适宜的操作体位，需要以 x、y、z 轴为条件进行记录。这样事先就需要将点线面确定下来。这个轴称为工作中心轴。以工作中心轴确定操作范围（图 5 - 5），可以根据个人情况将诊疗台设定在最适体位上，这样方可获得正确的操作体位和良好的实习效果。

工作中心轴为通过固定在地面的座椅旋转中心轴的垂直线。医生的手指操作与患者的口腔活动范围均以工作中心轴为圆心进行活动。医生以此轴为中心的操作可更好地发挥其工作效率。

通过调整座椅的前后高低位置、头枕、诊疗脚控开关及体位左右旋转等各个位置，使医生获得最佳工作状态进行规范操作。

图 5 - 5　医生应采取的最适宜体位

1. 座椅高低调节；2. 患者口腔上颌𬌗面倾斜角度；3. 患者上颌中切牙的高度调节；4. 医生工作中心轴前后调节；5. 中心轴与脚控开关之间距离调节；6. 医生在患者口腔周围的旋转角度。

三、以感觉为基础的治疗环境设计

在训练中也应考虑以感觉为基础的治疗环境设计。治疗环境的设计是以工作中心轴而设定的。它可以使医生取得较精密的手指操作及良好的视线。以工作中心轴为圆心，医生和助手取安定的坐位，患者取仰卧位。为了使医生能够集中精力治疗患者，应减少各种器械分散排放造成的无序混乱，以提高治疗效率（图 5 - 6）。

优良的口腔医疗设备是以固有感觉为基础，围绕工作中心轴和交谈中心而设计的。它以人为主体、以轴为中心，实现了医护之间、医患之间的最佳配合，为今后的诊疗技术提供了最优良的治疗环境。

图 5 - 6　医生及患者的体位
1. 医生的位置；2. 患者的位置；
3. 助手的位置；4. 准备的位置。

治疗环境的设计也是以人为中心，将在口腔医疗设施中进行的各种医疗活动进行分析，研究人体的最适体位，根据各部分活动范围决定人的活动空间，然后使设备适合人的需要而不是让人去适应设备。

四、PD 信息技术的学习与应用

在培训同时应逐步加强 PD 信息技术的学习与应用。PD 信息技术是利用 PD 理论开展的一套牙科数字语言，用于牙科治疗卡的记录及交流。这套数字语言能清楚地表示出牙位、𬌗面、手术内容及疾病发展的阶段等。医生写的初诊记录、治疗计划、处理记录，挂号员写的患者预约单，技工室的技工单都是用这套数字语言来记录，这是使用计算机的前提。

例如：

Ma　16　ta　13×11×5　　表示在右上第一磨牙𬌗面做银汞充填；

Ma　23　ta　66　　　　表示在左上尖牙做根管治疗；

Ma　00　ta　95　　　　表示全口义齿修复。

PD 理论已经产生几十年，逐步形成了一套完整的教育体系。随着我国口腔医学教育的不断发展和国际交流的不断加强，PD 理论在国内主要口腔医学院校和大都市都有了一定的普及和影响。合理地吸取适合我国口腔医学教育发展的理论，将会对我国的口腔医学发展起到促进作用，也会大大提高口腔医学教育质量，促进口腔医学人才的迅速成长。

（赵国栋）

第六章 口腔综合治疗台及附属设备

口腔综合治疗台（dental unit）又称牙科综合治疗台，是口腔临床医疗中对口腔疾病患者实施口腔检查、诊断、治疗操作的综合性设备。

口腔综合治疗台与牙科手机以及相配套的空气压缩机、真空泵组成口腔综合治疗系统，组成口腔综合业务单元，口腔医疗的诊疗工作主要在口腔综合治疗台上完成。因此，口腔综合治疗台是口腔医疗的基本设备。本章分别按口腔综合治疗台的基本功能、基本结构、牙科手机及附属设备进行介绍。

第一节 口腔综合治疗台的基本功能

口腔综合治疗台是口腔医疗活动中最主要的技术设备，口腔科医生对患者的口腔检查、疾病诊断，特别是口腔疾病的治疗，主要在这一设备上进行。在口腔医疗活动中，这一设备使患者处于安全、舒适的体位，为医生提供各种必需的检查、诊断和治疗设备，使医生、护士、患者和器械处于优化的空间位置关系，使医疗过程快捷、高效、准确、无误。

口腔综合治疗台的基本功能是随着口腔医学的发展和工程技术的进步而改变的，尽管现代口腔综合治疗台的功能日趋复杂，但基本功能仍然紧紧围绕高效安全地实施口腔医疗活动而突现其专业特征。口腔综合治疗台的基本功能如图 6-1 所示。

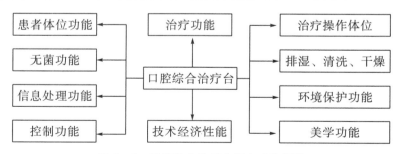

图6-1 口腔综合治疗台基本功能模块

一、口腔疾病治疗功能

口腔疾病治疗功能是口腔综合治疗台的重要功能。人类的口腔是以咀嚼、吞咽、美观、语音为主体的器官。其中，牙体的存在与疾病是该器官的特点。因此，口腔综合治疗台诊疗口腔疾病的功能主要围绕牙体、骨等硬组织展开，主要由针对牙体、骨等硬组织的切削、研磨、修补设备实现这些功能。目前的主流设备有高、低速气动牙钻，电动牙钻，超声硬组织磨削处理等设备。高速涡轮手机依靠高转速（30 万～40 万 r/min）形成的高效率，借助各种车针，实现对牙体的钻、磨、切、削等牙科的基本操作。低速手机则常用于义齿磨改等操作。

目前多数口腔综合治疗系统在标准配置的基础上增加了更多的治疗设备。例如，集成了光固化机、电刀、牙髓活力测试仪、洁牙机等。治疗口腔疾病常用的设备在理论上均可以集成到口腔综合治疗台上。从这一意义上讲，口腔综合治疗台又成了口腔医疗设备的搭载集成平台。

二、排湿、清洗、干燥功能

口腔综合治疗台的一个重要功能是在治疗活动中除去术区的液体和治疗污物，保持术野清晰、干燥。

口腔分泌的唾液、治疗过程中器械带入的冷却水、患者的血液等给口腔治疗区造成了不同程度的湿性干扰和污染。术中及时排出患者的唾液、工作冷却水和血液，保持一个相对无湿的治疗环境十分必要。在口腔治疗中的医疗废弃物，患者的唾液、血液，以及治疗机喷水等污物均可排到置于口腔综合治疗台的痰盂中，或直接由负压强、弱抽吸器系统吸排到机内下水管道。排入痰盂的液态排出物在冲水的协助下通过机内下水道排放到医院的污水处理系统，固体垃圾则一般由人工回收、袋装转移处理。目前的痰盂多采用高光洁度陶瓷、长效抗菌高分子材料或抗菌陶瓷制造，造型整洁、美观，利于清洁及控制污染。

另外，常常需要对术区实时冲洗及吸干，三用枪则提供冲水、吹干及喷雾等口腔治疗中的基本功能。

三、提供清洁无菌的工作环境功能

从严格意义上讲，介入患者口腔组织器官的系统应该是无菌的，以保证患者在接受治疗时，设备不带入其他感染物质而避免医源性感染。医疗场所是病原微生物的聚集地，医疗设备最容易成为医源性感染的传播媒介。口腔医疗活动具有特殊性，在同一台综合治疗台上患者更替频繁，治疗过程几乎连续不中断，介入治疗的设备多且复杂，各类机载设备本身难以进行高温消毒、灭菌，综合治疗台无法像手术室一样实施严格的灭菌操作。治疗设备的供水、供气，经过污染的机内与机外管道造成直接污染。目前完全达到无菌级的综合治疗系统难以实现，即使实现清洁级的综合治疗系统仍有相当大的技术难度。

发展口腔综合治疗台的抗污染能力是至关重要的。口腔综合治疗台自身的抗污染力、易清洁性能以及在常规空气环境消毒氛围中（如紫外线照射、臭氧灭菌等）能够有效灭菌的性能，以及保持设备的塑料件、橡胶件不受污染成为该设备的一项重要性能指标。目前口腔综合治疗台采用的抗污染技术主要有：

（1）高效的痰盂排污系统，新型的口腔综合治疗台采用抑菌塑料或抗菌陶瓷材料制作痰盂。其形态易于清洁、不沾污渍，以及材料本身的抗菌能力可在一定程度上抑制病原菌；高效的冲洗能力能及时将污物冲走，使其保持清洁。

（2）口腔治疗椅（牙科椅）的椅面材料选用紧密、光洁、耐老化的高分子材料制作，达到易清洁、抗沾污，减少病原微生物，并保持其在医院消毒氛围长期稳定。

四、为患者提供可靠舒适的支撑及体位变换功能

在口腔治疗活动中，给患者提供一个舒适、放松、稳定的体位，对减轻患者对治疗的恐惧、减轻治疗时的痛苦、提高对治疗的耐受力和对治疗的配合度是十分重要的。口腔治疗区邻近咽喉要道，周围是大量的软组织器官，如唇、颊、舌、腭等，加之口腔治疗器械多、体积小，患者在治疗中的不自觉活动或躲避动作极易引起损伤，甚至器械滑入咽腔进入食管或呼吸道而造成严重后果。在口腔治疗活动中，对患者身体特别是头部的支持和固定，是口腔综合台的重要功能。

五、为医生提供最佳操作体位功能

为口腔诊疗者提供最佳体位，协调医生、助手与患者体位的相互空间关系是口腔综合治疗台的基础功能之一。

由于人类的口裂大小有限，在许多情况下，对口腔内的直视操作有较大难度，常常造成医生为了将就操作而佝腰躬背。这不仅不利于提高操作的准确性和工作效率，而且这些强迫性体位极易给医生带来职业损伤。为了使患者的诊疗术区更好地展露，患者有更舒适、更稳定的就诊体位，医生在最低疲劳状态下更有效地操作，助手能更好地辅助医生操作，设计合理的综合治疗台体现了高度优化的人机工程学效应。这部分功能主要由可以进行升、降、俯、仰多方位调整的牙科椅、医生座椅、助手座椅和器械系统四者构成。

系统是在中心控制器的程控下，由电动机械或液压伺服机构平稳地完成牙科椅的位置调整；医生和助手通过调整座椅液压升降及靠背的倾斜角度，使自己工作在最佳状态；同时医生和助手通过移近、移出座椅，以及移动牙科椅头部，可寻找到最佳操作位置，这样可调整出医生、助手、患者与器械系统和谐的诊疗空间位置关系。

经适当调整牙科椅、医生座椅、护士座椅和器械系统的相互位置，患者得到了满意舒适稳定的体位，同时也给医生、护士提供了最佳的操作体位。医生、护士在一个正常的生理坐姿条件下，可以轻松地观察并完成各种操作。这还意味着医生、护士、患者与器械系统可以方便地从一个位置关系连续平滑更换到另一个位置关系。器械台、手术灯可以零外力移动到理想位置并锁定，各种机载器械不因为自身重量和联机管道对医生造成额外作用力。系统可以更有效地引入一两位甚至三位助手，形成最常见的四手操作和特定条件下（如手术）的六手、八手操作。

口腔综合治疗台对术区提供了适度明亮的无阴影的照明。口腔用冷光手术灯是口腔综合治疗台的标准设备，明亮（光照度为 8000～40 000 lx）、光斑均匀、界限清晰、色温接近日光（5500 K）、不晃眼。由于在反射灯杯表面采用了特种镀膜技术，使红外线透射、可见光高度反射，照明区一般没有强光产生的热源干扰。

目前，许多口内器械使用了局部照明技术，如口腔内镜、光导照明手机、照明口镜（照明口腔术区）。这些局部照明成了口腔照明系统的一个补充。

六、控制功能

随着口腔综合治疗台功能的复杂化以及使用的人性化，口腔综合治疗台的可控性需求逐渐凸现出来。在治疗过程中口腔综合治疗台大量功能的不断切换，要求控制活动不能影

响或干扰治疗过程，不易产生误操作或误动作，操作尽可能简单并能适时地给操作者回馈必要的信息。例如，在无菌条件下，医生、护士不能用手去操作未经灭菌的综合治疗台控制面板，可改用多功能脚控制器；增加特定功能键，实现对某些特定功能的一键控制，如通过对牙科椅俯仰动作电动机和升降动作电动机组合运动的联合编程控制，可以实现对牙科椅位置的一键控制。某些特定功能可在临床前预先设置存储，在实际操作时一键调出。

控制系统通过对口腔综合治疗台各系统的控制操作实现整机的自动化控制，使医生通过简单的控钮操作实施对整机及各部分的控制。口腔综合治疗台的控制系统包括核心控制器、人机交互方式、控制伺服模块三部分。

（一）核心控制器

核心控制器主要由以单片机为核心的程控模块组成。将牙科椅的升、降、俯、仰等动作组合编制成牙科椅的各种标准体位，在控制器中贮存，通过一键式操作即可使牙科椅达到预设的工作位置。另外，核心控制器还对整机及其他系统需要操控的部分进行控制，如牙科椅运动极限位置的管理等。较为先进的口腔综合治疗台已经开始采用数据总线结构，构建一个整机各系统的内控系统。原华西口腔医学院的刘福祥小组已成功开发一个以 Can 总线为基本构架的口腔综合治疗台的智能控制系统。该系统将成为未来搭载众多智能化口腔诊疗设备的技术平台。

（二）人机交互方式

由于目前大多数口腔综合治疗台还没有采用智能系统，在人和口腔综合治疗台的交互中，医生或助手只能通过一些按钮对设备进行操作。这些对设备运动进行控制的按钮一般安置在医生和助手随手可及、操作方便、误动作少的位置。如椅位控制按钮、冲水开关、牙科手机的脚控开关等。未来的发展需要人机交互的智能化、简单化，除了对一些习惯性操作通过编程成为一键式操作来简化交互过程外，以理解操作者语言和操作姿态的智能识别是口腔综合治疗台人机交互的一个重要发展方向。

（三）控制伺服模块

口腔综合治疗台的动力系统主要有电能、压缩空气动能两类。全机涉及电力驱动的设备依靠市政供电，形成电能动力系统，如电动手机马达、照明灯、电动牙科椅的驱动电动机等。压缩空气动能主要由压缩空气驱动高、低速涡轮手机工作。

口腔综合治疗台要实现对水、电、气三个系统的控制，系统中一般有三套控制伺服模块以分别对应于水、电、气工作系统的控制。一般情况下，通过电磁阀等电磁控制器完成对气流的控制，简称电控气；通过气压机械动作转换器件触发电路开关动作实现气流控制电器设备工作，俗称气控电；对水路系统的控制，除直接使用旋转式水路开关以外，多用电磁阀实现电控水（液）的控制操作。

七、信息处理功能

目前的口腔综合治疗台主体上是机电一体化的工业革命产物。治疗活动中的信息处理主要由医生完成，医生的工作量大，而且很多工作难度很大。例如，以生动的图像方式与患者交流沟通，对正畸治疗设计的动态预测，复杂种植治疗的虚拟手术，以及长期的病案管理，与辅助医学系统之间大量的数据交换等，这些工作在使用数字技术之前是难以完全实现的。当口腔综合治疗台具备了信息处理能力后，可以辅助医生完成口腔疾病的检查、诊断、治疗以及为医患双方提供更加便利和人性化的支撑，将使口腔医疗活动进入一个全新的数字时代。

八、环境保护功能

口腔医疗过程大多数是污染的过程。例如，磨削义齿产生的粉尘；高速涡轮机工作时，可形成以工作点为圆心、半径约 1 m 的气雾扩散区，弥散在空气中的患者唾液、血液、术区污物使综合治疗台成为一个污染区；高、低速手机，空气压缩机，强、弱抽吸器等产生的噪声；从综合治疗台排向下水管的污染物；有害的重金属及化学消毒剂，都会给机体自身治疗环境和医疗背景环境造成污染。

口腔综合治疗台对环境不应该产生污染及影响，这是先进口腔综合治疗台的重要特征之一。

为了减少对环境的污染，在一些先进的口腔综合治疗台中已安装重金属分离器，将治疗中的口腔用汞经分离器收集在内环境中，分离达标后排放，以减少口腔医疗对环境的污染。有些口腔综合治疗台已在工作区安装负压抽吸系统，以保证术区周围的污染空气被及时收集并更新空气以减少污染。还有水净化系统、牙科手机防回吸系统、机内管道冲洗消毒系统，它们在不同程度上担任污染控制的使命。

随着综合治疗台更新换代加快，技术寿命缩短，综合治疗台制造环节的环境保护问题浮出水面。例如，逐渐减少对环境可能造成损害的不可重复使用及降解的塑料制品，大量使用可回收利用的材料；采用节能运行策略与技术，去除不必要部件；采用自洁材料和抗菌材料等；减少对环境的干扰和降低对资源的消耗，提高环境效益。

九、美学功能

虽然口腔综合治疗台是为了实现上述功能而采用机械电子、光学器材器件构成的光机电一体化设备，但在视觉传达上，还应该具有较高的美学价值。除了遵循一般的工业美学原理，达到设计及工业制造的美学效果外，更重要的是要为医生和患者提供一个愉悦、安全、舒适的视觉体验。可通过大量设计美学的应用，把机械的冷峻、电子的炫目、光学的娇贵变成一种祥和、优雅、简洁、舒适、宁静、清爽、温馨和没有距离感的生活用品，并容易与诊室环境融为一体，为医生提供一个优雅的工作环境，为患者提供亲切、安全和舒适的治疗氛围。

十、技术经济性能

为了实现上述功能，口腔综合治疗台应具有高可用性、可维护性、可靠性和性价比等性能，这些性能体现了综合治疗台的技术、经济水平。其可用性表现在临床实用中上述主要功能均有优秀的表现。其可靠性表现为在设计寿命内，系统能够正常工作，故障率低，发生的故障经过简单的维护或定期保养即能排除而不影响使用。其可维护性指综合治疗台作为产品系统，有一个完整有效的维护保养规则、适度的零部件，在正常工作条件下，经过常规保养和少量的易损件更换，能够保证设备完好地工作到设计寿命。在技术、经济指标中，可升级性也是一个重要内容，但由于目前综合治疗台采用分级设计及配置原理，很少有可升级设置的综合治疗台系统，局部更换一些重要零部件而视为一种初级的升级行为。例如，更换更宽照度范围、更接近日光光谱的手术灯，将气动马达手机更换为电动马达手机等。

在一个综合治疗台上不计成本、无限制地增加豪华设计及零部件，并不能表示该系统有更好的综合性能；相反，因为大幅度地增加设计与制造成本，提供过多的不切实际的功能，反而会严重影响其综合性能。因此，其合理的功能配置应该是高度适合临床应用需求的，并且充分采用简单、可靠、高效、低成本的技术，在满足功能需求的条件下获得较高的经济效益指标，为口腔综合治疗台的发展奠定经济和技术基础。

（刘福祥）

第二节　口腔综合治疗台的基本结构

口腔综合治疗台（dental treatment system）系机椅联动设备，由口腔综合治疗机及口腔治疗椅两大部分组成。口腔综合治疗台与牙科手机以及相配套的空气压缩机、真空泵组成口腔综合治疗系统。

一、口腔综合治疗机

（一）结构

口腔综合治疗机主要分为外部结构和内部结构。

1. 外部结构

口腔综合治疗机主要由地箱、附体箱、器械盘、冷光手术灯以及脚控开关等部件组成（图 6-2）。

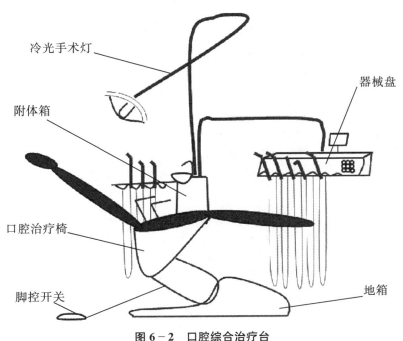

图 6-2　口腔综合治疗台

（1）地箱：地箱是口腔综合治疗台的水、气、电、下水、负压等管道与外部提供的水、气、电、下水的交接处（图6-3）。

1）气源：压力为 0.5~0.7 MPa 的压缩空气通过过滤器滤除其中的杂质和水分后，经过压力调节阀将气压调定在一个稳定值（0.5 MPa），然后进入附体箱和器械盘的气路。

2）水源：压力为 0.2 MPa 以上的自来水通过过滤器和压力调节阀，将水压调节为额定工作压力值（0.2 MPa），然后进入附体箱和器械盘的水路。

3）电源：电压为 220 V、频率为 50 Hz 的交流电进入地箱，经电源变压器及接线排分配后，分别送到冷光灯、治疗椅、器械盘等用电部位。

4）痰盂的下水管、吸唾管排水口，均回流至地箱内的下水管。

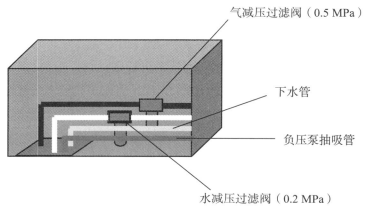

图6-3 地箱构造图

（2）附体箱：附体箱固定安装在治疗椅的左侧面（随治疗椅的升降而升降）。附体箱内装有水杯注水器、漱口水加热器、强/弱吸唾器、负压发生器（非采用集中负压），外部有三用枪、强吸器头、吸唾器（弱吸器）头、痰盂、水杯注水器喷嘴等。同时它又是其他部分，如冷光手术灯、器械盘的基础机座。

1）水杯注水器：为患者提供漱口水。水量由重量或时间自动控制。一般每杯 50~300 g。

2）漱口水加热器：位于水杯注水器的前端，采用电加热方式将漱口水加热到适当温度，免除冷水对患者口腔的刺激。

3）三用枪：三用枪安装在附体箱的外部，水、气源由附体箱直接提供。

4）三用枪加热器：位于三用枪的前端，采用电加热方式将水加热到适当温度，免除冷水对患者口腔的刺激。

5）吸唾器：分强吸唾器和弱吸唾器。根据负压产生方式又可分为以下两种：一种由真空泵产生负压（强吸或强、弱吸共用），另一种则是应用流体力学射流技术（流控技术）原理产生负压。流体是压缩空气（强吸）和自来水（弱吸）。

6）痰盂：位于附体箱上部，下水口有污物滤网和污物收集器。冲盂水流能沿整个盆底旋转，排水速率大于 4 L/min。

7）蒸馏水系统：为手机及三用枪提供蒸馏水。

（3）器械盘：主要用于吊挂或放置高、低速手机，三用枪等。盘侧有控制面板，设有各种功能键。盘面上可放置治疗所需的常用药物和小器械。器械盘的边缘装有观片灯，器械盘的下部装有牙科手机的水、气路接口和牙科手机工作压力表。器械盘最大载荷一般为2 kg，盘面的水平倾斜度小于3°，水平方向的旋转范围达270°，垂直方向的移动范围大于30 cm。

（4）冷光手术灯：由灯杆、大臂、小臂、灯头、灯罩等组成，主要分为 LED 灯（light emitting diode，发光二极管）和卤素灯。工作电压应为12～24 V，灯泡功率一般为55～150 W，光照度为13 000～28 000 lx。光照度可用无级或分级的方式调节。冷光手术灯焦距为 80 cm，光场为 80 mm×120 mm。冷光手术灯反光镜的镀层可透射发热的红外线，而仅反射色温与日光接近的可见光，从而保证医生可观察到患者口内组织的真实颜色。

（5）脚控开关：具有控制面板上的功能，可控制水、电、气阀开关以及牙科手机的运转等动作。

2. 内部结构

口腔综合治疗机内部主要由气路、水路和电路三个系统组成。

（1）气路系统：口腔综合治疗机主要以压缩空气为动力，通过各种控制阀体，供高速手机、低速手机、三用枪、气动洁牙器，以及器械臂气锁和射流负压吸唾等用气（图 6-4）。口腔综合治疗机使用的压缩空气要求清洁、无水、无油。

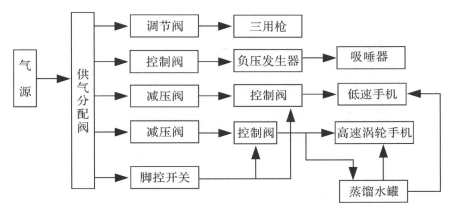

图 6-4　口腔综合治疗机气路示意

（2）水路系统：口腔综合治疗机的水源以净化的自来水为宜，供牙科手机、三用枪、患者漱口、冲洗痰盂及吸唾用。有的使用独立蒸馏水罐，只供牙科手机和三用枪用水。口腔综合治疗机水路，如图 6-5 所示。

（3）电路系统：口腔综合治疗机均采用交流电，电压为 220 V、频率为 50 Hz。控制电压一般在 36 V 以下。口腔综合治疗机的电路如图 6-6 所示。

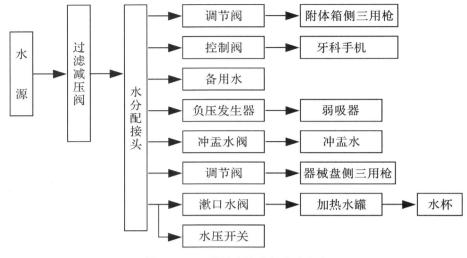

图 6-5 口腔综合治疗机水路示意

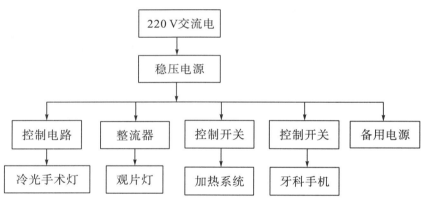

图 6-6 口腔综合治疗机电路示意

（二）工作原理

打开空气压缩机电源开关，产生压力为 0.5~0.7 MPa 的压缩空气，以供机头使用。打开地箱控制开关，水源、气源及电源均接通。打开冷光手术灯电源开关灯即亮。拉动器械盘上的三用枪机臂，分别按动水、气按钮，可获得喷水和喷气；若同时按动水、气按钮，可获得雾状水，以满足治疗的不同需要。拉动器械盘上的高速或低速手机机臂，踩下脚控开关，压缩空气和水分别经过气路系统和水路系统的各控制阀到达机头，驱动涡轮旋转，从而带动车针旋转，达到钻削牙的目的。车针旋转的同时有洁净的水从机头喷出，以降低钻削牙时产生的温度。放松脚控开关，机头停止旋转。医生可根据治疗需要，选择高速手机或低速手机。有些综合治疗机已采用计算机程序控制上述各项功能。

口腔综合治疗机的工作原理如图 6-7 所示。

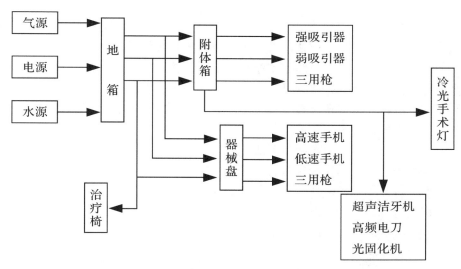

图 6－7　口腔综合治疗机工作原理示意

（三）工作条件及主要技术参数

口腔综合治疗机的工作条件如下：

环境温度	5～40 ℃
相对湿度	≤80％
大气压力	约 0.1 MPa
电源	交流电，电压为 220 V±22 V、频率为 50 Hz±1 Hz
水压	0.2～0.4 MPa
气源压力	≥0.5 MPa

口腔综合治疗机的主要技术参数如下：

供气压力	0.45～0.5 MPa
最大耗气量	100～120 L/min
现场水压	0.2 MPa

（四）操作常规

口腔综合治疗机采用计算机程序控制，所有系统功能已事先设定，各功能按钮均设置在控制面板上或采用脚控开关控制。控制面板上，以各种符号表示，包括牙科手机旋转及电动马达正反转、手术灯开关、漱口杯注水、观片灯、辅助功能键开关等。医生通过简单的按钮操作，实施对全机及各系统的控制。具体操作时，首先打开空气压缩机电源开关，产生压力为 0.5～0.7 MPa 的压缩空气，之后打开地箱上的总控制开关，接通电源、气源和水源，然后进行各部分操作。

（五）维护保养

（1）定期检查电源，电压、水压和气压必须符合本机工作要求，管路必须畅通。

（2）吸唾器和强吸器在每次使用完毕，必须吸入一定量的清水（至少两杯），以清洁管路、负压发生器等组件，防止其堵塞和损坏。下班前拔出吸唾过滤网，倒掉污物，清洗干净后装好，防止漏气。

（3）每日治疗完毕都应用洗涤剂清洗痰盂。不得使用酸、碱等具有腐蚀性的洗涤剂，以防止损坏管道和内部组件。定期清洗痰盂管道的污物收集器。

（4）使用涡轮手机前后，应将其对准痰盂，转动并喷雾1~2秒，以便将牙科手机尾管中回吸的污物排出。牙科手机的操作和维护参考手机使用说明书。

（5）器械盘的设计载荷重一般为2 kg左右，切记勿在器械盘上放置过重的物品，以防破坏其平衡，造成器械盘损坏或固位不好。

（6）冷光手术灯在不用时应随时关闭。

（7）定期检查、调整器械盘平衡臂。检查、调整手术灯平衡臂。

（8）定期清洗或更换水过滤器和气过滤器内的过滤芯，保持水路、气路畅通。

（9）对机器进行保养和清洁时必须先切断电源。

（六）常见故障及其排除方法

口腔综合治疗机是机、电、水、气合一的设备，对外部环境也有较高的要求。常因外部供水、供气的条件不够理想，或平时操作和日常维护的方法欠妥，致使口腔综合治疗机出现故障而影响工作。

口腔综合治疗机的常见故障及其排除方法详见表6-1。

表6-1　口腔综合治疗机的常见故障及其排除方法

故障现象	可能原因	排除方法
牙科手机转速慢	压缩空气压力不足	将气压调至0.45~0.5 MPa
牙科手机无驱动气排出	主气路阀门未开启 脚控开关未接通 气管弯曲或堵塞	修复更新主气路阀门 修复脚控开关 重新调整管道位置
牙科手机无冷却水	牙科手机喷水口堵塞 水雾量阀未开启或损坏 水管堵塞或压瘪	用细钢丝清理牙科手机喷水口 重新调整或更换水雾量阀 重新摆放水管
高速手机转速过快并有啸叫声	工作气压偏高 高速手机错装在低速手机的气动马达界面	将压力调到牙科手机额定气压值 重新正确安装
三用枪无水或水压过小	三用枪喷口堵塞 水量调节阀出现故障	用细钢丝清理喷口 修复或更新水量阀门
吸唾器和强吸器无负压或负压弱	吸唾管堵塞或压瘪 负压管道过滤器堵塞 水、气压力不足 负压发生器堵塞或损坏	重新摆放吸唾管 清洗或更换过滤器 将水、气压力调至正常 清洗或更换负压发生器

二、口腔治疗椅

口腔治疗椅又称口腔手术椅、牙科手术椅，简称牙科椅或牙椅（以下简称牙科椅），是口腔综合治疗台的重要组成部分。其设计符合人类工效学（人机工程学）原理，外形平滑，便于清洁和消毒。普遍采用自动控制程度较高的电动牙科椅。按动力传动方式可将其分为机械传动式和液压传动式两种，其功能和椅位操控方式基本相似。

（一）结构与工作原理

1. 结构

牙科椅主要由底座、椅身、电动机（机械传动式）或电动液压机（液压传动式）、电子控制线路、手动及脚控椅位调整控制器、限位开关系统、椅座升降和背靠俯仰传动装置等组成（图6-8）。

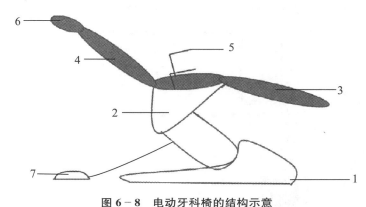

图6-8　电动牙科椅的结构示意

1. 底板；2. 支架；3. 椅座；4. 椅背；5. 扶手；6. 头托；7. 控制开关。

2. 电路

牙科椅的电路分主电路和控制电路两部分。

（1）主电路：由220 V交流电作为动力电源，通过控制电路使电动机或电动液压机工作。

（2）控制电路：形式多样，根据控制功能和复杂程度，采用的辅助电源各不一样。控制电路常采用继电器方式，其线路简单，便于维修，维修成本较低。采用计算机芯片为核心的控制电路，电路较复杂，但控制功能强大，电路中常采用多组低压直流电源。

3. 机械传动与液压传动的结构区别

（1）机械传动式：椅位调整由控制电路控制两个独立的电动机正转或反转，通过机械传动部件使椅位升或降、俯或仰。

（2）液压传动式：椅位调整由控制电路控制的一个电动液压机将压缩机油增压，通过控制电路控制椅位升、降、俯、仰的电磁阀，使椅位升或降、俯或仰。

4. 工作原理

接通牙科椅电源后，轻触所需动作的控制开关，控制电路驱动电动机开始运转，驱使传动结构工作使牙科椅的椅座或背靠向所需的方位运动。当椅位达到所需合适位置时，手离开关，主电路立即断电，电动机停止转动，椅位固定。如果手或脚不离开控制开关，牙科椅达到极限位置时，因升、降、俯、仰均设有限位保护装置，限位行程开关动作，断开动力主电源，牙科椅自动停止。以微电子控制为核心的控制电路，可实现多种预置位设置，以满足多种治疗椅位的预设。只要轻触一键，便可使治疗椅自动调整到预设的椅位。

机械传动式和液压传动式椅位调整工作原理的区别：

（1）机械传动式椅位调整原理：由控制电路控制两个独立的电动机正转或反转，通过机械传动部件使椅位升或降、俯或仰。

（2）液压传动式椅位调整原理：由控制电路控制的一个电动液压机将压缩机油增压，分别由控制椅座上升和椅背直立的电磁阀，将压缩机油压入升降和俯仰油缸，使椅座上升，使靠背直立。椅座下降则是通过打开椅座下降电磁阀，依靠椅座自身重量将升降油缸的油排出而使椅位下降；椅背后仰是通过打开椅背后仰电磁阀，依靠弹簧的拉力将俯仰油缸里的油排出而使椅背后仰。

液压传动式椅位调整原理如图 6－9 所示。电动牙科椅的工作原理如图 6－10 所示。

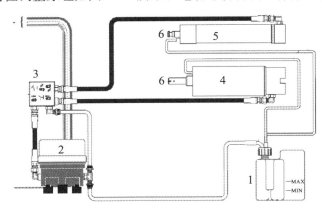

图 6－9　液压传动式椅位调整原理示意

1. 油箱；2. 电动液压机；3. 电磁阀；4. 油缸；5. 油缸；6. 油杆。

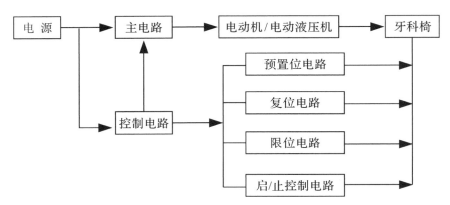

图 6－10　电动牙科椅工作原理示意

（二）操作常规

椅位移动控制应该分为手动控制、程序自动控制。手动控制为独立按键或开关单独操控；程序自动控制，可预设多个预置位，具有存储记忆能力，可一键到达预设位置，方便快捷。

（三）维护保养

（1）保持牙科椅外部清洁，防止硬物掉入机架内，以免造成卡位或损坏传动部件。

（2）在使用过程中，防止水或其他液体流入椅内，避免电器系统短路，烧毁电子元器件。

（3）按动各个操作开关，不得用力过猛，以免损坏开关。

（4）使用过程中如发现故障必须及时排除。首先应检查是否违反操作规程，造成失误。

（5）避免频繁启动电动牙科椅，以免烧坏电动机和其他电器组件。

（6）工作完毕，应将椅位放至最低位，以防相关部件长时间受压而产生故障。

（7）使用中如发现有异常噪声，或出现漏油和电器系统冒烟等异常现象，应立即切断电源，由专业维修人员检查维修。

（8）电动牙科椅的润滑剂加注及电器系统的内部调整，应由专业维修人员定期进行。

（9）为防止电动牙科椅漏电造成事故，机器必须良好接地。

（四）常见故障及其排除方法

电动牙科椅的常见故障及其排除方法详见表6-2。

表6-2　电动牙科椅的常见故障及其排除方法

故障现象	可能原因	排除方法
操作所有开关均无动作	电源未接通 电路系统保险管烧坏 以单片机为核心的控制电路因干扰造成死机 椅位保护开关动作	接通电源 更换同规格保险管 关闭电源，等2分钟后再接通电源 解除引起保护开关动作的故障
牙科椅工作时有异常噪声，且运动迟缓	有异物卡住传动系统或传动系统有异物	排除异物，维修传动系统，润滑传动系统各活动部位
升降、俯仰极限位置被卡死 液压椅座上升或靠背立起不到位	丝扣变形和磨损缺油 限位开关失灵 限位凸轮移位	更换丝扣或加润滑剂 维修或更换限位开关 调整限位凸轮位置
椅位单个操作失灵	压缩机油缺失 对应开关损坏或线路断路	往油罐添加压缩机油 更换开关、排除线路故障

（范宝林　张长江）

第三节　牙科手机

牙科手机（dental handpiece）是口腔临床治疗台的重要组成部分，是安装在口腔综合治疗台水、气、电管路上，用气动或电动马达驱动车针或磨削器旋转，对牙体组织进行切割、钻磨的口腔临床设备。本节主要介绍气动涡轮手机、气动马达手机。

一、气动涡轮手机

气动涡轮手机（air turbine handpiece）又称牙科高速涡轮手机，是以压缩气流驱动涡轮高速旋转对牙体组织进行切削、钻磨的牙科手机，常与综合治疗台配套使用，是口腔临床工作中最主要的治疗设备之一。按其内部结构不同，分为滚珠轴承式涡轮手机和空气浮动式涡轮手机两类。滚珠轴承式涡轮手机具有转速高（30 万~50 万 r/min）、切削压大、钻削形成窝洞时间短、速度快、车针转动平稳、使用方便等特点。空气浮动轴承式涡轮手机，因无滚珠的机械摩擦，转速更快且更平稳，机芯使用寿命更长，但噪声较大且扭矩较小，目前已经极少使用，本文不做详细介绍。

（一）结构与工作原理

1. 结构

气动涡轮手机主要由机头、手柄和快插接头构成（图 6-11）。分为小型（迷你型）、标准型和转矩型三种，根据车针装卸方式又可分为扳手式和按压式两种。

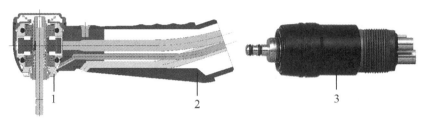

图 6-11 滚珠轴承式涡轮手机结构示意
1. 机头；2. 手柄；3. 快插接头。

（1）机头：由机头壳、涡轮转子、后盖组成。

1）机头壳：是手机固定涡轮转子的壳体，其前端中心处有一通孔，夹轴从此伸出。通孔四周有一个或多个水雾冷却孔，具有冷却温度效果，并可清洗车针黏附物。部分高端手机采用双喷嘴供气方式，以及四点喷水的冷却效果，使切割能稳定和持续进行，更有效地冷却车针整个表面。机头壳侧面与手柄相连，后端固定在机头后盖。

2）涡轮转子：是机头的核心部件，由轴承、风轮和夹轴组成。常用的轴承有金属滚珠轴承和陶瓷滚珠轴承两类，陶瓷轴承比金属滚珠轴承运行震动低，运转过程噪声小，能在高温高压条件下保持稳定，并且运行时又安静、可靠。目前已设计出整体性轴承（ISB）。风轮前后各有一个微型轴承紧固在夹轴上，涡轮转子通过卡在轴承外环上的两个 O 形橡胶圈固定在机头壳内。目前大多数的气动涡轮手机的封罩、动平衡 O 形圈、涡轮转子及两端的轴承都集中于全封闭涡轮轴芯（筒夹）内。夹轴呈空心圆柱状，外圆与轴承和风轮紧密配合，内孔因夹持车针的方式不同而异。根据夹持车针的方式可将夹轴分为按压式夹轴和螺旋夹针式夹轴两类。按压式夹轴内孔按不同品牌分为三瓣簧或卡块，车针柄插入其中，三瓣簧或卡块在锥形套筒和弹簧的作用下夹紧车针。螺旋夹针式夹轴，内孔装有三条轴向开槽的锥度夹簧，夹簧在扳手的作用下沿夹轴内孔中的螺纹前后移动，夹紧或放松车针。

3）后盖：内部有 O 形圈以支撑后轴承。螺旋夹针式夹轴手机后盖中心有一通孔，用来插入扳手，装卸车针。按压式夹轴手机后盖为双层结构，中间装有压盖弹簧，平时弹簧处于放松状态，按下机头后盖后，后盖压迫夹轴套筒即可装卸车针。

（2）手柄：手柄是手机的手持部位，为一空心圆管，内部有手机风轮驱动气管和水管。光纤手机还装有光导纤维、灯泡、灯座和电线，部分手机还装有回气管、过滤器、气体调压装置。目前已有厂商开发出自发光手机，即将一台微型发电机装在手柄内部，在手机运转过程中发电，前端配有 LED 光源，不需安装光导纤维。部分手机还装有回气管、过滤器、防回吸装置和气体调压装置。

（3）快插接头：手机接头是手机与输气软管的连接体，推动手机风轮旋转的主气流和产生雾化水的支气流、水流分别通过管路进入手机接头的主气孔、支气孔、水孔通向手机头部。气动涡轮手机在停止转动的一瞬间，由于惯性的作用，叶轮仍会继续转动，而机头部分便从高压变为负压，将患者口腔中的唾液和血液回吸至手机内部，污染手机与水、气管路。为防止回吸，在手机快插接头内设计了卫生机头系统或防回吸逆止阀。手机接头有两种结构：螺旋式——用紧固螺帽连接，快装式——插入后用锁扣连接。

2. 工作原理

气动涡轮手机转动原理与风车相似，压缩空气沿主进气管进入进气口，高速气流对风轮片产生推力，使风轮带动夹轴高速旋转。连续而稳定的压缩空气气流使风轮不停地匀速转动，余气从排气管排出手机外。车针装于夹轴内，夹轴又固定于风轮轴芯，故风轮的转动带动了车针同步转动（图 6 - 12）。

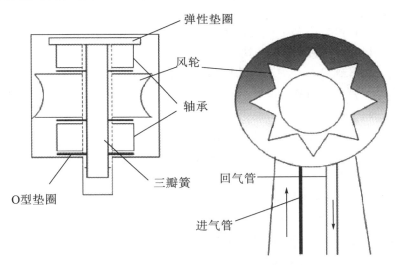

图 6 - 12 气动涡轮手机工作原理示意

（二）临床应用

牙科涡轮手机主要用于切割牙体、制备洞型、修复体的修整打磨等，操作便利、快捷、舒适，极大地提高了口腔临床治疗的效率和效果。迷你型涡轮手机适用于儿童及口张度较小的患者治疗；45°角涡轮手机用于颌面外科第三磨牙（智齿）拔出，也适用于修复科、牙体牙髓科 7、8 牙位的远中颊侧治疗。气动涡轮手机具有高速、轻便、切割力强等优点，但存在扭矩不足、速度和力量不能控制，以及回吸易造成医源性感染等问题。需要进行压力蒸汽灭菌。

（三）操作常规及注意事项

1. 操作常规

（1）将快插接头和综合治疗台手机连接管连接。

（2）将涡轮手机和快插接头连接。

（3）调节水量盒气压旋钮至合适值。

（4）将车针插入机头涡轮转子夹轴内。

（5）踩动综合治疗台脚控开关，检查手机头是否输出气和水。

（6）用一次性口杯接半杯清水，将涡轮手机头放置水中空转 10 秒，排空机腔内残余杂质并开始临床治疗使用。

2. 注意事项

（1）压缩空气必须无油、无水、无杂质；经常检测额定气压，驱动气压应在 0.2～0.22 MPa，以免压力不足或过大造成手机不能正常工作或者缩短手机轴承使用寿命。

（2）两支高速手机交替使用。

（3）每次使用前给手机注油，让手机轴承处于润滑状态。

（4）运转中请勿按下车针按钮，装卸车针必须在夹簧完全打开的状态下进行，以免损坏夹轴。

（5）必须使用符合规格的车针（直径为 1.59～1.60 mm），严禁使用弯曲、有裂纹、变形的车针，以免损伤夹轴。

（6）未安装车针严禁空转手机，以免夹簧在松弛状态下高速旋转受损。

（7）避免手机碰撞、跌落造成损坏。

（8）为预防交叉感染，必须进行清洗消毒、养护注油、打包封口和预真空压力蒸汽灭菌等流程，实行"一名患者用一支手机"。

（四）维护保养

（1）检查工作气源（压缩空气）是否纯净，压缩空气中不能带有水分和油质。

（2）每日上、下午工作结束后，各润滑手机一次，每次喷射 2～3 秒。润滑方法及步骤如下：

1）用乙醇棉球将手机表面的血污、磨削粉末等擦净。

2）将清洗润滑剂罐充分上下摇动，油罐垂直，向手机内喷射 2～3 秒；对快插口手机，应根据不同的型号，选用相应的喷油嘴，将喷油嘴插入手机尾部，约喷射 2 秒。

3）确认从手机头部流出干净的油即可。

（3）用压力蒸汽灭菌器对手机进行灭菌。灭菌前应先清洗和润滑手机并用干净纸袋封好，放入压力蒸汽灭菌器内经高温 134 ℃，3～5 分钟灭菌。灭菌后即取出，不要在灭菌锅内过夜。

（五）常见故障及其排除方法

气动涡轮手机的常见故障及其排除方法详见表 6-3。

表 6 - 3　气动涡轮手机的常见故障及其排除方法

故障现象	可能原因	排除方法
手机转动无力	工作气压低于额定值 排气管有异物堵塞 手机密封垫损伤 轴承已损坏	调节气压到额定值 疏通排气管 更换手机密封垫 更换轴承或整体筒夹
车针抖动	车针磨损严重 减震 O 形圈故障 轴承损坏	更换新的车针 更换减震 O 形圈 更换轴承或筒夹
无冷却水雾或水量太小	机头出水孔堵塞 水压不足	用细钢丝疏通出水孔 调节水压至额定值
车针松动、间隙大	O 形圈老化 轴承已损坏	更换机腔内两端 O 形圈 更换风芯两端轴承
车针无法取下来	车针和夹持簧锈死 三瓣簧损坏	对手机机芯进行彻底润滑 更换三瓣簧
车针夹不住	三瓣簧损坏或内有污物	更换三瓣簧或清除污物
噪声大	进、排气管有异物堵塞 轴承内有异物 轴承缺油、生锈	疏通进、排气管 清除轴承内异物 润滑机头

二、气动马达手机

气动马达手机（air motor handpiece）是牙科低速手机之一，由气动马达驱动并对牙体硬组织进行切割及低速钻磨的牙科手机。气动马达手机同气动涡轮手机成为口腔综合治疗台的标准配置。

（一）结构与工作原理

1. 结构

气动马达手机由气动马达及相互配套的直手机和弯手机组成（图 6 - 13），具有正、反转和低速钻、削功能。

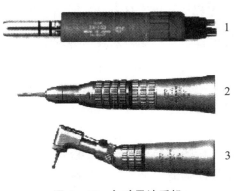

图 6 - 13　气动马达手机

1. 气动马达；2. 直手机；3. 弯手机。

（1）气动马达：由定子、转子、轴承、滑片、滑片弹簧、输气管、调气阀、消音气阻及空气过滤器组成，转速为 5000～20 000 r/min。

（2）弯手机：又称弯机头，简称弯机，由夹持系统、传动系统、联轴叉组成。夹持系统是一个卡板，工作时可以卡住车针的槽，由马达通过传动部件带动弯手机的车针工作。弯手机运动时口啮合点比较多，所以在工作时口啮合性对弯手机的噪声和转动的可靠性有很大影响。

（3）直手机：又称直机头，简称直机，由主轴、轴承、三瓣夹簧、锁紧螺母及外套组成。主轴由两个轴承夹固在机头壳内，主轴内前端装有锥度三瓣夹簧，转动锁紧螺母，可使三瓣夹簧在主轴内前后移动，放松或夹紧车针。

2．工作原理

高压空气沿马达定子内壁切线方向进入缸体内部，形成旋转气流，借助滑片推动马达转子旋转，转子通过联轴叉带动直手机或弯手机工作。

（二）临床应用

气动马达手机在牙体牙髓、牙周、修复、正畸等治疗领域广泛应用。弯手机适用于牙体牙髓科的去腐治疗、桩核预备、牙体切削以及修复抛光等，减速弯手机对根管可进行扩大治疗，直手机适用于正畸备牙及修复体的打磨等。

（三）操作常规及注意事项

1．操作常规

（1）将气动马达和综合治疗台手机连接管进行连接。

（2）将直手机或弯手机和气动马达连接。

（3）将金刚砂车针或技工磨头插入机头轴芯内，向下搬动卡板以卡住车针，或者转动锁紧螺母，以夹紧车针。

（4）用脚踩动综合治疗台脚踏控制开关，检查手机头是否输出气。

（5）开始操作。

2．注意事项

（1）检测工作气压，0.3 MPa（四孔）、0.25 MPa（两孔）。

（2）压缩空气保证无水、无油、无杂质。

（3）手机在使用时，马达和直手机或弯手机要插接牢靠，手机工作时不能按压马达连接卡扣，以免手机脱落。

（4）选用合格的磨石和车针，车针柄直径过大或过小都会损坏机头。

（5）为预防交叉感染，除气动马达不能清洗外，都需进行清洗消毒、养护注油、打包封口和预真空压力蒸汽灭菌等流程，实行"一名患者用一支手机"。

（四）维护保养

1．加油润滑

马达的润滑是给马达驱动气管喷润滑剂，直手机和弯手机分别给尾部孔内注油或用清洁润滑剂润滑。用手机清洁润滑剂润滑马达时，将喷嘴对准马达驱动气孔（进气孔），按压 1～2 秒；润滑直手机和弯手机时，给清洁润滑剂喷嘴装上专用喷嘴，对准直手机或弯手机尾部按压 1～2 秒。良好的润滑可以使马达与直、弯手机有较长的使用寿命。

2. 消毒灭菌

气动马达手机的消毒灭菌同气动涡轮手机。灭菌前给手机加油，清洁手机外部，用消毒袋封好，再放入压力蒸汽灭菌柜内进行灭菌。严禁采用化学液浸泡或干热灭菌。

（五）常见故障及其排除方法

气动马达手机的常见故障及其排除方法见表6-4。

表6-4　气动马达手机的常见故障及其排除方法

故障现象	可能原因	排除方法
马达不转	滑片及滑片簧磨损、断裂 润滑不够使粉尘等污物造成转子卡死	更换滑片或滑片簧 对转子进行清洗、润滑
直手机或弯手机在马达旋转时整体旋转	马达前插管的O形圈磨损	更换前插管O形圈
马达和连通管连接处漏水	马达后部和连通管未拧紧或密封胶垫老化	拧紧或更换密封胶垫
直手机不转	轴承损坏	更换轴承
直手机夹不住车针	三瓣簧有锈污	清洗三瓣簧
弯手机转动无力、抖动	齿轮磨损	更换齿轮
弯手机卡不住车针	卡簧片磨损	更换卡簧片

（周建学　胡　敏）

三、电动马达手机

电动马达手机（electro motor handpiece）是由电动马达驱动并对牙体硬组织进行切割及钻磨的牙科手机。气动涡轮手机具有高速、轻便、切割力强等优点，但存在扭矩不足、速度和力量不能控制、噪声大、振动大以及回吸易造成医源性感染等问题。随着科学技术的发展，电动手机以扭矩大、速度和力量可有效控制、低噪声、低振动、低回吸、可变速、高性能、寿命长等优势，有可能取代气动马达手机和气动涡轮手机。

（一）结构与工作原理

电动马达手机由电动马达、直手机或弯手机和控制电路组成（图6-14）。

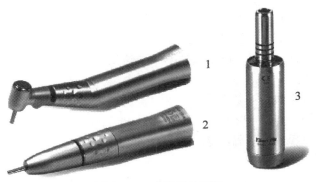

图6-14　电动马达手机
1. 弯手机；2. 直手机；3. 电动马达。

1. 电动马达

电动马达按结构分为有电刷电动马达和无电刷电动马达两种。

（1）有电刷电动马达：又分为有铁心马达和无铁心马达。

1）有铁心马达：其工作原理是通过电刷将电能输送到转子上，在转子绕组上产生电磁力。此电磁力与定子的永磁力总是保持一个相位差，依磁力的"异性相吸"原理，电磁力与永磁力即可推动转子旋转。此种类型马达容易发热，电刷易磨损，需定期更换，但价格较低。

2）无铁心马达：为避免有铁芯马达的易发热、效率低、转动不平稳、启动与停止惯性大等缺点，人们又研制出无铁芯电动马达。无铁芯马达由于效率高、发热量低，因此不需要压缩空气冷却，仅靠马达自带的风扇即可满足长时间、大负荷运转。它适用于临床和技工使用。无铁心马达的工作原理与有铁心马达相同，但二者马达的结构有较大的差别。无铁芯马达的转子绕组为呈直筒状的玻璃杯，在杯底的中间固定有马达主轴。定子磁钢呈圆柱形，中间有一通孔。磁钢的一端与马达的外壳固定，前端和另一端均装有轴承，与转子绕组中间的马达主轴配合，将杯形的转子绕组悬浮在定子磁钢的外面。当电刷将直流电源传递给转子绕组后，即可产生电磁力，推动转子运转。

（2）无电刷电动马达：为避免有电刷马达的磨损、碳粉污染、电火花干扰等缺点，人们又研制出无电刷电动马达。无电刷电动马达的结构和工作原理与有电刷电动马达不同。

1）结构：无电刷电动马达由转子（永磁铁或磁钢）、定子（绕组）、控制电路板组成。

2）工作原理：在马达的后端，固定有传感器，用来检测转子的相位，并将相位信号传送给控制主机。主机根据相位信号，决定某组线圈通电或某组线圈断电，从而产生不断变化的电磁力，推动转子磁钢运转。为避免马达经压力蒸汽灭菌时相位传感器受损伤，用单片机控制绕组线圈通、断电代替相位传感器。随着精密加工、微电子、微处理技术的发展，直流微型马达的转速也逐渐提高，从 20 000～30 000 r/min 发展到 40 000～50 000 r/min；马达的最低转速由 1 000 r/min 发展至 100～200 r/min，并且低速仍能输出足够的转矩。配合各种型号的减速或增速手机，马达的应用范围比以前有了较大的扩展，口腔种植机、颌面外科微动力系统均采用了无电刷电动马达。无电刷电动马达具有体积小、重量轻、噪声小、磨损小、干扰小、无碳粉污染、能承受压力蒸汽灭菌等优点，正逐步淘汰有电刷马达。

2. 直手机

直手机由主轴、卡簧、轴承、锁紧螺母、连接叉和外壳等组成。变速直手机装有变速齿轮盘、齿轮杆。通过连接叉装置和马达连接，马达的动力传导到轴芯，带动卡簧上的钻头旋转。根据不同的使用需要，可以选择不同变速比的直手机。常见的有 1∶1 常速直手机和 1∶2 增速直手机。

（1）1∶1 常速直手机：一般额定转速为 40 000 r/min。内水道的直手机为双孔喷雾，水、气分开，更有利于水雾的形成。

（2）1∶2 增速直手机：为外喷水类型，转速为 40 000～80 000 r/min。

3. 弯手机

由带齿轮的夹轴、轴承、连接叉、头壳和外壳等组成，有的还配有光纤。动力由马达通过连接叉传导到轴芯，轴芯带动卡簧上的钻针旋转。变速弯手机加装有变速齿轮盘、齿轮杆。变速比按品牌和用途有所不同，其中常用的有以下几种：

（1）等速弯手机：等速 1∶1 弯手机的转速与电动马达转速相同，为1000～40 000 r/min，配合相应的电子控制系统。

（2）增速弯手机：增速有 1∶2 二倍、1∶3 三倍、1∶5 五倍等多种，转速从40 000 r/min增至 200 000 r/min，4～6 点喷雾。有的品牌手机，机头内装有卫生机头系统，可防止回吸。

（3）减速弯手机：在进行低速操作如根管扩大、牙种植等治疗中，需要用减速弯手机。常用的减速弯手机有 4∶1、10∶1、16∶1、20∶1、32∶1、64∶1、128∶1、256∶1、1024∶1 等减速比。根据治疗需要进行选择。

（二）临床应用

根据不同的使用需要，选择不同变速比的直手机或弯手机。

（1）常速直手机：用于椅旁治疗和修复操作。

（2）增速直手机：主要用于拔除第三磨牙、骨移植等方面。

（3）等速弯手机可进行固位钉钻孔和合金修复体抛光等操作，大面积去除腐质，去除悬突。

（4）增速弯手机：电动马达配上 1∶5 增速弯手机，转速达 200 000 r/min，使用高速车针，可进行牙体硬组织切割及钻磨而代替气动高速手机，同时还可以应用在固位沟预备、烤瓷修复体打磨、冠桥成形、窝洞精磨和边缘成形等操作。

（5）减速弯手机：进行低速操作如根管扩大、牙种植等治疗中；根据治疗需要进行选择：根管治疗可选择 32∶1 的减速弯手机，转速为 500～600 r/min；镍钛根管针用减速64∶1、128∶1 减速弯手机；种植手术可选择 16∶1 或 20∶1 的减速弯手机，这样即可以避免高转速对根管组织及种植创面的烧伤，同时有利于增加扭矩；抛光用 4∶1 和 16∶1 的减速弯手机。

（三）操作常规及注意事项

（1）将直手机或弯手机装上钻针后与电动马达连接。

（2）钻针的直径应符合 ISO 标准。等速和减速弯手机及直手机选用 CA 型低速车针（直径为 2.35 mm），增速弯手机则选用 FG 型高速车针（直径为 1.6 mm）。

（3）手机未装钻针或未与马达可靠连接，严禁启动马达。

（4）有电刷电动马达应根据实际情况，定期更换电刷和清除积炭。

（四）维护保养

1. 电动马达

（1）根据厂家提供的说明书要求进行保养。

（2）避免摔伤。稀土永磁材料较脆，严重的摔伤可能导致磁钢破碎，无法修复。

（3）口腔治疗专用的直流微型电动马达，其轴承均为免维护的含油轴承，不必为轴承加油，也不能清洗及用压力蒸汽灭菌。有电刷电动马达应根据实际使用情况，定期更换电刷和清除积炭。

（4）不要将马达浸泡在各种清洗液、消毒剂中。手术后，可以用潮湿、洁净的软布将马达表面擦净，再进行灭菌即可。

2. 直手机与弯手机

（1）用清洁探针清洗喷水管路与喷气管路，防止喷水孔与喷气孔堵塞。

（2）清洁手机内部：用清洁剂对准手机尾部，轻轻按压1～2秒，以清除手机内部的污垢。

（3）及时加注润滑剂：配接专用喷嘴，使用喷雾油或注油机，从手机尾部注油；取下车针，对准车针孔清洗、注油。

（4）慢速旋转车针：加油完以后，应将钻针装回，以低速旋转10～15秒，可使润滑剂充分、均匀扩散。

（5）压力蒸汽灭菌：将注完油后的直手机或弯手机打包，放入B级压力蒸汽灭菌器中进行灭菌。

（五）常见故障及其排除方法

电动马达手机的常见故障及其排除方法详见表6-5。

表6-5　电动马达手机的常见故障及其排除方法

故障现象	可能原因	排除方法
转动不连续（有电刷马达）	电刷磨损	更换电刷
电动马达发热（有电刷马达）	冷却气不够 油污进入	调整冷却气流量 清除油污
电动马达噪声大	轴承磨损	对无电刷马达可试加润滑剂

（张志君　胡　敏）

四、风光牙科手机

风光牙科手机（led dental handpiece）是牙科涡轮手机的一种，主要特点是在手柄内腔内的工作气管上增加一个腔室，在腔室内增加一个微型风力发电机，利用驱动牙科手机的压缩空气驱动微型风力发电机发电。风力发电机发出的电经过导线连接到机头前端LED，实现手机自发光。

风光牙科手机具有转速高（30万～40万 r/min）、光照度好（>1500 lx）、切削力大、钻削形成窝洞时间短、速度快、车针转动平稳、可为口腔内工作区域提供直接照明、使用方便等特点。

风光牙科手机分为可消毒循环使用风光手机和防感染一次性风光手机。

（一）可消毒循环使用风光手机

1. 结构

可消毒循环使用风光手机主要由机头和手柄、风力发电机腔室、风力发电机、管线接口等组成（图6-15和图6-16），分为小型（迷你型）、标准型和大头型三种。根据车针装卸方式又可分为扭针式和按压式两种。

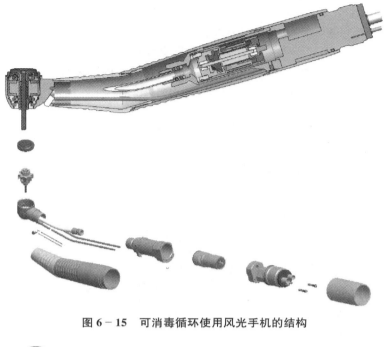

图 6-15　可消毒循环使用风光手机的结构

图 6-16　可消毒循环使用风光手机

（1）机头：由机头壳、涡轮转子、后盖组件组成。

1）机头壳：是手机固定涡轮转子的壳体，其前端中心处有一通孔，夹轴从此伸出。通孔四周有多个水雾冷却孔，具有冷却温度效果，并可清洗车针黏附物，使切割能稳定和持续进行，更有效地冷却车针整个表面。机头壳侧面与手柄相连，后端设有螺纹用于固定后盖组件。

2）涡轮转子：是机头的核心部件，由轴承、风轮和夹轴组成。常用的轴承有金属滚珠轴承和陶瓷滚珠轴承两类。陶瓷轴承比金属滚珠轴承运行震动低，运转过程噪声小，能在高温高压条件下保持稳定，并且运行时安静、可靠。风轮前后各有一个微型轴承紧固在夹轴上，涡轮转子通过卡在轴承外环上的两个 O 形橡胶圈固定在机头壳内。目前大多数的气动涡轮手机的封罩、动平衡 O 形圈、涡轮转子及两端的轴承都集中于全封闭涡轮轴芯（筒夹）内。夹轴呈空心圆柱状，外圆与轴承和风轮紧密配合，内孔因夹持车针的方式不同而异。根据夹持车针的方式可将夹轴分为按压式夹轴和螺旋夹针式夹轴两类。按压式夹轴内孔按不同品牌分为三瓣簧或卡块，车针柄插入其中，三瓣簧或卡块在锥形套筒和弹簧的作用下夹紧车针。螺旋夹针式夹轴，内孔装有三条轴向开槽的锥度夹簧，夹簧在扳手的作用下沿夹轴内孔中的螺纹前后移动，夹紧或放松车针。

3）后盖：内部有O形圈以支撑后轴承。螺旋夹针式夹轴手机后盖中心有一通孔，用来插入扳手，装卸车针。按压式夹轴手机后盖为双层结构，中间装有压盖弹簧，平时弹簧处于放松状态，按下机头后盖后，后盖压迫夹轴套筒即可装卸车针。

（2）手柄：手柄是手机的手持部位，为一空心圆管，内部装有微型风力发电机、气管和水管、微型风力发电机的腔室。

2. 工作原理

可消毒循环使用风光手机转动原理与风车相似，压缩空气经工作气管首先进入微型风力发电机腔内，驱动涡轮高速旋转，同时带动微型风力发电机内的永磁铁高速旋转。线圈受磁力线切割产生 3.2~3.5 V 低压交流电，电流经电源接线 LED 灯座，使 LED 灯发光。同时高速气流对机头内的风轮片产生推力，使风轮带动夹轴高速旋转。连续而稳定的压缩空气气流使风轮不停地匀速转动，余气从排气管排出手机外。车针装于夹轴内，夹轴又固定于风轮轴芯，故风轮的转动带动了车针同步转动（图 6-17）。

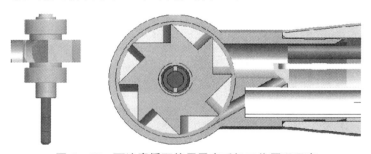

图 6-17 可消毒循环使用风光手机工作原理示意

3. 临床应用

可消毒循环使用风光手机主要用于切割牙体、制备洞型、修复体的修整打磨等，操作便利、快捷、舒适，极大地提高了口腔临床治疗的效率和效果。迷你型涡轮手机适用于儿童及口张度较小的患者治疗；45°角涡轮手机用于颌面外科第三磨牙拔出，也适用于修复科、牙体牙髓科 7、8 牙位的远中颊侧治疗。气动风光涡轮手机具有高速、轻便、切割力强等优点，但存在扭矩不足、速度和力量不能控制、噪声、振动以及回吸易造成医源性感染等问题，需要进行压力蒸汽灭菌。

4. 操作常规及注意事项

（1）操作常规：

1）踩动综合治疗台脚控开关 5 秒，检查综合治疗台手连接管是否输出气和水，同时排空手连接管内残余杂质以免手连接管内可能存在的杂质造成冷却水路堵塞或造成微型风力发电机或涡轮转子故障。

2）将牙科手机和综合治疗台手机连接管连接。

3）踩动综合治疗台脚控开关，检查手机头是否输出气和水，前端照明灯是否正常发光。

4）调节水量和气压旋钮至合适值。

5）将车针插入机头涡轮转子夹轴内。

6）用一次性口杯接半杯清水，将涡轮手机头放置水中空转 10 秒，排空机腔内残余杂质并开始临床治疗使用。

（2）注意事项：

1）压缩空气必须无油、无水、无杂质；经常检测额定气压，驱动气压应在 0.25～0.3 MPa（具体气压请参照各厂家的使用说明书），以免压力不足或过大造成手机不能正常工作或者缩短手机轴承使用寿命。雾化气压应在 0.1～0.25 MPa（具体气压请参照各厂家的使用说明书），以免压力不足或过大造成手机不能正常工作。压力不足时会造成雾化不良，压力过大时可能会导致无冷却水喷出。

2）两支高速手机交替使用。

3）每次使用前给手机注油，让手机轴承处于润滑状态，清油后装上标准棒或车针，并让手机空转 5～10 秒，吹除手机内多余的润滑剂。

4）运转中请勿按下后盖上的按钮，装卸车针必须在夹簧完全打开的状态下进行，以免损坏夹轴。

5）必须使用符合规格的车针（直径为 1.59～1.60 mm），严禁使用弯曲、有裂纹、变形的车针，以免损伤夹轴。

6）未安装车针严禁空转手机，以免夹簧在松弛状态下高速旋转受损。

7）避免手机碰撞、跌落造成损坏。

8）为预防交叉感染，必须进行清洗消毒、养护注油、打包封口和预真空压力蒸汽灭菌，实行"一名患者用一支手机"。

5. 维护保养

（1）检查工作气源（压缩空气）是否纯净，压缩空气中不能带有水分和油质。

（2）装卸车针前用小毛刷清除工作头附近的碎屑，用 75% 乙醇擦净手机头部。

（3）每日上、下午工作结束后，各润滑手机一次，每次喷射 2～3 秒。润滑方法及步骤如下：

1）用乙醇棉球将手机表面的血污、磨削粉末等擦净。

2）将清洗润滑剂罐充分上下摇动，油罐垂直，向手机内喷 2～3 秒；对快插口手机，应根据不同的型号，选用相应的喷油嘴，将喷油嘴插入手机尾部，约喷 2 秒。

3）确认从手机头部流出干净的油即可。

4）用压力蒸汽灭菌器对手机进行灭菌。灭菌前应先清洗和润滑手机并用干净纸袋封好，放入压力蒸汽灭菌器内经高温 134 ℃，3～5 分钟灭菌。灭菌后即取出，不要在灭菌锅内过夜。

6. 常见故障及其排除方法

可消毒循环使用风光手机的常见故障及其排除方法详见表 6-6。

（二）防感染一次性风光手机

1. 结构

防感染一次性风光手机主要由机头和手柄、带有风力发电机的快插接头等组成（图 6-18）。目前主要采用项针式的车针装卸方式。

表 6 – 6　可消毒循环使用风光手机的常见故障及其排除方法

故障现象	可能原因	排除方法
手机转动无力	工作气压低于额定值 排气管有异物堵塞 手机密封垫损伤 轴承已损坏	调节气压到额定值 疏通排气管 更换手机密封垫 更换轴承或整体筒夹
车针抖动	车针磨损严重 减震O形圈故障 轴承损坏	更换新的车针 更换减震O形圈 更换轴承
无冷却水雾或水量太小	机头出水孔堵塞 水压不足 雾化气压过大	用细钢丝疏通出水孔 调节水压至额定值 调节雾化气压至额定值
车针松动、间隙大	O形圈老化 轴承已损坏	更换机腔内两端O形圈 更换风芯两端轴承
车针无法取下来	车针和夹持簧锈死 夹轴损坏	对手机机芯进行彻底润滑 更换夹轴
车针夹不住	夹轴损坏或内有污物	更换夹轴或清除污物
噪声大	进、排气管有异物堵塞 轴承内有异物 轴承缺油、生锈 轴承严重磨损	疏通进、排气管 清除轴承内异物 润滑机头 更换轴承
LED灯不亮	微型电机线路接点脱焊 微型风力发电机损坏 LED灯泡损坏	重新焊接 更换微型风力发电机 更换LED灯泡

图 6 – 18　防感染一次性风光手机

（1）机头：由机头壳、涡轮转子、后盖组件组成。

1）机头壳：是手机固定涡轮转子的壳体，其前端中心处有一通孔，夹轴从此伸出。通孔一边有一个水雾冷却孔，具有冷却温度效果，并可清洗车针黏附物，使切割能稳定和持续进行，更有效地冷却车针整个表面。机头壳侧面与手柄相连，后端设有螺纹用于固定后盖组件。

2）涡轮转子：是机头的核心部件，由轴承、风轮和夹轴组成。常用的轴承有金属滚珠轴承和陶瓷滚珠轴承两类。陶瓷轴承比金属滚珠轴承运行震动低，运转过程噪声小，能在高温高压条件下保持稳定，并且运行时安静、可靠。风轮前后各有一个微型轴承紧固在夹轴上，涡轮转子通过卡在轴承外环上的两个O形橡胶圈固定在机头壳内。目前大多数的气动涡轮手机的封罩、动平衡O形圈、涡轮转子及两端的轴承都集中于全封闭涡轮轴芯（筒夹）内。夹轴呈空心圆柱状，外圆与轴承和风轮紧密配合，内孔因夹持车针的方式不同而异。根据夹持车针的方式可将夹轴分为按压式夹轴和螺旋夹针式夹轴两类。按压式夹轴内孔按不同品牌分为三瓣簧或卡块，车针柄插入其中，三瓣簧或卡块在锥形套筒和弹簧的作用下夹紧车针。螺旋夹针式夹轴，内孔装有三条轴向开槽的锥度夹簧，夹簧在扳手的作用下沿夹轴内孔中的螺纹前后移动，夹紧或放松车针。

3）后盖：顶针式夹针式夹轴手机后盖中心有一通孔，顶出车针。

（2）手柄：手柄是手机的手持部位，为空心圆管，内部装有气管和水管、导线、导电触点、快插接口等。

2. 工作原理

防感染一次性风光手机转动原理与风车相似，压缩空气经工作气管首先进入快插接头内的微型风力发电机腔内，驱动涡轮高速旋转。同时带动微型风力发电机内的永磁铁高速旋转。线圈受磁力线切割产生 3.2～3.5 V 低压交流电，电流经导电触点、电源接线、LED 灯座，使 LED 灯发光。同时高速气流对机头内的风轮片产生推力，使风轮带动夹轴高速旋转。连续而稳定的压缩空气气流使风轮不停地匀速转动，余气从排气管排出手机外。车针装于夹轴内，夹轴又固定于风轮轴芯，故风轮的转动带动了车针同步转动。防感染一次性风光手机的工作原理同气动涡轮手机工作原理（图 6 - 12）。

3. 临床应用

防感染一次性风光手机主要用于切割牙体、制备洞型、修复体的修整打磨等，操作便利、快捷、舒适，极大地提高了口腔临床治疗的效率和效果。

4. 操作常规及注意事项

（1）操作常规：

1）踩动综合治疗台脚控开关 5 秒，检查综合治疗台手连接管是否输出气和水，同时排空手连接管内残余杂质以免手连接管内可能存在的杂质造成冷却水路堵塞或造成微型风力发电机或涡轮转子故障。

2）将牙科手机的快插接头和综合治疗台手机连接管连接，将防感染一次性风光手机插接到快插接头上，并检查连接到位可靠。

3）踩动综合治疗台脚控开关，检查手机头是否输出气和水，前端照明灯是否正常发光。

4）调节水量和气压旋钮至合适值。

5）将车针插入机头涡轮转子夹轴内。

6）用一次性口杯接半杯清水，将涡轮手机头放置水中空转 10 秒，排空机腔内残余杂质并开始临床治疗使用。

（2）注意事项：

1）压缩空气必须无油、无水、无杂质；经常检测额定气压，驱动气压应在 0.25～0.3 MPa（具体气压请参照各厂家的使用说明书），以免压力不足或过大造成手机不能正常工作或者缩短手机轴承使用寿命。雾化气压应在 0.1～0.25 MPa（具体气压请参照各厂家的使用说明书），以免压力不足或过大造成手机不能正常工作。压力不足时会造成雾化不良，压力过大时可能会导致无冷却水喷出。

2）当手机在使用过程中发现转速明显下降或噪声明显增大时，请更换新的防感染一次性风光手机。

3）必须使用符合规格的车针（直径为 1.59～1.60 mm），严禁使用弯曲、有裂纹、变形的车针，以免损伤夹轴或造成车针飞出等意外。

4）避免手机碰撞、跌落造成损坏。

5）为预防交叉感染，不允许重复使用，实行"一支手机只用一次"。

5．维护保养

因防感染一次性风光手机是一次性使用，所以免除了维护和保养工作。

（尹源洪　黄建存）

五、根管治疗用减速弯手机

根管治疗用减速弯手机是牙科低速弯手机的重要分类之一，为普通弯手机类的衍生，同样由可搭配气动马达或电动马达驱动。由于根管治疗用减速弯手机减速比大，承载扭力大，带有90°往复运转，模拟人手工旋转，治疗更规范，力度稳定，广泛地应用到需要低速、大扭矩的临床手术，尤其适合根管治疗临床操作。根据不同输出扭矩和转速的马达，根管治疗采用不同转速比的减速弯手机。由于根管扩大锉有机用及手用两种，根管治疗用减速弯手机也分为手用式和机用式两种（图6-19）。

图6-19　根管治疗用减速弯手机

1. 适合手用锉的根管治疗用减速弯手机；2. 适合机用锉的根管治疗用减速弯手机。

（一）结构与工作原理

1．结构

根管治疗用减速弯手机主要由机头、机芯组件、传动轴组件、弯头、减速箱组件、联轴拨叉、外壳组成（图6-20）。根据手用扩大锉和机用扩大锉可分为手用式和机用式两种。

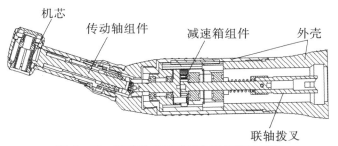

图6-20　根管治疗用减速弯手机结构示意

（1）机芯组件：分瓣夹头穿过摆动体、固定环和弹簧，通过螺纹与后压盖零件旋合连接，同时使弹簧处于压缩状态。此时压缩状态下的弹簧压顶摆动体和后盖，使分瓣夹头收缩夹紧车针。通过按压后盖使分瓣夹头不再与摆动体挤压，分瓣夹头恢复自然张开状态，进而实现取针。

（2）传动轴组件：连接机芯组件机减速箱，起到动力按齿数比传递作用。

（3）拨叉组件：是减速箱的主要配件，减速箱组件实现动力转速输入减速，提高动力输出。联轴拨叉与马达的联轴拨叉相连接。

2. 工作原理

将气动马达与弯手机对接，使两者联轴拨叉组件连接，开启马达驱动气，驱动马达转子转动，进而通过联轴拨叉及传动零件带动弯手机夹持车针的机芯组件工作。

3. 90°往复运动原理

采用摆动导杆机构原理，偏心轴转动 90°，摆动体刚好转过 45°；偏心轴再转 180°，摆动体往反方向摆动 90°（图 6－21）。在偏心轴持续圆周转动下，带动具有摆动体零件的机芯组件在 90°范围内实现往复运动。

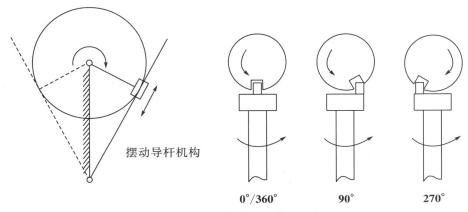

摆动导杆机构

0°/360°　　　90°　　　270°

图 6－21　90°往复运动原理示意

（二）临床应用

根管治疗用减速弯手机在牙体牙髓、牙周等治疗领域广泛应用，可进行根管扩大治疗。

（三）操作常规及注意事项

1. 操作常规

（1）将根管治疗用减速弯手机直接连接马达使用。

（2）按下按压盖时，将根管锉针插入机头轴芯内到底，再松开按压盖，以夹紧根管锉针。

（3）启动马达动力，开始操作。

2. 注意事项

（1）检查提供的马达机器可供的转速比，看是否匹配根管治疗用减速弯手机的转速比。

（2）在使用时，连接马达要插接牢靠，以免弯手机脱落。

（3）安装根管锉针后，务必确认根管锉针已夹紧。

（4）弯手机未完全停转前，切勿按压后盖。

（5）选用合格的锉针，不使用弯曲、变形、柄部直径不符合标准的车针，以免损坏机头。

（6）使用后及时给手机清洗消毒、养护注油、打包封口和预真空压力蒸汽灭菌（按使用说明书要求维护）。

（四）维护保养

（1）用小毛刷清除工作头附近的碎屑，用 75%乙醇擦净手机头部。

（2）每次工作结束后都须进行清洁和润滑手机。润滑方法及步骤如下：

1）卸下手机上的车针，保持手机运转，将其放入清洁水中，水面没过机头的一半，在水中转动约 15 秒后停止。

2）用乙醇棉球将弯手机表面的血污、磨削粉末等擦净，再充分擦干并使之干燥。

3）将配用注油嘴套入清洗润滑剂的出油口。

4）插入手机的尾部向内喷射 2 秒以上。

（3）在治疗后或高温高压灭菌前使用清洗润滑剂进行注油润滑。

（4）在注润滑剂时，请握紧手机以防因喷油的压力而飞出。

（5）注润滑剂时，确认从手机的机头部位有油渗出（喷射 2 秒以上）。重复喷至机头部位无异物等污渍出现。

（6）使用清洗润滑剂时，请不要将油罐倒置喷雾。

（7）用干净纸袋将弯手机封好，用压力蒸汽灭菌器进行灭菌。

（五）消毒灭菌

注油清洁润滑后可以进行高温高压灭菌。在治疗结束后按照下述方法进行高温高压灭菌。

（1）将弯手机装入高温高压消毒用的灭菌袋中贴上封条。

（2）用压力蒸汽灭菌器对弯手机进行灭菌。

（3）在不超过 135 ℃的温度下进行高温高压灭菌。例如，121 ℃，20 分钟；或 132 ℃，15 分钟。

（4）灭菌后即取出，不要在灭菌锅内长时间存放。

（六）常见故障及其排除方法

根管治疗弯手机的常见故障及其排除方法详见表 6－7。

表 6－7　根管治疗弯手机的常见故障及其排除方法

故障现象	可能原因	排除方法
不转动	机芯生锈	更换机芯
卡死	传动轴生锈 齿轮脱落（断齿卡住） 机头摔落造成变形	更换传动轴 将脱落的部件换新 整形修复或更换机头
机芯振动、跳动大	芯轴孔变形	更换机芯
夹不住针	夹头损坏 车针不标准	更换机芯 更换标准的车针
取不出针	机芯生锈 机芯里面有杂物 机芯变形或磨损	更换机芯 清洁干净即可 更换机芯
机身振动大	轴承损坏 传动轴没安装到位	更换机身的轴承 重新安装
弯手机打滑	传动零件损坏	检查更换新机芯传动轴、拨叉齿轮

六、加长直手机

加长直手机也是牙科低速手机之一，由普通直手机衍生而来，同样需搭配气动马达或电动马达驱动，用于对牙体硬组织进行切割及低速钻磨（图 6 - 22）。由于手机主轴更长，可深入口腔更深的部位，更利于这些部位的手术治疗。加长直手机是牙科口腔治疗的重要配置之一，适用于第三磨牙拔除、根尖切除、开窗术、根尖打孔、上额窦外提升等。

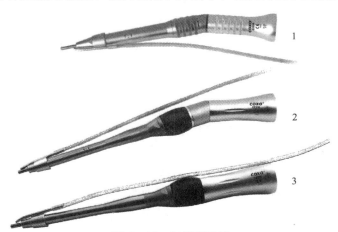

图 6 - 22　加长直手机
1. 18°加长直手机（针长 40 mm）；2. 18°加长直手机（针长 99 mm）；
3. 加长直手机（针长 99 mm）。

（一）结构与工作原理

1. 结构

加长直手机主要由主轴组件、轴承、锁/取针旋套、联轴拨叉部件/组件、外壳组成（图 6 - 23）。主轴组件由多个轴承固定在手机外壳内，主轴组件内有三瓣夹头或三半圆销，在锁/取针旋套的推动往复方向作用下，实现三瓣夹头或三半圆销对车针的夹紧及放松。

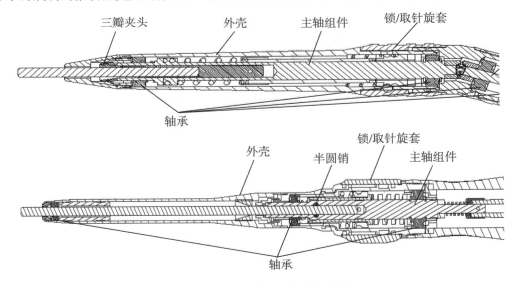

图 6 - 23　加长直手机结构示意图

2. 工作原理

将气动马达与加长直手机对接，使两者联轴拨叉相互连接，开启马达驱动气，驱动马达转子转动，进而通过联轴拨叉及传动零件带动加长直手机夹持车针的主轴组件转动工作。

（二）临床应用

加长直手机常用于美容和颌面外科做磨骨和坚固内固定、上额窦外提。

（三）操作常规及注意事项

1. 操作常规

（1）加长直手机的安装及拆卸方法：

1）安装时将加长直手机插入马达上，并检查是否固定妥当。

2）拆卸时用手握紧马达将直手机向外转动拔开即可。

（2）加长直手机车针的安装及拆卸方法：

1）拆卸加长直手机的车针时，将锁/取旋套旋向"⇦"的方向直到听见咔的声响为止。安装时将锁/取旋套旋向"⇨"的方向旋转听到卡的声响，即车针被固定住。

2）将车针插入主轴孔内到底，锁/取旋套旋转锁紧，并沿轴向略微用力，检查是否夹紧车针。

2. 注意事项

（1）请勿使用弯曲、破损、变形及不符合规格的车针。如果使用这些车针会引起运转时车针突然弯曲、折断而造成事故。卡簧的沟槽部被磨损或变形时，车针将难以取出。

（2）请保持车针被夹持部的清洁，若附有污物会引起轴芯振动或夹头的夹持力下降。

（3）请稳定固定车针，否则会引起轴承早期损坏。

（4）夹头开闭卡环处于开的状态或未安装车针时请勿运转马达。

（5）不使用时，也请安装上车针或标准夹持棒。

（四）维护保养

（1）卸下直手机和车针，进行直手机外部消毒，先用75%乙醇擦净进行清洁。

（2）使用软化水（38 ℃）进行冲洗。

（3）用小毛刷清除工作头附近的碎屑，去除任何液体残留物，使用吸水性纸吸干或用压缩空气吹干。

（4）切勿将加长直手机放置在液体消毒剂或超声波清洁器中。

（5）将配用注油嘴套入清洗润滑剂的出油口，插入加长直手机的尾部向内喷射2秒以上。

（6）在治疗后或高温高压灭菌前使用清洗润滑剂进行注油润滑。

（7）在注入润滑剂时，请握紧手机以防因喷油的压力而飞出。

（8）注润滑剂时，确认从加长直手机的装车针端有油渗出，重复喷至无异物等污渍出现为止。

（9）使用清洗润滑剂时，请不要将油罐倒置喷雾。

（10）用干净纸袋将加长直手机封好，用压力蒸汽灭菌器进行灭菌。

（11）应遵照制造商有关设备、清洁剂和洗涤剂的规范进行操作。

（五）消毒灭菌

注油清洁润滑后可以进行高温高压灭菌。在治疗结束以后，按照下述方法进行高温高压灭菌。

（1）将加长直手机装入高温高压消毒用的灭菌袋中并贴上封条。

（2）用压力蒸汽灭菌器对加长直手机进行灭菌。

（3）在不超过 135 ℃ 的温度下进行高温高压灭菌。例如，121 ℃，20 分钟；或 132 ℃，15 分钟。

（4）灭菌后即取出，不要在灭菌锅内过夜。

（六）常见故障及其排除方法

加长直手机的常见故障及其排除方法详见表 6-8。

表 6-8　加长直手机的常见故障及其排除方法

故障现象	可能原因	排除方法
不转动	轴承生锈、损坏	更换轴承
卡死	主轴生锈	更换主轴（整个组件）
振动	轴承磨损	更换轴承
锁（夹）不住针，车针装卸难或卡	主轴内部零件锈蚀	更换主轴（整个组件）
时转时不转	直手机后螺母掉落	配上新螺母

七、种植弯手机

种植弯手机是牙科减速弯手机之一，用于牙科种植手术，并作为种植手术重要的器械，需由牙科种植机的电动马达驱动，对牙体硬组织进行手术治疗（图 6-24）。种植弯手机是口腔种植牙手术的重要配置之一。

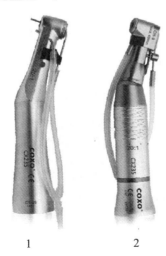

1　　　　　　　2

图 6-24　种植弯手机

1. 按压式内外水道种植弯手机；2. 锁针式内外水道种植弯手机。

（一）结构与工作原理

1. 结构

种植弯手机主要由机芯组件、传动轴组件、减速箱组件、联轴拨叉组件、外壳组成（图 6 - 25）。

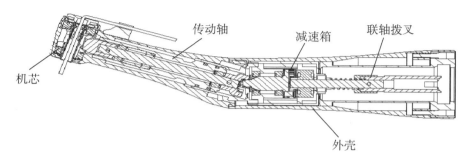

图 6 - 25　种植弯手机剖视图

（1）机芯组件：主要由轴承、齿轮和主轴组件组成。两个轴承固定装有卡口弹性零件的主轴。装有卡口弹性零件的主轴组件在车针装到底时自然卡紧固定车针。而当按压下压盖时，使卡口弹性零件松开，进而实现取针。

（2）传动轴组件：连接机芯组件机减速箱，起到动力按齿数比传递作用。

（3）联轴拨叉组件：是减速箱的主要配件，减速箱组件实现动力转速输入减速，提高动力输出。而联轴拨叉起到与马达的联轴拨叉相连接。

2. 工作原理

将牙科种植机的电动马达与种植弯手机对接，使两者联轴拨叉部件连接。开启马达，驱动马达转子转动，进而通过联轴拨叉及传动零件带动弯手机夹持车针的主轴组件转动工作。

（二）临床应用

种植弯手机主要用于牙体硬组织的手术治疗。由于其转速低、扭矩大，用于种植手术中的标记、钻洞、扩孔、攻丝、植入或取出种植体、锁上基台螺丝等。

（三）操作常规及注意事项

1. 操作常规

（1）安装带冷却内孔的车针。

1）将弯手机插入马达上，并检查是否固定妥当。

2）将车针插入机头轴芯内，并沿轴向略微用力，检查是否夹紧车针。

3）安装水管组件。

4）将 Y 型水管的冷却水管一端从按压盖的小孔插入有内孔的车针里。

5）将 Y 型水管的另一条喷水管接到弯手机外壳上的外冷却管一端上。

（2）安装车针。

1）将弯手机插入马达上，并检查是否固定妥当。

2）将车针插入机头轴芯内，并沿轴向略微用力，检查是否夹紧车针。

3）将灌水管的一端接到弯手机外壳上的外冷却管上。

2. 注意事项

（1）务必确保正确的工作条件和冷却功能。

（2）务必确保提供充分的冷却和足够的吸力。

（3）弯手机在操作时，若出现冷却水供应故障，须立即停用。

（4）在使用之前，检查弯手机是否有损坏和松动的部件（如按钮）。

（5）如果弯手机已损坏，请不要使用。

（6）仅在传动马达完全静止时安装手机。

（7）切勿在使用期间或仍在运转时触碰手机的按钮。

（8）切勿接触仍在旋转的车针。

（9）每次使用之前执行测试运行。

（10）请勿使用弯曲、破损、变形及不符合规格的车针。使用这些车针后，会引起运转时车针突然弯曲、折断而造成事故。卡簧的沟槽部被磨损或变形时，车针将难以取出。

（11）避免治疗部位过热。

（12）切勿使弯手机端头触及软组织（按钮发热可能导致烫伤）。

（四）维护保养

1. 弯手机

（1）卸下弯手机和车针，进行弯手机外部消毒，先用75％乙醇擦拭清洁。

（2）使用软化水（38 ℃）进行冲洗。

（3）用小毛刷清除工作头附近的碎屑，去除任何液体残留物，使用吸水性纸吸干或用压缩空气吹干。

（4）切勿将弯手机放置在液体消毒剂或超声波清洁器中。

（5）卸下传动轴等内部零件，进行冲洗、注油，使用吸水性纸吸干或用压缩空气吹干。

（6）将配用注油嘴套入清洗润滑剂的出油口，插入弯手机的尾部向内喷射2秒以上。

（7）在治疗后或高温高压灭菌前使用清洗润滑剂进行注油润滑。

（8）在注入润滑剂时，请握紧手机以防因喷油的压力而飞出。

（9）注润滑剂时，确认从手机的机头部位有油渗出，重复喷至无异物等污渍出现为止。

（10）使用清洗润滑剂时，请不要将油罐倒置喷雾。

（11）用干净纸袋将弯手机封好，用压力蒸汽灭菌器进行灭菌。

（12）应遵照制造商有关设备、清洁剂和洗涤剂的规范进行操作。

2. Y型水管组件

（1）使用喷嘴清洁器仔细地清洁冷却水管口，去除污物和沉淀物。

（2）使用空气注射器仔细地清洁冷却水管口。

（3）可在超声清洁器中清洁用于内部冷却的冷却水管、卡夹和喷嘴清洁器。

（五）消毒灭菌

注油清洁润滑后可以进行高温高压灭菌。在治疗结束以后，按照下述方法进行高温高压灭菌。

（1）将弯手机装入高温高压消毒用的灭菌袋中并贴上封条。

（2）用压力蒸汽灭菌器对弯手机进行灭菌。

（3）在不超过 135 ℃ 的温度下进行高温高压灭菌。例如，121 ℃，20 分钟；或132 ℃，15 分钟。

（4）灭菌后即取出，不要在灭菌锅内长时间存放。

（六）常见故障及其排除方法

种植弯手机的常见故障及其排除方法详见表6－9。

表6－9　种植弯手机的常见故障及其排除方法

故障现象	可能原因	排除方法
不转动	机芯生锈（齿轮生锈或轴承生锈）	更换机芯
卡死	传动轴生锈	更换传动轴
机芯振动	轴承损坏	更换机芯轴承
跳动大	机芯孔变形	更换机芯
锁（夹）不住车针	锁紧轴损坏	更换机芯轴
取不出针	机芯轴生锈 机芯轴里面有杂物 机芯轴变形或磨损 按压盖损坏	更换机芯 清洁干净即可 更换机芯 更换按压盖
机身振动大	轴承损坏	更换机身的轴承
插不进马达或插拔不顺	拨叉变形 拨叉松脱	更换新的拨叉 找齐零件，重新组装拨叉
弯手机打滑	传动零件损坏	检查更换机芯、传动轴、拨叉、齿轮
弯手机漏水	喷水管松脱	重新固紧

（郑永良）

第四节　口腔综合治疗台供气与负压抽吸设备

口腔综合治疗台供气与负压抽吸设备主要为空气压缩机和真空泵。

一、空气压缩机

空气压缩机（air astringent machine）产生压缩空气，主要用作口腔气动设备的动力源，是集电子控制和精密机械于一体的机器。它分有润滑油型（有油空气压缩机）和无润滑油型（无油空气压缩机）两大类。有油空气压缩机主要用于建筑、工厂、矿山、路政等；无油空气压缩机主要用于医疗、科研、制药等行业。根据基本压缩原理将其分为活塞式、蜗轮蜗杆式（压力高）、叶片式、膜片式等。口腔医疗普遍使用活塞式，具有产气量大、流速高、机械噪声低、体积小、故障率低等优点。空气压缩机的形态如图6-26所示。

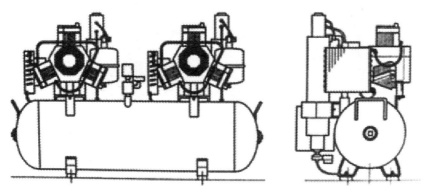

图 6－26　空气压缩机形态示意

（一）结构与工作原理

1. 结构

空气压缩机主要由动力驱动电动机部分、过滤（自然空气中的尘埃）进气部分、机械压缩系统、冷凝除湿压缩空气中的水分、储气罐、压力电控系统等六大部分组成。小型空气压缩机的储气罐上设有四个脚轮，主要是方便移动还有减震作用。大型空气压缩机（不含大型储气罐）固定在防震减震的地基之上。

供气系统由两台（间歇使用）以上大型空气压缩机或多个压缩机泵头、冷却器、水气分离器、过滤器、储气罐、减压系统、电控系统等组成。用气量是根据口腔综合治疗台的数量和使用率而定，在使用负压抽吸的状况下，每台耗气量达到40~50 L/min，再依据口腔综合治疗台的数量计算用气量，选用空气压缩机的型号和储气罐等。口腔医院、口腔门诊等采用供气系统，不间断供气，故障少，专人专职易于管理。

2. 工作原理

空气压缩机是由部分精密部件构成的一台完整的机器，每个部件的功能、用途不尽相同，下面简述产气的工作原理。

空气压缩机的进气原理如图6-27A所示，当驱动电动机（8）接通电源，开始转动，它带动曲轴（7）和连杆（5）把活塞（4）从气缸内往下拉，这时排气阀（1）处于封闭状态，进气阀（2）处于开启状态，过滤的自然空气快速进入气缸（3）内，这就完成了进气过程。

空气压缩机的排气原理如图6-27B所示，当驱动电动机（8）继续转动，它带动曲轴（7）和连杆（5）把活塞（4）从气缸内往上推，这时进气阀（2）处于封闭状态，进满气缸（3）里的空气，经活塞（4）压缩，快速通过开启的排气阀（1）排出，这就完成了排气过程。

这样就完成了进气、排气的空气压缩过程。

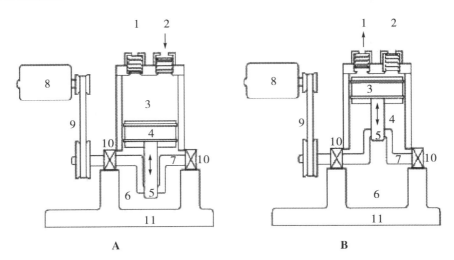

图 6-27 空气压缩原理示意

1. 排气阀；2. 进气阀；3. 气缸；4. 活塞；5. 连杆；6. 箱体；
7. 曲轴；8. 电动机；9. 传动带；10. 轴承座；11. 机座。

接通电源后，驱动电动机旋转带动主机压缩空气。压缩后的空气通过单向阀，排到冷凝器，冷却空气中的水分自动放掉，冷却空气进入储气罐以备用。储气罐上有一个气电压力开关装置，当储气罐里的气压低于设定值时，接通电开关给控制电路一个信号，空气压缩机工作，当储气罐里的空气压力到达高设定值时，压力开关断开电源，空气压缩机停止工作，这样就完成一个供气周期。储气罐的底部有一个放水阀，有自动和手动之分，高档机型是自动放水，一般机型是手动放水。

空气压缩机的工作原理如图 6-28 所示。

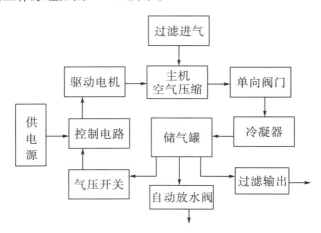

图 6-28 空气压缩机工作原理示意

（二）临床应用

压缩空气是口腔综合治疗台的主要动力源，它具有无毒、无味、流速快、不怕意外泄漏、无伤害等优点。所以，在口腔医疗中，空气压缩机用于口腔综合治疗台，还用于消毒供应室、技工室等设备。

1. 气动高速涡轮手机

动力源压力是 0.2～0.25 MPa 的压缩空气，流量达 30～32 L/min，转速达 30 万 r/min 以上。用于牙齿的开髓，转速高患者痛苦小；换上不同的车针可以扩髓腔、打磨抛光。有多种用途不同的车针可替换，治疗不同的部位。

2. 气动低速马达

动力源压力是 0.26～0.32 MPa 的压缩空气，流量达 40～42 L/min 以上，转速达 1 万～3 万 r/min，转速可调。配有直、弯手机做不同的临床治疗，直手机主要用于修复义齿的门诊临床磨削、调𬌗等。弯手机主要用于口内的去腐、抛光等。

3. 三用气枪

动力源压力是 0.15 MPa 的压缩空气，流量达 10～15 L/min。主要是把口腔治疗中产生的牙齿粉尘和水分，用集中的压缩空气吹干，确保疗效。它还有喷水、喷雾和把水和气加热的功能，以适应不同病情的临床治疗。

4. 空气负压抽吸系统

动力源压力是 0.45～0.50 MPa 的压缩空气，流量达 60～65 L/min。本系统将正压转变为负压，主要用于抽吸治疗中产生的粉尘和大量的液体。换成弱吸唾头可以弯曲挂在患者的嘴角，如将洁牙时产生的液体直接吸走。随着技术的发展，部分口腔综合治疗台已不再采用空气负压抽吸系统。

（三）操作常规

（1）每天查看电路和环境是否正常，合上供电开关，空气压缩机正常工作。

（2）每天下班前，断开电源开关，空气压缩机停止工作，储气罐的余气可以留存备用。

（四）维护保养

（1）首先观察供气室是否有异味、粉尘等。

（2）每天查看储气罐的自动放水是否正常，否则手动放水。

（3）空气压缩机工作时会产生热量，供气室的温度以保持 20～25 ℃为宜，否则机器的热保护会强制停止工作。

（4）每 3 个月更换一次空气过滤芯。

（五）常见故障及其排除方法

空气压缩机的常见故障及其排除方法详见表 6-10。

表 6-10　空气压缩机的常见故障及其排除方法

故障现象	可能原因	排除方法
接通电源不启动	压力传感器损坏或其烧蚀导致接触不良	更换同型号的压力传感器
	控制电路的接触器弹簧失效使触点接触不良	更换同型号优质接触器
	电动机轴承缺油、支架损坏或活塞环卡住	更换同型号轴承或活塞环

故障现象	可能原因	排除方法
供气压力低，达不到使用气压	某个单向进气阀或排气阀损坏使其密封不严	更换同型号新件
	活塞环磨损致间隙大漏气	更换新活塞环
	电动机皮带变松或磨损	调整涨紧轮或更换皮带
空气压缩机工作时噪声大	轴承黄油挥发、磨损严重	加注黄油或更换新轴承
	曲轴与连杆之间的瓦套磨损致间隙变大	更换瓦套外侧垫相应的铜皮或者更换同型号的瓦套
气体中油雾过重或有焦油味	活塞环和油封环磨损	更换同型号的新件

二、真空泵

真空泵（vacuum pump）又称负压泵、真空负压泵，是融合电子控制、机械于一体的精密机器，有离心式、叶片式等种类。目前，广泛采用的是叶片气环式真空泵，其操控简单，体积小，故障率低，负压值低，流量大。叶片气环式真空泵的形态如图 6－29 所示。它有单叶片和双叶片之分。双叶片负压值不变，流量增倍，主要用于口腔门诊医疗。根据口腔综合治疗台的数量，每台使用流量 200～230 L/min，还有使用率一般按 30%～45%，从而计算出总的耗气量，再选购合适的设备。

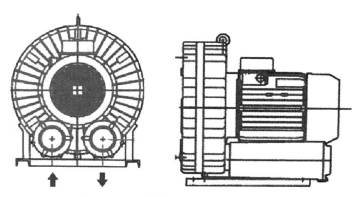

图 6－29　叶片气环式真空泵形态示意

（一）结构与工作原理

1. 结构

叶片气环式真空泵主要由控制电路、变频驱动电动机、叶片组件、消音排气、机体等组成。负压抽吸系统分类：①湿式气环负压抽吸系统，管道内为气液混合物（以液体为主），液体流经真空泵，负压由液体环流产生。②干式气环负压抽吸系统，管道内只有气体通过，吸入的液体在牙科设备中分离。③半干半湿（以上两种的结合）负压抽吸系统，只有气体通过真空泵，气液混合物流经管道，经过储气罐分离器把气、液、贵金属分离，气体经消毒排出室外，液体排进污水处理系统。

2. 真空泵的负压原理

叶片气环式真空泵的工作原理如图 6－30 所示，当控制电路接到启动信号，驱动电动机

（5）按箭头（4）方向旋转，叶轮组件（3）高速转动，由抽吸口（1）产生负压，含有热量的废气由接口（2）排出，完成一个负压工作周期。当控制电路断开时，真空泵停止工作。

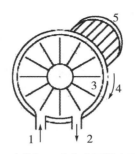

图 6－30　叶片气环式真空泵的负压原理示意

1. 抽吸口；2. 排气口；3. 叶轮组件；4. 旋转方向；5. 电动机。

3. 真空泵的工作原理

当接通电源，控制电路接到启动信号，驱动电机转动，真空泵产生负压并接通到负压储气罐（底部含气液旋流分离装置），如图 6－31 所示。①储气罐上设置有一个气压开关，当储气罐的负压压力低于设定值时，传给控制电路信号启动真空泵；到达预设定值时，停止真空泵的工作。②储气罐的上部有负压接口，根据使用数量，逐步变径连接到口腔综合治疗台的吸唾管道。③储气罐的底部有管道直通贵金属收集器，液体排到医院的污水处理系统。由叶片气环式真空泵产生的带有污染的湿热的废气，经过滤消毒排出室外或楼里的排风主管道。

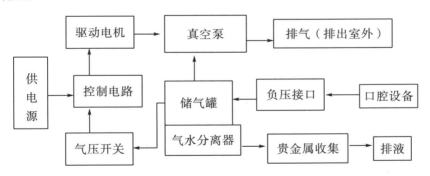

图 6－31　真空泵工作原理示意

（二）临床应用

真空泵在口腔医疗中使用广泛，是必备的基础设施之一。集中负压抽吸系统，储气罐和管道里存有常态负压，拿起吸唾手柄自动打开微动开关就可以直接使用，主要用于口腔医院、较大的口腔门诊。单独使用真空泵的口腔综合治疗台拿起吸唾手柄，电源接通到真空泵有短暂缓时，主要用作门诊小手术、椅位少的口腔门诊、口腔急诊等使用，节省成本和能源。每次使用前，先吸 300～500 ml 的清水润滑管道。

1. 强力抽吸器

强力抽吸器是口腔综合治疗台的必备功能之一，由护士协助使用。根据功能配有一次性的各种抽吸接头，国际标准直径为 11 mm，主要适用于治疗中的水雾、患者的分泌液和带有少量的血液的液体的抽吸。使用范围：①修复矫形治疗中的调颌、打磨、抛光产生的粉尘及印模时的吸唾等。②口腔外科门诊的小手术，第三磨牙、多生牙的拔除及简单的正颌等。若血液较多时，使用消泡剂。③牙周门诊的牙周袋的切除术、深刮术等。④种植门诊的植牙术等。

2. 弱力抽吸器

弱力抽吸器配套有各种一次性的塑制连接头，标准直径为 6.5 mm，根据治疗部位可以弯曲成各种形状，护士配合或指导患者使用均可。①牙周洁治、深刮及牙周袋冲洗等产生的液体，用此弯曲的弱吸头挂在患者嘴角随时将液体抽吸出口腔。②牙体牙髓治疗时，挂在患者嘴角或由护士协助随时吸出患者口内的液体，提高医疗效率。

（三）操作常规

（1）每天下班前关闭真空泵的总电源，清理环境卫生。

（2）上班前查看设备是否有异常现象，自动放水装置是否正常。

（3）接通电源，设备正常运转，临床进入待机使用状态。

（4）使用中如果出现短暂的停吸，是液面到达设定值，自动放液后恢复正常。

（四）维护保养

（1）口腔综合治疗台每次使用完毕，一定要抽吸 500～1000 ml 清水，使残留污液及时冲走，以便清洗管道，保持抽吸力。

（2）每天要清洗口腔综合治疗台吸唾挂架上的过滤盒，抽出过滤网用消泡剂浸泡数分钟，清洗后依次装回。

（3）真空泵的消毒过滤网，按照厂家要求，一定要定时清洗或更换，保持流量。

（4）真空泵运转时会产生热气流，关注是否排放顺畅。

（五）常见故障及其排除方法

真空泵的常见故障及其排除方法详见表 6-11。

表 6-11 真空泵的常见故障及其排除方法

故障现象	可能原因	排除方法
噪声大	长期使用轴承磨损 泵里有异物干扰叶片	更换同型号的轴承 打开泵体清理
转速慢	电动机线圈短路	重绕线圈或更换同型号电动机
抽吸力不足	管道有漏气 个别手柄调节开关漏气	更换同直径的管道 更换新手柄
不工作（不能抽吸）	控制线断路 控制开关不接通	重新焊接或更换新线 更换同型号开关

（张振国　范宝林）

第五节　口腔综合治疗台配套的技术设备系统

将空气压缩机、真空泵以及相关设备，组成多台口腔综合治疗台集中供水、供气、提供负压抽吸的技术设备系统，支持口腔综合治疗台正常运行。该技术设备系统主要包括集中供水、供气、负压抽吸设备，以及相应的口腔设备管线系统、供电和信息网络系统。口腔医疗机构的医疗业务主要在口腔综合治疗台上实施，小型口腔诊所的单台或少数几台口腔综合治疗台可以逐台配置单台空气压缩机，使用口腔综合治疗台内置的负压抽吸装置，不需要集中供水、供气、负压抽吸系统支持。因此，可将为口腔综合治疗台逐台配置的空气压缩机视为口腔综合治疗台的配套设备。集中供水、供气及负压抽吸系统为多台口腔综合治疗台共同使用，由空气压缩机组、负压抽吸器机组、控制系统、管路、空气调质设备等多种设备组成一个有机系统，实现对多台口腔综合治疗台的供水、供气、负压抽吸支持，是口腔医疗设备中的一个重要技术系统。

为了保证系统全时段正常工作，支撑临床一线口腔综合治疗台的正常工作，通常情况下，应更加注重该系统的优化设计布局和系统装备性能，提高其可靠性、可维修性和系统效率。系统常采用"2+1"双机交替工作、单机备用的运行方式，并按照规定进行维修保养，从而有效降低故障率。随着医疗条件的改善，一些医院还在供水、供气系统上安装消毒灭菌设备，以保证医院治疗用水、用气的无菌化，减少医源性感染。

一、集中供水系统

集中供水系统是由市政供水管网、医院蓄水池、水净化消毒装置、水泵电机、变频器、医疗用供水管网等组成的恒压供水系统，是为口腔医疗业务提供服务与支持的基础设施系统。市政供水通过市政供水管网进入医院蓄水池，经净化沉淀，再经医用水净化消毒装置处理后，由水泵电机、变频器等设备泵入医疗专用供水管网，最后进入口腔综合治疗台、洁牙机等终端设备或其他使用点。口腔治疗用集中供水系统如图6-32所示。

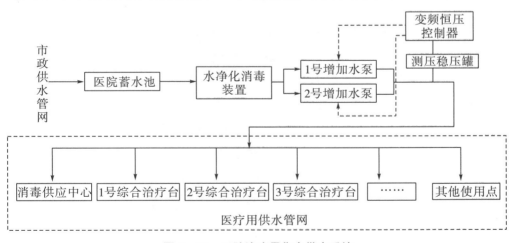

图6-32　口腔治疗用集中供水系统

口腔综合治疗台是进行口腔医疗业务的必备设备，具有集电子、机械、水、电、气等为一体的特征。口腔治疗用集中供水主要是针对口腔综合治疗台设计的，设计时应根据口腔综合治疗台的用水点数量、用水点额定流量、用水点同时使用系数、水净化消毒装置季节差异、增加水泵功率等多参数进行统一考虑。

口腔治疗用集中供水具有水流稳定、水质质量高、系统稳定及维护管理方便等诸多优点，能避免因使用分散的、小规模的供水系统所带来的水质差、消毒及检测管理难度大等各种弊端，已成为专科口腔医院、综合性医院口腔科及大型口腔诊所建设的必备基础设施之一。

二、集中供气系统

集中供气系统是由集中设置的压缩空气源通过管道为多台口腔综合治疗台提供压缩空气，驱动牙科手机和三用枪工作的系统，由空气压缩机、储气罐、冷冻或热干燥机、过滤器、压力调节系统、供气控制系统、输气管道等构成。空气压缩机是气动系统的核心设备，将电动机的机械能转换成气体的压力能，是压缩空气的气压发生装置。

通常情况下，中小型口腔诊所多选用活塞式无油医用空气压缩机，大型口腔专科医院更多采用螺杆式空气压缩机，配有储气罐、冷干机组和过滤消毒装置。

口腔综合治疗台集中供气系统一般从室外自然环境采集清洁空气，经粗过滤，在空气压缩机中压缩，注入压缩空气罐，再经精过滤滤除粉尘，并经油水分离器分离压缩空气中的水汽、油污，通过空气干燥机（冷冻干燥或热干燥）形成清洁干燥的压缩空气，调压后，经输送管道将清洁干燥压缩空气送至口腔综合治疗台以备驱动牙科治疗手机，为三用枪提供压缩空气。

口腔供气系统的供气能力根据口腔诊疗设备用气总量确定。压缩机组数量一般采用"2+1"工作模式，即按两套机组交替工作、一套机组备用的方式配置，以提高供气的可靠性。用"供气系统控制器"实现对供气系统的自动控制、自动排水，机组故障时自动切换至备用机组等功能。

供气管道应使用不锈钢管或铜管。管径大小根据用气设备的台数和供气管道的长度决定。管路距离较长，在管路较低的位置应设排污口，以方便杂质排放、防止阻塞，保证气压、流量和流速。

一般情况下，口腔综合治疗台的供气压力为 0.45~0.50 MPa，单台口腔综合治疗台的供气量为 110~130 L/min（含负压抽吸系统）。（以上情况只适用于标准大气压下的地区，高原地区需另行计算）

集中供气室的平面布局如图 6-33 所示。

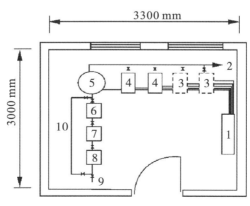

图 6-33　集中供气系统平面布局示意

1. 电控箱；2. 供气管；3. 可以增加的空气压缩机；4. 现有的空气压缩机；5. 储气罐；
6. 油水分离器；7. 冷冻干燥机；8. 调压系统；9. 出气口；10. 旁路管道。

空气压缩机的安装和保养需要注意以下问题：

（1）空气压缩机主要噪声源是进、排气口，应选用适宜的进排气消声器。进气消声器应选用抗性结构或以个、抗性为主的阻抗复合式结构。空气压缩机的排气气压大，气流速度高，应在空气压缩机排气口使用小孔消声器。在空气压缩机的进、排气口安装消声器或设置消声坑道以后，气流噪声可以降到 80 dB 以下，但空气压缩机的机械噪声和电机噪声仍然很高，因此还应在空气压缩机的机组上安装隔声罩。

（2）安装场所要求：空气之相对湿度宜低，灰尘少，空气清净且通风良好，远离易燃易爆、有腐蚀性化学物品及有害的不安全的物品，避免靠近散发粉尘的场所；空气压缩机安装场所内的环境温度，冬季应高于 5 ℃，夏季应低于 40 ℃。因为环境温度越高，空气压缩机排出温度越高，这会影响到压缩机的性能，必要时，安装场所应设置通风或降温装置；预留保养空间。

（3）为了使空气压缩机能够正常可靠地运行，保证机组的使用寿命，须制订详细的维护计划，执行定人操作、定期维护、定期检查保养，使空气压缩机组保持清洁、无油、无污垢。

（4）安全阀在整机出厂前已调定，供应商不提倡用户私自调整安全阀。如确需调整，则应在当地特种设备检测部门、特种设备管理或维修人员或供应商维修人员指导下进行，以免造成不良后果。

三、集中负压抽吸系统

集中负压抽吸系统是由集中设置的负压抽吸器通过布设的管道连接多台口腔综合治疗台为其提供负压抽吸的系统，主要由真空泵、气水分离罐、过滤器、重金属分离器、连接管道等组成。该系统经过级联可以供数台至数百台口腔综合治疗台使用。

集中负压室的平面布局如图 6-34 所示。

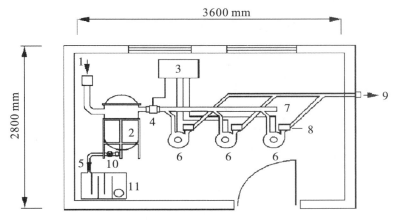

图 6-34　集中负压抽吸系统平面布局示意

1. 吸引口；2. 气水分离罐；3. 电控箱；4. 传感器；5. 自动排水口；6. 真空泵；7. 可以增加设备的延伸管；8. 空气过滤消毒器；9. 终排气口；10. 重金属分离器；11. 污水处理池。

集中负压抽吸系统通过真空泵产生负压，从患者口腔吸出气体、液体、固体颗粒混合物，进入分离罐分离。液态污染物排入污水处理池；气态污染物经过过滤、消毒和无害化处理达到排放标准后，排到室外大气；沉淀的固体污染物可经固体物排放口专门排放；负压回吸液体中的银、汞等金属，经重金属分离器收集集中处理。集中负压抽吸系统在电控系统控制下协同各设备工作，也可断开某一机组电源和管路以检修维护。集中负压抽吸系统的管道多采用聚丙烯（PPR）、聚氯乙烯（PVC）塑料管或不锈钢管，管道布局设置中应尽量减小管道对气液混合物的阻力。例如，不用直角弯头，多用45°的弯头等。负压抽吸器应安装在污水处理设备附近，把负压抽吸分离的液体直接排放到污水处理池。离居民较近的集中供气和负压抽吸设备应选择低噪声设备，并做好设备机房的防噪声处理。集中负压抽吸系统一般根据口腔综合治疗台的数量和实际工况选择真空泵的总功率。采用双机组交替工作方式可提高系统的可靠性。

集中负压抽吸系统按工作方式可分为湿式系统和干式系统。

（1）湿式系统：负压抽吸机连接气液分离罐并通过管路连接口腔综合治疗台，患者口腔中的液气混合物通过管道直接回吸至气液分离罐，在罐内气体与液体分离后分别排出。在湿式系统中口腔综合治疗台端没有过多的部件。这种方式分离效果好，回吸污物容易控制，但在管路低处常会有液体潴留。

（2）干式系统：气液分离罐设在口腔综合治疗台的地箱内，分离出的液体直接通过其下水道进入污水处理池。管道中仅回吸气体，管路中相对干燥。这种方式去掉了体积较大的集中气液分离罐，系统体积小。但其分离效果较差，含有牙石、血凝块等固形物的液体容易导致机内分离罐出现堵塞故障。

口腔集中供气和负压抽吸系统应具备防污染和减菌、灭菌能力。口腔集中供气应为临床医疗提供减菌、灭菌的压缩空气，防止交叉感染。负压抽吸系统应减少治疗中口腔液体对治疗的污染、减少污染水雾和气溶胶扩散，回吸后的污染物排放前应做无害化处理，防止系统与环境污染。

四、污水处理系统

根据《中华人民共和国水污染防治法》和《中华人民共和国传染病防治法》，防止医院排放污水造成对环境的污染，医疗机构污水必须无害化处理。

口腔诊所的污水，除一般生活污水外，还含有化学物质、毒性废液和病原体。因此，必须经过处理后才能排放。

医院污水处理所用工艺必须确保处理出水达标，主要采用的三种工艺有：加强处理效果的一级处理、二级处理和简易生化处理。处理出水排入城市下水道（下游设有二级污水处理厂）的综合性医院推荐采用二级处理。

二级处理工艺流程为"调节池→生物氧化→接触消毒"。医院污水通过化粪池进入调节池。调节池前部设置自动格栅。调节池内设提升水泵，污水经提升后进入好氧池进行生物处理，好氧池出水进入接触池消毒，出水达标排放。

医院污水消毒常用的消毒工艺有氯消毒（如氯气、二氧化氯、次氯酸钠）、氧化剂消毒（如臭氧、过氧乙酸）、辐射消毒（如紫外线、γ射线）。

目前最常用且相对安全的方法是次氯酸钠消毒。该方法是利用商品次氯酸钠溶液或现场制备的次氯酸钠溶液作为消毒剂，利用其溶解后产生的次氯酸对水中的病原菌具有良好的杀灭效果，对污水进行消毒。具体消毒方式如下。

1. 次氯酸钠发生器

利用电解食盐水（或海水）制取次氯酸钠水溶液。这种发生器的优点是结构简单、自动化程度高、电耗低、耗盐量小，生产的次氯酸钠可达 10%～12%（有效氯含量）。其缺点是在电极表面易形成钙镁等沉积物，需要经常清洗电极。

商品次氯酸钠溶液有效氯含量为 10%～12%，次氯酸钠为淡黄色透明液体，具有与氯气相同的特殊气味。

2. 漂白粉及漂粉精消毒

漂白粉 $[Ca(ClO)_2]$ 为白色粉末状，具有强烈气味，化学性质不稳定，易分解而失效，能使大部分有机色彩氧化褪色或漂白。漂粉精是较纯的次氯酸钙，有效氯含量为 65%～70%，是一种较稳定的氯化剂，密封良好时能长期保存（1 年左右）。漂粉精用于医院污水消毒可以直接使用粉剂投加到医院污水中，既可用于干式投加法，也可以将漂粉精溶解在水里制成溶液投加到污水中（称湿式投加）。还有一种方法是将漂粉精制成片剂用消毒机投加。

（王　鹏）

第七章 口腔临床设备

第一节 龋病早期诊断设备

一、激光龋检测仪

激光龋检测仪（laser caries detector）是基于激光诱发荧光原理的龋病诊断设备。激光龋检测仪的激光二极管光源可发生特定波长的脉冲光，当遇到牙齿钙化程度不同和细菌产物浓度不同的部位时，可激发出不同波长的荧光。随着牙齿脱矿程度的加重，激发出的荧光波长也随之增加。探测器可收集这些荧光，经中央处理器内的电子系统处理后在屏幕上以数字方式表示出来，可依据此数字判断牙体检查部位的矿化状态。本节以德国 KAVO 公司的 DIAGNOdent（激光龋检测仪）及 DIAGNOdent pen（激光龋检测笔）为例对激光龋检测设备进行介绍，此两种设备的结构原理、临床应用基本相同。

（一）结构

1. DIAGNOdent

DIAGNOdent 由主机、传输光导纤维、检测手柄和探测头组成（图 7-1）。

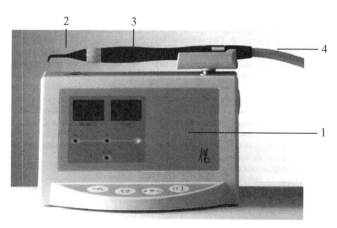

图 7-1 DIAGNOdent

1. 主机；2. 探测头；3. 检测手柄；4. 传输光导纤维。

（1）主机：包括中央处理器、液晶显示屏、光源等。

1）光源：由一激光二极管（波长为 655 nm，调制波，峰值功率为 1 mW）提供。

2）电源：由 5 节 AA 电池提供，置于后端电池盒内，主机前面信号灯显示电量状态。

3）液晶显示屏：显示系统检测到最大荧光信号值（maximum value）和实际荧光信号值（moment value）。

（2）传输光导纤维：连接于主机和检测手柄之间，分别导出激发光源和导入荧光信号。

（3）检测手柄：为探测头的支持装置，通过其前端的环形按钮，开启和关闭检测。

（4）探测头：包括圆锥形和平面形两种外形，分别用于窝沟和光滑面检测。

2. DIAGNOdent pen

DIAGNOdent pen 是将电源、光源、主机系统、液晶显示屏等所有组件整合于一笔式结构，其外包裹可拆卸软塑料套，末端无线缆连接。电源为一节 AA 电池。探测头由蓝宝石材料制成，质地坚硬不易损坏，外形改进为针形，扩大了激光龋检测技术的适用范围；与 DIAGNOdent 相似，其探测头有两种外形设计，分别适合于𬌗面和邻面检测。

（二）工作原理

DIAGNOdent 和 DIAGNOdent pen 的工作原理相似。激光二极管发出波长为 655 nm 的脉冲光，经过中心光导纤维传输至牙面，激发产生不同波长的荧光；中心光纤维周围的其他纤维收集激发出的荧光，长波滤波器和图像二极管联合作用过滤散射激发光和环境光；经电子系统处理后液晶屏上定量显示荧光强度（采用与校正标准相关的单位）。荧光信号也可转换为声音信号。

DIAGNOdent pen 的工作原理如图 7-2 所示。

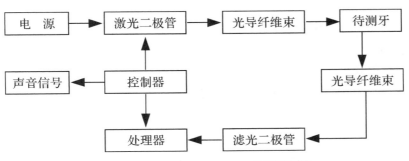

图 7-2　DIAGNOdent pen 工作原理示意

（三）临床应用

激光龋检测仪在龋病诊断和监测等领域的用途越来越广泛，与传统的视诊、探诊诊断方法相比，激光龋检测仪可以敏感、定量、客观地评价龋损。

大量的组织学研究评价显示，其荧光信号数值的大小能确定牙齿目前的矿化状态和龋损深度，以便采取不同的治疗措施。通常参考标准为：0~10，健康；11~20，釉质浅龋；21~30，釉质深龋；30 以上，牙本质龋。

选择不同外形的探测头，包括圆锥形、平面形和楔形等，分别用于窝沟、光滑面和邻面检测，具有较广的实用性。

（四）操作方法

1. 开启系统

按照厂家说明书正确安装，开启系统。

2. 校准

设备长时间未使用，或者发现黄色校准瓷片的荧光峰值变化范围超过±3时，需要进行校准。具体步骤如下：

（1）按压测量手柄前端的灰色小环，开启系统。

（2）将探测头置于空气中，并避开阳光。

（3）按压 CAL 按钮，显示屏上即刻值和峰值依次显示为"0"，然后改变为两位数字和字母如"b"或"c"（即黄色小盘上的标准数字和字母），同时主机发出声响。

（4）将探测头放置于黄色小凹处，液晶屏峰值显示为标准两位数，同时声响停止，校准完成。

3. 零基线确定

在不同个体之间正常牙齿结构存在差异，其荧光表现也相应存在差异。因此，检查开始之前需要确定每个个体的基线读数值。

（1）选择患者一颗健康牙齿，通常是上中切牙或者侧切牙，并定位于其唇侧中1/3位点（在患者记录卡中记下此位置，以便日后参考）。

（2）将探测头置于选定位点牙面，压下检查手柄前端灰色环，保持2秒。

（3）显示屏出现"SET 0"后松开灰色环，即确定零基线值。

4. 牙齿检查

（1）视诊、探诊检查确定可疑病损。使用打磨膏等清洁待检牙面，去除菌斑、牙石以及其他材料，并干燥牙面。

（2）将探测头轻放在待检牙面上，按压并立即松开手柄前端小环开始检查。

（3）检查过程中保持探测头指向待检部位，并缓慢调整其角度和位置。此时液晶屏幕上将显示荧光信号的实际值，该值不断变化；同时，峰值屏幕将显示曾经达到的最大值，除非更高值出现，否则，该值不会变化。最终达到的最高值即为测量值。

（4）记录后再次按压前端小环，检测值清零。这时可进行下一个部位的检查。

（五）维护保养

（1）消毒与清洁。探测头可用高压蒸汽（135 ℃）灭菌，消毒时装于消毒用盒子里面；其余部分使用75％乙醇进行表面消毒，忌与水接触，也不可用腐蚀性液体。

（2）设备需使用标准AA电池，安装时确定电极方向。电量不足应及时更换电池。如果长期不用，应取出电池，以免发生漏液损伤设备。

（3）由于设备精巧、灵敏，检查手柄和探测头易碎，其安装和拆卸时尽量用旋转力，忌用暴力，并应小心使用。光导纤维应防止折叠弯曲。

（六）常见故障及其排除方法

DIAGNOdent/DIAGNOdent pen 的常见故障及其排除方法详见表 7-1。

表 7-1　DIAGNOdent/DIAGNOdent pen 的常见故障及其排除方法

故障现象	可能原因	排除方法
设备无法开启	没电	正确安装电池 更换电池
	设备本身损坏	联系厂商维修
电池指示灯闪烁，仪器显示转变为 ACC，然后为 Lo	电池电力低	更换电池
仪器指示出现错误或出现错误显示	仪器和探头之间的激光束出现中断	检查检测手柄是否正确地连接到软管，以及探头是否正确地连接到检测手柄
测量值异常	系统校准状态异常 设备损坏	重新校准 请专业人员维修设备

二、电阻抗龋检测仪

电阻抗龋检测仪（electronic caries monitor，ECM）是基于牙组织具有导电性，采用电阻抗法（electronic resistance methods），测量牙齿表面到髓腔间的电阻值，以判断龋损程度的早期龋诊断设备。

（一）结构与工作原理

1. 结构

电阻抗龋检测仪的工作系统主要由主机、电极元件、电源、气源、ECM 专业软件、脚控开关和蜂鸣器等部分组成（图 7-3）。

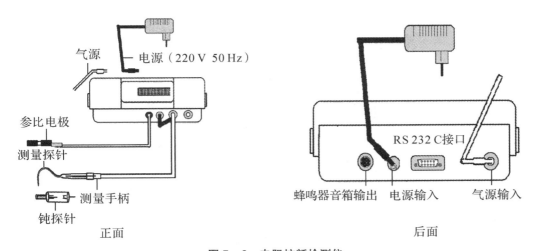

图 7-3　电阻抗龋检测仪

（1）主机：除电路板、电源插座、快插气路连接器和电极插座外，还包括以下结构：

1）液晶显示屏：显示电阻抗龋检测仪的工作状态和检测结果。

2）气路单元：包括压力调节系统和电路控制气压开关。通过压力调节旋钮（沿顺时针方向旋转气流增加）调节气压和气流，范围为 0.3~1 MPa。

3）输出接口：为 9 孔 D 型接口，通过数据线将检测结果输出到计算机。

4）模式选择开关。

（2）电极元件：主要包括测量电极、测量用参比电极、体外试验用参比电极、钝探针、气流计。测量电极包括测量探针和手柄两部分。测量探针为一个弯曲不锈钢小管，其尖端较尖锐或者成方形，分别适用于窝沟及光滑面检测。测量电极的手柄依次通过卡口式连接器、测量管及其末端电路连接插头和快插气路连接器分别连接于主机。测量用参比电极的手柄由镀铬铜构成，其表面粗糙，以保证与被检者手部形成良好接触。体外试验用参比电极检测端不是探针外形，而是运用 0.9％NaCl 溶液充分润湿的棉卷与拔除的牙根相连。钝探针可连接气流计用于设备监测和调节。

（3）软件：ECM 软件配合普通电脑系统即可使用，用于记录患者信息、视诊检查结果、下载存储检测值等。

（4）脚控开关：通过前端气路插座与内部脚控感应器连接，配合特殊软件，方便测量的控制。

（5）蜂鸣器：音箱与主机后端声音输出接口相连，当模式选择开关旋至 3、4 和 5 时，用于指示测量状态。

（6）电源：由电压为 220 V、频率为 50～60 Hz 的交流电经转换提供。气源由口腔综合治疗台或者可移动的无油空气压缩机通过长约 2 m、直径为 4 mm 的塑料管道提供。

2. 工作原理

健康釉质是电的不良导体。患龋病过程中，硬组织脱矿使晶体间的孔隙增大，充满来自口腔环境的富含离子的液体，导致硬组织的电导性增加，电阻下降。电阻下降的程度与其脱矿程度成正比。这是电阻抗龋检测仪检查早期龋损的基本原理。

电阻抗龋检测仪的工作原理如图 7－4 所示。

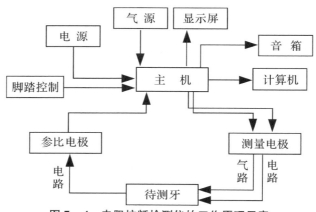

图 7－4　电阻抗龋检测仪的工作原理示意

使用电阻抗龋检测仪检测牙体组织电阻时，形成电流环路（频率为 21.3 Hz、电流 ＜0.3 mA）：参考电极—手（＜50 kΩ）—体液（＜5 kΩ）—牙齿根端组织（＜10 kΩ）—牙髓（＜5 kΩ）—釉质和牙本质—测量电极。该环路中除牙体硬组织以外，其余部分电阻值很小且基本恒定。因此，该环路所测电阻值显示所测对象真实电阻值，范围为 1～10 GΩ，在 10～100 MΩ 其误差约为 1％。

根据不同需要，ECM 提供 4 种不同的测量模式，通过主机模式选择开关控制。

（1）前锋测量模式：使用 7 L/min 的气流，直到待测位点电阻值稳定 3 秒以上，即为测量值。

（2）连续测量模式：不使用气流，显示器显示待测组织即刻电阻值。该模式方便牙面各位点的筛查。

（3）标准测量模式：使用 5 L/min 的气流，连续测定 5 秒后，显示器交替显示最后 1 秒平均电阻值（Ω）和 5 秒整合电阻值。该模式检查过程标准，便于横向和纵向比较。

（4）辅助蜂鸣器模式：分别在前三种模式基础上伴有声音提示。

（二）临床应用

ECM 所测电阻值显示所测对象真实电阻值，以此判断病损的严重程度。ECM 技术在检查窝沟龋、根面龋以及早期根龋等方面适用性更大。

根据探针电极同待检牙面接触方法与媒介不同，具体测量方法有点特异法及面特异法两种。前者选取𬌗面若干个点并测量其电阻值，通过这些点的电阻值间接了解整个牙龋损状况。后者选用导电介质测量整个𬌗面窝沟系统的电阻，判断龋病发生情况。

（三）操作方法

1. 系统安装

正确连接电阻抗龋检测仪各电极、气路，接通电源（电阻抗龋检测仪自身没有开关，电源适配器连接即自动开机），LCD 依次显示相应的程序，系统通过自检，即准备好检测。

2. 功能性检测

功能性检测主要指监测气流和电阻，以评价电阻抗龋检测仪测量过程的功能状态。将钝探针两端分别连接到测量电极和气流计。测量用参比电极与钝探针金属部分短暂接触（约 0.5 秒），启动测量确定气流值。合理的气流值为 5 L/min±0.5 L/min，必要时调节顶盖下方气流调节旋钮。将测量用参比电极和测量电极分别形成短路和断路，仪器正常状态下参数应显示为极低（接近 0 Ω）和极高（达到 1 GΩ）电阻值。

3. 患者测量

（1）选择清洁、消毒的探针电极和测量用参比电极，正确连接系统，选择需要的测量模式。

（2）让患者按照常规治疗体位就座。清洁待测牙面，包括牙石、菌斑等，保持待测牙面湿润。

（3）将测量用参比电极置于被检者手中，嘱其握紧以保持良好接触（除非手部非常干燥，一般不必使用导电液）。

（4）将测量电极垂直置于待测牙面，保持轻微接触直到检测结束，屏幕将显示稳定的测量结果，即测量值。小心从所测位置移开电极，以免形成新的回路而再次启动检测，使数据丢失。

（5）数据输出。①正确连接数据线。②开启电脑系统，运行 ECM 软件。③如为第一次检查，输入被检者基本信息（姓名、性别、年龄等）；如为复查，按编号调出被检者信息。④选择待测牙位牙面，输入病损位置、颜色、尺寸、质地等，电阻测量完成后从电阻抗龋检测仪主机下载电阻信息，软件界面显示电阻时间曲线，保存即可。

（四）维护保养

（1）工作环境应保持温度为 1~40 ℃、湿度为 3%~85%。

（2）不宜暴露于水和任何其他液体，一旦发生，应立即断开气路和电源。

（3）只能使用非侵蚀性液体清洁外壳、显示屏及底座。

（4）每检测完一名患者，应对设备进行消毒并更换测量探针。测量探针可用压力蒸汽灭菌，测量电极的手柄表面使用 75%乙醇清洁，内部管道使用特殊液体清洁消毒。

（五）常见故障及其排除方法

电阻抗龋检测仪的常见故障及其排除方法详见表 7-2。

表 7-2　电阻抗龋检测仪的常见故障及其排除方法

故障现象	可能原因	排除方法
设备无法开启	电源适配器损坏	更换电源适配器 联系厂商维修
检测电极无气流	气源故障 快插气路连接器损坏或者连接不当 测量电极损坏或者连接不当	更换气源 正确连接或更换气路连接器 更换或正确连接测量电极
检测值偏大	探针电极接触欠佳 手部与参比电极接触欠佳	重新检查接触 用自来水或者其他导电液润湿手部
电脑系统无法正确下载测量数据	软件故障或者软件过期 连接数据线故障	重新安装 ECM 最新版本软件 重新连接数据线

三、定量光导荧光龋检测仪

定量光导荧光龋检测仪（caries detector with quantitative light-induced fluorescence）是基于牙齿组织的荧光现象，利用定量光导荧光技术（quantitative light-induced fluorescence，QLF）和数字信号处理技术，检测龋损组织矿化状态的早期龋诊断设备。牙体硬组织的荧光通常由牙本质发出，釉质是其传导通路。当龋蚀发生时，龋损组织脱矿，釉质的光传导性下降，荧光辐射减少，与釉质健康者相比显示为暗区。

（一）结构与工作原理

1. 结构

定量光导荧光龋检测仪包括光学系统和电脑处理系统两部分（图 7-5）。光学系统由氙灯光源、光学滤镜和液体光导、改良式口镜及 CCD 照相机组成。电脑处理系统除需要齐全

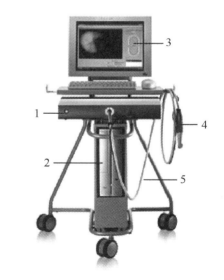

图 7-5　定量光导荧光龋检测仪结构
1. 氙灯光源；**2.** 电脑主机；**3.** 显示器；
4. 改良式口镜及 **CCD** 照相机；**5.** 液体光导。

的硬件配置以外，还安装有 Integral FlashPoint 图像采集卡并将其作为主要显卡，其软件系统为图像采集软件和分析软件。定量光导荧光龋检测仪大多将光源、检测镜头以及传感器等元件整合于相当于口镜大小的手柄上，手柄通过 USB 数据线与计算机系统相连。手柄中的光学元件和电荷耦合装置获取荧光图像，并转换为电信号通过 USB 线传输到计算机，并经软件显示和分析。

2. 工作原理

（1）光源：氙灯光源的弧长度为 4.2 mm，光学滤镜最大滤过波长为 370 nm，过滤后光线由液体光导（纤维核心直径为 5 mm）传输至牙面。由于液体光导会吸收部分光线，最终到达牙面的光线强度约为 0.1 mW/mm²，峰值波长约为 404 nm。

（2）改良式口镜及 CCD 照相机：两者整合于手机样结构中。牙面光线由改良式口镜的反射镜面收集，投射至黄色高通透性滤光屏障（波长＞520 nm）；后者将所有反射光和散射光滤出，传送荧光（波长≥520 nm）至口镜内部的 CCD 照相机；CCD 照相机收集过滤后的荧光信号，运用数字信号处理技术来处理，获得高分辨率的牙齿表面荧光光谱图像。图像信号输入电脑系统，在软件界面显示为实时牙齿图像。

（3）图像采集：荧光图像信号经图像采集系统输入电脑系统后，实时显示于 QLF Patient 软件界面上，龋损区域将显示为暗区域。操作者通过调节改良式口镜的角度、位置等获得高清晰度的图像，此时存储荧光图像。

（4）图像分析：对龋病早期病损进行定量分析，这是定量光导荧光龋检测仪的重要功能之一。QLF 软件利用图形重建原理进行图像分析，可以获得龋病病损三个相关变量：Area（病损面积，mm²），△Fmean（病损平均荧光丧失量，%），△Q（＝ Area × △Fmean，总荧光丧失量，mm²）。研究发现，荧光丧失量与病损区矿物丧失量有高度相关性，是反映龋损状态、检测龋损变化的主要指标。

定量光导荧光龋检测仪的工作原理如图 7-6 所示。

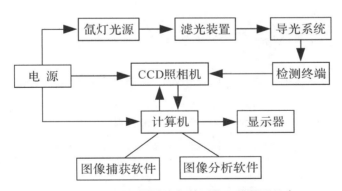

图 7-6 定量光导荧光龋检测仪工作原理示意

（二）临床应用

定量光导荧光龋检测仪通常在荧光图像诊断基础上可以提供三种模式：诊断模式、治疗模式和白光模式。相应应用包括以下几方面。

1. 口腔健康教育

定量光导荧光龋检测仪与常规口腔内镜类似，通过采集高分辨率的数码照片图像，向患者展示牙面菌斑、病损的状态，使其对口腔健康状况有直观明确的认识，从而对健康行为和态度产生影响。

2. 龋病诊断和监测

诊断模式显示健康釉质的绿光和潜在病损的绿色荧光暗区或红色荧光，对原发性釉质龋、继发龋，甚至极早期的釉质脱矿病损均能显示出来。通过自动图像分析获得龋病病损面积和荧光丧失量指标，依据指标纵向变化，能够敏感地发现病损的动态变化，评价防治措施的效果。

3. 辅助治疗模式

将突出显示病损区，为去尽感染的龋损牙体组织提供参考。

（三）操作常规

（1）选择干净平整的位置作为检查平台以放置 QLF 设备，正确安装并连接设备。如定量光导荧光龋检测仪本身不带光源屏蔽系统，则需要先建立暗室。

（2）开启光源系统，长时间未使用时应先预热约 30 分钟，调节光亮度参数。

（3）开启电脑系统，运行 QLF Patient 软件。如为初次检查，输入被检者姓名、性别、年龄等基本信息，新建被检者记录，然后进入检查页面；如为复查，从列表中调出被检者信息，确定后进入检查页面。

（4）被检者按照常规牙科治疗体位就座于口腔综合治疗台上。清洁牙面，去除食物残渣、软垢、菌斑及牙石等，使用压缩空气系统干燥待测牙面。

（5）图像摄取。调节 CCD 照相机（或者改良式口镜）的距离、角度等，直到电脑屏幕上显示清晰的牙齿图像，确定并存储图像。如果为复查，通过软件 Vidrep 功能保证图像的最佳重复程度。

（6）图像分析。运行分析软件，导入被检者牙齿的图像，进行分析。通过分析软件将分析结果导出为 Excel 文件，进行统计分析。

（四）维护保养

（1）由于设备用于人体检查，其手机部分需要进行表面消毒，通常用 75% 乙醇进行表面消毒。

（2）系统各组成元件有一定工作电压范围，为避免突然停电或者电压异常对设备造成损伤，应该配备不间断电源（uninterrupted power supply，UPS）。

（3）注意电脑系统的常规维护保养。所有图像、数据应及时备份。

（4）CCD 照相机与电脑系统之间通过多条数据线连接，操作应小心、轻巧，防止数据线折断等。

（五）常见故障及其排除方法

定量光导荧光龋检测仪的常见故障及其排除方法详见表 7-3。

表 7 - 3　定量光导荧光龋检测仪的常见故障及其排除方法

故障现象	可能原因	排除方法
电脑系统无法正常启动	电脑系统问题	联系专业电脑技术人员
QLF 专业软件无法正常运行	系统参数设置问题 软件破坏 软件超过有效期	修改系统设置 重装软件 联系软件商，更新软件
电脑正常启动，运行图像软件但无图像出现	CCD 相机电源故障 CCD 相机与电脑间数据线连接故障 电脑系统配置过低或者图像采集卡未插紧	检查 CCD 相机电源是否连接好 运行 CCD 相机专业管理软件，检查有无图形信号 处理相关电脑硬件问题
图像太暗或者太亮	光源参数设置问题 光导纤维连接不紧 光源，特别是灯泡老化 软件系统参数设置问题 预热时间不足	重新设置光源参数 重插光导 更换灯泡或者光源 修改系统参数 充分预热光源系统

（尹　伟）

第二节　牙体牙髓疾病诊疗设备

一、牙髓活力电测仪

牙髓活力电测仪（electric pulp tester）是口腔诊疗中用于判断牙髓活力的仪器，有助于确定牙髓的活力。与对照牙比较，若患牙能感受到相近强度的电刺激，牙髓则被认为有某种程度的活力。但牙髓活力电测仪检查不能作为诊断的唯一根据，因为有假阳性的可能，必须结合病史和其他的检查结果进行全面分析才能做出正确的判断。

（一）结构与工作原理

牙髓活力电测仪的主体为一脉冲发生器，其电生理刺激装置能产生电刺激，输出端为方波电压波形。因为方波中有丰富的高次谐波，对神经的刺激比其他波形产生的作用大。电压高于额定电压值时，指示灯亮；电压低于额定电压值时，指示灯自行熄灭。探头与脉冲发生器间有一个特殊的电源接触开关，按下探头，电路接通；抬起探头，电路断开。探头可在 360°的范围内自由旋转。该仪器产生频率为 100 Hz、峰值电压为 100 V 的可调方波。操作时电流从探头输出，通过导电橡胶头传导，直接加在被测牙上。通过潮湿的釉质和牙本质，脉冲电流刺激牙髓，有活力的牙髓便会出现反应。

牙髓活力电测仪的主要技术参数如下：

电源	直流电，电压为 6 V，SR-44 氧化银电池 4 颗
输出电压	0～100 V，可连续调节
输出频率	100 Hz

（二）操作常规

1. 操作方法

（1）向被检者说明检查目的，嘱其有"麻刺感"时示意。将被测牙严格隔湿，吹干牙面，防止刺激电流从牙龈传导而出现假阳性。特别注意邻接点处应保持干燥，防止刺激电流通过邻接点向邻牙传导，出现假阳性。

（2）操作者手持探测棒下端的金属部分（参考电极），并将手腕或手指作为支点接触被检者面部皮肤。在牙面上放少许导电剂或湿润的小纸片，将牙髓活力电测仪的探测棒放于被测牙唇（颊）面的中 1/3 处，此时电路自动接通。探测棒前端指示灯发亮，面板上不断显示自动增长的数据。

（3）当被测牙感到酸、麻、痛时，立即将探测棒离开被测牙，观察此时面板上显示的数值，即为该牙的电刺激阈值。此阈值自动保存 7～10 秒，以便记录。此时电路自动关闭。

（4）面板上能显示的最大阈值为 80，在此阈值内被测牙有酸、麻、痛反应者，均可判断为活髓（包括部分牙髓坏死，但根尖部分牙髓有活力的）。阈值达到 80，被测牙仍无反应者，均可判断为死髓。

（5）面板右侧旋钮可调节电刺激增长速度。沿逆时针方向旋转至终点时，增长速度最慢；沿顺时针方向旋转至终点时，增长速度最快。一般可调至中间位置，以中等增长速度为宜。

2. 注意事项

（1）告知被检者牙髓活力电测法的有关事项。

（2）装有心脏起搏器的患者及严重心律失常患者禁止使用本仪器。

（3）先测对照牙，再测患牙。每颗牙测 2 次或 3 次，结果取平均数。

（4）探头应置于完好的牙面上，如牙髓坏死液化、患牙有大面积银汞充填体或全冠时可能出现假阳性或假阴性结果。

（三）维护保养

（1）使用完毕应将仪器保存在干燥防潮处，防止振动、撞击。长期不用应卸下电池。

（2）仪器探头上的橡胶套采用导电橡胶制成，以保证测试结果准确，故不能随意拆除导电橡胶。

（3）根据电流量的大小，调节范围共分 4 挡，用以测定牙髓不同的活力反应。每次使用时必须从零位开始，缓慢地逐挡调节。

（4）一般情况下，电池使用 1 年左右应及时更换，并要求安装正确，以免损坏仪器。同时，安装电池时，不要轻易拉下测量仪的金属下盖板，用力过猛可能扭断输出端电线。

（5）由于 SR 44 氧化银电池的正、负极距离较近，所以安装电池时必须小心，不要使电池的正、负极同时接触金属导体，以防止其自动接通而耗电，甚至损坏电池。

（6）探测电极使用后应严格消毒，但不可使探测棒尖端与柄部之间浸湿而短路，更不可浸泡于消毒剂内，以防止电路损坏。

（7）若稍用力时指示灯不亮，可轻轻旋转探头的角度，直至指示灯亮。仪器使用时间较长后，可能造成弹簧开关接触不良。

（四）常见故障及其排除方法

测试仪器工作是否正常，可将探测棒尖端测试电极与柄部参考电极短路，观察指示灯是否发亮，面板上显示的数字是否不断增长。

牙髓活力电测仪的常见故障为无信号输出和仪器不工作。出现这些故障后，主要检查电池、电源开关及其连线、脉冲发生器等，针对引起故障的原因，或更换电池，或维修电源开关、焊接连线；或更换脉冲发生器的损坏零件，使仪器恢复正常工作。

（华咏梅　孙　竞）

二、根管长度测量仪

根管长度测量仪（root canal length meter），又称根尖定位仪（apex locator），是用于测量根管长度的仪器。根据口腔黏膜与根管内插入的器械在到达根尖孔时，无论年龄、牙种，其电阻值几乎都为6500 Ω的原理制造了根管长度测量仪。早期的根管长度测量仪使用单频率的电流进行测量，由于根管内存在血液、渗出液及药液，测量出的数据有相当大的误差，并且对每一个待测定根管都必须进行标定，在根管口尺寸和测量极的配合上也存在问题，根尖孔直径越大测量值越小。因此，早期的根管长度测量仪受到许多限制。第二代的根管长度测量仪则采用双频电流测量。有一种新型的全自动根管长度测量仪不设电源开关，测定开始时电源自动开启，测定结束后电源自动关闭，可防止手指被污染；配有防止指针急剧摆动的装置，使指针的移动始终呈稳定状态；能边看边测定，测定准确可靠。现以频率型根尖定位仪进行介绍。

（一）结构与工作原理

频率型根尖定位仪是新型的根管工作长度测量仪，主要由主机、唇挂钩和夹持器组成。使用时夹持器与插入根管的器械相连，唇挂钩与口腔黏膜相连。它的原理是用普通根管锉为探针来测量在使用两种不同频率时所得到的两个不相同的根管锉尖到口腔黏膜的阻抗值之差或比值。该差值在根管锉远离根尖孔时接近于零，当根管锉尖端到达根尖孔时，该差值增至恒定的最大值。不同的型号使用的双频率有所不同，如 Endox 使用 1000 Hz 和 5000 Hz 两种频率的电流，Root ZX 使用 400 Hz 和 8000 Hz 的电流，JUST Ⅱ 使用频率为 500 Hz 和 1000 Hz 的两种电流。在两个测量值中都含有误差，但在分析演算中误差可作为共同项消除。这样即使根管内含有血液、渗出液及药液等导电的溶液，也可以得到正确的结果。此方法不适用于极端干燥、出血、根尖孔呈扩大状态或有隐裂的根管，也不适用于冠部崩裂、金属冠与牙龈接触或正在进行治疗的根管。对带有心脏起搏器的患者，在没有咨询心内科专家之前，不要使用此仪器。

（二）操作常规

（1）使用橡皮障防潮或吹干，干燥待测牙表面，形成绝缘状态。将根管吸干后，向内注入适量的电解溶液 [0.9%氯化钠注射液（生理盐水）等]，用棉球吸去多余的电解溶液。

（2）将测量仪一端连接带标记的扩孔钻，另一端带上口角夹子，置于待测牙对侧口角。测定时必须使用 ISO 15~20 号的扩大针，过细或过粗均会影响测定数值。

（3）参照预先拍摄的 X 线片估计根管长度。将连接好的扩孔钻缓缓插入待测牙根管，这时仪器显示屏的指针向 Apex（根尖孔）标记处偏移，并同时发出警报声。当指针达到根尖孔时，标记好扩孔钻的长度。所测得的长度即为根管长度。

（三）影响根管长度测量仪精确度的因素

（1）根管预备：①根管预备回锉后误差最小；②冠向下预备比逐步后退根管预备更为精确。

（2）根尖孔的大小：根尖孔越大测量误差越大。

（3）牙髓状态：死髓和活髓对根管长度测量的精确度在统计学上无差异。

（4）锉的大小：根管锉的锥度越大对根管长度测量结果影响越大。

（5）各种清洗液：清洗液的选择对根管长度测量结果统计学上无差异。

（四）维护保养

（1）仪器应放置在无振动、无冲击的场所，避免强烈撞击及跌落损坏仪器；同时应避免日光照射、高温、潮湿、灰尘，以及电解质、强磁场的影响。

（2）该仪器的电源采用自动开关，并配以节能电路，大幅度提高了电池寿命。但长期不使用时，应将电池取出。

（3）测量用具可用压力蒸汽灭菌（有电刷马达的除外）。仪器用蘸有中性洗涤剂的毛巾等擦拭，切忌直接接触洗涤剂和水，禁止使用有机溶剂。

（4）测量时使用的手柄应采用树脂制品，不能使用金属制品。

（5）不能与电子手术刀、牙髓诊断仪同时使用。

（五）常见故障及其排除方法

根管长度测量仪的常见故障及其排除方法详见表 7 - 4。

表 7 - 4　根管长度测量仪的常见故障及其排除方法

故障现象	可能原因	排除方法
电源不通	电池未放入主机 电池已被消耗 附属品夹子损伤 管线断裂 主机故障	放入电池 更换电池 更换夹子 更换管线 按 CALIB 开关，让扩大针与口角夹子短路，如电源仍不通，则为主机的故障，应请专业维修人员修理
根尖孔不能正确测定	未进行正确测定根管前的准备 打开电源时指针未指向开始位置	做好测定前准备工作 请专业维修人员修理
按 CALIB 开关后指针未指向 CALIB 位置	主机故障	请专业维修人员修理
指针完全不摆动或不返回原来位置	计数表或集成电板故障	请专业维修人员修理
电子音与指针的移动不符	主机的集成电板故障	请专业维修人员修理
电子音不响	音量开关设置过小 主机集成电板故障	调节音量开关 请专业维修人员修理

（孙　竞　华咏梅）

三、根管扩大仪

根管扩大仪（root canal expander）是用于口腔根管治疗手术中根管扩大成形的一种电子机械设备。此设备配合机用镍钛旋转根管扩大锉针使用，可以大大提高根管扩大的效率和质量，节省椅位时间，减轻医生的疲劳，特别适合处理用手用锉针难以预备的弯曲细小根管。根管扩大仪具有稳定的速度和扭矩预设功能，因此可以大大减少镍钛锉针在根管中折断、卡榫的机会，使治疗变得更加安全。国际上推出根管治疗及测量一体机，可在同一设备上完成根管测量及治疗，设有根管治疗自动控制程序，每个程序可根据设定根管长度指标进行工作。

（一）结构与工作原理

1. 结构

根管扩大仪主要由控制器、根管治疗手机和脚控开关三部分组成。

（1）控制器：由计算机控制，主要由电源开关、手机减速比选择键、马达转速增减键、扭矩大小增减键、保护模式选择键、马达正反转选择键和显示屏幕等部分组成。

（2）根管治疗手机：由电动马达和减速手机组成。电动马达分为有电刷和无电刷马达两种，转速范围一般在 1200～16 000 r/min，速度可调。减速手机由齿轮、变速齿轮盘、齿轮杆、连接叉、头壳和外壳组成。手机速度可根据治疗需要进行调节，常见的减速比为 1∶1、4∶1、8∶1、16∶1、20∶1、32∶1、64∶1 等，根管治疗时选用 4∶1～32∶1 的减速比手机都可调出适合的车针转速和扭矩。

（3）脚控开关：整机的开关可通过脚控开关来控制，当脚控开关不能工作时可通过主机控制面板的开关来控制。脚控开关只控制输出电源的通断，不能调节速度。

2. 工作原理

根管治疗仪主要通过变速齿轮盘将马达的高转速变成根管预备手术所需的低转速，同时获得较大的切削扭矩，再进一步通过调速电路在此范围内增加或减小转速及扭矩，使根管预备高效、安全地进行。速度和最大扭矩可选择，并一直由扭矩传感器控制；同时带有自动保护模式，以防止车针折断。

（二）操作常规

1. 操作方法

（1）打开电源开关，显示屏显示目前的转速和所选择的扭矩。

（2）操作面板的设置："Motor"显示马达的工作状态（绿灯表示马达在工作）；"▲"表示向上调节，"▼"表示向下调节；"Rev/Forw"表示正转/反转转换（反转时有报警提示音）；"1∶1"代表使用 1∶1 的手机，"8∶1"代表使用 8∶1 的减速手机，"16∶1"代表使用 16∶1 的减速手机；"ATC"是扭矩和速度转换按钮。

（3）保护功能设定：①自动限制功能，当达到设定的扭力时，转速将降到零。②自动保护功能，可以防止断针现象的发生。当达到设定的扭力时，马达会自动反转，放松车针；当扭力解除后，再自动正转。

（4）根据不同的机用镍钛旋转根管扩大系统的要求，设定适合的扭矩和转速，踩下脚控开关开始工作。

2. 注意事项

（1）一旦设定某一速度、扭矩数值，机器将保持此记忆，即使关机也不会丢失。

（2）连接各部位时，应确认其连接标志一致。

（3）应在旋转的状态下进出根管，不可将锉针放入根管后再启动马达。

（三）维护保养

（1）仪器每次应用后，必须清洗和消毒。清洁和保养前应拔掉电源插头。

（2）主机和脚控开关未与患者接触的，只需用 75％乙醇或其他消毒药液擦拭即可，不可使用溶剂。

（3）手机、马达（有电刷马达的除外）和连线应定期维护，可选用压力蒸汽灭菌，灭菌温度最高为 134 ℃；不要用高压气体清洗马达。

（4）锉针应与手机匹配。

（四）常见故障及其排除方法

根管扩大仪的常见故障及其排除方法详见表 7 - 5。

表 7 - 5　根管扩大仪的常见故障及其排除方法

故障现象	可能原因	排除方法
仪器不工作	插座不正常 电压错误	检查插座状态 使用 220 V 电压
脚踏不工作	脚控开关连线不正常 没有开启主机	检查连线 开启主机
马达不工作	马达开关未开 马达连线不正常	开启马达开关 检查连线

（孙　竞）

四、热牙胶充填器

热牙胶充填器（warm gutta-percha obturation apparatus）是一系列根管治疗设备，主要用于根管充填。与传统的冷挤压充填技术相比，热牙胶充填技术具有充填严密的优点，不但能充填主根管，而且能充填侧、副根管和根尖部位的分枝、分叉以及管间交通枝等根管附属结构，也更适合不规则根管的充填，真正达到了三维致密的充填效果。

用于根管充填的热牙胶充填设备种类较多，包括注射式热牙胶充填设备、垂直加热加压充填设备以及固体载荷插入充填设备等。由于热牙胶充填器是一系列产品，现在有厂家为方便医生的临床操作，推出了三维热牙胶根管充填系统，将垂直加热加压充填技术System B 和热牙胶根充式注射技术 Obtura Ⅱ 整合为一台仪器，同时提供根尖热牙胶封闭功能和根管上部的回填功能，大大提高了工作效率，降低了成本。本节主要介绍临床上最常用的设备。

（一）垂直加热加压充填器

1. 结构与工作原理

垂直加热加压充填器（System B 系统）由主机、电源、连线、加热手柄、加热笔尖等部分组成。主机可使用电压为 12 V 的直流电和 100～240 V 的交流电，同时配备了一个可再充电的锂电池以备在没有电源连接时使用。主机内安装有微电路板，可以通过主机面板温度按钮控制加热笔尖的温度。温度在 100～600 ℃ 设定，常用温度为 200～250 ℃。用连线把手柄和主机相连，安装好加热笔尖，用示指按下手柄前端的弹簧，电路接通，笔尖在数秒内达到设定温度。笔尖有不同的锥度，为中空的不锈钢制成，内有一根加热丝，通电后首先从笔尖开始加热（图 7－7）。

图 7－7 手柄示意

1. 笔尖固定螺母；2. 启动弹簧；3. LED 灯；4. 导线连接头。

2. 操作常规

（1）用提供的导线把加热手柄与主机连接，把电源充电器与主机连接。选择合适的笔尖，将其插入手柄前端的固定螺母中。根据待治疗的牙齿情况，调整适当的角度，拧紧螺母。可供选择的笔尖型号有 F、FM、M 和 ML。

（2）打开背面的电源开关，按下待用按钮启动手柄。检查显示屏上的温度和笔尖模式，根据工作状况用温度控制按钮和笔尖模式选择按钮进行调整。

（3）按下接触弹簧启动手柄加热。弹簧按下后，手柄发出"嘟嘟"声，LED 灯亮。先边加热边加压，在根管内将笔尖向根尖移动。一般需要达到距根尖 5～7 mm 处，停止加热，保持加压。

（4）再加热 1 秒，将笔尖取出根管。

（5）使用完毕，将模式切换到待机模式或者关闭开关。

3. 注意事项

（1）笔尖在使用前必须消毒。

（2）主机通电由背面的开关和待机按钮控制。在待机模式时主机电路仍处于工作状态，所以不使用时背面的电源开关一定要关掉，否则会导致触电。

（3）鉴于笔尖快速升温和冷却的特点，操作时要格外小心烫伤。

（4）用蘸有清洗液的纱布定期清洗笔尖。

（5）如使用中（加热情况）要擦拭笔尖须用干纱布，不要用乙醇棉球或湿布擦拭。

（二）热牙胶注射式根充器

1. 结构与工作原理

热牙胶注射式根充器（Obtura Ⅱ）又称热牙胶注射枪（以下简称根充器），由主机、电源、连接线、加热枪、枪头、枪针以及牙胶子弹和保护罩等组成（图 7－8）。主机使用电压为 220 V 的交流电，内安装微电路板，可以通过主机面板温度按钮控制根充器的加热温度，温度在 140～250 ℃ 设定，常用温度为 160～200 ℃。加热枪本身带有加热功能，将加在枪腔内的牙胶加热融化，然后通过枪针注射入根管。枪针有 3 个型号，分别为 20、23 和 24 号。为确保良好的导电性，针头部分为纯银制造。

（1）针头：为枪针与枪头的连接结构，用多用工具固定牢固。

（2）热保护罩：使用时枪头会产热，热绝缘器可以避免烫伤患者的嘴唇。它由 PC 材料（非晶态聚碳酸酯）制成，耐热温度是 120～140 ℃。建议使用前进行消毒，使用后丢弃。

（3）牙胶棒插孔：用镊子把牙胶棒放入根充器内。使用多于一根的牙胶棒会造成根充器损害。

（4）活塞释放按钮：按下按钮释放活塞。装新的牙胶棒之前无需彻底将活塞释放。

（5）牙胶棒套管：引导牙胶棒到达加热位置。除清洗外，一般使用时不要取出。

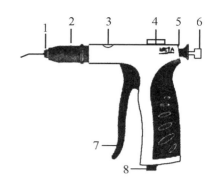

图 7－8　热牙胶注射式根充器结构
1. 针头；2. 热保护罩；3. 牙胶棒插孔；
4. 活塞释放按钮；5. 牙胶棒套管；
6. 活塞；7. 扳机；8. 导线连接头

（6）活塞：使用扳机向前推动活塞 2 mm，把加热的牙胶推入枪针。活塞头部有一个防止牙胶回流的硅环。损坏后应更换。

（7）扳机：用于推动活塞、注射牙胶。由于热熔的牙胶有轻微缓冲作用，建议扣动一次扳机后稍等片刻。过度用力扣动扳机将会损害活塞槽。

（8）导线连接头。

2. 操作常规

根充器可将热熔牙胶直接注入根管。此项操作简单快捷，但在充填根尖部时，应先用垂直加压技术封闭根尖，以免超充或欠充；之后用根充器将根管剩余的部分填满。

（1）选择合适的枪针与根充器连接。用多用工具将之固定。

（2）必须先把热保护罩安装好，然后根据待治疗牙的情况，适当弯曲枪针。

（3）装入牙胶棒，按下活塞释放按钮，拉出活塞。不必将活塞全部拉出，但在牙胶棒放入后必须留有足够的空间。用镊子将牙胶棒放入根充器内，推动活塞至感觉到牙胶棒时为止。

（4）用导线连接根充器和主机，根据操作条件调整操作温度。由于此特殊牙胶棒的热熔温度有适当的范围，不要将操作温度调得太高。

（5）牙胶完全热熔大概需要 2 分钟，然后缓慢扣动扳机。

（6）使用完毕，将剩余牙胶从根充器内取出，并将根充器恢复到待机状态。注意应在牙胶冷却前取下枪针。

3. 注意事项

（1）使用完毕时，扣动扳机清除所有的剩余牙胶，关闭电源开关或按下待机按钮转为待机模式。枪头应在牙胶仍然温热时取下，如果已经冷却应等下次牙胶加热后再取下。

（2）先启动根充器而没有事先放入牙胶棒会烧坏加热枪，因此在启动根充器之前一定要确保先放入牙胶棒。

（3）一次只放入一根牙胶棒。在牙胶尚未完全热熔前，过度用力扣动扳机将会损坏活塞槽，造成牙胶从针头漏出。

（4）开机后如果一段时间不使用，系统会自动进入待机状态。

（5）为了避免医源性感染，应在每次使用时更换新的枪针和热保护罩。

4. 常见故障及其排除方法

热牙胶注射式根充器的结构较简单，出现故障可联系公司维修。

（孙　竞）

五、光固化机

光固化机（light curing machine）又称光固化灯，是用于聚合光固化复合树脂修复材料的口腔医疗设备。根据不同的发光原理，将其分为卤素光固化机和 LED 光固化机两种类型。

随着复合树脂材料的发展，其固化方式由最初的化学固化发展为光照射固化。20 世纪 70 年代，人们研制出了一种新型的可见光复合树脂材料，它具有理化性能好、色泽美观、表面光洁、有相当的硬度和韧性、便于成形及抛光等优点。这种材料必须在可见光范围内，在特定波长的光照射下才能固化，光固化机即是为照射这种材料提供特定波长的冷光口腔医疗设备。目前，光固化机及复合树脂材料已被广泛应用于口腔疾病的治疗及前牙切角缺损的修复，有良好的效果。这一新技术的产生不但扩大了牙齿疾病的治疗及修复范围，而且满足了人们对美容、美齿的需求。

随着光固化技术的发展，光固化材料已经不再局限于充填材料，而且已研究出如印模材料、牙周敷料、镶面黏合剂、基底和底垫材料。

卤素光固化机在相当长的一段时间内满足了口腔治疗过程中的需求，但随着科学技术的进步，利用半导体二极管发光原理制成的 LED 光固化机逐渐成了市场的主导产品。后者具有操作简便、安全、光源寿命长、光强度高、不需要冷却、能持续工作、体积小、可移动等优点。但近年来，卤素光固化机在原有结构基础上进行了改良，增加了冷却系统，增大了光照的功率及面积，适用于快速固化、瓷修复、漂白、正畸等临床应用，特别适合瓷修复的黏结剂的固化。

（一）卤素光固化机

1. 结构与工作原理

（1）结构：卤素光固化机主要由电子线路主机和集合光源的手机两大部分组成（图 7-9）。

1）主机：包括恒压变压器、电源整流器、电子开关电路、音乐信号电路、电源线以及手机固定架。

2）手机：包括钨丝卤素灯泡、光导纤维管、干涉滤波器、散热风扇、定时装置、手动触发开关以及主机连接线。

（2）工作原理：接通电源，主机电子开关电路进入工作状态，并

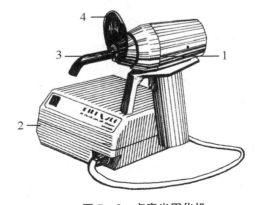

图 7-9　卤素光固化机
1. 手机；2. 主机；3. 光导纤维管；4. 遮光片。

输出一个控制信号，同时风扇运转，冷却系统散热。按动手机上的触发开关，光照触发，卤素灯泡发光。光波通过干涉滤波器，将不同频率的红外线光和紫外线光完全吸收，再通过光导纤维管输出均匀且波长范围为 380～500 nm 的无闪烁光，使光固化复合树脂迅速固化。定时结束，音乐电路报警，卤素灯熄灭，完成一次固化动作。再次按动触发开关，可重复以上过程。

卤素光固化机的工作原理如图 7 - 10 所示。

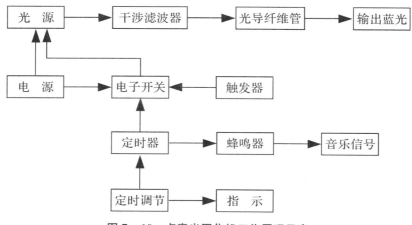

图 7 - 10　卤素光固化机工作原理示意

（3）主要技术参数：

卤素光固化机的主要技术参数如下：

光谱特性　　　　在可见光范围内，不含紫外线光和红外线光，其光照度大于 60 000 lx

光固化效果　　　20 秒以上可固化厚度大于 2 mm 的材料

输入功率　　　　110～170 W

固化时间　　　　有 20 秒、30 秒、40 秒三种供选择

光波波长范围　　380～500 nm

卤素反射灯泡　　交流电，电压为 12 V，功率为 75～100 W

电源　　　　　　交流电，电压为 220 V，频率为 50 Hz

2. 操作常规

（1）接通电源。

（2）将光导纤维管插入插口。

（3）根据需要选择光照时间，将光照定时开关旋至选定的挡位。

（4）医生戴上护目镜，手持手机，将光导纤维管头端面靠近被照区，其间距保持在 2 mm。按动触发开关，工作端发出冷光，进行光照固化。定时结束后，卤素灯泡熄灭，蜂鸣器发出音乐信号，光照结束。再次按动触发开关，可重复操作。

（5）光照结束后，可将手机放置在固定搁架上，此时冷却风扇仍在运转，经数分钟温度下降后，关闭电源，拔下电源插头。

（6）固化时间的选择：材料厚度小于 2 mm 时，选择光照时间为 20 秒；材料厚度为 2～3 mm 时，选择 30 秒；材料厚度大于 3 mm 时，应适当增加光照时间和光照次数。

3. 维护保养

（1）机器在运输及使用过程中，避免剧烈振动。

（2）保持光导纤维管输出端清洁，防止污染，工作时不可接触牙齿及树脂材料。若被污染，应用棉球擦净后再使用，否则将影响光输出效率。

（3）光导纤维管应避免碰撞或挤压，以防折断。

（4）为避免灯泡过热，要注意间歇性使用。

（5）使用各类开关及手机，要注意轻拉、轻放，用力适当。

（6）机器使用完毕，应擦去水雾，清洗树脂材料的污迹，放置于干燥、通风、无腐蚀性气体的室内。

（7）常备使用频繁的零件，灯泡组合件应放在干燥瓶内。

4. 常见故障及其排除方法

卤素光固化机的常见故障及其排除方法详见表 7－6。

表 7－6 卤素光固化机的常见故障及其排除方法

故障现象	可能原因	排除方法
整机不工作，指示灯不亮	电源插头与插座接触不良	使插头与插座接触良好
	保险丝熔断	更换保险丝
	变压器损坏	更换变压器
	三端稳压块损坏	更换稳压块
按动触发开关后，无光发出	触发开关接触不良或损坏	修理或更换触发开关
	卤素灯损坏	更换卤素灯泡
	光导纤维管损坏	更换光导纤维管
光亮后，聚合硬度不够	卤素灯已老化，光导纤维折断较多或工作面污染	更换卤素灯泡，更换光导纤维管，或去除污染物，或用光学抛光材料擦拭
	卤素灯电源不正常	查找原因，保证灯泡的额定电压

（二）LED 光固化机

1. 结构与工作原理

（1）结构：LED（light emitting diode）光固化机主要由发光二极管、电子开关电路、音乐信号电路、光导纤维管、定时装置、充电器、锂离子电池、变压器、整流器等组成，其内部结构如图 7－11 所示。

（2）工作原理：发光二极管是一块电子发光的半导体材料（图 7－12），置于一个有引线的架子上，四周用环氧树脂密封，起到保护内部芯线的作用，所以 LED 光固化机的抗震性能好。发光二极管的核心部分是由 p 型半导体和 n 型半导体组成的晶片，在 p 型半导体和 n 型半导体之间有一个过渡层，称为 PN 结。在某些半导体材料的 PN 结中，注入的少数载流子与多数载流子复合时会把多余的能量以光的形式释放出来，从而把电能直接转换为光能。PN 结加反向电压，少数载流子难以注入，故不发光。这种利用注入式电子发光原理制作的二极管称为发光二极管 LED。当它处于正向工作状态（即两端加上正向电压），电流从 LED 正极流向负极，半导体晶体发出从紫外线到红外线不同颜色的光，光的强弱与电流有关。由于临床上绝大多数复合树脂材料的光敏剂均是樟脑醌，对波长为470 nm 的光最为敏感，而 LED 光固化机波长的峰值为 465 nm，所以其发出的光基本是有效光（图 7-13）。

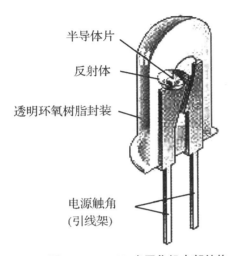

图 7-11 LED 光固化机内部结构

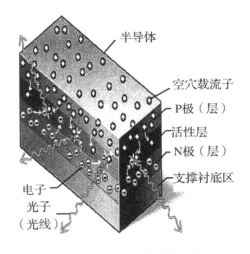

图 7-12 发光二极管结构示意

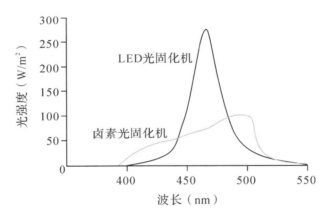

图 7-13 卤素光固化机及 LED 光固化机波长示意

（3）主要技术参数：

LED 光固化机的主要技术参数如下：

机体工作电压	交流电，100~250 V
频率	50~60 Hz
基座电压	直流电，12 V
电池	锂离子电池
波长	420~480 nm
光强度	500~2 000 mW/cm²
固化时间	有 5 秒、10 秒、20 秒、40 秒四种供选择

| 固化模式 | 快速固化模式、脉冲固化模式、渐进式固化模式 |

2. 操作常规及注意事项

（1）接通电源。

（2）将光导纤维管插入插口。

（3）根据材料厚度选择固化时间及固化模式。

（4）操作者须佩戴护目镜，将光导纤维管头端靠近被照区域，其间距为 1～2 mm。按动触发开关，工作端发出冷光进行光照固化。定时结束后，光线熄灭，蜂鸣器发出提示信号，光照结束。再次按动触发开关可重复操作。

（5）临床上应用的大多数复合树脂材料的光敏剂为樟脑醌。有少数复合树脂的光敏剂为苯基丙酯（PPD），其吸收波长敏感区为 400 nm 以下，此类复合树脂不适合使用 LED 光固化机固化，建议使用卤素光固化机。

3. 维护保养

（1）LED 光固化机在运输及使用过程中，应避免碰撞。

（2）保持光导纤维管输出端清洁。

（3）对患牙照射前，应在光导纤维管上套入一次性透明塑料薄膜；治疗结束后将塑料薄膜取下，避免医源性感染。

（4）LED 光固化机虽然为冷光源，但二极管发光时仍会产生一定热量，连续使用三次以上时应注意保持适当的间歇时间。

（5）定期对光导纤维管进行清洁，避免因污染影像光照效果。

（6）随着锂离子电池充电次数的增多，会导致每次充电后使用时间缩短。电池寿命约为 1 年。

4. 常见故障及其排除方法

LED 光固化机的常见故障及其排除方法详见表 7-7。

表 7-7　LED 光固化机的常见故障及其排除方法

故障现象	可能原因	排除方法
整机不工作，指示灯不亮	电源插头与插座接触不良 保险丝熔断 变压器损坏 三端稳压块损坏	使插头与插座接触良好 更换保险丝 更换变压器 更换稳压块
按动触发开关后，无光发出	触发开关接触不良或损坏 光导纤维管损坏	修理或更换触发开关 更换光导纤维管
充电后，使用时间缩短	锂离子电池老化	更换电池

（宋　鹰）

六、银汞合金调合器

银汞合金调合器（silver amalgam mixer）是调合银汞合金材料的仪器，主要用于口腔龋病的治疗。目前各医疗单位所用的银汞合金调合器大致有两种类型：一种是组份式，将银合金粉及汞分别置于不同大小的两个容器内，按动启动按钮，扳动加料手柄，两种材料从各自通道送至与摆动杆相连接的料碗内均匀调合；另一种是胶囊式，生产厂家将两种材料按一定比例做成不同规格的胶囊状物，将胶囊置于夹头上，按动启动键，夹头摆头，使两种材料在胶囊内均匀调合。这两种类型的银汞合金调合器，后者用得较多。

（一）胶囊式银汞合金调合器

胶囊式银汞合金调合器具有数码显示、定时选择、采用永磁直流电动机、调合频率高、性能稳定、噪声低等特点；全新夹头设计，使装取胶囊方便省力；充足的调合时间，适用于各种胶囊的调合。

1. 结构与工作原理

（1）结构：胶囊式银汞合金调合器由永磁直流电动机、胶囊摆动夹头、时间调整装置、启动装置、显示装置等构成。

（2）工作原理：根据临床治疗需要，选择合适规格的胶囊放于摆动夹头上。设置合适的调合时间，按下启动键，永磁直流电动机转动，并带动夹头摆动，使胶囊内银合金粉及汞均匀调合。摆动停止，取下银汞胶囊即可应用于临床治疗。

胶囊式银汞合金调合器的工作原理如图 7 - 14 所示。

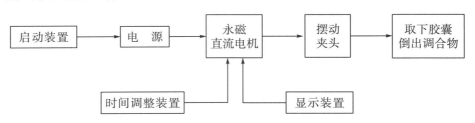

图 7 - 14　胶囊式银汞合金调合器工作原理示意

（3）主要技术参数：

胶囊式银汞合金调合器的主要技术参数如下：

额定电压	交流电，220 V±20 V
额定功率	30～65 W
定时控制	0～99 秒
转速	4 000～4 500 r/min
胶囊振动幅度	15 mm±1 mm
噪声	小于 60 dB
正常工作条件	温度为 5～40 ℃，相对湿度≤80%

2. 操作常规

（1）拆卸包装盒上的两颗固定螺丝，将机器平放于工作台上（为防污染及震动，最好将主机放于器械方盘内，并垫上防震塑料泡沫）。

（2）将主机电源线插入电源插座。

（3）根据需要用时间调整键设置合适的调合时间，一般采用 20～30 秒。

（4）根据临床治疗需要，选择合适规格的胶囊（目前厂家生产的规格有 200 mg、400 mg、600 mg、800 mg 等）。

（5）打开防护罩，将胶囊放入银汞合金调合器夹头间使其夹紧，然后合上防护罩。

（6）按下启动键，机器夹头即开始摆动调合。

（7）自动停机后，从夹头取下胶囊即可应用于临床治疗。

3. 维护保养

（1）机器应安放在通风良好的地方，置于较为坚固的平台上，有条件的可安放在抽风防护罩内。

（2）电源插座必须接地线，以确保设备及人身安全。

（3）保持工作环境的干燥及清洁，定期清理工作环境的残留物。

（4）工作时胶囊必须牢固地安放在夹头上，以免摆动时脱落。

（5）自动停机后，由于惯性原因，夹头摆动未完全停止时，不能强行制动。

4. 常见故障及其排除方法

胶囊式银汞合金调合器的常见故障及其排除方法详见表7-8。

表7-8　胶囊式银汞合金调合器的常见故障及其排除方法

故障现象	可能原因	排除方法
整机无法馈电	保险管熔断	检查并更换同规格保险管
机器不工作	电源开关损坏 运输导致主机印刷电路板松动	更换同规格电源开关 拆除主机上罩壳，将印刷电路板插紧
电源指示灯亮，按启动键后主机不工作	永磁直流电动机故障	检查电动机，修理或更换
摇臂轻微打外壳	摇臂位置变化	确定机器完全停止振动后，用手将摇臂摆至中间位置，重新启动即可

（二）组份式银汞合金调合器

组份式银汞合金调合器为密闭自动调合，使汞的扩散降到较低程度，可减少操作者与汞的接触机会。组份式银汞合金调合器有半自动和全自动两种，目前常用的是全自动银汞合金调合器。半自动需人工加料操作，易造成汞污染，将逐渐被淘汰。

1. 结构与工作原理

（1）结构：组份式银汞合金调合器主要由电动机、偏心装置、摆动装置、调节控制装置和时间调节装置构成。在摆动装置上设有保险装置，可避免操作时漏出汞及银合金粉。由机械式时间继电器控制定时，定时最长为1分钟。全自动银汞合金调合器有加料器，通过其扳手转轴将银合金粉和汞两种材料定量、按比例送入摆动装置内。

（2）工作原理：由电动机通过偏心装置带动杠杆式摆动装置，料碗与摆动臂之间采用螺纹连接，摆动臂以2000次/分左右的往返运动完成调合工作。将料碗旋紧于摆动器上时，微动开关接通，摆动器工作；当料碗与摆动臂间的连接螺纹未旋紧，摆动装置不启动，这是由于加料器上的连锁装置控制加料手柄，使其无法加料。加料手柄处设有一锁定装置，摆动器未摆动时，不能扳动加料手柄加料，可防止原料堆积，堵塞通道。

组份式银汞合金调合器的工作原理如图7-15所示。

2. 操作常规

（1）使用半自动银汞合金调合器时，要先将银合金粉和汞按适当比例放入料碗内（一

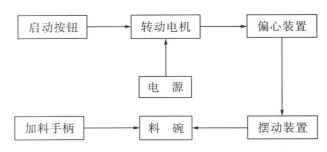

图7-15 组份式银汞合金调合器工作原理示意

般银合金粉与汞的体积比为4：1），然后将料碗旋紧在摆动臂上。接通电源，启动调合开关即可调合。调合完毕，倒出调合物，挤出多余的汞。

（2）全自动银汞合金调合器，使用前要将银合金粉和汞分别置于机内的大小容器内，通过调整银合金粉调节盘，使粉与汞的比例适宜，一次投料可使用多次。使用时先将料碗旋紧，接通电源，再将时间控制钮调在需要调和的时间位置，按下启动开关，摆动装置开始摆动，待到设定时间其自动停止。沿顺时针方向转动加料器扳手180°，并在旋转尽头停顿约1秒，再返回至起始位，这样就加了一份料。每次加料不能超过3份，且必须在摆动器开始摆动后，才可扳动加料器扳手进行加料。

3. 维护保养

（1）无论哪种自动银汞合金调合器，每次开机前都要旋紧料碗，保持材料清洁和干燥。

（2）当定时器自动切断电源后，摆动装置未完全停止摆动前，不能强行制动。

（3）每次调合结束取出调合物后，必须用软性毛刷清洁料碗及通道，而不能用硬性工具，以防产生划痕。应特别注意清除螺丝口处的银汞合金，以防时间过久黏固在螺丝上，造成螺纹损坏。

（4）机器应安放在通风良好的地方，并置于较为坚固的桌子上。有条件的可安放在抽风防护罩内。

4. 常见故障及其排除方法

组份式银汞合金调合器的故障主要表现在汞及银合金粉的调合比例不准。由于银合金粉筒与配料轴之间是一曲面环与轴外径的配合，要求此配合在转动中既活动自如，又密封可靠。如果在安装中稍有疏忽，配合略有不合，即会使设定的比例失准。为保证加料器加料时动作协调、可靠，在配料轴上装有各种起限位及互锁作用的零件。它们之间的相对位置有严格的要求，在修理拆装时，必须注意这些零件的相互关系，以免装配时出现差错而影响正常使用。

由于摆动臂较长，摆动速度较快，使用过程中容易断裂。若摆动臂断裂，应及时更换，同时注意其装配关系。

在使用中若发现机器运转声音不正常，应断电源后打开机盖，检查电动机及转动部位等的螺丝是否松动。若螺丝有松动，应立即逐个拧紧后，再开机观察，直至正常。

（李朝云　华咏梅）

第三节　牙周病诊疗设备

一、牙周压力探针

牙周压力探针（periodontal pressure probe）简称牙周探针，是通过测量牙周袋深度（probing depth，PD）和附着水平（attachment level，AL），进行临床评价牙周损坏程度的口腔专用设备。牙周炎的发病率非常高，临床上辅助检查方法较多，如生物学检查、X线检查、龈沟液检查等，而牙周压力探针是最为常用的方法。其发展过程经历了普通带毫米刻度的钝头牙周探针、压力敏感探针、与计算机相连的牙周电子压力探针三个阶段。近年来，将数字化、光纤、影像技术及智能分析软件集成应用的一些新型口腔医疗设备在牙科逐渐被采用，如数字化牙周观测仪（牙周内镜）等，能够更加直观、准确地对牙周疾病进行分析和诊断。

牙周压力探针在使用中应注意存在受探诊力量、探诊方向、探诊位置、触觉误差、视觉误差、记录误差等多因素的影响而导致的重复性差和纵向比较治疗效果欠客观等问题。

（一）结构与工作原理

1. 结构

牙周压力探针主要由压力探针、探测手柄、光学解码器、数据转换器、脚控开关及计算机存储系统等组成（图7-16）。

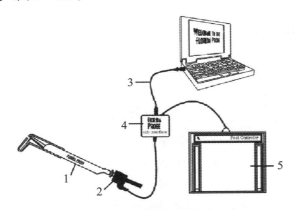

图7-16　牙周压力探针结构示意

1. 探测手柄；2. 光学解码器；3. USB数据线；4. USB数据转换器；5. 脚控开关。

2. 工作原理

牙周压力探针的工作头由钛金属制成，其压力受探针手柄中的弹簧控制。根据需要设定压力，可保证探诊时压力恒定。正常情况下探针压力设定在15 g，可有效避免探诊时压力不同而造成的误差，其PD值可精确到0.2 mm。当套筒放置到牙龈缘时，探针探至牙周袋底，其内部的传感装置会将得到的信息传至手柄末端的光学解码器，并通过与之相连的数据转换器到达计算机存储系统。根据临床需要，其软件可进行牙周危险因素的记录和评价。

牙周压力探针的工作原理如图 7-17 所示。

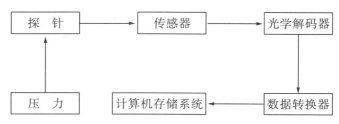

图 7-17 牙周压力探针工作原理示意

3. 主要技术参数

牙周压力探针的主要技术参数如下：

探针针尖	由植入性钛制成，直径为 0.45 mm
长度	标准：10.3 mm；短：7.3 mm；长：13 mm
蓝色标记带	每支探针设有 3 mm、6 mm、9 mm 的蓝色标记带

（二）操作常规

（1）按说明书将探针手柄、光学解码器、数据转换器、脚控开关、计算机连接完毕。

（2）点击牙组织工具栏校准探针键，跟随向导完成激活。

（3）将探针安装到牙周探针手柄上，校准牙周探针手柄。

（4）根据需要从菜单中选择深度模式、萎缩模式、松动模式、菌斑模式等。

（5）选择深度模式，将套筒放置到牙龈缘处，探针插入牙周袋，确认到达袋底后，踏下脚控开关两侧的踏键记录数据。

（6）如选择其他模式，则将临床检查结果通过脚控开关确认相关数据。

（7）如需保留、打印，则选择相应操作键。

（8）在检查未经过治疗的牙周时，若探针触到结石，系统会误认为探针已到达袋底，会造成错误读数，应予注意。

（9）手柄上有一按键，按下该键后探针将不再按照设定的压力进行滑动，其功能将变为普通牙周探针而导致计算机显示错误读数。

（三）维护保养

1. 手柄的维护

（1）手柄适于用压力蒸汽消毒。不能使用化学消毒或干热消毒。

（2）手柄在使用后应立即使用非腐蚀性溶液消毒，如过氧化氢、乙醇。

（3）不建议每天用超声清洗机进行清洁，但可以每月使用一次。

（4）一般来说，保持手柄处在平滑的操作当中。在没有接上解码器的时候，上臂和探头应该可以自由地上下移动。如果感觉不够平滑，请检查是否有残渣粘在上面，或者探针是否已经弯曲。如果探针已经弯曲，应弄直或更换。

（5）建议每 6 个月更换一次探头，在发现探头弯曲后不能恢复原状或蓝色标记带已经消失时也应更换探头。

（6）损坏探头的更换是十分容易的，只需将探头完全拉出下臂的套口，然后旋转探头与上臂平行，最后向下拔出；安装的程序则相反。

2. 光学解码器的维护

（1）每次使用时须将连接处拧紧。

（2）光学解码器不建议用压力蒸汽消毒或喷洒消毒剂，应使用一次性塑料套加以保护。

（3）与之相连的数据线应避免过度折叠或挤压。

（四）常见故障及其排除方法

牙周压力探针的常见故障及其排除方法详见表7－9。

表7－9 牙周压力探针的常见故障及其排除方法

故障现象	可能原因	排除方法
读数不准确或显示为"0"	探针变形	恢复或更换探针
	光学解码器、数据转换器接口未拧紧、滑脱	将连接处拧紧
	数据线损坏	更换数据线
	同一次检查过程中，更换探针而未校验	重新校验探针
探针固定无法移动	探针手柄上的按钮被按下	松开手柄上的按钮
软件不能正常工作	未正确安装软件	重新安装软件
	感染计算机病毒	进行计算机查毒、杀毒
	电子狗被破坏	联系厂家进行修复

（宋　鹰）

二、口腔超声治疗机

口腔超声治疗机（dental ultrasonic therapy apparatu）是利用超声波机械能进行口腔病治疗的口腔医疗设备。临床上按其功能分为单功能治疗机及多功能治疗机。单功能治疗机即超声洁牙机，主要用于洁牙；多功能治疗机通过配置不同的手柄、工作头及冲洗液，用于龈上洁治、龈下刮治、牙周袋冲洗、根管治疗、喷砂、去渍以及修复体拆除。

（一）结构与工作原理

1. 结构

超声治疗机主要由发生器、换能器、可互换的工作头及脚控开关四个部分组成。

（1）发生器：包括电子振荡器和水流控制系统。电子振荡器产生工作功率，输出至换能器工作头；水流控制系统调节流向换能器的水流量。

在发生器前板上装有电源开关、指示灯、功率输出量调节旋钮、水流量调节旋钮。根据不同治疗要求，调整输出频率，使之与换能器工作头的固有频率一致，即谐振时输出功率为最佳。

在发生器后板上装有电源线、脚控开关插座、保险管座、输出线和水管。电源线用于连接电压为220 V、频率为50 Hz的交流电源；脚控开关插座与脚控开关连接；保险管座内装电源保险管；输出线连接换能器手柄；水管连接自来水。

（2）换能器和工作头：换能器因材料和工作原理不同，有磁伸缩换能器和电伸缩换能器两种，而手柄也因所用换能器不同有两种类型。

1）磁伸缩换能器：用金属镍等强磁性材料薄片叠成，通过焊接或用螺纹将变幅杆和工作头连接在一起。手柄为一中空塑料管，外绕电磁线圈，冷却水从中通过，工作时换能器插入线圈内，冷却水冷却换能器后从工作头喷出。镍片等强磁性换能器置于磁场中被磁化，其长度在磁化方向随磁场变化伸缩，带动工作头做功。

2）电伸缩式换能器：由钛酸钡（$BaTiO_3$）等晶体做成圆板，其两面烧着银电极，圆板中间为一通孔，用中空的铜螺栓穿过，夹紧。螺栓一端接进水管，一端固定工作头。换能器注塑固定在手柄内不能取出。

当换能器两电极间施加电压时，其换能器晶体厚度，依电场强度和相同频率发生变化产生振动，进而通过螺栓带动洁牙工作头洁治。当电场强度的变化频率与换能器晶体固有频率一致时，换能器振幅最大。

（3）工作头：用不锈钢和钛合金制造，因要适应不同牙齿及部位的治疗，有不同的形状，依需要更换。

（4）脚控开关：主要控制高频振荡电路和冷却水。

2．工作原理

由集成电路和晶体管组成的电子振荡器，产生 $28\sim32$ kHz 的超声频率电脉冲波，经手柄中的超声换能器转换为微幅机械伸缩振动，激励工作头产生相同频率的超声振动（图 7-18）。从手柄中喷出的水，受超声波振动，水分子破裂，出现无数气体小空穴，空穴闭合时产生巨大的瞬时压力，迅速击碎牙石，松散牙垢，促使炎症消退，加快牙周病早期愈合。

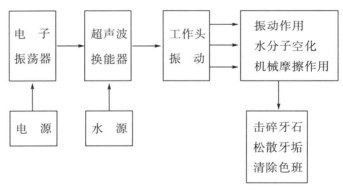

图 7-18　超声治疗机工作原理示意

（二）临床应用

口腔超声治疗机作为口腔临床治疗的基本医疗设备，在临床上有广泛的应用。

1．牙体洁治及刮治术

作为牙周预防保健和疾病治疗的重要手段，牙体洁治及刮治术可去除牙石、牙菌斑，以及烟垢和色斑，从而减小因牙石、牙菌斑等不良环境引起的炎症反应。超声波洁牙与传统的手工洁牙相比，效率高、速度快、创伤轻、出血少，单功能洁牙机及其洁治术已在基层口腔医疗单位普及。

2. 根管治疗术

在单功能机上配置不同根管手柄或不同类型的根管锉，可进行以下操作：①根管扩大、冲洗、感染根管的消毒和灭菌；②根管充填物输送，取出根管内异物（如折断的根管治疗器械）；③取出根管充填物如黏固粉、银针等。

3. 金属修复体的非破坏性拆除

因治疗或再修复需要拆除桩、冠桥、嵌体等金属修复体，传统方法是用牙钻除去修复体周围的黏固剂或破拆修复体，不仅费时费事，还易造成牙齿组织损害，取下的修复体亦不能再用。用超声波治疗机配合其拆除器，不仅可以快速非破坏性拆除金属修复体，对牙体组织的损伤也较小。

（三）操作常规

1. 操作方法

（1）将蒸馏水灌入压力水桶至容积 3/4 处，将压力桶出水管接至洁牙机后面进水接头并扎紧，向压力桶内打气加压至 0.16 MPa。

（2）将脚控开关插头插入脚控开关插座内。

（3）将洁牙机工作头的换能器（磁伸缩）插入手柄，或将工作头螺纹拧紧在手柄螺栓上（电伸缩）。

（4）接通电源，打开电源开关，指示灯亮。

（5）拿起手柄，调小功率旋钮，调大调水旋钮，反复踩下脚控开关，直至水从工作头喷出。

（6）逐渐调大功率输出至合适值，仔细调节水量调节旋钮，使水雾量达 35 ml/min 左右为宜，工作头喷水温度约 40 ℃。

2. 注意事项

（1）电伸缩换能器质地较脆，不能承受过大冲击，手柄使用完后应放在支架上。

（2）工作头应安装可靠，否则影响功率输出。

（3）治疗中不可对工作头施加过大压力，以免加速工作头的磨损。

（4）手柄电缆内导线较细，易折断，严禁电缆打死弯和用力拉。

（5）带有心脏起搏器的患者慎用。

（四）维护保养

（1）洁治时，输出功率强度不应超过其最大功率的一半，如有特殊需要加大功率时，应缩短操作时间，以免工作刀具和换能器超负荷工作。

（2）不应在工作头不喷水的情况下操作，否则易损伤牙齿，损坏工作刀具及换能器。

（3）尽量减少换能器电缆的接插次数，以免磨损微型密封圈，造成接口处漏水。

（4）机器连续工作时间不宜过长，以免机器发热产生故障。

（5）机器不用时，将电源开关置于关闭状态，换能器及手柄应放在固定搁架上，不得跌落或碰撞。

（6）加压水壶盛水不可越过水位线，且压力不能过高，以免发生意外。

（7）若机器长期不用，应每 1~2 个月通电 1 次。

（五）常见故障及其排除方法

超声治疗机的常见故障及其排除方法详见表 7-10。

表 7 - 10 超声治疗机的常见故障及其排除方法

故障现象	可能原因	排除方法
不工作	电源连线连接有缺陷 手柄和连线之间存在液体或湿气 保险丝熔断	检查电源插座 干燥湿气，特别要在电接点除去湿气，保持干燥 更换保险丝
无喷水	水喷嘴连接有缺陷 无水压 过滤器堵塞或电磁阀故障	检查供水系统 检查电源电压 清洁或更换过滤器
工作尖没有水但有振动	工作尖或根管锉阻塞 工作尖选择错误 水量调节不正确	清除工作尖或根管锉的阻塞物 检查工作尖 调整喷嘴水量
功率不足，振动低	工作尖磨损或变形 使用不正确：施力角错误或在牙齿上施加的压力不足 手柄和连线之间存在液体或湿气	更换工作尖 纠正错误的使用方法 充分地干燥电接触点
无超声波输出	工作尖紧固不正确 连接器触点有缺陷 手柄连线中的金属线断开	使用扳手紧固工作尖 清洁连线触点 返回售后服务部更换连线
在手柄及其底座之间或者在手柄或连线之间的接合处漏水	手柄的密封圈磨损	更换密封圈

（张志君 尹 伟）

三、喷砂洁牙机

喷砂洁牙机是一种牙科洁牙设备，主要是使用特制的喷砂牙粉（以碳酸氢钠粉末为主要成分），通过喷砂手机头喷向牙面而去除牙菌斑和色素的。此法特别适用于清理超声洁牙机不易到达的牙间隙中的牙菌斑和色素斑，对于牙面色素的清理效率也远高于超声洁牙机。

（一）结构与工作原理

1. 结构

喷砂洁牙机主要结构包括：

（1）主机和电源线。

（2）供水、气管。

（3）喷砂手柄，与供水、气管直接相连。

（4）喷嘴。为清洁龈上色素、龈下菌斑和维护牙周、种植体等不同目的，喷嘴分为不同形状和钛合金、硅橡胶等不同材质。

（5）喷砂粉套件。目前常用的喷砂牙粉以水溶性的碳酸氢钠为主。

（6）单脚控制踏板。

部分喷砂洁牙机通过快插接头直接与口腔综合治疗台的高速机头接口相连，通过综合治疗台的脚踏进行控制。

2. 工作原理

喷砂就是利用压缩空气将砂粉颗粒从储砂罐输送到待抛光物体的表面，它的作用是改善物体表面的粗糙状态。要使这个过程有效进行，应实现砂粒呈现悬浮和脉动状态。最理想的工作状况是使砂粒在管路内呈现均匀的悬浮流动状态，合适的砂流量和合适的压缩空气流量是决定喷砂效果的关键因素。压缩空气的大小应使空气在管内的流速至少大于最大砂粒在流动过程中的沉降速度，空气动力足以克服管路内被吹动砂粒的摩擦损耗和阻力。这样才能保证管内砂粒的畅通流动不受管路长度的影响。不同的喷砂洁牙机系统的进口水压、进口气压、进口气流、进口水流量、喷砂粉流量、喷砂粉规格等均有不同，使用前应参照说明书进行系统调整。

喷砂洁牙机的工作原理如图 7 - 19 所示。

图 7 - 19 喷砂洁牙机的工作原理示意

（二）临床应用

喷砂洁牙常用于牙面抛光、𬌗面窝沟清洁和色素去除等，是超声波洁牙的有益补充。洁牙的超声波只能把口腔内大块牙石振下，而喷砂能把附着在牙齿上的茶垢、烟垢及食物软垢清理干净，喷过砂的牙齿非常光洁，且不易再次沉积牙石，所以超声波洁牙和喷砂洁牙应结合进行。同时喷砂洁牙也可以作为种植体、正畸装置的维护工具。

（三）操作常规

1. 填充喷砂粉罐

（1）按照说明书使设备进入待机模式或者关机，以减小喷砂粉罐的压力。

（2）旋开外盖。

（3）填充喷砂粉至水平标记。

2. 测试喷砂粉的效率

（1）正确固定、连接喷砂洁牙机，包括脚踏控制，带有过滤器的供水管、供气管连接，电源连接等，并正确设置参数。

（2）打开供应头（水－气）。

（3）使手柄指向测试卡，并踏下踏板。

（4）在手柄接头处调节水流量。

1）如果水量不足：喷砂粉易积聚。

2）如果水量过多：抛光效应不佳。

3）如果设备正确：喷砂粉立即被水清除。

4）粉喷功能不够强大时，清洁喷嘴（参见"清洁抛光系统"）或由经批准的牙科设备安装人员来调节气压。

3. 喷砂抛光洁牙

（1）物品的准备：消毒的毛巾、孔巾、纸巾、强力抽吸器等，将漱口杯放好水。

（2）连接抛光手柄。

（3）在患者的口腔以上的脸部遮盖一个治疗巾，防止细砂喷到脸上。

（4）踏下踏板，开始抛光。将喷砂机头和牙长轴的角度保持在 45～60°的喷射/表面角和 4～6 mm 的喷射/牙齿距离很重要。喷砂机头向着牙齿的切端和殆面喷，不能喷到牙龈。处理牙龈缘时，可以适当把工作头朝向切端以免损伤牙龈。

（5）将喷砂手柄指向痰盂，清洁抛光回路。

（6）松开踏板，停止抛光。

（7）喷砂后，还要用抛光杯抛光，使牙面恢复光洁。喷砂结束后可以让患者用毛巾洗一下脸。

（四）维护保养

（1）设备的清洁和消毒：应每天使用乙醇或消毒巾清洁并消毒喷砂洁牙机外壳及连线。

（2）清洁抛光系统：在执行任何清洁操作前，清洗喷砂粉回路很重要。

（3）喷砂粉罐：如果设备若干小时（如隔夜）不予使用，应小心排空喷砂罐。残留的潮湿空气会改变喷砂粉的性能。要清洁喷砂罐，应旋开储器盖，并利用牙科手机吸入系统清除残留湿气。

（4）手柄：每一次使用后，旋开手柄喷嘴并在超声波槽中清洗 10 分钟（使粉末粉碎），干燥并在高压灭菌器中消毒喷嘴和手持件。

（五）常见故障及其排除方法

喷砂洁牙机的常见故障及其排除方法详见表 7－11。

表 7－11　喷砂洁牙机的常见故障及其排除方法

故障现象	可能原因	排除方法
不运行	电源线被拔出或有缺陷	检查和/或更换电源线
	熔断器烧断	更换熔断器
	装置断电（0）	将开关置于 ON 位（I）
	脚控开关未连接和/或有故障	咨询经批准的安装人员
无粉末、空气或水	与电源相连的管道中无空气或水溢出	咨询经批准的安装人员
	手柄和/或喷嘴阻塞	断开手柄，并检查软线中是否有空气和喷砂粉溢出 ——若未溢出，将喷砂洁牙机返回 Satelec 售后服务 ——若溢出，旋开手柄喷嘴，用锉刀将喷嘴打开，并将手柄置于超声波槽中 10 分钟
		当管路中堵塞不严重时，取下管路压缩空气端连接构件后，从使用端逆向加压缩空气吹开管路

故障现象	可能原因	排除方法
无粉末或水，但有空气存在	粉末：鼓已空或过满	将喷砂粉罐装满或清除过多的量
	进水口未予连接或水设置不正确	检查进水管或调节手柄软线的水流量
	喷砂粉潮湿	排空并清洁喷砂粉罐，然后重新装满新喷砂粉
	手柄和/或喷嘴阻塞	断开手柄，检查水是否从软线中溢出 ——若未溢出，将喷砂洁牙机返回 Satelec 售后服务 ——若溢出，旋开手柄喷嘴，用锉刀将喷嘴打开，并将手持件置于超声波槽中 10 分钟

（尹 伟）

四、磁致伸缩牙科综合治疗仪

磁致伸缩牙科综合治疗仪是通过磁致伸缩换能器将电能转换成超声效应的牙科治疗设备，适用于口腔临床治疗中做龈上洁治、龈下刮治及根管荡洗，适用于患有牙石、牙周病及根管治疗的人群。

该设备提供微小振幅（0.02 mm）和更高的振动频率（42 kHz），能明显减轻患者治疗的不适感。

（一）结构与工作原理

1. 设备构成

磁致伸缩牙科综合治疗仪由主机、手柄与工作头、输水泵及脚控制器组成，配件为输水管消毒架、储水罐、根管锉、根管器紧固匙等（图 7-20）。

图 7-20 磁致伸缩牙科综合治疗仪工作头、储水罐、主机、输水泵

（1）主机：集成了电源、工作电路系统、控制操作系统、供水泵和各种接口（图 7-21），将治疗工作头、脚控制器和储水罐接入主机即可开始治疗工作。

（2）显示与控制：通过该机显示触摸屏，可对该设备进行可视化精细调节。根据口腔不同位置牙周病的治疗需求，预设超声输出功率与水量等参数，并可记存为一种自定义工作模式。每种模式工作参数还可进一步精细调节，各种模式可一键调出工作。临床应用中，设备能记录各种模式下的工作参数及超声工作时间，记录每人次患者的治疗时间，对口腔医生总结临床经验及临床教学提供帮助。各功能模式的便捷转换，给患者提供更加灵活舒适的治疗。

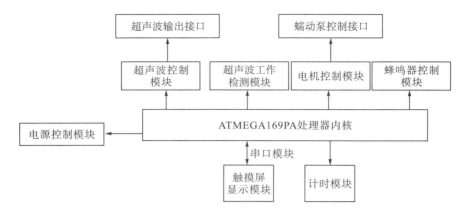

图 7 - 21　磁致伸缩牙科综合治疗仪主机构成

控制与操作界面如图 7 - 22 所示。

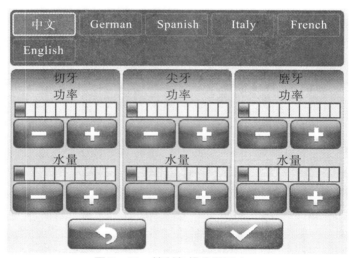

图 7 - 22　控制与操作界面之一

　　界面显示当前工作状态：功率、水量、牙位模式、计时、累计次数。图形界面可使医生直观了解和触摸设置工作参数，参数能自动保存，并在治疗仪启动时自动加载，系统提供切牙、尖牙、磨牙三种牙位记忆模式，医生可通过手柄控制机器启停。

　　（3）工作头：将磁致伸缩换能器、治疗工作尖、输水管喷雾头制成一体化的工作头，插入工作手柄壳体，组成超声治疗手机。工作头是该设备实施牙周治疗的重要组成部分，分为根周工作头、细线工作头和根管工作头。

　　1）根周工作头：主要用于清除龈下结石牙菌斑，分左弯形（适用于第 2、4 区域龈下刮治）和右弯形（适用于第 1、3 区域龈下刮治）。操作时，工作头反复做短暂的冲击性运动，清除龈下结石。也可用于探测牙周袋深度。

　　2）细线工作头：主要用于牙周袋探测、牙周刮治、根面平整和根分叉周围病变的治疗，分为左弯形、右弯形和直线形。用根周工作头初步清除牙石后，再用细线工作头做最后的根面平整。细线工作头也用于龈下刮治，但必须用根周工作头清除龈下结石后方可使用。

　　3）根管工作头：根管工作头及配备的多种超声根管锉（15 号、20 号、25 号、30 号、

35 号、40 号），主要用于冲洗及根管超声荡洗灭菌。工作头和根管锉约成 90°，方便后牙根管治疗。

2. 工作原理

通常将治疗工作尖和换能器焊接为一个整体结构，成为磁致伸缩洁牙机的工作头，治疗工作尖后端的磁性换能器的长度随着磁场方向的变化伸缩，将电能转换为机械能，带动治疗工作尖运动。磁致伸缩洁牙设备的治疗工作尖以螺旋方式运动，依靠治疗工作尖侧面的振动有效清理去除牙石、牙菌斑。由于采用了小振幅椭圆运动，可以深入牙周袋进行龈下深度刮治，不会对牙龈造成伤害，亦不会刮伤釉质，减少了对敏感牙齿的刺激，治疗时患者感觉舒适，甚至在不采用局部麻醉的条件下，可实施牙周的深度刮治。

3. 主要技术参数

（1）主电源：

类型	Ⅰ类
电压	交流电 220 V
频率	50 Hz
防电击程度	B 型应用部分

（2）技术指标：

振动频率	42 kHz±1 kHz
主振动偏移	20～90 μm
半偏移力	0.7 N±0.2 N
冲洗量	最小为 0 ml/min，最大≥40 ml/min
进液防护程度	IPX1
运行方式	连续运行（注水）

（3）正常工作环境条件：

环境温度	5～40 ℃
相对湿度	30％～80％
大气压力范围	700～1 060 hPa

（4）运输和贮存环境条件：包装后的治疗器应贮存在温度为－40℃～55℃、相对湿度不超过 93％、无腐蚀性气体、通风良好的室内。

（二）临床应用

血液病及其他传染性疾病患者不宜使用本设备。

安装心脏起搏器患者禁止使用本设备。

带触屏显示与控制的磁致伸缩牙科超声综合治疗仪适用于口腔临床治疗中做龈上洁治、龈下刮治及根管荡洗。做龈上除垢、龈下刮治及根管荡洗时，应同步冲洗治疗面及根管，以提高治疗效率。

（三）操作常规

本机采用微小振幅的超声工作头清除牙石，轻柔且对牙面有抛光作用，同时可减轻患者的不适感；采用超声高频共振产生的超声流冲击振动清除牙石，不是用简单的机械刮凿去除牙垢。在工作头上加大压力，不能提高治疗效率；功率设定在较低的水平，平滑移动工作头，即可达到较佳的治疗效果。

临床工作中，工作头的工作端面须与牙面平齐，不能与牙面成角度，不能像凿子那样用力去刮牙石，以免刮花根面或牙本质。操作时要轻柔，可用工作头的尖端部前后左右来回移动，逐步深入牙周袋。

治疗中工作头触及烤瓷冠及各种修复体，会令其边缘缺失或修复体松动。

工作头未冷却的部位产生振动会与所接触的口腔组织摩擦产生高温，应注意保护患者唇、舌和口腔黏膜，避免烫伤。

工作头高温消毒后，应待其冷却后再使用，以防其内耗，使工作头功率传输不完全。

（四）维护保养

1. 工作头

工作头的形态对其做微细振动十分重要，不要锉尖工作头或改变其形状。工作时工作头要完全插进手柄内。若发现工作头振动减弱或失灵，应检查手柄是否积水或铁氧体棒是否松动。安装铁氧体棒时，必须拧紧铁氧体棒，否则铁氧体棒的超声能量不能顺畅地传送到工作头的工作区，导致工作头不振动或振动减弱，影响其正常使用。

2. 清洁与消毒

手柄、工作头可用高温高压消毒（135 ℃，10 分钟）。主机外壳可用乙醇、洗洁精或肥皂水擦拭清洁。输水管在使用后，将吸入端放入纯净水或蒸馏水中，开机引入纯净水或蒸馏水连续冲洗系统 1~2 分钟时间进行清洁。

（五）常见故障及其排除方法

磁致伸缩牙科综合治疗仪的常见故障及其排除方法详见表 7-12。

表 7-12 磁致伸缩牙科综合治疗仪的常见故障及其排除方法

故障现象	可能原因	排除方法
主机接电后显示屏不亮	电源插头接触不良	检查电源插头插座
手柄与手柄电缆插座端间隙漏水	手柄电缆插座端水管密封圈损坏或没有接插到位	更换 O 形密封圈/手柄接插到位
手柄与工作头间隙漏水	手柄内 O 形密封圈老化损坏	更换 O 形密封圈
	输水管损坏	更换输水管
电动泵轮转动正常，但无冲洗水流出	输水管方向装反/密封容器回气孔封闭	重新安装输水管/打开回气孔
	手柄及电缆或工作头内的输水管道阻塞	拆下输水系统、分段冲洗、更换管道阻塞部件
	手柄内渗入水	干燥手柄，检查更换手柄或 O 形圈
工作头振动减弱或不振动、有异常声响	铁氧体棒松动	用工具拧紧铁氧体棒
	铁氧体棒断裂或损坏	更换铁氧体棒
	工作头磨损过大、断裂或变形	更换工作头

（曾金波）

第四节　口腔激光治疗设备

激光（light amplification by stimulated emission of radiation，LASER）是受激辐射的光放大，与半导体、计算机、原子能一起称为 20 世纪的四大发明。激光具有高单色性、高亮度、高方向性和高相干性四大特点。激光医学解决了临床中的许多难题。激光设备品种繁多，结构各异，但基本结构大都包括工作物质、谐振腔和泵浦系统三大部分。医用激光可通过直接发射、光导纤维、光学关节臂或中空波导管等途径传输到目标组织。组织对入射激光通常伴有反射、吸收、散射和透射现象。激光是非电离辐射，它与生物机体组织作用主要表现为光化效应、光热相互作用、压强效应、电磁场效应和生物刺激效应。

口腔激光治疗机（dental laser）是利用激光治疗口腔疾病的设备，主要用于去除龋坏组织、根管消毒、牙体脱敏、牙体倒凹的修整、牙周手术、口腔黏膜病治疗、颌面外科手术、颌面美容和种植准备等。与传统的治疗方法相比，激光疗法具有操作方便、精确度高、易于消毒、对周围组织的损伤较轻、缩短手术时间、手术视野清晰、出血少或不出血、患者痛苦轻等特点。

用于口腔的激光治疗机种类较多，包括 He-Ne、CO_2 等气体激光治疗机，Nd：YAG、Er：YAG 和 Er,Cr：YSGG 等固体激光治疗机，此外，半导体激光治疗机也越来越多的应用到口腔医学等。本节重点介绍几种口腔临床常用的激光治疗机。

一、脉冲 Nd：YAG 激光治疗机

（一）结构

脉冲 Nd：YAG（掺钕钇铝石榴石）激光治疗机主要由脉冲激光电源、激光发生器、指示光源、导光系统及控制与显示系统组成。

1. 脉冲激光电源

脉冲激光电源由储能电容器和配套电路组成，主要为储能电容器充电，为泵浦灯提供电能。

2. 激光发生器

激光发生器包括激光工作物质、泵浦灯、聚光腔、光学谐振腔及冷却系统等部分。

Nd：YAG 晶体是掺钕钇铝石榴石晶体，也称激光工作物质或激光棒，是激光发生器的关键元件。它是在钇铝石榴石基质中掺入 1% 浓度的氧化钕，以取代部分钇而制成。其中钕离子是激活离子，激光就是通过这些离子受激辐射而得到的。

脉冲 Nd：YAG 激光治疗机通常采用脉冲氙灯作为泵浦灯。

由泵浦灯发出的光经聚光腔反射后聚集于激光工作物质上，以提高能量转换效率。脉冲 Nd：YAG 激光治疗机通常采用椭圆形聚光腔。

光学谐振腔可以实现光放大，最简单的光学谐振腔可由两个反射镜组成，一个为全反射镜，反射率接近 100%；另一个为部分反射镜，也称输出镜。光学谐振腔可直接影响输出激光的模式和转换效率。

Nd：YAG 激光机主要通过水来冷却温度较高的氙灯管壁、激光晶体及聚光腔等。

Nd：YAG 激光输出波长为 1064 nm 的红外光，谱线宽度为 0.7～1 nm，采用倍频技术可获得 532 nm 的绿色可见光。Nd：YAG 激光治疗机的最大输出功率已超过千瓦，30 Hz的重复频率调 Q 激光治疗机的峰值功率已达 150 MW。

3. 指示光源

Nd：YAG 激光输出的是红外光，不可见，故需要有同光路的可见光作指示光源，以确定 Nd：YAG 激光的作用位置及范围。通常采用 He-Ne 激光或红色的半导体激光作为指示光源。

4. 导光系统

导光系统的作用是将激光束导于需治疗的部位。脉冲 Nd：YAG 激光治疗机一般采用石英光纤作为导光系统，其传输损耗小，能承受很高的激光功率。

5. 控制与显示系统

控制与显示系统由控制键或旋钮、表头及相关电路组成，用于控制和显示激光治疗机的工作状态。

目前临床上使用的 Nd：YAG 激光治疗机都采用计算机程序控制激光的脉冲输出，除了包含上述激光治疗机的部件之外，还具有能量闭环检测系统、故障诊断及显示系统、安全互锁及报警系统等。

能量闭环检测系统由计算机控制单元、能量探测系统组成。其原理是从激光光路上读取激光强度信号，实时反馈给计算机中央处理器（CPU）。计算机将反馈值和预置值进行比较，自动调整激光的输出，实现激光输出的自动补偿，使其输出状态和预置的显示状态一致。这样确保了显示值的真实性和激光功率的稳定性，使治疗剂量的可重复性和疗效的稳定性有了可靠的保证。该种治疗机设置了多个故障检测点，计算机实时进行故障诊断及显示，如发现故障会自动进入故障程序给予处理，以故障代码的形式显示在窗口上，同时自动停机，并发出警报。

（二）工作原理

脉冲 Nd：YAG 激光治疗机接通电源后，储能电容器充电。其充电电压达到预置值后，使脉冲氙灯放电。氙灯产生的光能通过照射和聚光腔反射，会聚到激光晶体上。激光晶体吸收光能，产生粒子数反转，在外加信号的刺激下，激光上能级的粒子向激光下能级跃迁并辐射光信号，经过光学谐振腔的多次反射，通过激光晶体时再次刺激产生受激辐射，光得到迅速放大，从输出镜输出激光。该激光通过聚焦透镜，会聚耦合到光纤内，通过光纤的全反射，传输到光纤末端输出激光。激光对被照射的组织产生热效应、压强效应、光化效应和电磁效应，从而达到治疗目的。

脉冲 Nd：YAG 激光治疗机的工作原理如图 7-23 所示。

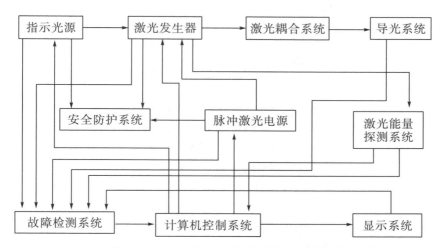

图 7 − 23 脉冲 Nd：YAG 激光治疗机及其控制系统工作原理示意

（三）操作常规

由于 Nd：YAG 激光是不可见光，同时激光治疗机的高电压和大电流等因素可能产生一些大的危害。在使用之前，操作人员必须先经过有关的操作及临床培训，必须认真阅读使用说明书，严格按照说明书的操作步骤操作。

普通脉冲 Nd：YAG 激光治疗机的操作规程如下：

（1）接通电源，将钥匙插入锁开关，沿顺时针方向旋至"开启"状态；冷却系统启动，此时可听到水泵的工作声；启动预燃，氙灯处于预电离状态，相应的指示灯亮。

（2）根据需要，调节电压和频率至所需值。

（3）按下"激光"键，指示灯亮。此时脚控开关处于有效状态，踏下时会有激光输出。

（4）治疗时，医生和患者都应带上激光防护镜，并让患者闭上眼睛并遮挡其他部位。当有任何意外发生时，应立即按下急停开关。

（5）每治疗一位患者，都应将光纤末端受污染部分用光纤刀去掉，并进行清洁及消毒处理，防止医源性感染。

（6）对于带程序控制脉冲 Nd：YAG 激光治疗机要求按照说明书，按步骤操作。

（四）安全防护措施

（1）检查光纤，确认无破损，中间无断裂。

（2）治疗机的工作区或其防护包装的入口处，应挂上相应的警告标志。

（3）应防止意外的镜面反射。

（4）操作者和患者必须戴好激光防护镜，患者闭上眼睛，不许他人旁观。

（5）使用过程中如遇到异常，应立即按下急停开关，关机，待查明情况并正确处理后再开机操作。

（6）光纤末端是激光的最终输出窗口，严禁指向人（治疗部位除外），不工作时，使其出口光路低于人眼以下，避免误伤。

（7）功率及频率的组合设定，应严格按临床验证的数据进行，严格控制参数，严禁违规操作。

（8）治疗间隔时间较长时，可将治疗机置于待机状态或关机。

（9）脚控开关是激光准备发射状态下唯一的控制开关，严禁误踏。

（10）一定要提高自我保护意识及对他人的保护意识。

（五）维护保养

（1）保持室内环境及治疗机的清洁，不用时将治疗机罩上。

（2）SMA 插头的光纤端面一定要保持洁净，不用时将防尘帽套上。该端面严禁触及它物。有污染时，应用分析纯的无水乙醇按厂家培训的清理程序进行清理，严禁用嘴吹。

（3）注意光纤的使用与取放，严禁折断或人为拉断；保持自然松弛，轻取轻放。使用时，必须将 SMA 插头拧紧，以防被打坏。

（4）应经常检查机器内的冷却系统，一旦发现渗水或漏水，应及时维修。冷却水为去离子水，按厂家规定进行定期更换。

（5）注意保护电源线及脚控开关连接线，严禁碾、压，保持自然松弛状态。

（6）治疗机中有许多光学元件，应注意防震、防尘及防潮。

（7）长期停放时，每隔 15 天要开机 1 次，在待机状态下通电 15 分钟。

（8）检修周期为 1 年。

（六）常见故障及其排除方法

脉冲 Nd∶YAG 激光治疗机出现故障时，建议请专业工程技术人员维修。一般性的故障排除可以参见表 7 - 13。

表 7 - 13　脉冲 Nd∶YAG 激光治疗机的常见故障及其排除方法

故障现象	可能原因	排除方法
打开电源开关，治疗机不工作	急停开关处于"断开"保护状态 氙灯不预燃	"接通"开关 关机后重新启动
冷却水路漏水	保险丝熔断 门开关处于"断开"状态 水管老化 水泵漏水	更换保险丝 将门合紧 更换水管 更换水泵
光纤末端激光输出功率下降	光纤输入端面污染或破坏 激光与光纤耦合的焦点偏移 氙灯老化 激光晶体内形成色心 激光谐振腔失谐	切除污染部分或更换光纤 调整相应光路 更换氙灯 更换激光晶体 调整谐振腔
激光发生器有激光输出，光纤末端无输出	光纤折断或激光耦合端面破坏 激光耦合的焦点完全偏离	更换光纤 调整相应光路
氙灯已预燃，但无弧光放电	"激光"键未按下 脚控开关未接好 激光电源或控制电路有故障	按下"激光"键 重新接好脚控开关 检修相应电路

程序控制的脉冲 Nd∶YAG 激光治疗机有自我诊断与故障代码提示功能，不同生产厂家规定的故障代码不同。出现故障时，应按照维修手册中讲述的方法进行排除。

（张志君）

二、Er：YAG 激光治疗机

Er：YAG（掺铒钇铝石榴石）激光治疗机的激光波长为2940 nm，是红外线不可见光，适用于对牙周、种植、根管等区域口腔软、硬组织疾病的治疗。

（一）结构与工作原理

1. 结构

Er：YAG 激光治疗机和脉冲 Nd：YAG 激光治疗机均属于固体激光，两者结构相似。Er：YAG 激光治疗机也是由脉冲激光电源、激光发生器、指示光源、导光系统及控制与显示系统组成。两者的不同之处主要有以下几个方面：

（1）激光发生器不同。Er：YAG 激光治疗机的激光工作物质为掺铒钇铝石榴石晶体，激光波长为 2940 nm。

（2）激光谐振腔和聚光腔针对波长为 2940 nm 的激光输出设计。

（3）导光系统不同。Er：YAG 激光治疗机目前的主要传输方式为中空波导管，只是在口腔手机末端通过很小的一段光纤。激光先通过中空波导管，再经过末端的光导纤维输出到治疗区域。而脉冲 Nd：YAG 激光治疗机的激光传输完全由光纤来完成。

2. 工作原理

Er：YAG 激光治疗机和脉冲 Nd：YAG 激光治疗机的工作原理类似，产生激光的原理相同。在激光传输上，Er：YAG 激光通过激光发生器输出后，先通过中空波导管，在其内部管壁进行内反射，在末端通过聚焦耦合到输出光纤内，通过光纤的全内反射，传输到光纤末端，输出治疗激光。波长为 2940 nm 的光在水的吸收峰上，极易被水强烈吸收，对软组织的作用深度浅，对健康组织损伤小，但凝血效果差。由于水的强烈吸收，会形成微爆破效应，产生机械力，从而实现对硬组织的剥离。

（二）临床应用

Er：YAG 激光治疗机适用于对牙周、种植、根管等区域口腔软、硬组织疾病的治疗。

（三）操作常规及注意事项

（1）接通电源。

（2）察看冷却装置，保证水量充足。

（3）选择和正确安装治疗手机。

（4）开启激光治疗机。

（5）校正手机。

（6）选择治疗项目。

（7）设定所需能量、脉冲频率、冷却设置。

（8）选择治疗模式。

（9）医生和患者戴上防护眼镜。

（10）将手机对准治疗部位，踩下脚控开关开始治疗。

（四）维护保养

（1）在治疗暂停过程中，应将手机放置在手机支架上。

（2）只有在关闭装置时才可进行设备的清洁和保养。

（3）使用湿布立即清洁受污染部位。

（4）仪器表面的残留物可使用中性、无研磨性的清洁剂清除。

（5）仪器表面油漆磨损（可从降低的光泽、黯淡不清的颜色来判断），清洁后重新涂漆。

（6）运输时保持树立箭头朝上、避免碰撞、防潮。

（五）常见故障及其排除方法

在正常操作过程中出现紧急情况时，按下紧急激光终止器按钮。Er：YAG 激光治疗机的维修建议由专业技术人员完成，一些常见故障及其排除方法见表 7 - 14。

表 7 - 14　Er：YAG 激光治疗机的常见故障及其排除方法

故障现象	可能原因	排除方法
在触摸屏显示故障信息时，设备将在 30 秒后自动关闭	治疗机自检诊断出故障	重新开启设备
设备不运行	电源开关关闭 未连接电源电缆 启动紧急激光终止器按钮	开启电源开关 连接电源电缆 释放紧急激光终止器按钮
手机不喷水或喷水量过低	喷射储罐已空 手机喷水管路阻塞或喷嘴堵塞	给喷射储罐加水 使用喷油针疏通、清洁管路或喷嘴
激光治疗效果不佳	激光终止器关闭 手机上的出射窗口有污物沉积 手机上的出射窗口光纤强度变弱 设备故障	打开激光终止器 清洁出射窗口 更换出射窗口光纤 请专业维修人员修理
手机水泄漏	激光管接头上的 O 形圈损坏	更换 O 形圈

（张志君）

三、CO_2 激光治疗机

CO_2（二氧化碳）激光治疗机是一种气体激光治疗机，输出波长为 10.6 μm，属远红外不可见光。CO_2 激光治疗机从功率上分为小功率便携式激光治疗机（3~10 W）、较大功率激光治疗机（10~30 W）和大功率激光治疗机（最高可达 650 W）。CO_2 激光治疗机不能向其他激光那样有成熟的光纤传输，而采用多晶 GeO_2（二氧化锗）空芯光纤传输或金属关节臂传输。空芯光纤的弯曲半径大于 50 cm，而金属关节臂一般是 90°反射。指示光常用 He-Ne 激光和半导体激光同光路红光指示。放电管用玻璃或石英材料制成。

CO_2 激光治疗机由放电管、全反射镜、部分反射镜、水冷管、电极等组成，如图 7 - 24 所示。CO_2 激光管用玻璃或石英材料制成，是一个三套管。最里面是放电管，CO_2 气体在其中放电并产生激光。最外面为储气套，它与放电管可不断地进行气体交换。中间一层是水冷管，通以流动的冷却水，冷却工作气体以稳定输出功率，冷却放电管以防炸裂和变形。回气管的作用是平衡放电管两端的气压差，保证输出功率和频率的稳定性。

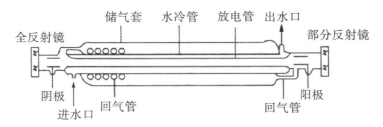

图 7 - 24 CO_2 激光治疗机的结构示意

当放电管电极两端加上直流（或低频交流）高电压时，放电管产生辉光放电，产生高能量电子，把 CO_2 分子激励到高能级，待高能级累积一定数量的粒子后，向低能级跃迁，产生波长为 10.6 μm 的激光。经过全反射镜和部分反射镜放大，输出激光。

操作常规及注意事项：

（1）CO_2 激光管为玻璃或石英材料，工作时，放电管温度上升极快，因此冷却系统应在激光产生前建立。首先打开水循环系统，并检查水流是否通畅。水循环系统如有故障时，不得开机。

（2）患者取合适体位，暴露治疗区或部位。

（3）检查各机钮是否在零位后，接通电源，依次开启低压、高压开关，并调至激光治疗机最佳工作电流量。

（4）缓慢调整激光治疗机，按治疗需要而定。

（5）治疗结束，按以开机相反顺序关闭各种机钮。但须注意，在关闭机组 15 分钟之内勿关闭水循环。

四、半导体激光治疗机

（一）工作原理

目前口腔临床使用的半导体激光治疗机越来越多，其工作物质有砷铝化镓（GaAlAs）、砷化镓（GaAs）、砷化铟（InSn）、锑化铟（InSn）等，输出波长大多在可见光的长波到近红外线之间。常见的波长为 650 nm、850 nm、980 nm 等，也有 8.5 μm 的输出。

半导体激光治疗机由一个 P-N 构成，天然解理面构成了谐振腔的反射面（有的经研磨而成）。通过激励，在半导体物质的能带或者半导体物质的能带和介质之间，实现非平衡载流子粒子的反转分布，当处于粒子数反转状态的大量电子与空穴复合时，便产生了受激辐射现象。不同类型的物质及不同的结构，采用不同方式的激励，构成不同种类的半导体激光治疗机。但均为注入式激励，通过谐振腔，发射固定波长的激光。一般是多模震荡，发射角大，方向性差。半导体激光可分为两类：一类为低功率的理疗性质的激光，输出功率为毫瓦级。另一类为大功率级，用数千个芯片排列，输出功率可达 60 W，体积小，重量轻，耗电少，但单色性差。

（二）临床应用

半导体激光治疗机使用方便，主要用于祛除龋坏组织、根管消毒、牙体脱敏、牙体倒凹的修整、牙周手术、口腔黏膜病治疗、颌面外科手术、颌面美容等。

（三）操作常规及注意事项

（1）使用前，操作人员必须经过有关操作培训及临床培训，必须认真阅读使用说明书，严格按照说明书的操作步骤操作。

（2）检查光纤，确认无破损，中间无断裂。治疗机的工作区或其防护包装的入口处，应挂上相应的警告标志。应防止意外的镜面反射。

（3）操作者和患者必须戴好激光防护镜，患者闭上眼睛，不许他人旁观。使用过程中如遇到异常，应立即按下急停开关，关机，待查明情况并正确处理后再开机操作。

（4）光纤末端是激光的最终输出窗口，严禁指向人（治疗部位除外）。不工作时，使其出口光路低于人眼以下，避免误伤。

（5）功率及频率的组合设定应严格按临床验证的数据进行，严格控制参数，严禁违规操作。

（6）治疗间隔时间较长时，可将治疗机置于待机状态或关机。

（7）脚控开关是激光准备发射状态下唯一的控制开关，严禁误踏。

（8）保持室内环境及治疗机的清洁，不用时将治疗机罩上。

五、Er,Cr：YSGG 激光治疗机

（一）工作原理

Er,Cr：YSGG（Erbium,Chromium：Yttrium-Scandium-Gallium-Garnet，掺铒掺铬钇钪镓石榴石）激光治疗机的激光波长为 2 780 nm，是红外线不可见光。其结构与 Nd：YAG 和 Er：YAG 激光治疗机相同，工作物质是 Er,Cr：YSGG 晶体，由激光电源、激光工作物质、泵浦和聚光系统、谐振腔、指示光源、导光系统及控制与显示系统组成。

目前临床使用的 Er,Cr：YSGG 激光治疗机，有厂家以"水激光"的商品名销售，这种命名方法值得商榷，易让人误以为激光工作物质是水分子。其实水是不能形成粒子数反转的，也就是说水分子是不能产生受激辐射的。之所以称为水激光，它是利用了 Er,Cr：YSGG激光治疗机输出波长为2780 nm的激光在激光治疗机的前端加了一个特殊装置激发水分子，使水分子形成具有高速动能的粒子，利用高速动能的水分子作为生物组织的切割媒介，有报道称此作用为水光动能现象。水光动能现象和一般的牙钻和激光作用不同之处在于在作用于硬生物组织时，不会出现振动，也不会产生热量，使患者不会产生敏感和疼痛。同时，波长为2780 nm的激光能量作用于软组织时，生物组织吸收系数大，可获得比较好的切割和止血效果，创面不会产生结痂区。也有报道用 Nd：YAG 激光激发水分子的设备，其作用机制几乎相同。

（二）操作常规及注意事项

（1）水光动能 Er,Cr：YSGG 激光治疗机包括激光部分和水动力部分。首先要保证冷却系统的建立，确认冷却储水罐装满。

（2）用蒸馏水填充自控水瓶。

（3）正确安装光纤配件并与手柄连接。

（4）对激光、水、空气参数进行预设。

（5）开机使用后，可用体模材料进行测试，以估计参数值并进行修正。

（6）如果机器出现功能异常，屏幕会显示错误原因及处理方法。

（7）机内有高压，激光机外壳要可靠接地，检修时防止触电，保障人身安全。

（8）倍压电路带电检测，必须用专用高压测量笔。用万用表检测倍压电路中的电容器件时，必须在关机状态待自放电或强行放电后方可进行。

六、口腔激光治疗的生物学机制

激光与生物体相互作用的结果，既可能使激光参量发生改变，也可能使生物组织发生形态或机能的改变，称为激光生物学效应。激光作用于生物体产生的生物学效应，既与激光的参数如激光的波长、功率、能量、振荡方式、模式、偏振及作用时间等有关，也与作用的生物组织性质有关。

生物组织的光学性质决定了激光进入组织的深度，由此决定了激光的作用范围。吸收系数为单位组织长度上光子被吸收的概率。图 7－25 为水的吸收系数随波长的变化规律。在可见光范围内，水的吸收系数是很小的，生物组织的吸收主要依赖于像黑色素和血红蛋白等大分子的含量。在红外线范围内，水对光的吸收系数要比可见光范围大几个数量级。在近紫外线、可见光和近红外线波段范围内，组织的吸收系数非常小。

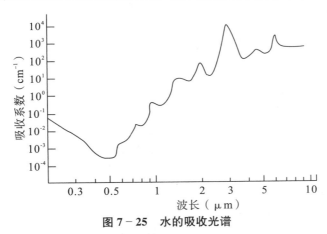

图 7－25 水的吸收光谱

穿透深度表示组织中光能流率减小到组织表面的能流率的 $1/e$ 时光传输的距离，决定了不同激光的作用深度。图 7－26 为激光照射到组织上的作用深度，可见不同波长的激光在组织中的穿透深度有较大的差异。

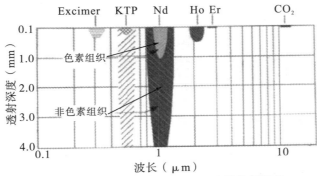

图 7－26 不同激光照射到组织上的作用深度

　　对生物机体组织的作用主要表现为光热相互作用、光化效应、压强效应、电磁场效应和生物刺激效应。

　　在口腔医疗上用得最多的是激光的热作用。其表现是生物组织被汽化、切割、凝固、热杀和热敷、热化反应和热致压强等。

　　利用光能作为激活能，在组织或细胞内引起的化学反应叫作光化反应。普通光的光化作用有光合作用、光敏作用等。一般说来，激光和普通光的光化作用机制是一样的，但激光可使光化作用更迅速、更有效、更广泛。

　　激光的压强作用是指当激光照射生物组织后，可以在极短的时间和极小的空间内，将能量集中起来，使功率密度达到很高的量级，在生物组织中产生高温、高压和高电磁强度等特殊效应。

　　一束功率密度为非常强的调 Q 激光，其电场强度可高达很高的量级。用这样高的电场强度作用于生物组织，就可以在生物组织内部产生光学谐波，发生电致伸缩，导致喇曼散射和布里渊散射等效应，从而使生物组织电系统发生变化，这就是激光的强电磁场作用。

　　当用弱激光照射机体时，激光作为一种刺激源，将引起生物体一系列生物学效应。但生物体对这种刺激的应答反应可能是兴奋，也可能是抑制。生物刺激效应主要用作理疗照射，其目的是促使细胞生长和调整机能。

七、激光的防护

　　在激光的伤害中，以眼睛的伤害最为严重。高强度的激光进入眼睛时可以透过人眼屈光介质，聚积光于视网膜上。此时视网膜上的激光能量密度及功率密度提高到几千甚至几万倍，大量的光能在瞬间聚于视网膜上，以致使感光细胞凝固变性甚至坏死而失去感光的作用。激光聚于感光细胞时产生过热而引起的蛋白质凝固变性是不可逆的损伤。

　　激光照到皮肤时，如能量过大时可引起皮肤的损伤。激光对皮肤的损伤程度与激光的照射剂量、激光的波长、肤色深浅、组织水分以及皮肤的角质层厚薄诸因素有关。

　　此外，激光治疗机的高电压也是产生伤害的因素。一些染料的毒素也不可忽视。

　　对激光工作室要充分照明，减少进入眼内激光量。尽量减少反射的危害，用黑色吸收体，墙壁不要涂油漆。激光工作人员和患者要使用专用的激光护镜。

　　在维修激光设备时，一定要注意不能带电作业，不能直视激光光束。一般不要拆卸聚光腔和谐振腔。更换泵浦灯时，要求专业工程师参与。

（杨继庆）

第五节　口腔医用光学设备

一、口腔医用放大镜

　　口腔医用放大镜（dental loupes）适用于各种口腔常规检查和介入性操作，特别是观察肉眼易于疏漏的细节，如初期龋、牙体隐裂等。

（一）结构与工作原理

1. 结构

口腔医用放大镜的主要结构包括：基体（头箍或眼镜架）、连接调整机构、双目镜筒等。

口腔医用放大镜按基体不同可分为额带式（头箍）和眼镜式（眼镜架）。

额带式放大镜由于使用头箍结构，使放大镜整体重量均匀分布，减轻鼻梁及颈部压力，特别适用于承载较重的结构（图7-27）。

图7-27 头箍式口腔医用放大镜

眼镜式放大镜佩戴舒适美观、摘戴方便。其根据双目镜筒固定方式又可分为 TTL（through the lens）式和翻转式（flip-up），如图7-28所示。

图7-28 TTL式放大镜（左）和翻转式放大镜（右）

TTL式放大镜的双目镜筒穿过承载镜片（一般为眼镜片），因此瞳距不可调节，通常需根据特定使用者生理参数定制，专人专用。由于其轻巧卫生、使用便捷、视野大，已广泛被世界各地特别是欧美地区的牙科医生使用。

翻转式放大镜的双目镜筒是以铰链形式固定在眼镜前端，瞳距可根据不同使用者调节，在不需要放大时还可以向上翻转，移出视野。但其力矩长、较笨重、视野相对较小。

此外，口腔医用放大镜通常可根据需要增加附件，如头灯（提供照明）和摄像模块（视频采集），如图7-29所示。

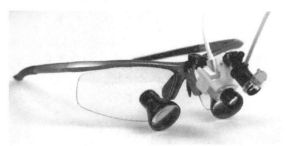

图7-29 配有头灯和摄像模块的口腔医用放大镜

2. 工作原理

口腔医用放大镜根据光学原理可分为伽利略式和开普勒式（棱镜式），其工作原理如图7-30所示。

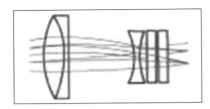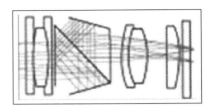

图 7 - 30 伽利略式放大镜原理图（左）和开普勒式放大镜原理图（右）

伽利略式借鉴伽利略望远镜原理，由正光焦度物镜和负光焦度目镜组成。其特点是成像清晰、结构简单、体积小巧、重量轻。但由于结构限制其放大倍率通常不高于 3.5 倍。

开普勒式借鉴开普勒望远镜原理，由正光焦度物镜组、正光焦度目镜组、转折倒像棱镜组成。其结构较复杂，体积大，较笨重，但可以提供更高的放大倍数。

由于双目镜筒中不同的光路设计，口腔医用放大镜具有多种放大倍率，每种放大倍率还具有多种工作距离，以此来适应不同医生的操作习惯。

放大倍率指提高影像大小的能力，放大倍率越大，细节越清晰，但视野和景深也会随之减小。因此，通常建议刚开始使用放大镜的医生选择较低倍率的放大镜，随着适应程度和使用经验的提升再选用较高倍率的放大镜。

工作距离是指使用者习惯和舒适的操作位置到眼睛的距离，具体数值因人而异。由于放大镜的景深通常较大，使用者实际的工作距离与产品标称的工作距离接近即可。

常见口腔医用放大镜不同的放大倍率、工作距离对应的视场直径参数可参考表7 - 15。

表 7 - 15　常见口腔医用放大镜的视场直径参数（TTL 式）

放大倍率	工作距离			
	340mm/13″	420mm/17″	460mm/18″	500mm/20″
2.0×	120mm/4.7″	140mm/5.5″	160mm/6.3″	180mm/7.1″
2.5×	60mm/2.4″	70mm/2.8″	80mm/3.1″	95mm/3.8″
3.0×	40mm/1.6″	46mm/1.8″	50mm/2.0″	54mm/2.1″

口腔医用放大镜的优劣很大程度上取决于其双目镜筒的光学质量，优质的放大镜通常使用进口光学玻璃，配合多层减反射膜来提高透光率、减少杂光，使全视场成像清晰，无变形扭曲。

此外，便捷可靠的镜筒位置及角度调节机构也相当重要，其保证了双目视场的完美融合，避免了佩戴者产生头晕和视觉疲劳等不适症状。

（二）临床应用

口腔医用放大镜可以使医生在检查和治疗过程中保持符合人类工效学的正确姿势，消除颈、背部疲劳，同时能够提高分辨率，减轻视觉疲劳，有效地提升诊疗效率和质量。其体积小、易携带、使用方便、价格便宜，在对放大倍数要求不高的环境下可替代口腔显微镜。

（三）操作常规

1. 翻转式放大镜

（1）操作者依据自己的瞳距将双目镜筒固定在两侧相应的位置（通常有瞳距刻线）。

（2）佩戴放大镜后分别用单目观察，如果视野左右还不圆正，再分别微调镜筒到满意为止。

（3）将双目镜筒翻转到合适角度，如果视野上、下部位不圆正，再上、下翻动镜筒微调。

（4）调节完毕后的放大镜观察到的图像应能完全重合，且视场圆整无重影。

（5）当暂时不需要放大观察时，可通过铰链把放大镜向上翻转，移出视场。

2. TTL式放大镜

由于根据特定使用者参数定制加工，此类放大镜通常无需调节，可直接佩戴使用。

如果瞳距或眼点高低略有偏差，一般可通过鼻托进行微调。

（四）维护保养及注意事项

1. 清洁

外表面的清洁：可用干净的湿布进行擦拭，可用湿布蘸50％乙醇和50％蒸馏水的混合剂擦去污垢。不能使用具有腐蚀性或有打磨作用的清洁剂。

光学镜片的清洁：用拭镜纸或脱脂棉花蘸少量50％乙醇和50％乙醚的混合剂将镜片轻轻擦拭干净（从中心螺旋形向外擦）。镜片上沾有灰尘，可用鼓气球吹去或用拂尘笔拂除。

2. 注意事项

（1）当放大镜上配有头灯、摄像模组等部件时，小心不要将液体渗透到其内部。

（2）放大镜使用完毕应盖上镜头防尘盖，放回保护盒内，并置于干燥通风处。

（3）请不要用手或硬物触及光学镜片表面，切忌使用硬质物或不洁物擦拭镜片表面。

（4）非专业人员不要拆卸光学镜片，当医用放大镜需要维修时，请联系生产厂家。

（5）佩戴放大镜时不可直视太阳光或其他强光源，以免对视网膜造成伤害。

（王吉龙）

二、口腔内镜

口腔内镜（dental endoscope）又称口腔摄像系统（intraoral camera system）、数字化口腔照相机，是一种安装了必要的照明光源可将摄像头放入口腔内的微型摄像系统。内镜成像在COMS或CCD图像传感器上，经过光电转换和图像信号处理后送到显示器上，可以实时逼真显示口腔内牙体、牙周及黏膜组织的病变和治疗情况，并可储存和打印。口腔内镜又称数字化口腔照相机、口腔摄像系统、口腔内窥镜、口腔镜，出现于20世纪80年代中期。

（一）结构与工作原理

口腔内镜按图像显示原理可分为两类，一是通过视频显示设备，如电视机监视器等直接显示图像；二是通过电脑获取、处理及电脑显示器显示图像。

1. 结构

口腔内镜一般由以下部分组成：

（1）装有摄像头的手柄，有的机型装有光导纤维和卤素灯。摄像镜头为定位镜头或可变焦镜头，能做90°旋转，10～40倍放大。在手柄内部安装有影像接收（CCD板）和照明系统。

（2）线缆。通常装有摄像头的手柄与电脑系统通过电缆连接在一起；也有设计通过无线电子信号将二者相连，与摄像手柄相连。

（3）电脑处理系统、彩色监视器或电视机。通过安装或内置配套软件进行图像的显示和播放。专门设计电脑系统还可以进行三维重建等功能。

（4）高分辨率的彩色打印机。

（5）脚控开关。可以通过它方便地进行图像的采取控制。

2. 工作原理

由于口腔内特定的环境，口腔内镜必须带光源。内镜的光源将目标物体照亮，被照射物体的反射光线通过摄像头的光学透镜将物像投射到 CCD 接收板。对于第一类口腔内镜，CCD 接收板将物像转换成 RGB 视频信号。RGB 视频信号直接传输到电视机显像，或直接传输到其他可接收视频信号的设备，如视频打印机、录像机等。此类口腔内镜由于使用RGB 视频信号，图像质量、图像分辨率等均受到一定限制，而且所摄取的图像无法方便地存储及调用。但 CCD、摄像头等的成本均比较低廉，整个系统的造价相对较低。对于第二类口腔内镜，CCD 接收板将物像转换成可被计算机识别的 VGA 信号。该视频信号传输给计算机的影像处理卡，影像处理卡及相应的软件将 VGA 信号处理成可被计算机利用的编码，供计算机使用。此类口腔内镜由于采用了 VGA 信号，可获得清晰度很高、层次感好的视频图像。而且，由于使用了计算机技术，可对影像进行各种处理、分析、储存、再加工、分档，并可随时调用，结合计算机网络技术，可对影像进行远距离单点传输、多点传输等，实现远程会诊、资源共享。由于口腔综合治疗台逐渐引入了先进的多媒体显示技术，此类型的口腔内镜越来越多地被医生选用。

口腔内镜的工作原理如图 7 - 31 所示。

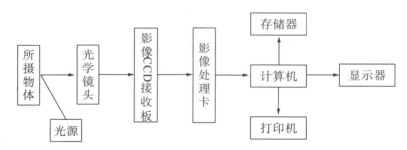

图 7 - 31　口腔内镜的工作原理示意

（二）临床应用

医生通过口腔内镜可以让患者清晰地看到自己牙齿表面的软垢、牙石、牙齿龋坏、牙龈炎症及口腔黏膜病变等平时无法自己看到的情景，可将患者治疗前后的牙齿、牙龈及口腔黏膜状况显示在屏幕上，医生可以根据所摄图像客观地向患者讲明其所患病变状况及需要采取的治疗措施，同时亦可对患者进行口腔卫生保健方面的指导，更有利于医生、患者之间的沟通与信任。

应用不同的光学原理，包括荧光原理，口腔内镜可以辅助进行早期龋、黏膜病变的筛查和诊断。专门设计电脑系统还可以进行三维重建等功能，实现光学印模制取。

口腔内镜系统的病历记录对于医生积累临床经验，总结治疗方法，提高治疗效果都有极其重要的价值，同时也可为学术论文的写作提供直接素材。

（三）操作常规

口腔内镜在临床使用中操作比较简单，开启设备后即可使用。

（1）摄像手柄采用握持气动涡轮手机的方式，选择一有利的支撑点，以便减少抖动，使影像更清晰。

（2）脚控开关控制图像的选择和储存。

值得注意的是，口腔内镜的消毒防护目前有两种方式：一是使用一次性塑料防护套；二是使用可反复消毒的防护罩，即在摄像头手柄上装备可拆卸的钛合金护套，护套的摄像头区有高清晰度玻璃，可进行压力蒸汽消毒。

（四）维护保养

（1）由于口腔内镜使用较多高清晰度的玻璃等易碎、易磨损元件，使用中应避免磕碰，尤其应注意防止患者用牙齿咬。

（2）有些口腔内镜使用光纤传导图像，应防止折叠。

（3）口腔内镜要使用自带光源照明，应尽量避免连续长时间使用，以延长光源的寿命。

（五）常见故障及其排除方法

口腔内镜的常见故障及其排除方法详见表 7－16。

表 7－16　口腔内镜的常见故障及其排除方法

故障现象	可能原因	排除方法
无图像	电源不通	接通电源
	摄像系统故障	修理或更换摄像系统
	监视器或电脑故障	修理或更换监视器或电脑
	接头、传输线接触不良或损坏	修理或更换接头或传输线缆
	照明系统损坏	修理或更换照明系统
图像模糊	操作焦距未调好	调好焦距
	摄像头质量不好	更换质量好的摄像头
	口腔内雾气影响	更换有处理雾气的装置
不能打印图像	打印机故障	修理或更换打印机
	连接电缆接触不良或损坏	修理或更换连接电缆

（尹　伟）

三、口腔显微镜

口腔显微镜（dental microscopes）又称牙科显微镜，主要用于牙髓、根管的检查和治疗，可以清晰地观察到根管口的位置、根管内壁形态、根管内牙髓清除情况，进行根管的预备、充填，取出根管内折断器械以及根尖周手术等操作。

随着显微镜技术的发展，口腔显微镜在口腔牙周、口腔修复以及牙种植等领域都已开始临床使用。口腔显微镜可以给医师提供较好的检查和治疗手段，有利于提高诊断水平和治疗精度；提高治疗效率和质量，使患者获得最好的治疗效果；改善医师诊断、治疗时的姿势，降低医生的劳动强度，保护医患健康。

（一）结构与工作原理

1. 结构

口腔显微镜可大致分成四大系统：机械系统、观察系统、照明系统、显示系统。

（1）机械系统：高质量的口腔显微镜配有精密的机械系统，一般包括底座、支架、悬臂、横臂、镜头支架等。通过机械系统的精密配合，显微镜镜头可根据检查和治疗的需要在水平和垂直方向精确移动和翻转角度。高档显微镜的各个关节通常配有电磁锁，可以一键解锁和锁定整机位置，操作方便可靠。

根据不同的安装需求，口腔显微镜通常可分为落地式、悬吊式、壁挂式、桌面夹持式。

落地式［图 7-32（1）］可以根据需要随时移动，安装方便，通用性强。其通过底座和立柱支撑整个显微镜系统。底座上有配重铁、移动轮和制动装置。配重铁加强显微镜的稳定性以防止翻倒，移动轮便于显微镜整体位置的调整，位置固定后可使用制动装置防止位置移动。

悬吊式和壁挂式［图 7-32（2）］类似，可以最大限度地节约地面空间，同时避免地面复杂的走线，保证手术安全性。

桌面夹持式通常用于试验和培训，一般不用于临床。

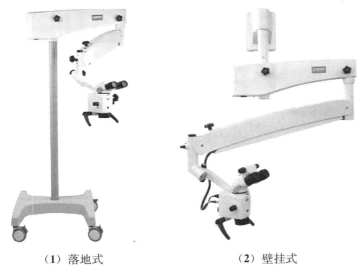

（1）落地式　　　　　　　　　（2）壁挂式

图 7-32　落地式和壁挂式口腔显微镜

（2）观察系统：口腔显微镜中的观察系统实质上是一台可变倍双目体视显微镜。观察系统主要指显微镜镜头，是显微镜的核心部件，主要包括变倍系统、大物镜、分光器、双目镜筒及助手镜等。

1）变倍系统可分为分级变倍和连续变倍两种。分级变倍通过旋转转鼓镜组来改变倍率，常见的转鼓镜组倍率从 0.4 倍到 2.5 倍分为五挡，或从 0.3 倍到 3 倍分为六挡。其结构紧凑，性能稳定，但切换倍率时会失去观察连续性。连续变倍通过光学变焦原理实现倍率的连续改变，变倍时视线不受阻挡，常见倍率为 0.4～2.4 倍，即变倍比通常为 1∶6 左右。

2）大物镜的焦距决定了工作距离，即镜头到工作面的距离。按焦距是否可调可分为固定焦距大物镜和变焦距大物镜两种。固定焦距大物镜通常为单组胶合镜片，焦距和工作距离都不能改变。但此类大物镜通常可根据不同需求便捷地更换，常用的固定焦距大物镜有 200 mm、250 mm、300 mm、350 mm、400 mm 等。有些固定焦距大物镜通过镜座的微调焦装置可以小范围（通常 10 mm 左右）改变工作距离，实现快速对焦，方便快捷。

变焦距大物镜（图 7 - 33）结构复杂，可通过镜组间距的变化大范围改变焦距和工作距离，工作距离可从 190~300 mm 或 250~400 mm 连续可调。有些变焦距大物镜的调节范围还可以更大，但此时通常无法实现同轴照明，对根管深处的观察造成不良影响，而且无法和固定焦距大物镜互换。

图 7 - 33　变焦距大物镜

3）分光器可以把主镜的部分光线引导至需要的附件，如照相机、摄像机、助手镜等。常见的分光器按 50%~50%或 70%~30%分光，供主镜和附件使用。

4）双目镜筒可分为定角度镜筒和可变角度镜筒。通常 0~190°变角可调双目镜筒（图 7 - 34）即可完全满足不同医生的不同观察需求。口腔显微镜通常配有 12.5 倍（或 10 倍）广角目镜，瞳距在 55~75 mm 连续可调，并配有可调高度眼罩。

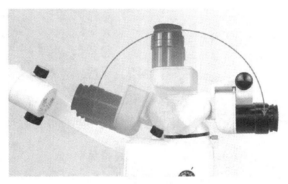

图 7 - 34　变角双目镜筒

5）助手镜又称第二观察镜，通常由分光器、连接器（如二维关节、三维关节、桥等）和双目镜筒组成。可供助手辅助操作，也可供其他人观摩学习。

（3）照明系统：通常可分为外置光源照明和内置 LED 照明。

外置光源照明是通过光纤束把外置光源箱中的光源发出的光线传导到主镜镜身，再通过物镜照亮工作面。其光源通常为氙灯、卤素灯或 LED。由于光源外置，维护检修较方便，照明亮度也比较均匀，但光能利用效率较低。

内置 LED 照明是将 LED 光源直接集成在主镜镜身内，通过聚光系统直接照亮工作面。由于避免了光纤的损耗，光能利用率很高，绿色环保，其色温和使用寿命均大大优于传统的卤素灯光源（图 7 - 35）。需要注意的是，LED 光源的显色指数 Ra 通常要求大于 85 才能够满足观察要求，如果此参数较低，会造成颜色失真。

照明系统中通常配有可切换滤光片，无红滤光片适合在大量出血时使用，橘色滤光片可用于避免充填物过快硬化。

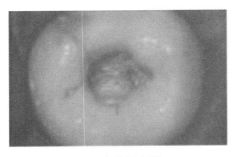 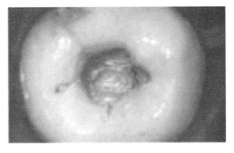

（1）卤素灯光源   （2）LED 光源

图 7 - 35   卤素灯光源与 LED 光源照明效果对比

（4）显示系统：随着数字化技术的不断发展，口腔显微镜通常也配有摄像系统。摄像系统一般分为内置式和外置式。内置式体积小，集成在镜身内，不影响医师的操作。高档的内置式摄像系统不仅采用高清 CCD，还集成有高清显示器（图 7 - 36）或者无线传输模块，避免了烦琐的外部走线，安全可靠。外置式需通过分光器连接，体积较大，但可以自主选配各类摄像器材。摄像系统采集的视频可实时地在显示器上显示，供多人同时观察手术情况，可用于教学、科研及临床会诊等。高档的口腔显微镜还配有影像工作站，除了视频的实时显示，还提供视频剪辑、截图、储存、查询、分类等各种便捷功能。

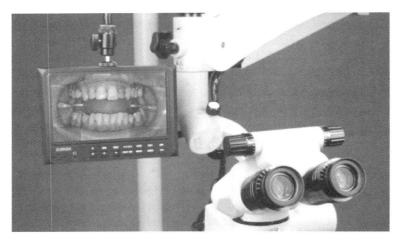

图 7 - 36   集成高清显示器的内置式摄像系统

2. 工作原理

口腔显微镜工作原理主要是光学原理，卤素灯或 LED 灯发出的冷光源通过光纤到达物镜和被摄物体，而观察的物体经物镜通过分光镜送到目镜和助手镜或摄像系统，通过调节焦距和放大倍数看清观察物体，锁定镜头，即可检查和治疗。

（二）操作常规

（1）松开移动轮刹车，收拢各节横臂，并锁紧，推至牙科椅边。移动时必须使用显微镜的推动手柄，不能将显微镜主体或观察镜等附加装置当推动手柄。推动时要慢而稳，避免碰撞。推至牙科椅边后松开各节横臂，根据患者体位调整显微镜镜头位置，使之正对手术视野的中心。重新锁紧移动轮。

（2）插上电源插座，开启电源开关。

（3）调整光源时应从最小的亮度开始，通常不要调至最亮，使用完毕后应及时关闭电源，以延长光源的使用寿命。

（4）调整目镜时，根据医生眼睛的屈光度在手术前预先调整目镜。然后通过显微镜镜头的上下调整或调整大物镜焦距，获得最大清晰度。

（5）调整好后，原则上不需要再调整。但实际上由于手术部位的局部变动，显微镜需要做相应的微调。此时，应在无菌条件下进行操作，最好的方法是使用专供手术显微镜使用的一次性无菌透明塑料薄膜套或硅胶消毒套，以便医生在无菌状态下调节。

（三）维护保养

（1）显微镜是精密光学设备，应按精密光学设备的要求进行维护保养；注意保持显微镜的清洁和镜头的干燥，镜头应使用专用镜头纸或清洗液擦拭，使用完后及时盖上防尘罩。

（2）建立保养制度，由专业人员定期进行保养检查调整，进行必要的检修及维护。这样可以延长手术显微镜的使用寿命，使其发挥最大效用。

（四）常见故障及其排除方法

（1）灯不亮，检查灯泡和保险丝并按规格要求更换（仅针对非 LED 光源）。
（2）其他故障应请专业人员维修。

（胡　民）

四、根管镜

根管镜（root canal endoscope）又称纤维口腔根管镜、根管内镜、根管内窥镜，用于常规根管治疗和根尖手术治疗等。根管镜是将内镜技术应用于口腔根管治疗领域，以增强术区照明和放大视野的一种设备；根管镜的应用使医生更准确地掌握整个治疗过程，可以识别根管壁隐裂纹，可用于定位并移除根管内折断器械和碎屑等阻塞物，医生和助手可同时通过监视器观察手术进程，提高临床治疗水平，扩大保存患牙的范围，改善和提高患者的口腔功能和健康水平。

（一）结构与工作原理

1. 结构

根管镜由可移动机座、光源及摄像机控制台、光导电缆及摄像机手柄、内镜探头、监视器、图像采集系统等组成。

（1）可移动机座：用于安放整个内镜系统，可以在治疗椅位旁移动；机座上配有一个电缆支架臂，用于安放电缆和固定摄像机手柄；支架臂可旋转、伸缩，便于灵活操作。

（2）光源和摄像机控制台：用于提供光源和控制图像的采集、资料的传输与保存。控制台上有许多操作按钮：

1）电源插座、保险、控制台的输入电源及电源总开关等安装在控制台的背板。

2）电源按钮（power）：用于控制电源。

3）白平衡按钮（white balance）：用于调节摄像光线，可以在不断变化的光学状态下和不同照明条件下实现颜色再现。当光源或摄像的光纤头（探头）发生改变时，需要重新调整白平衡。

4）窗口按钮（window）：在视野范围小于 4 mm 时，使用窗口来合理地调节光的水平。摄像时感觉光线太强，过多的光线集中在物体上，按下该按钮，成像变清晰。

5）定格按钮（freeze frame）：用于记录图像。按下此按钮可记录所需图像资料，再按下此按钮又回到原来图像状态。此功能也可以通过脚控开关来实现。

6）放大按钮（zoom）：用于图像在屏幕上的放大。选定所摄物体，按下放大按钮，如 zoom 1.5 倍，意味比原图像放大 1.5 倍；再按一次该按钮，放大 2 倍；再按一次该按钮，图像回到原来倍数。

7）反向按钮（reverse）：按下此按钮，图像旋转 180°；再按一次，图像回到原位。

8）灯光开关按钮（light on/off）：用于光源的开启和关闭。光源使用的是卤素灯泡，功率为 60 W、电源为 12 V 交流电。

9）电缆接口（camera cable input）：光导电缆的连接接口。

10）视频输出 S 端口（S-Video out）和常规视频输出端口（FBAS Video out）：用于视频信号的输出，位于控制台的背板上。与监视器相连，可以同时观看手术过程；与刻录机或计算机相连，可以保存手术资料。

11）脚控开关插口（optional footswitch）：用于脚控开关的连接。该插口在控制台的背板。

（3）光导电缆及摄像机手柄：用于光、电源的输送以及连接内镜探头。光导电缆是将传导光源的光纤和摄像机导线以及摄像机手柄一体化组合而成，在使用时要防止纠结和弯折。在光缆的前端连接于手柄上，安装有摄像机和调节环，用来传输图像和调整摄像机的焦距。

（4）内镜探头：用于根管及根尖的检查和手术等。内镜探头与摄像机手柄相连接，可以随时更换不同的探头。内镜探头有特制玻璃棒（俗称硬镜）或光纤（俗称软镜或纤维镜）组成，其规格有：

1）硬镜长 3 cm，直径为 11 mm，90°角；

2）硬镜长 3 cm，直径为 4 mm，70°角；

3）硬镜长 4 cm，直径为 4 mm，30°角；

4）硬镜长 6 cm，直径为 4 mm，30°角；

5）硬镜长 3 cm，直径为 2.7 mm，70°角；

6）纤维镜长 15 mm，直径为 0.8 mm，0°角；

7）纤维镜长 15 mm，直径为 0.32 mm，0°角。

随着技术的发展和临床的需要，还会有新型号的探头出现。一般根尖手术使用长 6 cm、直径 4 cm、30°角的探头和长 3 cm、直径 2.7 mm、70°角的探头。根管治疗常用长 4 cm、直径 4 mm、30°角的探头和长 15 mm、直径 0.8 mm、0°角的探头。

（5）监视器：用于实时观察手术及检查的全过程。

（6）图像采集系统：用于手术和检查过程中的图像采集和保存。

2. 工作原理

光源通过光导电缆传输到探头，照到被观察对象（根管），CCD 摄像机将图像传送到监视器和图像采集系统。通过监视器的显示，可以观察到被摄根管的清晰影像，可以全程观察检查和手术过程。检查和手术的资料，可以通过图像收集系统进行录制保存，并可以随时调用。如与计算机技术或计算机网络系统相连，可以对图像进行处理、分析、加工、储存，以及远程会诊、教学和资源共享。

根管镜工作原理如图7-37所示。

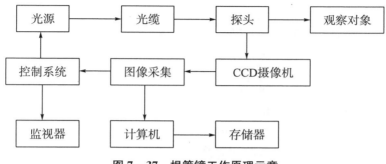

图7-37　根管镜工作原理示意

（二）临床应用

根管镜用于常规根管治疗，能够识别根管壁隐裂，可用于定位并移除根管内折断器械和碎屑等阻塞物；在根尖手术治疗，医生和助手可同时通过监视器观察手术进程，医生更准确地掌握整个治疗过程。

（三）操作常规

（1）将光导电缆连接到控制台上。注意：在连接前不能接通电源，必须在电源关闭的情况下连接；同样在使用过程中，不能拔插电缆，否则会永久损坏摄像机。

（2）将监视器、图像处理系统等正确连接。

（3）选择内镜探头，与摄像机手柄连接。

（4）插上电源插座，打开后背板上的电源总开关。

（5）按下面板电源开关按钮，接通电源。

（6）按下面板上的灯光按钮，打开光源。在使用前，首先预热30～40秒，达到最大亮度。

（7）调整图像。①调整白平衡：灯泡预热30～40秒后，将视野集中到一个白色实体上（如白纸），视野窗与实物相距25～50 mm，按下白平衡按钮，注意屏幕上颜色的改变，达到最接近实体的颜色。数秒后，声音提示白平衡调整完成。每次更换探头，都必须调整白平衡。②窗口调整：未打开窗口时，若感觉光线太强，过多的光集中在物体上，按下窗口按钮，可听到声音改变，注意光线的变化，好像光线在变弱，图像变清晰。视野范围大于4 mm，物体上有很强的光时，也可以使用这一功能。一般使用窗口按钮后，需调整一次白平衡。③定格、放大、图像反向等功能的调整：在使用中根据需要调整，按一下相关按钮即可。这三个功能可以联合使用。

（8）图像采集和保存：在使用过程中，如有资料和图像需要保存，可将图像通过录像机、刻录机等同步录像。也可以通过采集器输入电脑保存。单幅图像通过定格处理，使用打印机打印或保存在电脑内。

（四）注意事项及维护保养

（1）根管镜是光学设备，内镜的摄像镜头和探头要保持清洁、干燥、防霉，防碰撞以及其他损伤。

（2）摄像机镜头要防止液体或异物掉入；如有液体或异物掉入，应立即切断电源，将摄像机及电缆从控制器上拆下，由专业人员维护。

（3）摄像机头清洁维护时，需将电源断开并拆下，可以用专用清洁剂和软布清理，也可用蘸乙醇的棉球清洁，但不能使用有棱的工具或刷子来清洁镜头。机头外部可以用湿布清洁。

（4）灯泡的更换需在电源关闭的情况下进行。在换灯泡之前，须让灯泡冷却，以免烫伤。更换灯泡时，不要让皮肤直接接触到玻璃罩和反光镜。因为皮肤上的油渍会沉积在玻璃上，使灯泡受热不均，导致灯泡损坏或玻璃爆裂。通常更换灯泡时用布、纸或塑料等物接触灯泡。灯泡的更换步骤可按说明书的要求进行。

（五）常见故障及其排除方法

根管镜的常见故障及其排除方法详见表 7 – 17。

表 7 – 17　根管镜的常见故障及其排除方法

故障现象	可能原因	排除方法
无图像	整台机器或监视器未接通电源	检查机器电源，确保连接正确
	电源开关没打开	打开电源开关
	显像线缆连接不恰当	正确连接所有线缆
图像太暗或对比度差	灯泡老化，亮度不够	更换灯泡
	监视器信号没调好	调整监视器信号
	探头脏了或有霉斑点，或摄像头有污物、霉点等	取下探头，如果图像状况变好，说明探头有问题，否则摄像头有问题，按说明书正确擦拭镜头和探头
	探头与摄像头连接不良	取下探头重新连接
	摄像机未准确聚焦	调整聚焦环，直至图像清晰
监视器色彩不良	监视器的设置不正确	调整监视器设置
	摄像机的调节不正确	使用白平衡和窗口按钮调整摄像机

（胡　　民）

五、颞颌关节镜

颞颌关节镜（temporomandibular arthroscope）又称颞颌关节内镜、颞颌关节内窥镜、颞下颌关节内窥镜，是利用光导纤维及多透镜光路系统成像的装置。该装置可对细小的颞颌关节上下腔内关节滑膜、软骨面及关节盘的早期亚临床病变进行观察及记录；利用穿入关节腔内的套管通路，对关节腔内的纤维粘连、絮状物等进行剥离和灌洗，钳取病理标本做活体组织检查，吸取滑液做相关分析；并以装在微型手机内的微型电动机为动力，对病变的关节腔内各组织面进行刨削、打磨。颞颌关节镜具有检查直观、创伤小、诊断与治疗共用等特点。

（一）结构与工作原理

1. 结构

颞颌关节镜由检查系统、手术器械、影像记录系统、监视器，以及图像打印机五个系统组成。

（1）检查系统：主要包括硬质金属穿刺套管、传导图像的透镜系统、光导纤维束、冷光源、目镜及摄像头等。

1）硬质金属穿刺套管：常用穿刺外套管的直径为 2.8 mm，配合锐性或钝性穿刺针芯。锐性穿刺针用于穿通关节囊外壁，建立通道；钝性穿刺针用于探入深部关节腔。外套管有效工作长度约为 5 cm，其表面刻有刻度，便于穿刺时标记。内套管直径为 2.3 mm，包裹成像系统。近年来，出现了少数非标准圆形剖面的穿刺套管，如椭圆形剖面者，可在其内容纳上下两个内套管以同时形成两个通道，但未得到广泛应用。

2）透镜系统：为主要的成像元件，由一系列透镜组成。①前方直视型：沿透镜组水平长轴 0° 成像。②前方斜视型：沿透镜组水平长轴 30° 成像，操作者通过旋转关节镜可以得到前方之外的上下非垂直图像，最大限度地增加了观察视野，是应用较广泛的类型。③侧视型：沿透镜组水平长轴 70° 或 90° 成像。

3）光导纤维束：环绕包裹于透镜组周围，是冷光源导入关节腔内的通路。

4）冷光源：冷光源一般为全自动调节光度强弱，配卤素灯或氙气光源，最高输出色温为 5 600 K。光线通过复合连接体，沿光导纤维束导入关节腔内。

5）目镜：操作者由此直接观察操作情况。

6）微型摄像头：与内镜后部相连接，接收内镜光学图像，并转换成数字电子信号，并与摄像控制仪、监视器、彩色打印机等设备相连接，以备从显示器观察或记录输出。目前由于数字影像技术的进步，内镜摄像头可实现变焦成像，其水平图像分辨率可高达 975 线以上，并配有成像精度较高的 3CCD 数字成像系统。

（2）手术器械：通过穿刺进入关节腔的套管，进入关节内（术区）进行手术操作的专用手术器械。

1）手动型：如活检钳、兰剪、直剪等。

2）电动型：以微型手机内的微型电动机为动力，低转速为 0～1800 r/min，高转速为 0～7500 r/min，驱动不同规格与形状的刨刀、打磨钻头，对病变关节组织面进行刨削、打磨。配有数字显示动力/速度/方向控制系统，称为 TPS 系统（total performance system，TPS)，可以自动探测接驳的手机头类型，并且精确地显示手机头的工作转速、方向等技术指标。TPS 系统可以选配专用 TPS 脚控开关，对脚控开关的各控制功能可自行编制程序，并且其工作状态亦可显示在监视器上。

（3）影像记录系统及监视器：目前的内镜水平图像分辨率可高达 975 线以上，在 0.5～500 lx 照明条件下均可有效工作。其控制系统可自动对颜色进行调节。专业监视器可将操作和观察结果实时显示，并可通过录像机或直接转换为数字影像文件进行记录。

（4）图像打印机：将选定的观察结果以图像的形式输出。

2. 工作原理

光源通过穿刺导管内的纤维镜，照射到颞颌关节术区，进行检查和手术操作，同时摄像机将图像传送到监视器显示，可全程观察检查和手术过程。

颞颌关节镜的工作原理如图 7-38 所示。

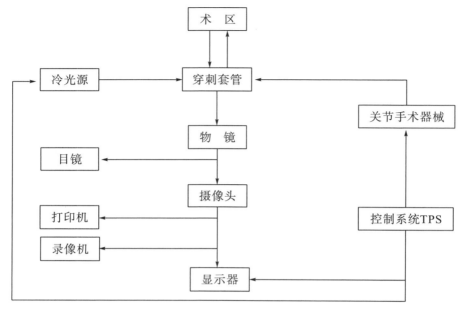

图 7-38　颞颌关节镜工作原理示意

（二）操作常规

（1）穿刺前准备：包括手术体位、局部麻醉、关节囊穿刺及扩张。注射 0.9% 氯化钠注射液（生理盐水），扩张关节囊，可使套管穿刺时容易进入，并减少损伤和防止出血。

（2）关节腔穿刺：选择穿刺点，将尖头穿刺针插入套管后，按关节上、下腔选择相应穿刺方向。穿入关节腔内后，换钝头穿刺针，使外套管进入适当深度。

（3）接通液体灌流回路：用玻璃接管连接输液管，接在关节镜外套管侧方管开口处，并连接三通开关及注射器，加压灌洗。灌入液体经穿刺进入关节腔的注射针头流出。

（4）置入关节镜进行检查、治疗和记录：取出钝头穿刺针，置入关节镜。关节镜末端与冷光源连接。可以直接进行观察，或对病变关节组织面进行刨削、打磨，钳取活体组织等操作。通过连接的专用摄像头可以将图像同步输出至监视器，并可用录像机记录保存，根据需要还可以采用打印机输出图像。

（5）检查后处理：检查完毕后，在取出内镜前可用抗生素生理盐水对关节腔进行冲洗，并通过灌洗针注入少量醋酸可的松等激素，从而减少术后炎性反应。继而将内镜及外套管取出。关节镜穿刺点可以缝合一针，亦可不缝合。穿刺区外侧加压包扎 5~7 天即可完全愈合。

（三）维护保养

（1）手术器械使用前、后可采用消毒剂浸泡法或气体熏蒸法消毒。

（2）使用时注意各组设备之间的连接是否正确，关节镜镜头不应在套管外接触其他物体，使用后及时放入设备盘内。

（3）手术器械及关节镜用后应清洗，并放入消毒装置内。

（4）定期全面检查，及时消除隐患，保证机器正常工作。

（四）常见故障及其排除方法

颞颌关节镜的常见故障及其排除方法详见表 7－18。

表 7－18　颞颌关节镜的常见故障及其排除方法

故障现象	可能原因	排除方法
无图像	电源不通	检查或更换电源插座，插好插头
	监视器故障	修理或更换监视器
	摄录像系统故障	修理或更换摄录像系统
	接头及传输线缆接触不良或损坏	更换接头或电缆
图像模糊	白平衡开关未调好	按白平衡键直至灯不闪（对白色物体距离 5 cm 进行调节）
	关节镜与摄录像系统连接处起雾	除雾

（陈　刚）

六、涎腺镜

涎腺镜（sialoendoscopy）又称涎腺纤维镜、涎腺内镜、涎腺内窥镜，用于涎腺的检查和治疗。

（一）结构与工作原理

1. 结构

涎腺镜主要由光源控制器、光导电缆、监视器及图像采集系统、纤维镜系统、手术器械等组成。

（1）光源控制器：包括电源、卤素灯泡、光导插口及摄像机插口和功能控制按钮。

1）电源：交流电，电压为 220 V，频率为 50 Hz。

2）卤素灯泡：交流电，电压为 12 V，功率为 60 W，内镜冷光源。

3）光导插口及摄像机插口：用于连接光导电缆，传输光源和图像信号。

4）功能按钮：①亮度调节，用于调节灯光强度，有自动和手动两个按钮。开机之初应在自动状态，使用过程可使用手动调节。②白平衡，用于调节图像色彩，使图像的色彩与实体的颜色一致。③窗口，用于图像的放大或缩小。

（2）光导电缆：用于连接摄像机和纤维镜，将光源传导到纤维镜，同时将图像信号传送给监视器和图像采集系统。光导电缆与光源控制器连接时，一定要在电源关闭的情况下进行，否则会使摄像机永久损坏。

（3）监视器及图像采集系统：监视器用于图像显示，便于操作和观察手术情况。图像采集系统可以将摄像机摄制的图像进行录像或输送到电脑中保存。

（4）纤维镜系统：是主要的手术和成像单元。纤维镜分为硬镜和软镜。硬镜为直径 2.1 cm、0°角的直镜，不可弯曲，图像质量好。软镜为直径 1.0 cm、0°角的直镜，可以有一定弧度的弯曲，便于进入弯曲的导管内。

（5）手术器械：涎腺镜要在手术器械的配合下使用，主要器械有套管针和取石钳。套管针有2个通道和3个通道的。其中，2个通道的适合于涎腺检查，一个通道用于纤维镜的穿入，另一个通道是液体通道。涎腺镜的使用需要水做介质，便于纤维镜的导入。3个通道的适合于取石用，第三通道便于取石钳的导入。

2. 工作原理

光源通过光导电缆送到纤维镜照射涎腺管内被摄物体，同时摄像机将图像传送到监视器和图像采集系统。通过监视器的显示，可以清晰地全程观察检查和手术过程。检查和手术的资料，可以通过图像收集系统进行录制或传送到电脑保存，并可以随时调用。

涎腺镜的工作原理如图7-39所示。

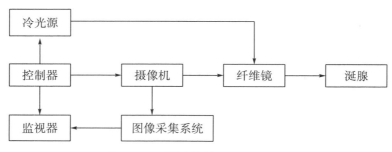

图7-39 涎腺镜的工作原理示意

（二）临床应用

涎腺镜主要应用于慢性涎腺炎和涎腺结石的摘除等。

（三）操作常规

1. 开机前准备

（1）将光导电缆与控制器连接（一定要在打开电源之前连接）。

（2）将摄像头及纤维镜与光导电缆连接。

（3）将监视器、图像采集系统（电脑）等正确连接。

（4）连接电源，打开电源开关及光源开关。

2. 穿刺前准备

穿刺前准备包括涎腺管口局部消毒、局部麻醉、探针探查涎腺导管口、扩管、套管针穿刺等。

3. 涎腺镜的导入

将水等液体回路与套管针的一个通道连接，将涎腺镜从另一个通道缓慢导入。通过监视器观察，调整光的亮度和图像的清晰度以及窗口的大小。在检查和手术的过程中，可以将所需的图像资料存入电脑和录像机中。

4. 术后处理

检查和手术后，将涎腺镜抽出，关闭光源和电源，将摄像头和纤维镜卸下并消毒备用。

（四）维护保养

（1）涎腺镜的摄像镜头要保持清洁、干燥，并注意防霉、防碰撞以及其他损伤。

（2）涎腺镜和手术器械在手术前、后应按国家卫生机构腔镜消毒标准进行消毒处理。

（3）涎腺镜和手术器械在手术前、后应检查设备状态是否良好，图像是否清晰，有无隐患。纤维镜不要弯折以免损坏。

（4）涎腺镜的光照较强，不要对着患者和医生的眼睛，以免损伤眼睛。

（5）灯泡的更换，需在断开电源的情况下进行。在换灯泡之前，须让灯泡冷却，以免烫伤。更换灯泡时，不要让皮肤直接接触玻璃罩和反光镜。因为皮肤上的油渍会沉积在玻璃上，使灯泡受热不均匀，导致灯泡损坏或玻璃爆裂。通常更换灯泡时用布、纸或塑料等物接触灯泡。

（五）常见故障及其排除方法

涎腺镜的常见故障及其排除方法详见表 7-19。

表 7-19　涎腺镜的常见故障及其排除方法

故障现象	可能原因	排除方法
无图像	整台机器或监视器没有连接电源，或电源开关没打开	检查机器的电源，确保连接正确，打开电源开关
	显像线缆连接不恰当	正确连接所有线缆
图像暗或对比度差	灯泡老化，亮度不够	更换灯泡
	监视器信号没调整好	调整监视器信号
	监视器或摄像机故障	请专业人员修理或更换监视器及摄像机
	纤维镜或摄像头连接不良	重新连接纤维镜或摄像头
监视器色彩不良	监视器的设置不正确	调整监视器的设置
	摄像机的调节不正确	调整摄像机白平衡

（胡　民）

七、鼻咽镜

纤维内镜是供人体内腔检查和手术使用的医用光学器械。它利用人体自然腔道或切口导入人体体腔，对预期区域或部位进行照明并于体外成像以供观察和诊查，结合手术器械可进行诸如标本取样活检、切割、粉碎、消融、止血、凝固等临床手术。

鼻咽镜（nasopharyngoscope）又称鼻咽纤维镜，是一种可插入受试者鼻咽腔，直视观察鼻咽喉部的结构形态并协助诊断治疗的医用内镜。它采用光导纤维制成，具有细小、柔软、轻便、可随意弯曲，不受局部解剖因素限制的特点，因而易于经鼻腔进入咽喉部检查操作；其镜管末端可达病变部位，视野广，能客观显示鼻咽喉部位的解剖形态、周围结构及异常病变；能在直视下活检，取点准确；其镜头的亮度强，放大倍数高、视野清晰，可以清楚地看到真实放大的鼻咽喉部图像，发现隐蔽微小的病灶和鼻咽喉部病变的细微变化，为临床诊断提供客观依据。对于口腔后份、鼻咽喉部的细小异物滞留，因其位置较隐蔽，如患者配合欠佳难以被发现，而在鼻咽镜下行异物取出，则能取到很好的效果。鼻咽镜手术可以在门诊进行局部麻醉下完成，方便、微创，避免了全身麻醉，降低了全身麻醉的手术风险及手术费用，患者不良反应少，是目前鼻咽喉部疾病常用的诊断性操作技术之一，也是诊治鼻咽喉疾病的重要手段，近年来已在临床上得到广泛的应用。

鼻咽镜在口腔颌面外科疾病的诊疗中同样发挥着重要的作用。鼻咽镜的镜体柔软，可以弯曲，经鼻腔插入鼻咽部后，其远端能弯曲并调节方向，亮度强、图像清晰，能动态直视观察鼻腔及鼻咽部的全貌，还可以随时吸取鼻咽部分泌物。对于软腭瘫痪、腭裂等各种原因所致的腭咽闭合不全，鼻咽镜可以直接观察腭咽口的闭合形式及闭合程度并进行录像、照相，协助临床医生评估腭咽功能、分析腭咽闭合不全的原因，辅助鉴别结构性腭咽闭合不全、功能性腭咽闭合不全和学习性腭咽闭合不全，为手术方案的制订提供客观依据。对于腭咽手术、外伤或肿瘤等原因造成的阻塞性睡眠呼吸暂停低通气综合征，鼻咽镜可以协助综合了解上气道各部位的截面积及引起狭窄的结构。有吸引和钳孔的鼻咽镜可应用于协助困难的全身麻醉手术插管，手术中抽吸分泌物，疏通呼吸道，灌注药物，准确钳取活体组织等。

（一）结构与工作原理

1. 基本结构

纤维内镜由光学观察系统、照明传输系统和支架构件组成。光学观察系统由聚焦成像的物镜组、传输物镜组像的传/转像组和目视观察用的目镜或 CCD 转接镜构成，照明传输系统由混编排列的多束导光纤维构成，支架构件由支撑并包裹前述系统并开有手术和/或冲洗孔道的医用金属和/或有机材料构成。

传统的鼻咽镜为细而可弯曲的棒状内腔镜，由操作部、镜身、纤维内镜头端、导光缆及其光源插头等组成。

（1）操作部：包括头端的角度控制旋钮和锁钮、吸引阀按钮、注气/注水阀门、活检通道阀门、目镜、调焦装置等。术者手握操作部，操纵各种按钮，完成内镜检查。

1）角度控制旋钮和锁钮：角度控制旋钮形似齿轮，有两个，分别控制上下、左右角度。转动角度控制旋钮，牵引钢丝而使弯曲部动作。在两个角度控制旋钮旁各有一个锁钮，当锁钮工作时，固定弯曲角度；当锁钮放松时，镜伸展。要注意在锁钮未松开前，切勿做进镜和拔镜动作。

2）吸引阀按钮：位于操作部前方，按钮中央有一孔。术者重压此按钮时，吸引管接通；当开通抽吸器开关时，腔内液体或气体通过目镜前端的吸引孔吸入吸引瓶内。

3）注气/注水阀按钮：位于操作部前方，按钮中央有通气孔。当打开电源时，电源箱内的电磁泵不断压出空气，由此孔溢出；当用手指堵住按钮时，空气通过单向阀进内镜气道，再由前端部的送气口进入腔内。当重压按钮时，送水管接通，空气进入贮水瓶，将瓶内的水压入送水孔，经前端的送水口喷出来。

4）活检管开口：目前内镜的活检管开口都位于操作部下方，是活检钳及各种治疗用器械插入口，插入后通过活检管（吸引/活检通道）从前端部伸出。

（2）镜身：为一易弯的管道，一般长度为 475~570 mm，外径为 3.7~5 mm，视角为 70°，远端弯曲度向上 90~160°、向下 60~90°。由钢丝管及蛇形钢管制成，具有保护作用，其易弯程度随纤维内镜的用途不同而异。管道内装有导像束、导光束、活检通道与抽吸管道、注气/注水通道以及控制转角的钢丝。管道外包有聚氨酯塑料管，此管具有密封作用，以防止水及腔道液体的进入和腐蚀。

（3）纤维内镜头端：有直视型、斜视型、侧视型三种类型。其横断面上可以看到吸引及活检孔、导光镜面、物镜面、气或水喷出孔。另外，侧视型或斜视型内镜前端有举钳器。

（4）导光缆及其光源插头：导光缆在操作部与纤维内镜体相连，它是纤维内镜与光源连接部分，内有导光束、注气/注水管、吸引管及控制自动曝光的电线等，同时将空气泵、盛水瓶、吸引泵连接起来。光源插头有供连接摄影自动曝光装置及送水、送气装置的插头，另有治疗用纤维内镜接高频发生器S线的插头等。

（5）附件：包括冷光源、教学镜、照相机、摄像机、内镜电视系统、活检钳、细胞刷、冲洗与吸引管等。

2. 工作原理

光线在不同介质中的传播速度不同，根据其传播速度大小，将不同介质分为光密介质和光疏介质。光线在均匀介质中沿直线传播。当光线从一个介质传到另一个介质时，在界面上可以看到反射和折射现象。如果入射光线不折射到第二介质中，而是完全反射回原介质，称此现象为全反射。鼻咽镜就是用具有全反射特性的光学纤维制成。

纤维内镜的主体是纤维导光束、导像束，由数万根光学纤维（简称光纤）构成。光纤有玻璃光纤和塑料光纤（主要是丙烯树脂）两种。目前医用纤维内镜所用光纤为玻璃光纤。玻璃纤维被拉至 30 μm 以下的细丝就变得非常柔软，可任意弯曲。拉制的玻璃纤维由两层组成，外层为折射率较低的被层，也就是光绝缘物质；内层为折射率较高的芯层。燧石玻璃和冕玻璃相比，燧石玻璃是光密介质。目前玻璃纤维均用燧石玻璃制作核心纤维，被覆层用冕玻璃。光线由玻璃纤维端面射入，当光线进入芯层后，因燧石玻璃的折射率高于冕玻璃，在内外层接口上会发生折射与反射。由于内层为光密介质而外层为光疏介质，当光线由光密介质进入光疏介质而入射角大于临界角时，就会发生“全反射”。因而照射在燧玻璃内表面的光线被反射到对侧的内表面，经过反复的全发射，使光线不会泄漏，由纤维的另一端射出。成束玻璃纤维在一起时，因为相邻介质可以发生光泄漏，被覆的冕玻璃折射率较低，能减少光传导的损失。当纤维被弯曲时，反射角发生变化，但光线仍以全反射形式传导。因此，由导光纤维排列组成的圆柱形导光管将冷光源所提供的光束传导到观察部位，利用光在玻璃光纤中传导遵循全内反射原理，纤维内镜中每一根玻璃光纤传导一个独立的像素，相互间无折射光干扰，达到光无损失，光线可随纤维的弯曲而弯曲，能在任何位置上看到从任何方向射来的物体反光。利用此原理，将各玻璃光纤两端位置正确地对应排列，使整束玻璃光纤两端成一个平面形式，在任何一端平面上形成影像，从而获得高精细度、高清晰度的逼真图像。

鼻咽镜的工作原理如图 7-40 所示。

单玻璃纤维传导一个光点，如将众多单传光玻璃纤维丝有序地排列起来，便成为能传导图像的导像束。每根纤维内镜中的光纤玻璃全部排列整齐，两端的光纤首尾对应，所有数万个光点从一端至另一端，如果每根纤维之间排列越紧密，两端越整齐，传导图像的光亮度越大，分辨率越高，图像越清晰。如果光纤玻璃断裂，此处的光线传导阻断，目镜中可见到黑点，黑点越多，光亮度越降低，图像清晰度亦下降。纤维内镜的传/转像组采用了传像光纤，该传像光纤由多束导光纤维按照坐标对位原则面阵排列，每一根导光纤维作为面阵上一个像素在传像光纤两端的坐标位置一一对应。物镜将物体直接聚焦成像于光纤面阵上，光纤面阵上的每一像素（每一根导光纤维）分别接收对应位置像的光能，并将该光能传输至传像光纤的另一端发出，光纤面阵上的所有像素在像方端输出的全部光能重组

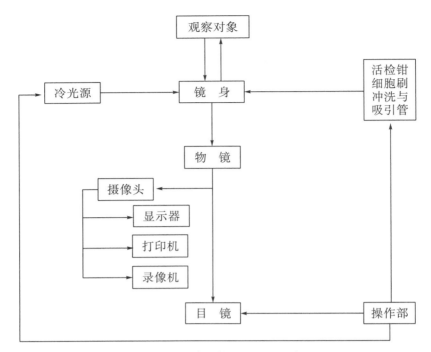

图 7－40　鼻咽镜工作原理示意

了物镜的聚焦像，即达到了光纤传像的目的。纤维内镜安全有效应用的关键性能是成像水平，除要求物镜有大视角、小畸变、高相对孔径和景深外，传像光纤质量是纤维内镜成像质量和水平的主要贡献，其中传像光纤的像素是限制纤维内镜分辨极限的关键因素（对给定视场而言）。

（二）操作常规

（1）患者取坐位，检查前擤鼻涕。

（2）先用1‰麻黄碱溶液收敛鼻腔黏膜、扩张鼻道，用1‰丁卡因（地卡因）喷雾表面麻醉鼻腔及咽喉部，隔2～3分钟一次，共喷三次。嘱受检者勿将药液吞下，以免导致丁卡因中毒。

（3）开启冷光源，调节好光源亮度。

（4）用屈光调节环调节视野清晰度。

（5）根据患者的体位，检查者可立于其头后部或对面。通常用左手握持镜体操作部。左手拇指拨动角度控制旋钮，调节远端弯曲部的弯曲方向和角度（向下），使插入管末端略向上向前伸，以适应鼻腔的弧度。右手握持镜体的远端进行操作。窥清下鼻甲，从一侧鼻腔经下鼻道或中鼻道轻轻插入纤维镜，边进边观察鼻腔及鼻咽部，适时调节内镜先端部的角度。

（6）将鼻咽镜软管经鼻腔直入鼻腔、咽、喉部，嘱患者全身放松并用鼻呼吸，依次观察鼻甲、鼻道、后鼻孔、鼻咽顶、咽鼓管隆突、咽鼓管咽口、咽隐窝、咽峡、咽侧索、会厌部、杓间区、室带、声带及声门下。

（7）使用完毕退镜。

（三）清洗消毒

1. 清洗

（1）检查结束后，立即将纤维镜的插入部浸入医用肥皂水内，用纱布擦洗，清除内镜及活检橡皮盖表面的黏液和血液。

（2）反复操作吸引阀按钮，进行注气或注水10秒，同时用相同型号的管道清洗管腔3次以上，然后放入清水内。

2. 消毒灭菌

（1）一般不宜用灭菌时间长的压力蒸汽灭菌，有条件的单位可用低温过氧化氢等离子灭菌。

（2）化学消毒，选用杀菌谱广、有效浓度低、性能稳定、易溶于水，对机体无害并对内镜无损害的消毒剂，临床最常用的为2％戊二醛溶液。将内镜浸入消毒剂中，操作吸引阀按钮，连续吸引30秒，使消毒剂流经镜内的全部管道，并浸泡15分钟，以达到充分灭菌。

（3）消毒完，用清水冲洗镜身，并持续吸引30秒，将管道内的消毒剂冲净。再用75％乙醇冲洗管道。最后将内管道吹干，镜身用75％乙醇纱布擦拭干净，放入镜柜内贮存备用。

（4）将插钳口阀门取下，用棉签蘸2％戊二醛溶液擦洗，再用流动水冲净，安装好备用。

（5）每月对内镜采样做病原微生物培养监测一次，并做好记录。内镜室应定期消毒，每周至少2次。

（6）附件的清洗及消毒，先用肥皂水将活检钳、细胞刷的血污洗净，用毛刷将其内的组织碎屑刷洗干净，再用清水洗去肥皂水。清洗干净后凡耐高温的器械应采用压力蒸汽灭菌；对不耐高温的器械可用2％戊二醛溶液浸泡消毒15分钟，再用清水冲净，擦干后备用。

（四）维护保养

（1）每台内镜均需建立使用登记卡，及时记录使用次数、损伤及维护情况。

（2）使用操作部弯曲钮时勿用力过大，以减少仪器磨损。

（3）防止患者手抓插入管。

（4）弯曲部绝对禁止过度弯曲，如果导光束、导像束的玻璃光纤断裂，镜面出现黑点，其使用寿命将缩短。

（5）取活体组织检查或刷检时勿用力过猛，否则易造成内镜的钢丝折弯变形。钳刷插入遇有阻力，切忌硬行插入。应放松角度固定钮，调节弯曲钳，使钳、刷顺利通过。

（6）活检钳插入或取出时，钳舌必须处于闭合状态。

（7）保管场所必须保持清洁、干燥、通风、温度适宜。气候潮湿的地区，存放内镜的房间应备有除湿机。内镜的存放柜保持清洁、干燥、防霉。

（8）每次存放前要确认内镜已擦干。擦拭端部的物镜时，应使用拭镜纸擦拭，然后蘸硅蜡擦拭镜头表面，使镜头清洁、明亮。

（9）纤维镜尽量以拉直状态保管。将角度控制旋钮放在自由位，松开钮锁。可根据情况选择卧式或悬挂式两种存放形式。卧式存放镜平稳，镜身和镜头不易因摇摆、振动、碰撞而损害。悬挂镜柜应贴有海绵，不能让内镜的头端自由摆动，以免损伤物镜。不要用搬运箱保管内镜。因箱内潮湿、阴暗、不透气，会使内镜发霉、导光纤维老化而使内镜发黑。如需将内镜携带外出时，要使用原有的搬运箱。

（10）活检钳在每次使用前，先在直视下开闭一下咬嘴，体验一下用指力度的大小，以 1~2 kg 指力为宜。切忌用力过大、过猛，损坏咬嘴关节。

（11）活检钳在内镜通道内穿行时，一定要等钳头完全穿过镜口后再张开，否则易损伤钳头和镜口。

（12）活检钳在每次收放之前，可将关节部浸入少许硅油或液状石蜡，从而保持关节的灵活，提高活检钳的使用率。

（13）活检钳的放置应钳头朝上，固定垂直悬挂，以保持干燥。如果钳头朝下悬挂，残留在钳体内的水垢就会积在钳头上，锈死关节，减少其使用寿命。

（五）常见故障及其排除方法

鼻咽镜的常见故障及其排除方法详见表 7-20。

表 7-20　鼻咽镜的常见故障及其排除方法

故障现象	可能原因	排除方法
目镜模糊不清	插管过程中，物镜被血液、黏液污染	可用盐水反复冲洗、吸引，仍不能清洁时，应将纤维镜拔出，进行清洁后再重新插入
	寒冷季节室温降低，水蒸气集聚在目镜表面	用镜头纸擦去目镜表面的水蒸气
	物镜潮湿霉变，出现斑点	每次用毕，充分吸尽管腔内的水分，在物镜端放入一袋干燥剂吸潮，对目镜也应保持清洁、干燥
	物镜中出现彩环或云雾，多由于插入管被破坏，终末端金属盖脱胶，或由于尖、硬的穿刺针或钳强行通过弯曲的管道时，损伤插入管，造成物镜渗入液体	送专业维修站修理
聚氨酯套管老化皱褶	检查例数多（＞1000 例）、使用年限长	正常老化现象
	头端部擦用了有害润滑剂或应用高浓度消毒剂（如 10％甲醛）	应采用硅油或液状石蜡润滑
聚氨酯套管脱落	存放方法不当	将鼻咽镜悬吊于柜中，如平放应将操作部吸引装置一侧朝下
附件不能通过活检管道	气管镜前端高度弯曲	将前端放直，通过器械后再弯曲前端
	管道内有异物	清洗管道
	使用附件与内镜的型号不符	重新选择合适的附件
活检钳开闭动作不灵活	活检钳残留有污垢	把活检钳前端浸泡在过氧化氢或75％乙醇内数分钟

故障现象	可能原因	排除方法
冷光源的灯光不亮	使用电压过高，电压不稳 保险丝熔断，灯泡损坏 灯脚生锈	安装稳压器 更换保险丝或灯泡 切断冷光源电源，取下灯泡，用小刀或细纱布刮去灯脚的锈，对灯脚插孔的锈可用大头针在孔内上下提擦，再用干棉球擦拭
	灯座松动、接触不良	用起子固定

（六）鼻咽镜的发展

随着半导体和计算机技术的飞速发展，1983年美国人（雅能 Welch Allyn 公司）首先发明了电子内镜并应用于临床，被认为是内镜发展史上的第三个里程碑。电子内镜系统是集微电子、光学、传感器、微型机械等于一体的高技术医疗设备。它采用数字化影像计算机处理的内镜技术，正在逐步取代传统的纤维内镜系统，更广泛地应用于临床诊断、检查、治疗和手术等领域。

鼻咽镜的历史同样经历了从硬性光学内镜到光导纤维内镜再到电子内镜的过程。电子鼻咽镜是继间接喉镜、直接喉镜、纤维鼻咽镜、硬管喉镜后出现的又一新型耳鼻咽喉部疾病的诊断、治疗工具。它是一种安全、微创的检查技术，以高清晰度、高分辨率和高逼真度显著优于上代内镜。

电子鼻咽镜由电子内镜及影像处理中心、光源、显示系统、水/气供给系统及附属设备组成，其中附属设备包括内镜电刀、微波治疗仪、电脑远程会诊、彩色打印系统、录像设备。可以静、动态采集图像、动画，也可以打印图像。

1. 电子鼻咽镜的基本组成结构

电子内镜的主要结构由 CCD 耦合腔镜、腔内冷光照明系统、视频处理系统和显示打印系统等部分组成。CCD 耦合腔镜将 CCD 耦合器件置于腔镜先端，直接对腔内组织或部位进行直接摄像，经电缆传输信号到图像中心。

CCD 光敏面由规律排列的二极管组成，每一个二极管称为一个像素。像素的多寡决定像质的优劣。CCD 的安装有两种方式，第一种是由 CCD 代替纤维内镜中的光纤传像束，即 CCD 的受光面垂直于物镜光轴方向，这种情况下必须使用超小型的 CCD，使先端的硬性部较短。第二种是 CCD 的受光面平行于物镜光轴，物镜射来的光通过一个90°的转向棱镜照射到 CCD 的受光面上，此时电子内镜的像素可提高的空间较大，目前逐渐趋向于采用此安装方法。

电子内镜像质的好坏主要取决于 CCD 性能，其次还有驱动电路和后处理系统的技术指标，包括分辨率、灵敏度、信噪、光谱响应、暗电流、动态范围和图像滞后等。

2. 电子鼻咽镜的工作原理

电子内镜工作原理是冷光源对所检查或手术部位照明后，物镜将被测物体成像在 CCD 光敏面上，CCD 将光信号转换成电信号，由电缆传输至视频处理器，经处理还原后显示在监视器上。因此，电子内镜不是通过光学镜头或光导纤维传导图像，而是通过装在内镜先端被称为"微型摄像机"的光电耦合元件 CCD 将光能转变为电能，再经过图像处理器"重建"高清晰度的、色彩逼真的图像显示在监视器屏幕上。

电子内镜和电视内镜的区别在于电子内镜以电子耦合器直接对物体进行感应，其分辨率高，真实感强。而电视内镜是在纤维内镜的目镜上增设了光电转换器，纤维内镜的感应物体是视像束/玻璃纤维束，传输图像也是视像束。玻璃纤维丝在使用过程中会不同程度地出现断裂，这样在图像上就出现黑点，即黑点处物体像就显示不出来。而电子内镜传输信号由电缆传输电信号，图像上永远不会出现黑点，且使用寿命远远超过电视内镜。

3. 视频处理器及显示打印系统

视频处理器的作用是将电子内镜 CCD 提供的模拟信号转换为二进制代码的数字信号，并可以用多种方式记录和保存图像。例如，用录像机录制的方式保存清晰的动态图像，用 35 mm 照相机在监视器图像"冻结"的状态下拍摄保存静止图像，用激光光盘记录动态或静止的图像，用软盘记录静止图像，等等。此外，电子内镜系统还可以与电子计算机相连，将患者的姓名、性别、年龄、主要症状、诊断结果等临床资料与所记录的各种图像存入计算机，通过编辑，可以打印检查报告，也便于患者随访和病历统计研究以及远程会诊和教学等。这种"图文工作站"可以与医院各科室的患者和图像资料工作站联网，实现医院的计算机管理。

4. 电子内镜常规使用维护注意事项

不论电子或纤维内镜，其镜身外均为合成树脂保护层，形成内部与外界隔绝的密闭环境。内镜的内部含有活检通道，导光束，水、气通道，电子镜有 CCD 组件及信号传输电缆，纤维镜有视像束等，一旦出现漏气，人体腔内分泌物、黏液、水等通过泄漏处进入内镜内部，会腐蚀其结构。视像束、导光束受腐蚀易变硬、粘连，转动角度时断裂或抽丝；镜头腐蚀易生霉、雾珠和出现斑迹；电子镜 CCD 组件受腐蚀易短路、烧坏 CCD，并引发主机故障。所以测漏是内镜室医护人员或工程师每天必做的重要工作。在诊断时，一定注意避免直接或间接损坏内镜，以免患者的消化液或清洁内镜药液腐蚀 CCD 或 CCD 镀膜。应经常对使用的内镜进行测漏检查，检查内镜是否密闭好。一旦发现有漏点，就应立即停止使用，送专业维修站检修。

（李　杨）

八、光化合口腔消毒仪

光化合口腔消毒仪（Aseptim™系统，图 7 - 41）是利用光子化合作用在龋病和牙髓病治疗中，迅速杀灭所有的口腔细菌，达到减少继发龋，保存已脱矿的牙体组织和促进再矿化，从而明显地提高患牙修复和长期保存的成功率。同时对种植体周围炎、术后牙龈、牙周炎均有良好的预防与康复治疗作用。配套 LED 光固化灯可聚合光固化树脂修复材料。

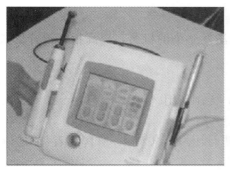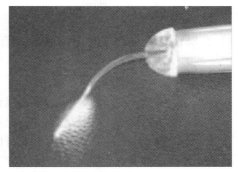

图7-41　光化合口腔消毒仪

（一）结构与工作原理

1. 结构

光化合口腔消毒仪由主机、低功率激光二极管、LCD接触式屏幕、工作手柄、脚控开关等组成。

2. 工作原理

光化合口腔消毒仪是利用激光光敏反应，即利用激光二极管产生特殊波长的红光系统，激活黏附于细菌细胞壁或被其吸收的光敏剂（Aseptim溶液，为高纯度的甲苯胺蓝稀释溶液），通过光子化合作用，释放出单氧分子，使细菌的细胞壁破裂，迅速将细菌杀灭。采用此方法消毒的优点是不影响其他正常组织，只对细菌有作用，且细菌不会对其产生耐药性。

3. 主要技术参数

光化合口腔消毒仪的主要技术参数如下：

能源类型　　　　　　低功率激光二极管

光波长　　　　　　　650 nm

输出功率　　　　　　50～100 mW

显示　　　　　　　　LCD接触式屏幕

光激活方式　　　　　脚控开关

光持续发射时间　　　0～150秒，以10秒为一个单位可调

光敏剂　　　　　　　高纯度的甲苯胺蓝稀释溶液

（二）操作常规

1. 龋病治疗使用方法

按常规方法去除龋牙感染组织，用小毛刷对整个病损区反复涂抹Aseptim溶液，持续60秒，将红光系统发射器头放到病损中心，发射红光对准感染组织表面照射60秒，该光能穿透2.5 mm的硬组织，激活Aseptim溶液进行消毒。如果有两个感染表面，且距离超过3 mm，需分别消毒每个表面。消毒完毕后按常规操作进行充填。

2. 牙髓病治疗使用方法

按常规方法进行根管预备后干燥根管，往根管和髓腔内注满Aseptim溶液，用小于根管的挫针搅动溶液60秒，清除所有气泡，插入红光发射头直至遇到障碍，一般距根尖3 mm以内，每个根管照射150秒。消毒完毕后按常规操作进行充填。

（三）优点

（1）在根管充填前杀死细菌，减少或消除激发感染的机会，提高根管治疗的长期成功率。

（2）使根管治疗一次完成，节省时间。

（3）为无痛治疗，不产热，对牙髓无损伤，无副作用。

（4）使用低功率发光元件，无需特别保护。

（5）采用一次性的光导纤维头，手柄可以进行压力蒸汽灭菌，保障患者与医护人员的安全。

（四）注意事项

（1）采用光化合口腔消毒仪极大地提高了患牙治疗的成功率，但不能代替根管预备、冲洗，以及玷污层和生物膜处理步骤。

（2）治疗龋病时应确保光敏剂对龋损区全面覆盖，光照射时间按要求严格执行，保证消毒效果。

（3）除急性根尖周炎病例外，根管可以在光子化合治疗完成和干燥后直接充填。

（五）维护保养

光化合口腔消毒仪的常见故障及其排除方法详见表 7－21。

表 7－21　光化合口腔消毒仪的常见故障及其排除方法

故障现象	可能原因	排除方法
LCD 无显示	电源插头未插好	检查插座状态，将电源插头插好
	主机开关未开启	开启主机开关
脚控开关不工作	脚控开关连线不正常	检查脚控开关连线
	没有开启主机	开启主机
手柄不工作	手柄开关未开	开启手柄开关
	手柄连线不正常	检查手柄连线

（张志君　尹　伟）

第六节　牙槽与颌面外科设备

一、牙种植机

牙种植机（dental implant machine）是在口腔种植修复工作中，用于种植床成形手术的一种专用口腔种植设备。合理选择种植机及其所配套种植床成型刀具，是减少骨损伤，提高种植体与种植床的配合（密合）度，建立良好骨整合的重要措施，对种植体的精确植入及加快种植体骨愈合具有重要意义。

（一）结构与工作原理

1. 结构

牙种植机主要由控制系统、动力系统、冷却系统三部分组成。

（1）控制系统：控制系统通过对手机马达的供电电流和电压进行调节，以实现对手机转速和输出力矩的调节、控制，实现手机转向控制；通过对冷却蠕动泵马达转速的调节，改变术区供水量，实现术区冷却的调节；同时，控制系统驱动显示屏显示种植机的工作状态。控制系统主要由单片机组成控制电路，通过设置在机体面板上的一组控制键进行操作。种植机常见的控制键包括转速调节键（旋钮）、力矩调节键（旋钮）、手机转向换向键（按钮）、冷却水输出调节键（旋钮）、脚控开关以及电源指示灯与电源开关。实现数字化控制与显示的种植机取消了模拟量按键与旋钮，代之以液晶显示屏和数字按键，并增加了记忆功能。对于特定种植体的特种操作流程编制相应的工作程序，启动该记忆功能后，种植机按时序输出特定的转速、扭矩和供水量，减少术中对设备的调整操作。当然，这种记忆功能还可用于记忆不同医生的临床工作习惯，非常方便。控制系统中，一旦机器的工作参数设定完成，医生可通过脚控开关控制马达的开启、停滞、换向和是否供水，不再用手调节机器的工作参数。

（2）动力系统：动力系统主要由种植手机、手机马达构成。

1）手机马达：要求采用小体积、无级变速、高输出力矩的专用马达，转速从 0～40 000 r/min连续可调，并在低速区有较高的力矩输出；同时能够耐受大电流，以适应提高供电电流，增大扭矩输出的要求。另外，该马达及其连接线应该能够耐受压力蒸汽消毒。

2）种植手机：种植手术常常需要极低转速（<100 r/min）以保证高精度地预备种植床。为了保证在低速区的大力矩输出，常采用机械减速手机。通过机械减速，在低速区可实现高力矩输出。故种植专用手机备有多种减速比的手机，如 1∶1，2∶1，8∶1，16∶1，20∶1，32∶1，64∶1等。目前在发展一种增速手机，使用增速手机，可以大幅度地提高手机的切削转速，实现如气动涡轮手机样的高转速低扭矩输出特征。

（3）冷却系统：为了消除钻削时摩擦产热造成的对种植床骨壁的热烧伤，一个高效的冷却系统是十分必要的。种植机的冷却系统包括灭菌水源、蠕动泵、供水管道。

1）灭菌水源：在临床上，灭菌水源多采用 500 ml装的 0.9％氯化钠注射液（生理盐水），方便快捷，因此，种植机一般都设有吊挂注射液瓶的挂架，简单实用。

2）蠕动泵：通过一个旋转的三角棘轮，对具有弹性的供水管道单向顺序挤压，使水流增压后沿一个方向送至手机头部。通过对蠕动泵驱动马达转速的调节，可实现对输出水量的调节。

3）管道与术区供水方式：焊接在手机头部的冷却水管将水直接滴淋在切削钻具的表面进行冷却的称为外冷却；通过内部中空的切削钻具将水送达钻头尖端进行冷却的称为内冷却。外冷却方式对钻具的要求较低，成本低，但冷却效果有时不十分理想。内冷却方式的冷却效果较好，但钻具需要特殊加工，成本较高。现在有些临床医生联合使用上述两种冷却方式，可提高冷却效率，减少骨烧伤。

2. 工作原理

牙种植机通过调节手机驱动马达的工作电压调节手机转速，通过调节手机驱动马达的工作电流有限补偿输出力矩。在低速区，通过采用不同减速比的手机获得低转速和高扭矩输出。通过改变蠕动泵驱动马达的转速调节冷却水输出量，以实现在生理允许的温度范围高精度地制备种植床。

牙种植机的工作原理如图 7-42 所示。

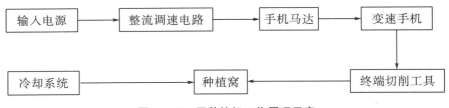

图 7-42 牙种植机工作原理示意

（二）操作常规

1. 操作方法

（1）接通电源，按序连通水冷却系统（临床上采用的水冷却系统是无菌的，安装时注意无菌操作）。

（2）打开电源开关，电源指示灯亮。

（3）选择恰当减速比的手机插入手机马达，调节手机减速比键，使显示的减速比与所选手机的减速比一致。

（4）调节手机输出转速达到预想状态。

（5）调节手机输出力矩达到预想状态。

（6）调节冷却水输出量达到预想状态。

（7）装入选定的切削钻具。用脚控开关试车，在口外试车一切正常后，方可将手机置入术区开始工作。

2. 注意事项

（1）使用前仔细阅读说明书，确认其基本工作环境及使用禁忌。

（2）注意设备标称的电源与供电网电源参数一致。

（3）各部件连接正确可靠。

（4）改变马达的转向，须在停机后再换向，否则容易损坏马达。

（5）注意手机及其线缆的消毒条件限制，使用正确的消毒方式对手机及其线缆进行消毒。

（6）操作步骤（3）和（7）应在无菌状态下进行。

（三）维护保养

（1）清洁与保养前应关闭电源，拔下电源插头。

（2）保持机体干净清洁，禁止用脂溶性溶剂、腐蚀性溶剂擦拭。

（3）马达与手机按说明书定期保养。

（4）切削钻具应与手机相匹配，无偏心、尺寸超差、粗钝等现象，更不要勉强使用不合格钻具，以免在高速大扭矩工作时损伤手机。

（四）常见故障及其排除方法

牙种植机的常见故障及其排除方法详见表 7-22。

表 7－22　牙种植机的常见故障及其排除方法

故障现象	可能原因	排除方法
手机马达不工作	无电源（电网无电、保险丝熔断、插头插接不良）	检查电源系统，排除故障
	力矩设定太小	重新设定输出力矩
	机械嵌顿（马达手机连接不良、钻具卡死、吃刀太大）	检查马达、手机、钻具的连接并调整，切削减少吃刀量或增大力矩
马达过热	马达绕组老化、润滑不良、输出力矩过大	加注润滑油，减少输出力矩，维修不能纠正时应报废
无冷却水	水源无水、输水管反向接入蠕动泵、蠕动泵不工作、管道堵塞、管道破裂	换水、正确接入输水管、检修蠕动泵、排堵或更换输水管道
转速不稳	参数设定错误	重新设定参数
	手机故障	检修或更换手机
	手机马达故障	检修或更换手机马达
	手机马达连接不良	重新连接或更换连接件

（刘福祥　于海洋）

二、超声骨切割系统

超声骨切割系统通常称为超声骨刀（piezosurgery），又称压电骨刀，是利用超声波对硬组织的破碎能力进行骨及牙体组织切割的口腔临床医疗设备。因为超声骨切割技术实现了安全有效的骨切割，应用范围不断扩大，已应用于口腔科的其他切骨术以及手外科、颅脑外科、骨外科和脊柱外科等手术中。

（一）结构与工作原理

1. 结构

超声骨切割系统的基本结构由主机、配置压电陶瓷片的操作手柄、工作头、脚控开关、冷却系统、冷却液支架、手柄支架组成（图 7－43）。

（1）带蠕动泵的主机：包括电子变频系统和冷却液控制系统。电子变频器产生可控功率及频率的中频率交流电，输出至超声发生器再至工作头；冷却液控制系统调节流向超声工作手柄的水流量。

在主机主控面板上装有显示屏幕、功率输出调节、频率输出调节、水流量调节、设备自检、工作照明、保养维护等按键。根据不同手术要求，调整输出功率、频率及水流。

在主机后板上装有电源线、脚控开关插座、保险管座、支架安装。电源线用于连接电压为 220 V、频率为 50~60 Hz 的交流电源，脚控开关插座与脚控开关连接，保险管座内安装电源保险管，主机上安装冷却液蠕动泵。

在主机前端安装配置有压电陶瓷片的操作手柄。

（2）配置压电陶瓷片的操作手柄：一体化设计的操作手柄，内置能够产生超声震荡的压电陶瓷片及连接主机的连线。整体可高温高压灭菌，灭菌温度为 134 ℃，时间不少于20 分钟；或 121 ℃，时间不少于 40 分钟。

（3）工作头：用医用不锈钢喷涂镁钛合金涂层制造，因要适应不同手术需求，有不同的形状，依需要使用。

（4）脚控开关：主要控制中频率交流电的输出及冷却液的输出。

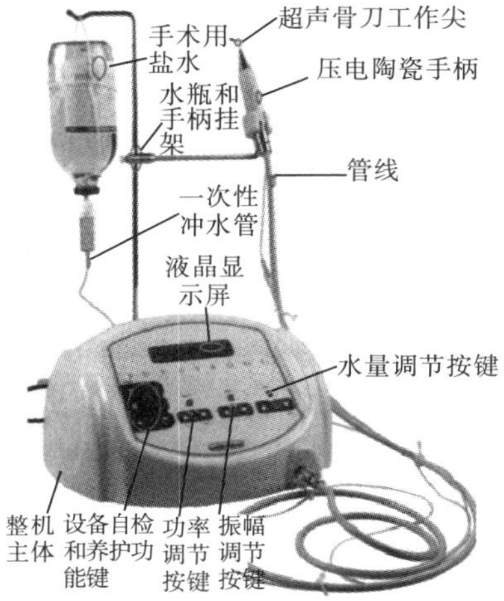

（1）超声骨切割系统整体结构

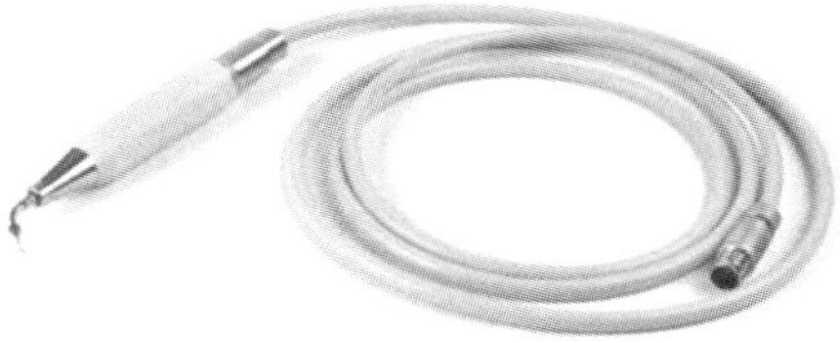
（2）超声骨切割系统手柄及连接线

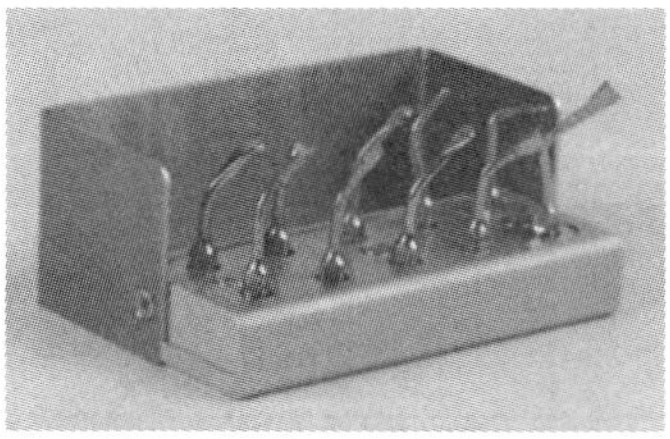
（3）超声骨切割系统工作头

图 7-43　超声骨切割系统结构示意

2. 工作原理

（1）设备工作原理：利用变频器产生的中频率交流电，通过手柄内置的压电陶瓷片产生超声振荡，然后耦合到手术刀头上并让刀头产生纵向超声振荡（振幅为 40～200 μm）。利用刀头的机械切割及共振切割的原理，进行骨切割。振幅的大小变化与供电电能和所选的频率有关。

超声骨切割系统工作原理如图 7-44 所示。

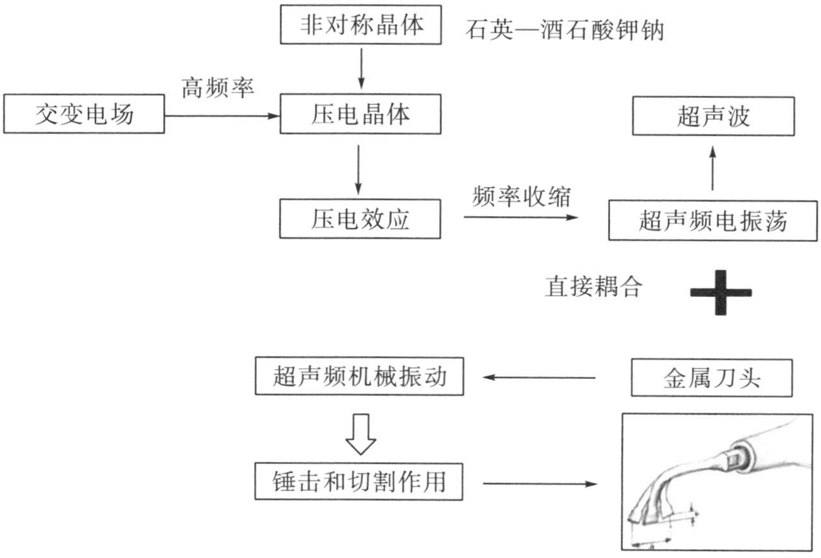

图 7-44　超声骨切割系统工作原理示意

（2）共振切割原理——超声的机械效应或破碎效应：超声骨切割系统主要是利用超声

波的机械效应对硬组织进行切割，生物组织在声强较小的超声波作用下产生弹性振动，其振幅与声强的平方根成正比。当声强增大到组织的机械振动超过其弹性极限，组织就会断裂或粉碎。这种效应称为超声的机械效应或破碎效应。

（二）技术优势

超声骨切割系统作为一种微动力装置，工作频率为 24～29.5 kHz。刀头的摆动幅度水平方向为 40～200 μm，垂直方向为 20～60 μm，是肉眼无法观察出变化的微幅振荡，而且刀头与骨组织接触面积均匀，精确稳定，同时快速地把磨削下来的骨组织和骨粉带离术区。

1. 不伤软组织和特殊解剖结构

超声骨切割系统的特殊频率使切割作用只对骨组织有效，对软组织无效，不会损伤神经血管等重要结构（如下牙槽神经血管束、颏神经），以及上颌窦黏膜和邻近术区的软组织等。由于对软组织的损伤极其轻微，即使不小心切割了上颌窦黏膜、下牙槽神经等软组织结构，也不会造成明显的损伤。

2. 冷切割模式避免术区过度温度上升

超声骨切割系统独有的高聚焦超声技术，在切割骨组织时，本身产生的热量较少，再加上切割时有冷却水在刀头和术区准确地喷洒形成水雾，辅助降温，可保证切割时创口温度在 42 ℃以下，不至于因高温而损坏骨组织。

3. 对骨质破坏程度小，微创切割骨组织

研究结果表明，术中使用超声骨切割系统去骨，对骨质的损伤相对较小，Vonsee（2010）通过超声骨切割系统和涡轮机的使用对比，超声骨切割系统所制备的骨块的坏死范围低于涡轮机；所制备的骨块体积大于涡轮机；经原代培养两周后，超声骨切割系统组出现大量的成骨样细胞，涡轮机组只有少量的成骨样细胞。Preti（2007）在对比试验中发现，在超声骨切割组 BMP - 4 表达更早更强，TGF - β2 表达量远高于涡轮机组。Scarano（2014）对比发现涡轮机组所制备的骨块存在微裂缝、骨质分离或撕裂，超声骨切割系统组不存在这种情况。以上研究结果表明超声骨切割系统对骨质的损伤更小，骨质更容易愈合，特别有利于移植后的骨愈合。

（1）手术切割精度高，可原位切割。超声骨切割系统工作频率为 25～38 kHz，刀头摆动幅度在水平向 40～200 μm，垂直向 20～60 μm，工作精度为微米级。其最小手术切口可小至 3.5 mm 长、0.5 mm 宽，切割轨迹易于控制，可点状垂直切割，亦可任意方向曲线切割。其切割线规则平滑，使手术的精准度及安全性得以保证。精准度的提高，可减少术中骨丢失量，减少术区出血。

（2）刀头设计独特、操作灵活。超声骨割切系统是振动传导方式，可设计成多种用途、多种形状、多种角度的工作头，可进行复杂形状的切割，可在深部狭窄区域内进行组织切割。

（3）患者不适感减轻。骨切割时振动小、噪声小，患者几乎不会因此产生不适，特别适合口腔科畏惧症的患者。

（4）易于操作。工作头振幅小于球钻和摆动据，因此只需要施加很小的力就可以稳定控制器械，有利于进行精细操作。

（5）避免涡轮机气道、管路不能消毒的弊端。超声骨切割系统超声功率输出通道及冷

却喷雾系统，可以经高温高压消毒灭菌，能够减轻术后不良反应，减少术后感染机会。

（6）杜绝皮下气肿发生的可能。涡轮机是通过压缩空气过滤后喷至手机涡轮使其高速转动，如果出现故障或手术中操作不当，可能造成皮下气肿。超声骨切割系统不会有这种情况出现。

（7）可闭合式去骨。利用超声骨切割系统不损伤软组织的特性，不切开或不翻瓣，就可切割骨组织。例如，拔出复杂牙或阻生牙，进行加速移动正畸手术（PAOO）等。

（三）临床应用

1. 牙槽外科

（1）埋伏牙、阻生牙的拔除：准确定位埋伏牙后，常规选择涡轮机开窗去骨。但是，由于埋伏位置较深需要去除骨组织较多，损伤较大，术后反应重，造成患者很痛苦，而且一旦紧邻正常牙还有可能伤及正常牙。采用超声骨切割系统可以将去骨造成的损伤降到最低限度，去除最小骨量的同时不会对邻牙造成严重伤害。

（2）牙槽脊修整、囊肿切除：采用超声骨切割系统可避免损伤牙槽神经、血管和邻牙根尖等，并减少骨量的损失，同时开窗的骨块还可回植原位。

2. 种植外科

（1）自体骨收集：采用超声骨切割系统特殊设计的刀头可轻松刮取自体骨屑，而且因超声骨切割系统的无骨坏死特性，刮取的自体骨屑活性非常好。

（2）自体骨移植。

（3）牙槽脊劈开：采用超声骨切割系统可完全达到骨劈开的深度要求，并避免骨块的折断，大大提高了手术的成功率。

（4）下牙槽神经位移。

（5）上颌窦外提升。

（6）上颌窦内提升（OSC 技术）：用内提升的办法达到外提升的效果。

3. 牙周外科

牙周外科主要涉及牙槽骨修正、冠根比延长术。

（四）操作常规

1. 准备

手术之前，手柄、扳手、工作头及工作头支架、器械盒应经过灭菌方可使用。手柄支架如未经消毒，请不要用于承托手柄。

2. 安装

（1）将冷却水袋支撑杆、脚控开关、电源线安装到主机后面相应的位置上。

（2）连接手柄与主机。将手柄连线的插头插入设备前方的环形输出孔内，务必使插头与输出口上的标记正确对应（红点对红点），然后用金属环将接口锁紧避免连接不稳（注：往前推代表锁紧，往后拔代表松开）。

（3）将冲水管一端接在手柄上，另一端插入 0.9% 氯化钠注射液袋（瓶）。向上推开蠕动泵上盖，将硅胶管安装就位。注意分清方向。

（4）将所需要的工作头在无菌的状态下安装到手柄上，就位后使用专用扳手旋紧。

3. 使用

（1）打开电源开关（在机器背面连接电源线上方），按下测试键（TEST 键），泵开始运转使冷却水传送到压电装置，然后开始低功率的超声振动功能测试。测试结束后，显示屏上出现"test OK"字样，该操作进行两次。

（2）为了更好地把握施术用力的大小及选择的相应超声功率、振动频率，首先应考虑以下因素：工作头的类型及对应的功率范围、振动频率、骨的类型，以及对手柄施加的压力、移动的速率。

（3）相应工作头的使用及相关的参数调节参见超声骨切割系统刀头的操作用法及注意事项。

（4）使用完后，应用蒸馏水清洗软管，这样可避免手柄内产生结晶。具体操作：将冲水管进水口插进干净的蒸馏水中→MENU→Memory→▼→Cleaning→Memory→踩下脚控开关直到冲洗干净（此动作请保持清洗 5 分钟或水量不小于 200 ml），确保 0.9% 氯化钠注射液冲洗干净。

4. 注意事项

（1）请勿用任何物体使工作状态的手柄停止工作，特别是手。

（2）更换工作头时，请勿踩动脚控开关。

（3）请勿在工作头无负载的情况下踩动脚控开关，以免工作头非正常损坏。

（4）长时间的手术过程中，如温度过高，应中断手术、增加冷却水量或将功率减小以冷却手柄。

（5）用完后，从手柄上取下工作头，避免由于偶然踩到脚控开关启动设备，造成伤害与设备损坏。

（五）维护保养

1. 工作尖与手柄

（1）工作尖：定期检查工作尖是否磨损。工作尖的有效部位变钝后必须更换。镀金钢砂工作尖上的金刚砂变光滑、光亮后也必须更换。为防止工作尖磨损而影响手术，建议术前备一套已消毒的工作尖套装。应避免工作尖掉落受损。

（2）手柄：术前详细检查确认手柄线完好无损，附件齐全；根据说明书进行维护；按设备供应商推荐的灭菌要求进行灭菌操作。

2. 超声波发生器

（1）术后须详细检查电源线、接口、脚控开关是否完好无损。

（2）主机和由抗菌塑料制成的控制面板可用消毒药巾清洁。

（3）及时擦干所有液滴，去除机体上腐蚀性化学消毒剂，以免对主机产生腐蚀。

3. 清洁

主机/脚控开关外壳可用不含乙醇及丙酮的清洁剂或中性去垢剂湿布擦拭。手柄外壳可用沾有水、乙醇或其他消毒剂的软布擦拭。注射液支撑杆可用水、乙醇类或其他消毒剂清洁。请勿将手柄和脚控开关放入超声清洗机中清洗。

手柄、手柄扳手、工作头应在仔细清洗（确保去掉所有残留物）后灭菌处理。宜采用高温高压 121 ℃（推荐）或 134 ℃的灭菌方式灭菌。

注意：手柄中安装有陶瓷压电装置。为避免手柄进水，请在灭菌时打双层包装（即一层灭菌袋，一层布包或双层布包）。清洁与消毒过程中，勿使液体渗漏入设备内部。

（六）常见故障及其排除方法

超声骨切割系统常见的故障为手柄不工作。出现故障后，主要检查控制板、手柄连线和脚控开关等，针对故障原因，重新插接或更换配件设备，使仪器恢复正常工作。超声骨切割系统的常见故障及其排除方法详见表7-23。

表7-23 超声骨切割系统的常见故障及其排除方法

故障现象	可能原因	排除方法
指示灯不亮机器不工作	电源插头没有正确地插入插座	检查电源线电源插座
	电源线没有正确地插入机器插孔	将电源线正确接入机器电源线插孔
	电源线破损断开	更换电源线
	机器背面主开关未打开	打开电源开关
	开关故障没有接通电源	更换开关
	保险丝缺少或烧毁	更换缺少、损毁的保险丝
	电子控制板不工作	与设备厂商联系
机器指示灯亮、程序正常但手柄未工作	控制板故障	与设备厂商联系
	手柄连接线故障	重新连接手柄连线及脚控制器
	手柄故障	更换手柄
	工作尖破损	更换工作尖（可能有肉眼未见潜在损坏）
	手柄、脚控开关未启动或未连接	启动开关
蠕动泵不能正常运转或无冷却水	蠕动泵是否关闭或安装错误部件故障	与设备厂商联系确保蠕动泵的主转轴正常运转，检查管道是否正确安装
	冷却水冲水管破损	检查冲水管是否完好

（牟广敦 刘福祥）

三、高频电刀

高频电刀（high frequency electrotome）是利用高频电流进行生物组织切割与凝血的一种设备，在口腔医学领域主要用于颌面外科、牙周、种植等各类手术。

（一）结构与工作原理

1. 结构

按高频电刀产生高频电流的原理，将其分为集成电路高频电刀、氩气增强电刀和火花高频电刀（本文只叙述集成电路高频电刀相关内容）。集成电路高频电刀由主机和相应的附件包括手控刀柄、单极刀柄、手控开关、脚控开关、电极板、电源线、接地线、双极线、双极电凝镊子及电刀刀头等组成。

2. 工作原理

集成电路高频电刀是利用高频电流的原理进行生物组织的切割和凝血。其基本工作原理如下：当整机电源接通后，电子线路振荡器产生高频震荡电信号，经逐级放大后，电子信号从电子线路末级输出到工作头，以满足治疗工作的需要。

集成电路高频电刀的工作原理如图7-45所示。

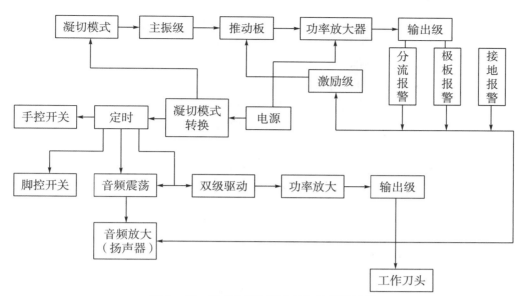

图 7－45　集成电路高频电刀工作原理示意

3. 主要技术参数

集成电路高频电刀的主要技术参数:

纯切	功率为 0～350 W
混切（普通凝血）	功率为 0～250 W
混切（加强凝血）	功率为 0～200 W
单极电凝（喷射凝血）	功率为 0～100 W
双极电凝	功率为 0～50 W

（二）临床应用

高频电刀主要用于口腔颌面外科以及种植、牙周等各类手术。高频电刀与传统的手术刀相比,具有功率高、组织出血少、可缩短手术时间等优点,是理想的外科手术设备之一。

集成电路高频电刀具有以下特征:①计算机控制,切割与凝血自动转换,功率设置可调;②浮地输出,声光报警,数字显示;③具备单极电刀纯切、混切,单极电凝和双极电凝等功能;④具有射频隔离、板极监测、单项输出等各项安全措施;⑤可选配各种不同形状的电刀头,以满足不同手术的需要;⑥具备手控和脚控两种方式。

（三）操作常规

1. 开机前准备

(1) 将模式调节旋钮、电切强度调节旋钮及双极强度调节旋钮置于"0"位,接地报警选择开关置于"开"位;机器要有良好的接地,接地电阻小于或等于 0.4 Ω。

(2) 接好电源和脚控开关导线,接通电源,电源指示灯亮,极板报警灯亮,并伴有音响报警。将电极板一端插入极板插孔内,极板报警即消失。

2. 仪器的使用

(1) 单极电切和电凝的使用:单极电切和电凝均可用手控开关或脚控开关输出。若用手控刀柄,则将其插头一端插入手控刀柄插座,按下黄色按钮,电切指示灯亮,且有声音指示。调节模式调节旋钮或电切强度调节旋钮至合适的输出功率。在中间位置起始，沿顺时针方向调节旋钮，可增强电切效果；沿逆时针方向调节旋钮，则增强电凝效果。沿顺时针方向调节电切强度调节旋钮，可增加输出强度。一般在使用电切输出时，模式调节旋钮刻度放在约中间位置，这样在电切的同时又兼有电凝效果。按下蓝色按钮，电凝指示灯亮，主要是止血功能。手控刀柄和单极刀柄两者不能同时插入相应插座，只能将需要的一件刀柄插入。电切时，踩下黄色脚控开关，并由模式调节旋钮调节输出功率；电凝时，则踩下蓝色脚控开关，并用电凝强度调节旋钮调节输出功率。

（2）双极电凝的使用：将双极线一端插头插入双极插座内，将双极镊子钳尾部插入双极线插套内，根据手术需要将双极输出选择按钮开关置于低或高位置。踩下绿色脚控开关，双极指示灯亮，并伴有不同于电切和单极电凝的声响。缓慢调节双极强度调节旋钮，直至凝血满意为止。启动脚控开关或手控开关后，功率输出能持续 25 秒左右，之后需重新启动开关。25 秒内若不需要输出，只要放开脚控开关或手控开关。电刀有功率输出时，不可调节各种旋钮。

（四）维护保养

（1）使用过程中，若发现切割或止血作用有降低时，可清除刀具上的污物或检查极板是否接触好。在清除刀具上的污物时，请勿接通脚控开关和手控开关。

（2）工作时，刀尖与极板、机壳、双极镊尖不可随意接触，以免损坏刀具。

（3）若有报警信号出现，应立即停止使用。针对不同的报警信号排除故障后，方可恢复使用。

（4）放置导线时，应避免与患者或其他导体接触。

（5）患者同时使用高频手术设备和生理监护仪器时，任何没有保护电阻的监护电极应尽可能地远离手术电极，此时一般不采用针状监护电极。

（6）操作者不能随意调节面板上的平衡电容器。

（五）常见故障及其排除方法

高频电刀的常见故障及其排除方法详见表 7 - 24。

表 7 - 24　高频电刀常见故障及其排除方法

故障现象	可能原因	排除方法
开机后电源指示灯亮，但无功率输出	脚控开关或手控开关触点接触不良	打磨脚控开关或手控开关触点
电源指示灯和工作指示灯都不亮，踩下脚控开关也无声音发出	功率输出级晶体管损坏	更换同规格晶体管
	有关电路元件损坏	更换相应元件
	电源线断线或插头松动	检查电源线并接好
	电源保险丝熔断	更换同规格保险丝
	主机直流电源故障	检查直流电路，更换整流桥堆
	二极管正反向特性不好，呈电阻性	检查单极工作状态集成块附近的二极管，更换该二极管

故障现象	可能原因	排除方法
任意踩下一个脚控开关，两个工作指示灯同时亮	脚控开关故障	维修脚控开关

（胡　民）

四、高浓缩生长因子变速分离系统

高浓缩生长因子变速分离系统（concentrate growth factor），是取患者自体的外周静脉血，在特定的时间和速度下，来获得血小板释放的生长因子的技术，目前广泛应用于口腔种植、牙周、颌面外科，以及整形烧伤科、骨科、神经外科等。自体血液生长因子的提取及使用，操作简单。在临床使用中可以快速促进软组织愈合及骨组织愈合。

生长因子从20世纪90年代至今，经历了PRP、PRF、CGF三个阶段。

1993年，Hood等首先提出富血小板血浆（platelet-rich plasma，PRP）概念，并发现PRP含有丰富的血小板，其数目比全血中数目高3倍以上。目前，富血小板血浆为新鲜血液经低速离心制备而成。将采集的全血在室温下于4～6小时内以27.5～37.5 r/min低速离心15～20分钟（或1220 r/min离心5分钟），使红细胞、白细胞基本下沉。由于血小板密度低，大部分保留在上层血浆中，分离出上层血浆，即为富血小板血浆，可获得全血中70%以上血小板。血小板中含有大量的生长因子，如血小板衍生生长因子（PDGF）、转化生长因子-β（TGF－β）、类胰岛素生长因子（IGF）、表皮生长因子（EGF）、血管内皮生长因子（VEGF）等。

该系统于1997年开始在口腔科有应用。但最初PRP的分离较复杂，多次分离，还需加入凝血酶及氯化钙激活血小板，生长因子的释放不稳定，临床效果备受争议。

2001年，Choukroun提出富含血小板纤维蛋白（platelet-rich fibrin，PRF），其分子结构类似天然血凝块，为组织细胞提供迁移、增殖和分化的场所。近来，许多学者将PRF作为移植材料应用于口腔种植前上颌窦底提升术后的骨移植中，并获得了良好的效果。在分离方式上与PRP比较，一次分离即可，无需其他化学添加物，生长因子释放较稳定。

2006年，Sacco提出富含高浓缩生长因子的纤维蛋白（concentrate growth factor，CGF），同样取自患者的自体静脉全血，但分离方式与PRF的定速分离相比，已经发展到了变速分离。同时，分离试管亦做了特殊处理，最终在全自动电脑控制的变速分离过程中，能获得更多的生长因子，并有CD34$^+$的发现，在临床上有了突破性的新发现。

下面主要介绍生长因子变速分离系统CGF。

（一）结构与工作原理

生长因子变速分离系统主机主要由UV紫外线消毒系统、一体成型转子两大部分组成。机器工作时自动开启恒温控制系统15 ℃，在13分钟内，电脑控制在2700 r/min、2400 r/min、3000 r/min之间进行变换，完成红细胞、白细胞、血小板的沉淀，并激活血小板释放生长因子，最终形成血小板血浆层（platele-poor plasma，PPP）、富含高浓缩生长因子的纤维凝胶层（concentrate growth factor，CGF）、红细胞层（red blood cell，

RBC）三层。

（二）操作常规

（1）接通电源线、打开机器后面的开关。

（2）机器使用之前，同时按下 start（开始）键及 set（设置）键，机器自动开始 5 分钟的紫外线消毒。倒计时结束，盖子自动打开。

（3）采用 21G 绿标采血针，及特制的 9 ml 红帽负压采血管，获取患者的外周静脉血后，快速对称放入到机器里面，盖上机器盖子。按下 start（开始）进行 13 分钟自动分离，直至机器盖子自动打开。将分离结束的试管拿出放到试管架上待用即可。

（4）手术室温度建议控制在 21~23 ℃。

（三）维护保养

（1）机器使用后要进行物表消毒，使用前进行 5 分钟的紫外线消毒。

（2）机器内部转子一旦沾上血渍，请立即将套管拿出进行高温高压消毒。

（3）机器使用后一定要关闭机器电源，以防下次接通电源瞬间由于电压不稳定，将保险丝烧毁。

（4）机器分离过程中，一定要在稳定的桌面或地面上。

（四）常见故障及其排除方法

（1）接通电源，按下机器开关，机器盖子不能自动打开，有可能是保险丝损坏，请更换机器开关旁边的一对保险丝。

（2）接通电源，按下机器开关，机器盖子可以自动打开，但屏幕不显示 CGF 字样，而出现 E5 字样，排除保险丝损坏，可能是离心转子动平衡发生改变。请确认离心转子中间的金属螺钮处于手动拧紧状态。重新启动机器，故障排除。

五、颌骨手术动力系统

颌骨手术动力系统（mandibular surgical power system）是以电或压缩空气为动力源，主要用于各类正颌外科手术，颌骨骨折内固定，以及肿瘤手术中切骨、截骨操作的口腔颌面外科设备。颌骨手术动力系统借助于现代机械工程和制造技术的进步得以出现与不断发展，对于传统口腔颌面外科的手术操作方式，产生了巨大的革新和显著的推动。颌面部手术多在窄而深的腔隙中进行，显露与止血困难，实施的切骨操作往往又非常复杂而精细。因此，在保证手术操作安全、准确的前提下，施行精确、高效的骨切开术，就对颌骨专用手术动力系统提出了一系列特殊要求，如手柄与机头微型化、高功率/高转矩的机械能量输出、精确可控地施行三维空间方向的切骨操作、配备冷光照明等。

近年来，在成熟的电动/气动驱动方式颌骨手术动力系统基础上，还出现一种较新的超声颌骨手术动力系统，在口腔颌面外科领域有一定的发展潜力。该系统是一种采用电—超声换能技术、动力输出较小的骨科手术器械。相比于传统的电动/气动颌骨手术动力系统，具有以下优点：无机头高速旋转运动；超声波的"空泡效应"可以使术野清晰，而热效应有利于止血；超声换能器对密度大、声阻抗高的骨骼集中输出较大功率，而对声阻抗低的软组织输出功率小，因而在切割骨骼时，对周围的软组织尤其是神经和血管附带损伤风险小，降低操作风险；操作振幅小，握持力小，手柄易控制；避免了传统磨、钻、切、削骨组织时由于摩擦而产生高温，不易产生焦痂等。但颌骨手术动力系统的切骨效率低，手术费时长是其不足。

下面主要介绍传统电动颌骨手术动力系统。

（一）结构与工作原理

电动颌骨手术动力系统由控制器、电动机、手机，以及各类骨钻、骨锯、骨锉组成。其工作原理是利用电能驱动电动机轴或利用电能产生压缩空气为动力，经传动机构产生各种方向的运动，带动机头上的钻针或锯片、骨锉进行钻孔或各种方向的截骨操作。

1. 控制器

控制器用于控制和调整电动机的启动、停止、转速和旋转方向，由电源、电子电路和各种功能开关等组成。

（1）电源：输入控制器的电源为电压 220 V、频率 50 Hz 的交流电，控制器输出的直流电电压为 3～30 V，可无级调节，供电动机使用。

（2）功能开关：用以控制颌骨手术动力系统，使之按照操作者的意志进行相应的操作。根据工作需要可选用手动开关或脚控开关。

1）脚控开关：某些机型备有两种脚控开关，一种为简单地踏下开关电源接通，放开开关则电源切断；另一种脚控开关除控制电动机运转与停止外，还可依赖安装在微动开关上的可变电阻器，根据操作者踩踏开关踏板的力度调控电动机的转速。此外，有些机型还在脚控开关上整合安装了正反转开关和挤压泵供水开关，进一步增加了操作者的脚控操作功能。

2）手控开关：由于手控开关附加在机头手柄上，受空间限制，并且为避免相互干扰，所以往往仅以控制电动机运转与停止功能为主，有些机型可以实现转速的力度调控。

3）速度调节手柄：用于调整电动机的转速，目前使用的均为连续可调变速。

4）指示灯：控制器上有电源指示灯和速度指示灯。电源指示灯亮表示电源接通。速度指示灯一般为一组指示灯，电动机的速度越快，指示灯亮的数量就越多；反之，指示灯亮的数量就越少。

5）正反转控制开关：用于控制电动机旋转的方向。沿顺时针方向旋转开关，电动机正转；沿逆时针方向旋转开关，电动机则反转。

6）恢复按钮：电动机短路或超负荷使用时，控制器内的保护电路自动切断电源。这时只要纠正使用方法，按下恢复按钮，电动机即可再次使用。

（3）控制器的工作原理：控制器的输入回路由电源、保险丝、电源开关及变压器组成。变压器将 220 V 交流电变成 30 V 和 15 V 两组交流电。30 V 交流电经整流滤波后，由电子控制电路控制调整，输出直流电源，供给电动机使用。15 V 交流电则为用于控制电路工作的电源。电子控制电路由晶体管保护电路和可控硅调速电路组成。晶体管保护电路自动控制供给电动机的电流和稳定电压，并保护电动机在大电流、过热或超负荷时能及时切断电源，使电动机免遭损坏。可控硅调速电路是通过改变可控硅的导通角度来调节输出的直流电压，从而改变电动机的转速。由于输出电压可无级调节，电动机的转速亦可无级调节。但有些机型是利用变压器输出的不同电压，分挡变速，这种机型内无电子控制电路。

（4）TPS 系统：TPS（total performance system）系统是一种可以较全面调节控制系

统各种参数的先进人机对话界面平台，近年来已被广泛用于各类颌骨手术动力系统。该系统除具有上述控制器所具有的全部功能外，尚可自动探测所接驳的手机类型，并精确显示手机的转速、方向等技术参数。可由不同操作者设定各自的工作程序。TPS 系统还配有专用的可编程脚控开关，亦可自行设定其工作程序，并将参数显示在屏幕上。

2. 电动机

（1）单相串激式电动机：其定子线圈和转子线圈呈串联式，具有转动力大、转速可调节等特点，主要由定子铁芯线圈、转子、电刷及电刷架、换向器、电动机罩壳等组成。

（2）无电刷微型电动机：是通过控制脉冲的占空比来调节转速的一种交流电动机。该机不需电刷和换向器，从根本上消除了积炭和电刷磨损。它的另一个优点是采用了计算机控制而使转速的显示更为简便和准确。

3. 手机

手机分为直手机、弯手机和反角手机三种，根据操作需要，夹持各种型号的钻针或锯片。一种类型的手机前端内部包含了前述的电动机单元，直接驱动钻针或锯片；另外一种类型的手机则主要为传动转换部件，外置主机内的动力通过传动轴输出至手机带动钻针或锯片工作。

4. 钻针及锯片

不论电动或气动颌骨手术动力系统，其切骨功能均需依靠钻针或锯片来完成。

（1）钻针：主要包括进行钻骨用的旋转切骨钻和打磨用的圆钻两种。

1）旋转切骨钻：有渐细、圆柱和倒锥型三种，直径为 1~3.2 mm，最常用的直径为 1~1.8 mm。

2）圆钻：用于骨断端、骨嵴等的打磨，直径为 1~5 mm。

（2）锯片：主要包括进行前后向运动的往复锯、进行与锯柄长轴成角方向摇摆运动的摆动锯和在矢状方向运动的矢状锯。

1）往复锯：刀口宽度为 7~37.5 mm，锯片长度为 4~33 mm。其最高转速为 14 500~17 000 r/min。多数锯片与锯柄为平直连接，少数特殊设计的锯片与锯柄呈折线形连接。

2）摇摆锯：锯片为扇形，根据其刀口宽度、深度及转速可分为多种型号，刀口宽度为 4.6~12 mm，深度为 10.84~12 mm。其最高转速为 13 200~24 000 r/min。

3）矢状锯：刀口宽度为 9.5~17 mm，锯片长度为 6~20 mm。其最高转速为 21 800~30 600 r/min。

（二）操作常规

（1）将手机导线插在控制器上。

（2）接通控制器电源。

（3）选择电动机旋转方向。

（4）选择控制方式，即手控或脚控，若选择脚控则将脚控开关与控制器连接。

（5）选择直手机、弯手机或反角手机，并将其与电动机连接牢固。

（6）选择钻针或锯片，将其安装在机头上。

（7）扳动控制器的电源开关至"ON"位。

（8）转动控制器调速手柄，选择适宜转速。若使用可调速脚控开关，则可直接用脚控制速度。

（9）使用时用力要求均匀，应沿骨切割线均匀运动，避免局部深入，且压力不宜过大。

（三）维护保养

（1）保持手机和电动机的清洁和干燥。

（2）每日使用前和使用后均应用润滑清洁剂清洗直手机和弯手机，以延长其使用寿命。

（3）在使用过程中，手机与主机间的电缆或传动轴应避免过度折弯。使用后应将其清洁后盘好保存。

（4）电动机和手机停止工作后，均应放置在电动机架上，防止碰撞或摔落。电动机不能加油。

（5）新机器应仔细阅读随机说明书，并按要求操作。

（四）常见故障及其排除方法

颌骨手术动力系统的常见机械故障及其排除方法详见表 7 - 25。

表 7 - 25　颌骨手术动力系统的常见机械故障及其排除方法

故障现象	可能原因	排除方法
按下电源开关，主机不运转	无电源或电源插头接触不良	检查电源，插好插头
	电源线断开或保险丝熔断	查明原因，更换电源线或保险丝
	超负荷使用，保护电路电源切断，开关或控制系统故障，元件损坏	纠正操作，或更换损坏之元件
使用中手机振动异常	钻针或锯片安装不到位	重新安装钻针或锯片
钻针或锯片松动	钻针或锯片安装不合标准或与手机不匹配	更换钻针或锯片
手机温度过高	手机或电动机轴承部件损坏 手机缺油 连续工作时间过长	更换轴承 给手机加润滑油 间歇使用或使用湿纱布擦拭降温

（陈　　刚）

第七节　下颌运动及咬合诊断设备

一、咬合力分析系统

咬合力分析系统（computerized occlusal analysis system）又称咬合力分析仪，是利用牙齿咬合力感应原理和计算机技术，精确、实时、动态记录并分析上下牙齿或义齿咬合状态和变化的口腔临床设备，是一种准确可靠、操作简单的测量咬合平衡信息的临床诊断设备。

（一）结构与工作原理

1. 结构

咬合力分析系统主要由咬合力感应器、信号转换器、计算机及咬合力分析软件和外部设备四部分组成。

（1）咬合力感应器：是超薄（0.1 mm）电阻薄片感应器，由约2500个独立的压力感应单元组成，精确性高，一致性强，感应单元成矩阵排列，其输出的力值分为256个增量。

（2）信号转换器：处理感应器采集的数据，将电信号转换为数字信号，然后输入计算机当中。通过转换器上的操作按钮，可以快速启动或停止咬合记录。

（3）计算机及咬合力分析软件：收集、分析、储存数据。

（4）外部设备：主要包括打印机，可以对记录的咬合数据进行打印输出。

2. 工作原理

采用一次性电阻薄片感应器对咬合力进行感应，将患者咬合过程与咬合状态转变为电信号，并传递至信号转换器；信号转换器再将动态、实时的咬合情况及变化过程转变为数字信号，传递至电子计算机；电子计算机对咬合数据进行记录和分析，并可以 2D 或 3D 的形式直观、形象地反映出来，精确测量咬合平衡信息。正确连接系统后，通过专用的咬合力分析软件，对咬合状态及过程进行分析和储存，并通过屏幕显示或打印机输出（图 7－46）。

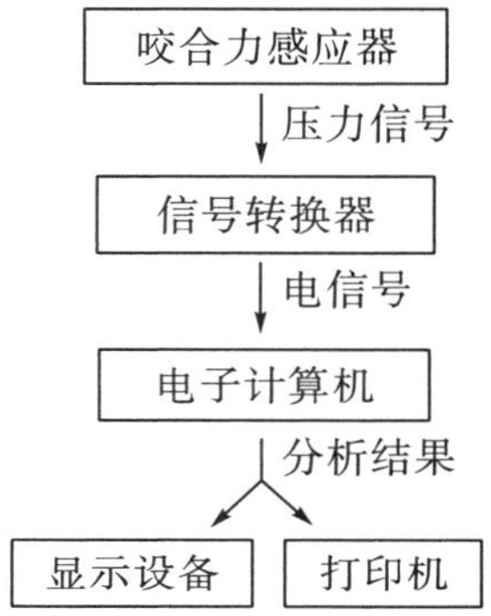

图 7－46　咬合力分析系统工作原理示意

（二）临床应用

咬合力分析系统可以定量记录咬合状态（包括咬合位点、咬合力和咬合时序及其之间对应关系）的变化，实现了在下颌功能运动过程中实时动态观察咬合位点和咬合力随时间的变化情况，提供了正中、侧向、前伸、习惯性咬合模式，医生可根据患者牙齿切端近远中宽度建立个性化的牙弓图像，操作简便，并通过对患者殆关系的诊断、分析，精确地发现咬合力异常大的分布点和早接触点，以确定良好的咬合关系，帮助医生设计最适合的诊疗方案，指导医生更加准确地进行临床诊治。其应用于义齿修复（固定和可摘义齿）、种植修复、颞颌关节病治疗、牙周病、口腔正畸、正颌外科、患者教育和学生教学等方面。

咬合力分析系统可与 BioEMG 肌电记录仪（EMG）联合应用，通过将咬合的动态数据与咬合时肌肉运动的肌电相结合，利用 T-Scan-BioEMG 综合软件系统同步处理两者的数据，实现咬合与肌肉功能的同步测量与记录，从而在治疗中减轻肌肉的不规律性及异常，确定良好的咬合关系，保证在治疗中达到咬合平衡。

（三）操作常规

1. 操作方法

（1）运行电子计算机，正确连接咬合力分析系统各组成部分。

（2）启动分析软件，输入患者基本信息，建立咬合记录窗口。

（3）将咬合力感应器放入患者口中，启动咬合记录，嘱患者做咬合运动，系统实时记录患者的咬合情况。

(4) 利用分析软件对患者的咬合数据进行浏览和分析。

(5) 保存患者的咬合记录和分析结果或打印输出。

2. 注意事项

(1) 确保系统安放牢固，连接正确，切勿碰撞，防止损坏。

(2) 根据患者情况，选择大小合适的咬合力感应器及其托架。

(3) 咬合力感应器禁止多名患者交叉使用，发现破损时应及时更换。

(4) 根据患者咬合力的大小，调整感应器的敏感度，保证最佳的记录效果。

(5) 临床应用时，需配合咬合纸检查，以确定具体的牙位和咬合接触点。

（四）维护保养

(1) 咬合力感应器应及时更换，以免影响记录结果。

(2) 感应器应平放于包装盒或其他保护套当中，切勿折叠。

(3) 保持信号转换器干燥。如有液体浸入，立刻终止工作，并干燥 24 小时，或者使用吹风机干燥。勿使用其他的干燥方法，以免造成电子元件的损坏。

(4) 每次使用完后用乙醇砂布进行擦拭清洁，勿使用压力蒸汽灭菌。

(5) 废弃感应器的处理应严格遵照医用生物废品处理的相关规定。

（五）常见的故障及其排除方法

咬合力分析系统的常见故障及其排除方法详见表 7-26。

表 7-26 咬合力分析系统的常见故障及其排除方法

故障现象	可能原因	排除方法
系统运行后，不能打开实时记录窗口	没有连接信号转换器	退出软件系统，连接信号转换器，然后重新运行软件系统
	软件系统不能识别或加载硬件	重装软件或者联系技术服务部门
分析软件状态栏显示为""	感应器连接不正确	取出感应器，重新插入信号转换器中
	感应器接头太脏	用乙醇棉球仔细清理感应器接头
	感应器存在质量问题	更换新的感应器
	线路连接不当	断开信号转换器和计算机间的连接，检查连接线的针脚是否弯曲或破损，重新连接
感应器整行或整列不显示咬合力数据	感应器安装不当	取出感应器，然后重新插入信号转换器中
	感应器接头太脏	用乙醇棉球仔细清理感应器接头
感应器未工作，但屏幕仍显示有彩色的咬合力数据	感应器破损	更换新的感应器
	附近有电子设备的干扰	移除干扰的电子设备

（杨 璞 张志君）

二、下颌运动轨迹记录仪

下颌是人体运动最为频繁的部位之一，下颌运动与个体咀嚼系统的功能密切相关。准确地转移患者的个性化咬合关系，并应用到𬌗架上，是成功制作修复体的重要前提。传统的转移患者的咬合关系方法是医生在口内制取咬合记录（蜡堤或硅橡胶）或使用面弓数据转移，但在𬌗架转移测量数据时，常因蜡堤或硅橡胶变形造成转移误差。口外面弓测量系统有时会产生错误的投影信息，以及不能准确地测量出髁突间距离引起的一系列的位置转移误差问题。

下颌运动轨迹记录仪（ARCUS digma）采用了一种新型的设计理念。通过使用特殊的上颌𬌗叉，使 ARCUS digma 三维下颌运动轨迹记录仪系统能够识别上颌相对于𬌗架的髁突关节的位置。这样就可以计算出下颌运动中𬌗架的三个参考点（髁突以及可调节切导盘）的三维运动轨迹。下颌运动轨迹记录仪能在 5 分钟准确地测出和记录患者的下颌运动数据资料。根据相关的测量数据和软件，下颌运动轨迹记录仪具有 3 个功能：分析 TMJ 运动诊断、𬌗架调整、EPA Test 电子位置分析。ARCUS digma 通过三维方式显示运动中心和切点的运动轨迹，为判断相应的颞颌关节所处状态提供有用的信息，为医生在初步的功能性治疗提供帮助。𬌗架调整将所获得的患者下颌运动的精确数据完整地转移到𬌗架上，从而可以在𬌗架上准确地模仿患者的咀嚼运动。牙科技师将通过测量和记录的数据调试𬌗架，准确无误地制作出符合动态咬合的修复体效果。这样可有效地减少医生在患者口腔内调整咬合的时间，提高修复体的功能。

（一）结构与工作原理

1. 结构

三维下颌运动轨迹记录仪系统的组成部分及附件主要包括操作系统，脚控开关，电源盒，头托，超声接收器，超声发射器，上、下𬌗叉等。

2. 工作原理

ARCUS digma 三维下颌运动轨迹记录仪系统的功能是建立在三维超声定位基础之上。在40 kHz的频率下，以 50 次/秒的速度工作，通过扫描记录患者下颌运动和颅骨之间的关系。系统具有一个既可以用于患者口内，又可用于配套𬌗架的𬌗叉。这个𬌗叉既能用于确定患者上颌与颅面的三维关系数据，又能将这些数据记录在下颌运动轨迹里。以此数据为基础，可测量患者下颌前伸、侧方运动时的髁点和切点的运动轨迹，并得到运动角度。

（二）操作常规

1. 操作方法

（1）开启 ARCUSdigma，屏幕菜单可提供三个功能选项："Function Analysis"（分析 TMJ 运动诊断）、"Articulator Adjustment"（𬌗架调整）、"EPA Test"（电子位置分析）。

（2）可视控制器预备灯亮。进入 "Articulator Adjustment" 操作界面。

（3）确定上颌位置。固定头托，将带硅橡胶的上颌𬌗叉放入患者口内，嘱患者做正中咬合。确定后，将超声传感器通过磁力固定于上颌𬌗叉上，按"next"键记录上颌位置后，将上颌𬌗叉从患者口中取出。

（4）确定下颌位置。用光固化树脂材料，把下颌𬌗叉固定在下颌牙列上，以不妨碍咬合关系为原则。再将超声传感器通过磁力固定于下颌𬌗叉上，嘱患者做正中咬合，按"next"键记录下颌位置。

（5）记录运动轨迹。测定𬌗架的前伸路径：嘱患者分别做前伸、侧方运动。按"next"键，记录运动轨迹。重复三次，系统自动计算平均数值。

（6）测试完成后，患者个性化的𬌗架调节所需数据——髁导、切导、Bennett角、瞬即侧移、shift角、尖牙导显示在操作屏幕上，打印送往技工室调节。

2. 注意事项

（1）超生传感器比较敏感，宜轻拿轻放，并放入专用盒。

（2）组装好设备后再启动电源。

（3）不要使用消毒剂直接喷洒控制器。

（三）维护保养

（1）ARCUSdigma可使用正常的消毒材料清洁。

（2）𬌗叉可进行高温消毒。

（3）触摸屏、传感器和接收器只可使用棉布清洁。

（四）常见故障及其排除方法

下颌运动描记仪的常见故障及其排除方法详见表7-27。

表7-27 下颌运动描记仪的常见故障及其排除方法

故障现象	可能原因	排除方法
错误编号，显示"无数据"	传感器没有完全连接，或者只是部分连接	确保连接正确
	头部弓架未安装超声波发射器或者接收器	正确安装超声波发射器或接收器
测量不正确，显示"请再试一次"	如果在EPA测试过程中下颌在测量时稍稍移动，则不可能实现精确测量	患者的上下颌应从正中𬌗位起始运动，以达到稳定效果
传感器在测量过程中显示红色	接头、电缆线或者传感器存在缺陷	更换整个下颌传感器

（杨　璞　张志君）

第八节　笑气吸入镇静机

笑气即氧化亚氮（N_2O），是一种氧化剂，无色，略带甜味，在室温下稳定，有轻微麻醉作用，并能致人发笑。其镇痛作用于1799年由英国化学家汉弗莱·戴维发现，从而将其作为镇静剂最早应用于牙科治疗。由于笑气的应用无需侵袭性操作因而非常安全，且吸入体内后30~40秒即可产生镇痛作用，镇痛作用强而麻醉作用弱，受术者处于清醒状态，从而被广大医师和患者接受。此外，笑气在体内不经任何生物转化或降解，绝大部分仍以原型随气体排出体外，无蓄积作用，患者在治疗结束后能很快恢复，无不良反应。

因此，在口腔临床工作中，目前在具备对患者生命体征进行监测的条件下，使用笑气吸入镇静机，能够达到良好的抗焦虑和止痛效果，并使整个治疗过程中患者保持清醒，配合治疗，保护性反射存在。

一、结构与工作原理

1. 气体供给和控制回路系统

笑气吸入镇静机外接专用接口规格的气瓶（灰色为 N_2O，蓝色为 O_2，两种气瓶接口不能互换以免出现差错）。氧气与笑气分别经减压后输入氧气模块和笑气模块，由模块根据预置氧气与笑气的混合比例范围（氧气 $100\%\sim30\%$，对应笑气 $0\%\sim70\%$），控制两种气体进入混合室的流量。氧气与笑气两种气体在混合室均匀混合后，进入压力缓冲容器进行压力缓冲。压力缓冲容器的作用是减少由气体模块脉动进气所产生的压力波动，保证补气流量控制的稳定。

同时，混合室和压力缓冲容器连接有安全阀，可防止气路压力过高。流量传感器介于压力缓冲容器和流量控制器之间，它将测得的实际流量信号送入主控板，与预置流量值比较，产生误差信号，控制流量控制器的步进电动机转动，改变补气通道出口处管路直径的大小，从而使实际流量与预置流量保持一致。

2. 安全机制

为防止缺氧窒息，在笑气吸入镇静机的笑气与氧气流量计设有安全装置，当单独打开氧气流量计开关时，笑气流量计开关处于关闭状态；而单独打开笑气流量计开关时，氧气流量计开关则联动开放，以确保必要的氧浓度。反之，在笑气和氧气流量计开关同时打开的状态下，单独减小氧气流量，则笑气流量也联动减小，以保证在输出混合气体的氧浓度不变的情况下调整流量。

此外，为使用者操作方便和安全，笑气吸入镇静机设置有快速纯氧阀，在必要时打开纯氧阀可迅速提供 100% 的氧气，以避免窒息等意外发生。笑气吸入镇静机所使用的笑气与氧气在各自气瓶内的贮存性状有所不同。氧气是压缩气态，随使用时间延长其气压逐渐下降并最终耗竭。相反，笑气是压缩液态，在其贮存量耗竭之前，可以始终保持几乎相等的约 750 PSI（5.2 MPa）的气压（即蒸汽压）。所以，认识上述特点有助于正确评估气瓶存气量及其持续供气时间。

3. 废气清除与患者监测

为了避免开放气路患者呼出的废气污染手术区域，有的笑气吸入镇静机具有系统自带的负压抽吸装置或利用手术室排气系统，将废气抽离手术区，避免污染室内空气。如果不具备这样的条件，由于笑气的密度较空气大，亦可利用靠近地面的吹风装置如电扇将废气吹离手术区。

通常笑气吸入镇静机并不配有监测系统，在临床应用中可根据具体治疗项目的需要备监护仪，以指示有关的生命体征参数及其变化，使治疗过程更加平稳安全。

4. 工作原理

采用流量传感器与气体比例控制模块、流量控制器配合，较为精确地对循环气路中的氧气和笑气流量进行调整，从而较精确地控制输出的笑气与氧气混合比例与气体分压，控制笑气产生的麻醉及镇痛作用。

二、操作常规

（1）患者使用笑气与氧气混合气体前，必须签署知情同意书。

（2）安置患者体位，如在综合治疗台上则使其上身微仰，腿稍抬高；如果是在手术床上则用枕头垫起患者头部。

（3）根据患者的情况选择适当尺寸和型号的呼吸装置，如面罩或鼻罩，并将呼吸装置与连接管连接起来。

（4）检查确认包括气瓶在内的所有连接部件在压力性连接下没有泄漏。

（5）打开笑气和氧气的气瓶阀门及流量开关。根据氧气瓶的压力表可以判断瓶中氧气的总量，而笑气在耗尽之前的压力表始终为大致 750 PSI（5.2 MPa）。注意确保氧气的供给，因为如果没有氧气的话，机器将自动保护不能启动。

（6）将流量计主开关打开至"ON"位置。

（7）打开吸引装置激活排气系统，避免废气进入室内空气。或者利用靠近地面的吹风装置如电扇将废气吹离手术区。

（8）始终监测患者的基本生命体征（血压、脉搏、呼吸），并将血压值、脉率/心率、呼吸频率等数值记录在镇静记录表单上。

（9）气流量在普通成人一般从 6~7 L/min 开始，儿童则从 4~5 L/min 开始，调整至适宜水平，并在整个治疗持续过程中都保持同一水平。

（10）根据患者的状态及不同操作阶段的需要调整笑气的需要量，以达到最佳镇静效果。

（11）在治疗过程中的某些非刺激期可减少笑气的使用量或者在治疗快结束时可完全停止吸入笑气。

（12）在开始使用笑气前和结束后均需要给患者吸入纯氧。尤其在治疗最后几分钟停止笑气气流时应持续供给纯氧，以保证至少 5 分钟的术后氧化期，并进行严密监护。

（13）患者感觉恢复到完全正常后，才可以让其直接呼吸室内空气。如果患者感到嗜睡、头晕、眼花或头痛，应持续多给几分钟氧气。

三、笑气的滴定

笑气的滴定技术是合理应用笑气与氧气混合气体镇静的关键技术。小剂量笑气的缓慢滴定对防止镇静过度至关重要。

（1）推荐剂量规则是从大约 10% 或 1 L 开始，然后每增加 5% 或 0.5 L 的滴定至少要间隔 60 秒。

（2）当镇静显效后，根据镇静的强度和患者的反应调整笑气到需要的水平。两次给药的时间间隔应在 3 分钟以上，防止剂量累加导致镇静过度。

（3）在使用鼻罩时，教患者嘴唇闭上用鼻呼吸。完全吸入笑气与氧气混合气体可以达到更精确的镇静深度，并利于临床医生进行镇静深度的准确评估。如果患者未完全鼻呼吸或言语过多，然后再转入鼻呼吸，很可能因笑气浓度过高发生镇静过度。同时，口呼吸或言语也是室内空气污染的一个主要源头。

（4）在治疗结束后停止供给笑气，保证至少 5 分钟给予纯氧的术后氧化期。

四、维护保养

在临床使用过程中，应保持机器各部件的清洁和干燥。

1. 使用前的维护

（1）确认各压力性连接部件没有泄漏。涂上肥皂水检漏时，确保无气泡逸出。

（2）建议每次更换气瓶后都检查一次有无泄漏。

（3）定期检查电源线路和气路。

（4）检查连接管、贮气囊及其他连接等橡胶产品是否因紫外线照射而降解、破裂，出现泄漏。

2. 使用后的维护

（1）断开流量计上的主开关以关掉呼吸机。

（2）立即关闭气瓶开关。

（3）一天工作结束后，卸下气路管线，将里面的残余气体排出。

3. 消毒和灭菌

（1）贮气囊的内表面无需消毒，而其外表面需要消毒。

（2）有些贮气囊能耐压力蒸汽灭菌，所以还应准备备用气囊以替换。

（3）不能用压力蒸汽灭菌的部件可用表面活性剂消毒或用保护膜覆盖。

（4）耐压力蒸汽灭菌的鼻罩，在患者使用之后应进行灭菌处理。

（5）一次性使用的鼻罩不能耐受压力蒸汽灭菌，可根据需要选用。

五、常见故障及其排除方法

笑气吸入镇静机的常见故障及其排除方法详见表 7 - 28。

表 7 - 28　笑气吸入镇静机的常见故障及其排除方法

故障现象	可能原因	排除方法
按下电源开关，主机不运转	无电源或电源插头接触不良电源线断开或保险丝熔断	检查电源，插好插头查明原因，更换电源线或保险丝
打开笑气流量开关无气流	笑气瓶内笑气耗尽，氧气瓶内氧气耗尽，导致笑气与氧气联动开关不工作	更换笑气瓶和氧气瓶后重新开通笑气流量开关
打开氧气流量开关无气流	氧气瓶内氧气耗尽	更换氧气瓶

（陈　刚）

第八章　口腔修复工艺设备

第一节　成模设备

一、琼脂搅拌机

琼脂搅拌机（agar mixer）用于口腔修复制作时加热搅拌琼脂弹性材料，复制各种印模，是带模铸造复制铸模必备的设备。

（一）结构与工作原理

1. 结构

琼脂搅拌机由搅拌电动机、搅拌锅、加热器、温控调节系统及冷却风机等组成。

2. 工作原理

采用不锈钢不粘锅，利用附着在锅外的电阻丝加热带均匀加热，电动机转动带动搅拌轴在锅内均匀搅拌。采用高、低双温数字温控器控制锅内温度，使琼脂材料溶解和保温。在略高于琼脂凝固临界点的温度释放琼脂液进行浇铸，以获得低气泡的铸模。

琼脂搅拌机的工作原理如图 8-1 所示。

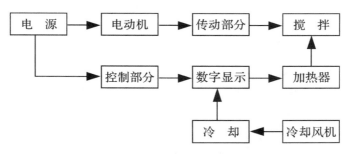

图 8-1　琼脂搅拌机工作原理示意

3. 主要技术参数

琼脂搅拌机的主要技术参数如下：

工作电源	交流电，电压为 220 V±22 V，频率为 50 Hz±1 Hz
搅拌轴转速	28 r/min
加热线圈	功率为 800 W

搅拌琼脂   2~5 kg

工作循环时间（由加料到出液） 1~2 小时

（二）操作常规

1. 操作方法

（1）仔细阅读说明书。

（2）用随机带来的电源线接通电源。

（3）将 2~5 kg 切成小块的琼脂倒入锅内。

（4）开启加热搅拌开关

（5）检查温控器预定温度是否合理。

（6）设定温度以 2~3 ℃/min 上升，大约加温 30 分钟。当温度显示为 91 ℃时，加热停止，冷却风机启动，降温开始。

（7）大约经过 1 小时的时间降温，浇铸温控表指示 51 ℃时锅内琼脂处于待浇铸状态。

（8）将准备好的型盒放在料口下，启动开关，浇铸琼脂。浇铸完成后，先关闭搅拌开关，再关电源开关。

2. 注意事项

（1）本机属于有电源加温式医疗器械，注意防电、防烫。

（2）必须严格按说明书规定的方法进行操作。

（3）当锅内有冻结的固体琼脂时，功能开关置于解冻位置，不能处于搅拌位置。在这里要特别警示，否则将因强制搅拌，被琼脂冻结的叶片发生损坏或导致电动机过载，而出现烧坏电动机等故障。为加快解冻，应取出较多的固体琼脂，并将锅内固体琼脂切成碎块，待锅内琼脂开始解冻时，再分次加料，转入正常工作。

（三）维护保养

（1）本机工作时，锅内所加的琼脂不得少于规定值，否则会发生糊锅现象；更不允许干烧，以防损坏电器设备。设定的上限温度绝对不允许超过 92 ℃。

（2）每次开机重新工作后，必须检查上、下限温度设定值是否正确。

（3）定期清洁仪器。

（四）常见故障及其排除方法

琼脂搅拌机的常见故障及其排除方法详见表 8-1。

表 8-1　琼脂搅拌机的常见故障及其排除方法

故障现象	可能原因	排除方法
电动机停止工作	容器未盖盖子 琼脂未分割成有效的小块 保险丝熔断 被琼脂堵塞 仪器某个部分积聚过多尘土	关闭容器盖子 将琼脂分割成有效的小块 更换保险丝 进行检查、清理 及时清除尘土
琼脂退出受阻	程序温度不合适 通道堵塞	调节程序温度 及时清理通道

续表8-1

故障现象	可能原因	排除方法
冷却风机不能正常工作	尘土积聚过多 冷却风机损坏 仪器所在的环境多尘	如需清洁，移开冷却风机后再进行 更换冷却风机 将仪器移至清洁的室内

（岳　莉　于海洋）

二、石膏模型修整机

石膏模型修整机（plaster cast trimmer）又称石膏打磨机，是口腔修复科、正畸科常用的修复工艺设备，主要用于石膏模型的修整、打磨。该机分为湿性和干性两种类型，有的机型具有修整模型外侧和内侧的功能。本节介绍传统的湿性石膏模型修整机。

（一）结构与工作原理

1. 结构

石膏模型修整机由电动机及传动部件、供水系统、砂轮（磨轮）以及模型台四部分组成。其砂轮直接固定在加长的电动机转轴上，外壳为铝合金铸造。

2. 工作原理

接通电源后，电动机转动经传动部件带动砂轮转动，供水系统同步供水。石膏模型在模型台上与转动的砂轮接触，从而起到修整作用。水喷到转动的砂轮上，再随时从排水孔进入下水道。

石膏模型修整机的工作原理如图8-2所示。

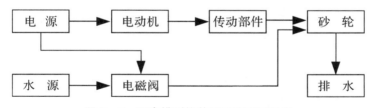

图8-2　石膏模型修整机工作原理示意

3. 主要技术参数

石膏模型修整机的主要技术参数如下：

工作电源　　　　　交流电，电压为 220 V±22 V，频率为 50 Hz
电动机转速　　　　1400 r/min
电动机功率　　　　180～370 W
砂轮型号　　　　　TH16-20ZRAP

（二）操作常规

（1）石膏模型修整机应安装固定在有水源及排水装置的地方，安装的高度和方向以便于操作为宜。

（2）使用前应检查砂轮有无裂痕及破损。

（3）接通水源，并打开电源开关，电动机转动，待砂轮运动平稳后，即可进行石膏模型的修整。

（三）维护保养

（1）未通水源前不能进行操作，以防石膏粉末堵塞砂轮上的小孔。

（2）操作时切勿用力过猛，以免损坏砂轮。砂轮运动过程中，切忌打磨其他物品。

（3）机器长期使用，砂轮磨损严重时，应更换同型号砂轮，或者翻面使用。

（4）每次使用后必须用水冲净砂轮表面附着的石膏残渣，以保持砂轮锋利。

（5）机器长期不用，应定期通电，避免电动机受潮，切忌将水漏进电动机内。

（四）常见故障及其排除方法

石膏模型修整机的常见故障及其排除方法详见表 8-2。

表 8-2　石膏模型修整机的常见故障及其排除方法

故障现象	可能原因	排除方法
接上电源插头电动机不工作	电源插头损坏或接触不良 电源开关损坏 接线盒内连线断路 电动机绕组或连线断路	更换或修理插头 更换电源开关 焊接断线 重新绕制电动机绕组或焊接断线
接通电源电动机仅发出"嗡"声	电动机轴承锈蚀	更换轴承
接通电源电动机工作，但砂轮片不转	电动机传动部分松动打滑 砂轮固定螺帽松动	紧固传动部分 拧紧砂轮固定螺帽
砂轮转动时无水源供给	水路系统堵塞 电磁阀线圈断路或阀芯锈蚀	疏通堵塞部位 更换或修理电磁阀

（李朝云）

三、真空搅拌机

真空搅拌机（vacuum mixer）是在密闭真空环境内对石膏或包埋材料与水的混合物进行混合搅拌的口腔修复工艺设备，是口腔修复科的专用设备，主要用于搅拌石膏或包埋材料与水的混合物。混合物在真空状态下搅拌可防止产生气泡，使灌注的模型或包埋铸件精确度高。

（一）结构与工作原理

1. 结构

真空搅拌机主要由真空发生器、搅拌器、料罐自动升降器、程序控制模块等部件组成。

（1）真空发生器：真空泵采用压缩空气射流或自带负压发生器，具有体积小、噪声低、负压高等特点。

（2）搅拌器：采用变速电动机搅拌，在开始和结束时电动机慢速搅拌，这样不会产生气泡；中途电动机快速搅拌，以节省时间。

（3）料罐自动升降器：采用气动升降，自动化程度高，搅拌时无需手扶料罐。

（4）程序控制模块：采用集成控制线路，用于设定搅拌时间和真空度。

2. 工作原理

真空搅拌机的工作原理如图 8-3 所示。

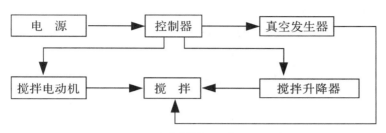

图 8-3 真空搅拌机工作原理示意

3. 主要技术参数

真空搅拌机的主要技术参数如下:

功率　　　　　　250 W

外接气源压力　　0.5～0.75 MPa

真空度　　　　　-0.85 Pa

搅拌转速　　　　不超过 500 r/min

（二）临床应用

真空搅拌机主要用于口腔灌注模型时石膏和铸件包埋材料的搅拌,在真空状态下搅拌可防止产生气泡,使灌注的模型或包埋铸件精确度更高。

（三）操作常规

（1）打开电源开关,电源开关指示灯及空气压力指示灯亮。

（2）设定搅拌时间和真空时间。搅拌时间器先启动,然后启动真空时间器。

（3）按比例取出所需搅拌的粉和液,放入搅拌罐中。先用手摇 15～30 秒,待均匀后,把搅拌罐置于搅拌平台上,搅拌罐的指示线放置在正中位置。

（4）将控制真空吸管的另一头连接在搅拌罐的真空管接头上。

（5）检查时间器,然后打开开始键,搅拌平台上升,真空指示灯亮,抽真空开始。3 秒后达高速转动。被搅拌物完全混合,达到搅拌时间器所指示的时间,机器发出声音提示,搅拌停止。搅拌平台下降恢复原位。将搅拌罐从平台上取下,拔下真空管,搅拌结束。

（四）维护保养

（1）搅拌罐内的被搅拌物不宜装得太满,以免抽真空时被搅拌物进入真空吸管的连接口,造成管道堵塞。

（2）定期清洁真空管的过滤丝网。

（3）空气压力不得超过 0.75 MPa。

（五）常见故障及其排除方法

真空搅拌机的常见故障及其排除方法详见表 8-3。

表 8－3　真空搅拌机的常见故障及其排除方法

故障现象	可能原因	排除方法
空气压力指示灯不亮	空气压力小于 0.5 MPa	调节空气压力至 0.5～0.75 MPa
搅拌平台不上升	搅拌升降器故障	修理搅拌升降器
机器不能抽真空	真空吸管连接口内过滤丝	清洗真空管
	网粘上混合物	更换过滤丝网
	真空发生器故障	维修真空发生器

（张志君）

四、模型切割机

模型切割机（cast cutting machine）适用于石膏、包埋材料及塑料等材料的精确切割，并且对于任意一种材料都可以选择适宜的转速和切片，确保高效、精确地切割。

（一）结构与工作原理

1. 结构

模型切割机主要由切割机主体和调节轴、激光装置、旋转臂、基台、照明系统、吸尘装置等组成。

（1）切割机主体：为电动机主机座，提供切割时所需的旋转动力。

（2）调节轴：保证了切片水平向的调节。

（3）旋转臂：旋转臂的平衡系统确保了精确的工作。

（4）基台：具有磁性装置的基台，可以使固定的模型在任意方向上调节。

（5）照明系统：由卤素灯提供良好的照明。

2. 工作原理

模型切割机的工作原理如图 8－4 所示。

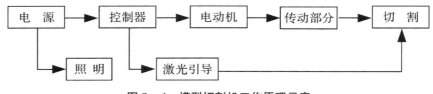

图 8－4　模型切割机工作原理示意

3. 主要技术参数

模型切割机的主要技术参数如下：

工作电源　　　　交流电，电压为 220 V，频率为 50～60 Hz

功率　　　　　　425 W

长、宽、高　　　420 mm、320 mm、360 mm

重量　　　　　　16 kg

转速　　　　　　1000～10 000 r/min

噪声等级　　　　　65 dB（A）

（二）操作常规

1. 操作方法

（1）调节配重。

（2）安装切割盘，连接吸尘系统。

（3）将模型固定到模型台上。

（4）根据激光引导和切割方向调整并固定模型台。

（5）调节光源。

（6）调节最低制动点。

（7）根据切割材料选择需要的转速。

（8）切割（双手操作保证工作的安全性）。

2. 注意事项

（1）高速切割机是一种台式装置，安装时一定要保证机器处于水平位置，并且有足够的稳定支撑。

（2）只有当断开电源，切片停止旋转后才可以更换工具。

（3）切片锋利，安装时一定要非常小心。

（4）一定要保证工具和工作片固定得非常紧密，否则它们很有可能受损并伤及使用者。

（5）请不要将手靠近正在旋转的切片。

（6）不要使用旧的或受损的工具。

（7）检查切片的位置，以避免眼和手受伤。

（8）一定要遵照厂家提供的对工具的使用要求（如最大转速、切割速度、所需的工作材料）。

（三）维护保养

（1）每次使用前，应确认切割盘是否固定。

（2）砂片磨损或破裂时应及时更换。

（3）保持电动机干燥并定期清洁除尘。

（4）每半年拆卸电动机保养一次，注意给轴承加油。

（四）常见故障及其排除方法

模型切割机的常见故障及其排除方法详见表 8-4。

表 8-4　模型切割机的常见故障及其排除方法

故障现象	可能原因	排除方法
切片敲打式旋转	速度选择错误 切割力量太大而导致切片变弯 切片切割时倾斜（切片可能变弯或者金刚砂层受损）	选择切片能够平稳运转的速度 更换切片，并调整切割力量 更换旧的或者受损的工具
打开开关后仪器不工作	插座电源未接通 保险丝熔断	插好插头，接通电源 更换保险丝

续表8-4

故障现象	可能原因	排除方法
切割盘松弛	螺栓未拧紧	检查并紧固螺栓
切割时灰尘太多	旋转的方向错误 吸尘器可能已装满灰尘	改变旋转方向 检查吸尘器并清理灰尘

（岳 莉 于海洋）

五、种钉机

种钉机（stud welding machine）是制备口腔修复固定义齿钉代型的必须设备，应用种钉机可在石膏模型上精确打孔。

（一）结构与工作原理

1. 结构

种钉机主要由激光发生器、工作台、钻头、直线轴承及底座组成。

2. 工作原理

种钉机的工作原理如图8-5所示。

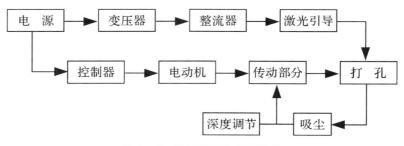

图8-5 种钉机工作原理示意

3. 主要技术参数

种钉机的主要技术参数如下：

工作电源　　　　交流电，电压为220 V±22 V，频率为50 Hz±1 Hz

电动机转速　　　2800 r/min

电动机功率　　　60 W

激光发生器电源　直流电，电压为6 V

（二）操作常规

1. 操作方法

（1）打开电源开关，钻头转动，激光发生器射出激光。若激光与工作台的钻头中心位置不重合，调节激光射出旋钮，使激光正对钻头中央。

（2）利用转动调节手轮调整钻头与工作台间的上下相对位置，即调整钻孔深度。

（3）将石膏模型置于工作台上，使激光与应钻孔位置重合。双手压住石膏模型，保持相对位置不变，垂直缓慢地向下压工作台，钻头即在模型上钻出所需的孔。

(4) 利用向下压工作台的距离控制打孔深度。

2. 注意事项

(1) 为确保安全，手不能放在工作台中心小孔附近。

(2) 激光对准石膏模型打孔的中心位置后，双手扶住模型，使其与工作台的相对位置保持不变。只有这样，才能钻出理想位置的孔。

(3) 钻头变钝后，应及时更换。

（三）维护保养

(1) 应注意防湿防潮，小心轻放，并保证种钉机水平放置。

(2) 当激光发生器发出的激光暗淡时，应及时更换电池，以免损坏激光发生器。

(3) 应定期卸下工作台板，清除收料室内的石膏碎渣。

（四）常见故障及其排除方法

种钉机的常见故障及其排除方法详见表 8-5。

表 8-5 种钉机的常见故障及其排除方法

故障现象	可能原因	排除方法
工作台不回弹	工作台弹簧受损 工作台弹簧积尘过多 回弹杆机械磨损	更换弹簧或添加润滑油 清理弹簧上的灰尘 请专业维修人员修理
激光灯不亮	激光灯上灰尘过多 灯泡损坏 电池没电	清理激光灯上的灰尘 更换灯泡 更换电池
钻孔时灰尘过多	吸尘器可能已装满灰尘 吸尘器连接错误	检查吸尘器并清理灰尘 重新连接吸尘器
钻头易折断	操作人员用力不当 钻针未夹持紧 电动机轴向不正	操作人员应平行下压 拧紧夹持钻针 请专业维修人员修理
钻孔过大	操作不当 钻针与钉不匹配	操作者双手扶住模型，与工作台的相对位置应保持不变 更换钻针

（岳　莉　于海洋）

六、平行观测研磨仪

平行观测研磨仪（parallel milling machine）是牙科技工为在各类桥基牙、基桩、内冠、桩核、精密附着体间获得共同戴入道，对这些实体进行平行度观测、研磨、钻孔等操作的设备。

（一）结构与工作原理

1. 结构

平行观测研磨仪由底座、垂直高度调节杆、水平移动臂、研磨工作头、万向模型台、工作照明灯、控制系统及切削杂物盘等部件组成（图 8-6）。

(1) 底座：是该设备的基座，在其上安置垂直高度调节杆、控制系统、万向模型台、数字显示表、电源，以及所有操作部件、开关及工作照明灯。

（2）垂直高度调节杆：将其垂直安置在底座上，其上的部件可以保证水平移动臂沿垂直高度调节杆长轴方向移动并锁定在任意高度。在垂直高度调节杆上刻有垂直高度标尺，以标示水平移动臂的工作高度。

（3）水平移动臂：安置在垂直高度调节杆上，可以绕垂直高度调节杆做圆周移动、沿垂直高度调节杆长轴方向移动、沿移动臂方向移动并锁定在空间的任意位置，以保证安装在其末端的研磨工作头能有效覆盖模型工作区全部范围。研磨工作头中心垂线（平行观测杆长轴方向）与垂直高度调节杆长轴方向的平行度是保证观测和研磨精度的重要条件，这一精度由水平移动臂及系统的加工、安装精度来决定。

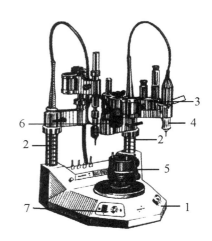

图 8 - 6　平行观测研磨仪

1. 底座；2. 垂直调节杆；3. 水平摆动臂；
4. 工作头；5. 万向模型台；6. 工作灯；
7. 控制系统。

（4）研磨工作头：该工作头可以夹持平行观测杆、研磨电动机、电蜡刀等工具。

使用平行观测杆可以研究模型牙的平行度，描绘牙冠的最大周径线，确定义齿的共同戴入道。

使用夹持在研磨电动机上的车针可以预备模型牙冠、精密附着体、种植牙桩核，以形成共同戴入道。研磨电动机上的车针夹持器直径一般为 2.35 mm 的标准夹头。

研磨电动机有左/右转向和相应控制。电动机的工作噪声应较低，在低转速工作时应保证较高功率输出。电动机转速为 1000~35 000 r/min，可以手动调节转速，并用脚控开关控制。

平行电蜡刀是平行观测研磨仪的另一组附件，由加热体和蜡刀头组成。0°蜡刀头，直径分别为 1.0 mm、1.3 mm、2.0 mm。锥度蜡刀头，锥度为 2°、4°和 6°，以便直接形成蜡型的锥度。根据需要换装蜡刀头。蜡刀头外表镀铬，具有良好的导热性能和使用效果。平行电蜡刀通电后被加热，调整到适当温度，可以在蜡型上加工，调整蜡型的平行度。

（5）万向模型台：分为模型固定器和模型台固定装置。万向模型台通过模型台固定装置由强磁力固定在底座上。接通电磁开关，便可把模型台紧固在基座上；关闭电磁开关，模型台又可以在基座平面上自由移动。通过模型固定器的固位螺钉可将模型锁定在模型固定器上。模型固定器可以绕设置在模型台固定装置上的球形支座任意向转动。推起或移下设在底部的中心限位环，可使模型固定器固定在限定位（0°）或自由转动。在电磁铁锁定期间也可做以上调整。由模型台固定装置在基座平面上的任意向移动和模型固定器绕球形支座任意向转动及其锁定部件完成模型的空间定位。

（6）工作照明灯：采用高亮度的卤素光源，为工作区提供适度照明。

（7）控制系统：主要指仪器的电器控制系统，由电源、电源开关、电动机控制、电蜡刀控制器、数字显示表板、照明工作灯及万向模型台固定开关等组成，控制电动机的转速、切削力矩、电蜡刀的工作温度、照明及万向模型台的磁力固定。为了适应口腔技工的工作习惯，仪器配有脚控制器控制研磨电动机工作。

（8）切削杂物盘：安装在基座平板四周，收集切削废弃物，防止切削碎屑散落在仪器周围，回收贵金属，亦可以作为手臂支架。

2. 工作原理

平行观测研磨仪由电动机提供所需交流变频电源，并通过反馈信号显示电动机实际工作状态，如转速、负荷、转向、阻转保护等，以便进行精确加工，并提供安全保护。通过调节电蜡刀工作温度以利加工蜡代型，其温度调节可以用数字显示。在电磁控制的万向模型台上，电磁铁为模型在任意倾斜角度下定位提供了固位力，使定位快捷、方便、稳固，并容易解除锁定。底座、垂直高度调节杆、水平移动臂保证了模型工作头在模型工作区的三维空间中任意移动、调节、定位并始终保持与 Y 轴平行，观测标尺使定位准确。精密的机械结构保证了对模型的观测和加工高精度、准确可靠、方便快捷。脚控制器仅用于控制工作电动机。

平行观测研磨仪的工作原理如图 8-7 所示。

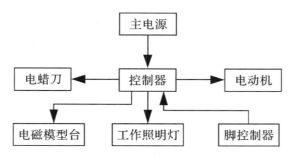

图 8-7　平行观测研磨仪工作原理示意

（二）操作常规

1. 操作方法

（1）使用环境条件：温度为 0~40 ℃，最大环境湿度小于 90%。

（2）电器连接：供电电压必须与机器标注电压一致。将电源线插入仪器后部电源插口，然后将插头插入供电网。

（3）调整、锁定模型：将水平移动臂向外移开，将单颌模型置入模型固定器，用固位螺钉将模型锁定在模型固定器上。用目测初步确定模型的空间位置，转动模型固定器，使模型到达预定位置。在工作头上换上平行观测杆，观察模型位置是否理想，并进行精细调整，直至得出满意的共同戴入道，此时的模型位置即模型工作位。锁定中心限位环，打开电磁开关，使模型定位。

（4）工作头高度调节：可以通过调节水平移动臂在垂直高度调节杆上的位置进行粗调；在水平移动臂与工作头之间常设有精调机构，实现工作头高度的精细调整。有些厂家的设备可达到极高的垂直精度。具体调节方法请参照设备的使用说明书。在水平移动臂上一般设有定位螺栓及水平移动臂定位记忆装置，当水平移动臂通过定位螺栓固位后，更换车针时，打开定位记忆装置，将水平移动臂移开；换针后，依靠定位记忆装置，水平移动臂可精确恢复原工作位。这是此类设备一个十分重要的功能。

（5）调节和固定移动臂中的标尺高度，调节标尺卡盘。

（6）调整电蜡刀，配上合适的加热部件及蜡刀头，调节工作温度，进行蜡代型修整。

（7）根据需要调节研磨电动机的工作参数，接通脚控制器，进行模型的磨削、钻孔、铣削等加工工作。

（8）更换车针。关闭电动机电源，打开车针夹头，更换车针，旋紧夹头。标准型夹头装有直径为 2.35 mm 的车针夹持器。也可选装直径为 3.00 mm 的车针夹持器。

（9）更换夹持器。关闭基座背部主电源开关，用夹持器开启杆扼住工作头，防止其转动，用手旋出旧夹持器，旋入新夹持器。检查各项安装无误后，开启主电源开关并检查所有功能。

2. 注意事项

（1）高度调节固定螺丝必须始终与水平移动臂相接触，以防水平移动臂滑落。

（2）当进行金属、塑料或蜡研磨时，应戴上防护镜。

（3）长头发的技工应将长发束起并戴上发网方可进行操作。

（4）若在最大温度下使用电蜡刀，应注意防止皮肤烧伤。

（5）仪器检查应由专业维修人员进行。

（三）维护保养

（1）仪器不用时要拔下电源插头。

（2）污处清洁时勿用蒸汽、水或溶剂，可用干净棉纱擦拭，并按使用说明书加注润滑剂。

（3）清洁或检修仪器时，应断开电源。

（四）常见故障及其排除方法

平行观测研磨仪的常见故障及其排除方法详见表 8-6。

表 8-6　平行观测研磨仪的常见故障及其排除方法

故障现象	可能原因	排除方法
电动机停止运转、红灯指示过载	磨头被卡住、磨头夹头张开、进刀量太大	找出并排除过载原因，用开关重新启动电动机
电源指示灯不亮	无电源、插头未插好 保险丝熔断	检查电源、插好插头 排除故障，更换同型号保险丝
电动机不转	脚控制器未连好 电动机故障	连好脚控制器 修理或更换电动机
电蜡刀温度过低	未调整温度	适当调整温度旋转钮
模型台不能锁定	未开启电磁开关	打开电磁开关

（刘福祥）

第二节　交联聚合设备

一、冲蜡机

（一）结构与工作原理

1. 结构

冲蜡机主要由加热装置、压力泵、喷淋装置以及温控器组成。

2. 工作原理

冲蜡机是利用电加热，以沸水冲尽型盒内蜡质，获得干净有效的型腔。

冲蜡机的工作原理如图 8－8 所示。

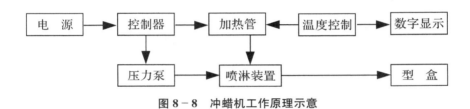

图 8－8　冲蜡机工作原理示意

（二）操作常规

1. 操作方法

（1）开始工作前，在水箱内注水至标注刻度线。

（2）打开电源开关，加热自动开始。达到设定温度时加热停止。

（3）将型盒放于框架上，开启喷淋器开关，冲尽型盒内蜡质。

（4）手拿喷淋头，变换多个方位，冲尽型盒内的蜡质。

2. 注意事项

（1）可根据需要选择喷淋器的控制杆，以使水柱变大、变小。

（2）使用喷淋器时应特别小心，以免烫伤。

（三）维护保养

（1）关闭设备后，水中的蜡质凝固并移至表面，重新使用设备前应除去固体蜡；定期清洁换水，水可以通过设备的排水阀排出；应除去设备底部残留的石膏。

（2）若要彻底清洁设备内部，必须用三氯乙烯替代品或高硫高等级抛光钢清洁。框架只能用高硫高等级抛光钢清洁。

（四）常见故障及其排除方法

冲蜡机的常见故障为喷淋器压力不够，可能原因为水箱水位过低、喷淋器堵塞、加压泵故障等。如为加压泵故障，需请专业维修人员修理。

二、加热聚合器

（一）结构与工作原理

1. 结构

加热聚合器主要由加热装置、温度控制装置两大部分组成。

2. 工作原理

加热聚合器是对甲基丙烯酸树脂进行热处理的一种仪器，是利用电加热原理，煮沸型盒，聚合义齿塑料。

加热聚合器的工作原理如图 8-9 所示。

图 8-9 加热聚合器工作原理示意

（二）操作常规

1. 操作方法

（1）开始工作前，在水箱内注水至标注刻度线。

（2）打开电源开关，预设时间和温度，加热自动开始。达到设定温度和时间后加热器自动关闭。

2. 注意事项

（1）加热聚合时，煮盒所需水温和时间由塑料的特性决定。

（2）在煮盒过程中，不要打开设备盖，以免烫伤。

（三）维护保养

（1）定期换水，水可以通过设备的排水阀排出。

（2）定期彻底清洁设备内部。

（四）常见故障及其排除方法

加热聚合器的常见故障为不升温或温度不准，可能原因为电路损坏、温度控制器损坏，需请专业维修人员修理。

三、光聚合器

（一）结构与工作原理

1. 结构

Solidilite/Sublite 光聚合器是用于聚合瓷聚合体的仪器。其聚合强度高，聚合速度快。光聚合器由大小两件聚合器组成，用于 Solidex/Ceramage 瓷聚合体制作时的材料固化。大件主要由四个高能量的卤素灯（JCR110V-150W/S）组成；小件又称为临时固化器，主要由一个高能量卤素灯组成。修复体无需从模型上或镊子上取出就可暂时固化。开关为手触式。

2. 工作原理

用卤素灯进行光照时，光波通过干涉滤波器，不同频率的红外线光和紫外线光被完全吸收，再通过光导纤维管输出均匀的无闪烁光，波长为380~500 nm，使瓷聚合体迅速固化。

3. 主要技术参数

Solidilite/Sublite 光聚合器的主要技术参数如下：

工作电源　　交流电，电压为100 V，电流为7 A

功率　　　　700 W

外形尺寸　　大灯，230 mm（W）×285 mm（D）×345 mm（H）

　　　　　　小灯，130 mm（W）×160 mm（D）×250 mm（H）

重量　　　　大灯，8.7 kg；小灯，1.5 kg

（二）操作常规

（1）打开主开关。

（2）打开主机舱门，将所需光照物件置于直立在转盘平台的金属支托上，平台可根据修复体的需要提升或下降。

（3）选定照射时间，有三种预设照射时间：1分钟、3分钟、5分钟。

（4）光照结束取出支架。

（三）注意事项

（1）待冷却风扇停转后方可关闭主开关。

（2）更换卤素灯泡时，不可用手触摸灯泡表面。

（岳　莉　于海洋）

第三节　牙科铸造设备

一、箱型电阻炉

箱型电阻炉（pit-type electric resistance furnace）又称预热炉（preheating furnace）或茂福炉，主要用于口腔修复件铸圈的加温。箱型电阻炉需与温度控制器和镍铬－铂铑热电偶配套使用。温度控制器能在0~1000 ℃内进行调节，从而达到控制电阻炉温度的目的。

（一）结构与工作原理

1. 结构

箱型电阻炉由炉体、炉膛和发热元件组成。炉体由铸铁、角钢、薄钢板构成。炉膛是用碳化硅制成的长方体，放于炉体内部。发热元件是由电阻丝制成的螺旋形金属丝，盘绕在炉膛的四壁。炉膛和炉壳间由绝热保温材料填砌。国外先进的预热炉由电脑程序控制，可在液晶显示屏上显示温度及时间。同时设有与外壳完全配合的抽烟扇，使炉可靠墙放置。抽烟扇为全自动控制，当温度达 600 ℃时自动停止，以减少散热及不必要的能耗。炉门有压锤，向下开启时可代替工作台，关闭严密。温度控制器由温度指示、定温调节、热电偶和电源四部分组成。

2. 工作原理

当电源接通后发热元件开始升温，其温度由控制器内的动圈式温度指示调节仪控制。温度指示调节仪是一个磁电式的表头，可动线圈由游丝支撑，处于磁钢形成的永久磁场中。感温元件将热能转变成电子信号，使可动线圈流过电流，此电流产生的磁场与永久磁场作用，产生力矩，驱动指针偏转，至一定角度被游丝扭转产生的力矩平衡，指针指示感温元件所对应的温度值。到达设定温度后，发热元件的电源自动断开。

箱型电阻炉的工作原理如图 8-10 所示。

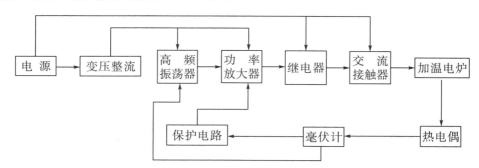

图 8-10 箱型电阻炉工作原理示意

3. 主要技术参数

箱型电阻炉的主要技术参数如下：

工作电源　　　　　交流电，电压为 220 V±22 V 或 380 V 两种，频率为 50 Hz

额定功率　　　　　分为 2 kW、3 kW、4 kW 和 12 kW 四挡

最高温度　　　　　1 000 ℃

常用温度　　　　　950 ℃

升温时间　　　　　60～150 分钟

（二）操作常规

（1）将热电偶从炉顶或后侧小孔插入炉膛中央，其间隙用石棉绳填塞。用补偿导线或绝缘铜芯线接热电偶至毫伏计上，注意不要将正极和负极接反。

（2）打开温度控制器外壳，将前端两侧螺钉旋转 90°后，罩壳往上拉并向后开启，按标注连接电源、电炉、热电偶及外接电阻（$R_{外}$）。外接电阻的总电阻值为 15 Ω，应包括热电偶电阻、补偿导线电阻或连接导线电阻。如导线较短，可不考虑其电阻值。在电源线引入处，需另安装电源开关，以便控制总电源。由于毫伏计上电源导线与电炉导线的中线系共用，故相线与中心线不可接反，否则毫伏计不能正常工作。为了保证安全操作，电炉与毫伏计外壳均需可靠接地。

（3）将毫伏计防震短路线拆去，即将毫伏计后端接线柱上接线螺丝钉间的短路线拆去。在使用补偿导线及冷端补偿器时，应将机械零点调整至冷端补偿器的基准温度点。不使用补偿导线时，将机械零点调到刻度零位。但所指示的温度为被测点和热电偶冷端的温度差。

（4）检查接线无误后，将毫伏计的设定指针调至所需工作温度，然后接通电源。按下电源开关，此时绿灯亮，继电器开始工作，电炉通电，电流表上显示读数，毫伏计示数逐渐上升，此现象表示电炉和毫伏计均正常工作。电炉的升温与定温分别以红绿灯指示，绿灯表示升温，红灯表示定温。红灯亮后，即可从箱型电阻炉的炉腔内取出被加热部件。

（三）维护保养

（1）电阻炉应平放在地面或搁架上。毫伏计应避免振动，其放置位置与电阻炉不宜太近，以免过热，导致电子元件不能正常工作。

（2）电阻炉长期停用后再次使用，必须先进行烘炉。从 200 ℃至 600 ℃，烘 4 小时，使用时炉温不得超过最高温度，以免烤坏电热元件。禁止向炉腔内灌注任何液体及熔融的金属。

（3）电阻炉和毫伏计应在无导电尘埃、爆炸性气体和腐蚀性气体的场所工作，相对湿度不得超过 85%。

（4）毫伏计的工作环境温度限于 0~50 ℃。在搬运时，需将其短路线接好，以防震动而损坏仪表。

（5）定期检查电阻炉和毫伏计各接头连接是否良好。毫伏计有无卡针，并经常用电位差计校对。

（6）保持电阻炉和毫伏计的清洁和干燥。

（四）常见故障及其排除方法

箱型电阻炉的常见故障及其排除方法详见表 8-7。

表 8-7　箱型电阻炉的常见故障及其排除方法

故障现象	可能原因	排除方法
电源不通，炉丝不热	毫伏计电源输入端保险丝熔断	更换同规格保险丝
	毫伏计面板电源开关损坏	更换电源开关
	毫伏计电流表损坏	更换电流表
	炉丝断路	更换炉丝
	交流接触器线圈断路	更换或修理交流接触器
	交流接触器触点接触不良	用砂纸打磨触点
接通电源，毫伏计不工作	毫伏计内变压器或继电器损坏	修理或更换变压器或继电器
无法指示温度	热电偶损坏，无测量信号输入到测量线路板	更换热电偶
	电子元件损坏	更换相应电子元件
	表头损坏	更换表头
	检测线圈断路	更换或重新绕制检测线圈

（李朝云）

二、高频离心铸造机

高频离心铸造机（high frequency centrifugal casting machine）是口腔修复科常用的精密铸造设备，用于各类牙用高熔合金，如钴铬、镍铬合金的熔化和铸造，以获得各类托牙支架、嵌体、冠桥等铸件。高频离心铸造机按其冷却方式可分为风冷式和水冷式两类。水冷式控制电路复杂，操作烦琐；风冷式控制电路简单，操作方便。本节主要介绍风冷式高频离心铸造机。

（一）结构与工作原理

1. 结构

高频离心铸造机主要由高频振荡装置、铸造室及滑台、箱体系统三大部分组成。全机呈柜式，带有脚轮，方便操作、移动及检修。

（1）高频振荡装置：主要包括高压整流电源及电感回授三点式振荡器。后者由金属陶瓷振荡管和电子元件组成。

（2）铸造室及滑台：包括开关、配重螺母、多用托模架、挡板、调整杆、风管、调整杆紧固螺钉、电极滑块、压紧螺母和定位电极。

（3）箱体系统：整机面板构造包括电源总开关、熔解按钮、铸造按钮、工作停止按钮、电源指示灯、板极电流表、栅极电流表、熔金选择旋钮、铸造室机盖、观察窗及通风孔。机器后侧有接地线及电源线。

2. 工作原理

高频离心铸造机的基本工作原理为高频电流感应加热原理。"高频电流"是频率较高的交变电流，其频率为 $1.2 \sim 2.0\,MHz$。高频电流所产生的电磁场称高频电磁场。如果将金属材料置于高频电磁场的范围内，在高频电磁场作用下，根据电磁感应原理，坩埚内的金属受高频电磁场磁力线的切割，产生感应电动势，从而将电能转换成热能，使金属材料发热，直至熔解，实现铸造。由此可见，金属材料加热是在其内部进行的。

高频离心铸造机工作原理如图 8-11 所示。

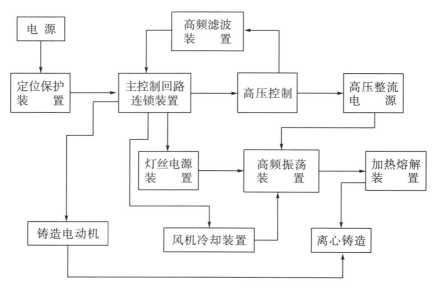

图 8-11　高频离心铸造机工作原理示意

3. 主要技术参数

高频离心铸造机的主要技术参数如下：

工作电源　　　　　交流电，电压为 220 V±22 V，频率为 50 Hz±5 Hz
电功率　　　　　　6.5 kW
高频振荡频率　　　1.6 MHz±0.2 MHz
高频振荡功率　　　2.5 kW
最大熔金量　　　　50 g
温度　　　　　　　700~1700 ℃
转速　　　　　　　500 r/min 以上
铸造臂半径　　　　210 mm
铸造电动机功率　　0.37 kW

高频电流感应加热熔化金属，具有以下优点：①熔解合金的过程不产生电弧，可实现无烟、无尘和无噪声的工作环境；②由于无电极参加熔解，不会造成合金材料渗碳，不改变合金的物理学性能和化学性能；③熔解速度快，氧化残渣少，被熔合金流动性好，铸造成功率高。

（二）操作常规

1. 操作前的准备

（1）设备使用前应检查接地线是否接地良好，其接地电阻不得大于 4Ω。同时要有专用的保护接地线，使电源线的接地端和设备接地端良好接地，不得仅一端接地。

（2）电源选用单相交流电，电压为 220 V±22 V，频率为 50 Hz±5 Hz。电源功率不能小于 6.5 kW。

（3）设备安放位置与墙壁应有一定距离，以保持良好通风。

（4）脚轮应安放平稳，以防虚震。

（5）根据合金种类，选择并调整熔金选择旋钮。通常，钴铬合金选择 2 挡或 3 挡，镍铬合金选择 2~4 挡，铜基合金、金合金及银合金选择 5 挡或 6 挡。

2. 操作方法

（1）接通电源总开关，指示灯亮，风机冷却装置工作。开机后预热 5~10 分钟再进行熔铸。

（2）将加温预热的铸模放在 V 形托架上，调整铸造中心位置及臂平衡，并锁紧。

（3）将滑台对准电位电极刻线，以便接通控制高压电路，否则不能熔解合金。

（4）关好机盖，按动熔解按钮，熔解指示灯亮。栅极和板极电流表指针分别显示栅流及板流读数，其比值为 1∶4~1∶5。

（5）通过观察窗观察熔解过程，至金属沸点出现，即绝大多数合金熔融，铸金崩塌呈镜面，镜面破裂即为铸造时机。此时立即按动铸造按钮，铸造指示灯亮，滑台转动开始铸造，将被熔金属倒入铸圈浇铸口。根据不同熔金要求控制铸造时间，一般为 3~10 秒。

（6）按动停止按钮，铸造即停止，全部熔铸完成。待离心滑台停止转动后，打开机盖取出铸模，随即将滑台对准定位线，使工作线圈充分冷却，以待用。若不再使用铸造机，冷却 5~10 分钟后关闭电源。

3. 注意事项

（1）使用设备的环境温度为 5~35 ℃，相对湿度小于 75%。

（2）若需连续溶解，每次应间歇 3~5 分钟，并使滑台对准定位线，以保证感应圈充分冷却。连续熔解 5 次后，应风冷间歇 10 分钟。

（3）熔解过程中不要拨动熔金选择旋钮，以防发生放电现象，并注意观察熔金的沸点出现。不得超温熔解，以防烧穿坩埚。

（4）铸造停止，但滑台因惯性仍继续转动时，禁止拨动熔金按钮，以防电击损坏设备。

（三）维护保养

（1）保持设备清洁和干燥，每次铸造后必须清扫铸造仓，去除残渣。铸造仓内不准存放工具和杂物。

（2）旋转的电极套及嵌入的电极均应保持清洁，不应有杂物，防止高频短路。必要时可更换石墨电刷。

（3）经常检查指示仪表是否有卡针和零位不准现象，以及按钮、开关及指示针等部件有无松动或失灵。

（4）每隔 3 个月检查一次机内电路的绝缘电阻、电源、接地线、高压电极，以及高频回路等部件。绝缘电阻不得小于 20 MΩ/500 V。

（5）每隔 6 个月给振荡盒风机冷却装置加注润滑油一次，并检查交流接触器及继电器等控制部件的工作是否正常。

（四）常见故障及其排除方法

高频离心铸造机的常见故障及其排除方法详见表 8-8。

表 8-8　高频离心铸造机的常见故障及其排除方法

故障现象	可能原因	排除方法
直流高压馈不上或无高压	整机保险丝熔断	更换同规格保险丝
	高压隔直流电容器被击穿	更换高压隔直流电容器
	硅整流堆短路或断路	更换同型号硅整流堆
	交流接触器触点接触不良	用细砂纸打磨接触器触点
	定位开关石墨电刷接触不良	用细砂纸打磨石墨电刷接触部位
	振荡电路断路	焊接断路部位
熔金时间过长或不能熔化金属	栅漏电阻、栅偏电容器及栅极线圈的电气连接不良或松动，致高频间歇振荡	拧紧栅漏电阻及栅偏电容器和栅极线圈的电气连接部位，或用砂纸打磨连接处
	振荡管低效或损坏	更换同型号振荡管
	振荡失调，栅极与板极电流比值不正确	调整耦合度使栅极与板极电流比值为 1:4～1:5
电流表指针摆动或卡针	栅极与板极电流表的旁路保护电容器击穿或断路	更换栅极与板极电流表的旁路保护电容器
	振荡失调，振荡槽路电气连接松动	调整耦合度，拧紧振荡槽路电气连接处
	栅极与板极电流表损坏	更换损坏的电流表

故障现象	可能原因	排除方法
机箱过热	连续铸造频繁，风冷间歇不足，风机冷却装置故障	避免频繁铸造，使机器有冷却时间
	振荡回路轴流风机故障	修理或更换轴流风机
	栅极与板极电流比例失调，板极电流超过额定值	调整耦合度，限制板极电流，使栅极与板极电流比例正常
机箱漏电	接地装置故障或电气接线与机壳相交连	检查机壳及接地装置
整机接通总电源开关，机器不工作	保险丝熔断，双极开关热丝"脱扣"，双极开关触点接触不良，有时机内出现异常电击声	更换保险丝和双极开关，或用砂纸打磨双极开关触点，并清除机内潮气
铸造时全机抖振	脚轮松动或移位	将脚轮安放牢固、平稳
	配重平衡不好或压紧螺母松动	保持配重平衡，拧紧压紧螺母
离心转速减慢	离心电动机故障	修理或更换离心电动机
	皮带拉长或打滑	更换皮带
坩埚溅熔液	坩埚摆位和铸圈对中调整不良，V形托架松动，感应加热器在离心滑架上移动不灵活	调整坩埚摆位和铸圈对中，拧紧V形托架，调整感应加热器
按动铸造按钮电动机不转动	交流接触器触片脱落，致使电压无法加到电动机上	修理或更换交流接触器
无栅流	栅极回路电容击穿造成电气短路	更换栅极电容
	栅漏电阻断路	更换电阻

（李朝云）

三、真空加压铸造机

真空加压铸造机（vacuum casting machine）是一种新型的铸造机，它由计算机控制，可自动或手动完成各种牙科合金的铸造。根据熔金和铸造的原理，可将铸造分为直流电弧加热离心铸造及高频加热加压吸引铸造。后者是近年发展起来的，包括除钛合金外从低熔的银合金到高熔的钴铬合金、镍铬合金、金合金等各种铸材的铸造。因真空加压铸造机是在真空加压及氩气保护下完成合金的熔化和铸造的，避免了合金成分的氧化和偏析，使铸件的理化性能稳定，铸件质量高。本节主要介绍直流电弧加热离心铸造机。

（一）结构与工作原理

1. 结构

真空加压铸造机主要由真空装置、氩气装置、铸造室和箱体系统等四部分组成。

（1）真空装置：主要由真空泵、连接管、控制线路等组成，真空度一般应达到 $-0.35\sim-0.45$ MPa。

（2）氩气装置：主要由氩气瓶、流量和气压表、连接管、控制线路等组成。一般氩气压力为 0.3 MPa。

（3）铸造室：包括开关、托模架、挡板、调整杆、氩气喷嘴、密封圈等。

（4）箱体系统：包括电源开关、编程键、熔解按钮、铸造按钮、工作停止按钮、合金选择钮、铸造观察窗、水箱、通风口地线、电源线，以及铸造温度、时间显示。

2. 工作原理

真空加压铸造机的工作原理常见为直流电弧加热。在真空条件下，通入惰性气体氩气保护，将合金材料直接用直流电弧加热、熔融、离心铸造。该设备具有熔解速度快，合金成分无氧化、无气泡等优点，可提高铸件的理化性能。

真空加压铸造机的工作原理如图 8-12 所示。

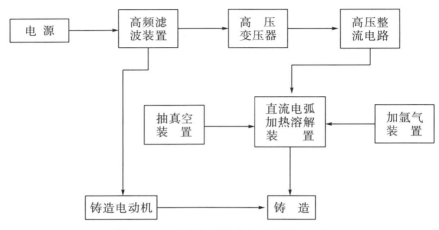

图 8-12 真空加压铸造机工作原理示意

（二）操作常规

1. 操作前的准备

（1）设备安放位置应与周围物体有一定距离，以利设备通风。

（2）应检查氩气管供端与铸造机后部氩气联结器的联结是否良好以及氩气流量表和压力表是否正确指示。

（3）脚轮应锁住，以防设备滑动。

（4）根据合金种类，选择自动操作或手工操作。通常，设备已有种类或已设定好的合金的铸造可用自动操作，而未用过的合金则用手工操作。

2. 操作方法

（1）自动操作：

1）接通电源开关键，指示灯亮，选择自动键，风机冷却系统工作。开机后预热 5～10 分钟再进行铸造。

2）调整铸臂平衡锤，使铸圈处于平衡位置。

3）选择所用合金对应的铸造程序。

4）将坩埚放入坩埚槽中。

5）把合金块放入坩埚底部，并沿顺时针方向旋转氩气孔使其位于坩埚之上。

6）解开锁片，使铸圈固定在支槽片和锁片之间。

7）关闭铸造室。

8）按压开始键。当真空完成后，通氩气。数字显示器将显示合金的实际温度。

9）当铸造完成后，铸臂停止转动，铸圈可从铸臂上取下。

（2）手工操作：

1）按压电源开关，指示灯亮，选择手工操作键。

2）调整铸臂平衡锤，使铸圈处于一种平衡位置。

3）选择坩埚并放在铸臂的坩埚槽中。

4）调整熔圈升降开关，充分抬高熔圈。

5）沿顺时针方向旋转氩气孔，直至该孔和坩埚对准。固定铸圈槽于锁片和支撑片之间。

6）关闭铸造室。

7）按熔化键开始抽真空，完成后通氩气熔化合金，一旦数字显示的温度或操作者观测到的温度达到了要求的合金铸造温度，此时按 Hold 键，以便保持铸造温度。

8）按 CAST 键，铸造开始。

9）若铸造完成，按停止键，把铸圈从铸臂上拿下。

3. 注意事项

（1）坩埚内无合金，禁止开机工作。

（2）当铸臂处于不平衡位置时，禁止开机运行。

（3）当氩气孔未对准坩埚或氩气表无指示时不要工作。

（4）若连续铸造，每次应间隔 2～3 分钟。

（5）更换氩气瓶时应注意氩气标志，切勿用错。

（三）维护保养

（1）每天须检查铸造室，若有残渣，须完全清除。

（2）每周须检查熔圈的冷却片、熔圈的带状线缆及它们的终端，看是否有溅出的合金，若有应及时清除。

（3）每周须用性能温和的肥皂溶液清洁可监视镜头。

（4）每次使用前应检查真空度和氩气压力，以防铸造失败。

（于海洋　岳　莉）

四、钛铸造机

钛具有优越的生物相容性、耐腐蚀性、良好的机械性能、密度小、价格低等优点，是一种理想的新型口腔修复材料。但是，由于钛的熔点高（1668 ℃），高温下化学性能活泼、极易被氧化，且熔化后的钛液流动性差、惯性小，铸造性能不良，因此钛铸造很困难。

（一）钛金属铸全率低的原因及改进方法

早期的铸钛设备大多采用离心式铸造或差压式（加压或加压同时吸引）铸造原理，钛铸件内部经常出现气孔和边缘缺陷，压力铸造机的可铸性能仅为 10%～20%，成功率不能令人满意。差压式铸造，型腔内的气体只能通过包埋材料的孔隙排出，铸件内部气孔的发生率很高；同时，加压吸引方式没有特定的方向性和强大的吸引力，在铸造时无法得到稳定的速度。这些都是造成铸件铸造不全的原因。离心铸造比加压吸引铸造的铸全率高，原因是离心铸造时型腔内的气体可通过包埋材料的孔隙及铸道两方面排出，铸件内部气孔的发生率比较少。但是，流液有一定的方向性，有些部位不能达到，是造成铸件不完整的原因。而且离心铸造在铸造时需要调整平衡，铸道的设计也有一定的要求，操作麻烦。采用离心、加压、吸引三力合一的原理制造的钛铸造机（titanium casting machine），兼有真空铸造、压力铸造和离心铸造的优点，不仅可用于纯钛的铸造，也可用于钛合金、贵金属合金、镍铬合金、钴铬合金等的高精密铸造。纯钛铸造机采用电弧熔融方式，整个铸造过程在氩气保护下进行。

（二）结构和工作原理

1. 结构

钛铸造机主要由旋转体、电弧加热系统、动力部分、供电系统、真空系统、氩气系统及电控系统组成。

（1）旋转体：内部为熔解室和铸造室，两室内分别安置铸模、坩埚及配重。

（2）电弧加热系统：包括电极和直流电弧发生器。

（3）动力部分：包括电动机、飞轮、离合器、定位装置等。

（4）供电系统：包括直流逆变电源、电极装置等。

（5）真空系统：包括真空泵、高真空截止阀、真空表、管道等。

（6）氩气系统：包括减压阀、截止阀、安全阀、压力表、管道等。

（7）电控系统：包括计算机程序控制软件、各种电器元件、显示器等。

2. 工作原理

在真空环境和氩气保护下，直流电弧对坩埚中的金属加热，使之熔融，在铸造力（离心力、压力、差压力、吸引力）作用下熔融金属充满铸腔，完成铸造（图8-13）。

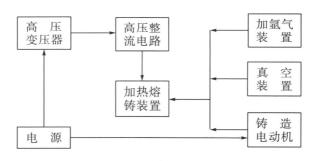

图8-13　钛铸造机工作原理示意

（1）抽真空：将钛料和铸圈分别放在熔解室和铸造室内。两室隔开且均与大气隔离，两室同时抽真空。

（2）充氩气：给熔解室内充氩气，铸造室继续抽真空，维持约5秒，熔解室铸模腔内的残留空气可通过包埋材料进一步被清除。

（3）引弧熔解：采用非自耗电极电弧加热的凝壳熔铸法，以高频电引弧、直流电弧加热，大电流通过被电离的氩气和钛锭，使钛料熔化。

（4）铸造：当钛料全部熔化，瞬时停止充氩气（铸圈内接近真空），电弧未停，立即启动离心铸造。

（5）飞轮储能释放：飞轮提前储能，当离合器结合时，旋转体突发性转动，熔化的钛液高速射入铸腔，充满铸模腔内。钛液从静止到充满铸模腔的时间越短越好，加速度越大越好（以不冲坏型腔为限度）。

（6）氩气加压：当钛液进入铸道模腔尚未凝固前，即以 0.3 MPa 的氩气加压；而铸模腔外部仍在抽气，通过包埋材料的透气性吸引钛液，减少腔内的余气和包埋材料受热发生的气体，防止铸件发生气泡。

以上过程是在程序控制下自动进行的，极大地降低了铸件铸造不全及铸件内气孔的发生率，成功率高。

3. 主要技术参数

钛铸造机的主要技术参数如下：

电源	电压为 220 V，频率为 50～60 Hz
功率	80 kW
熔解电流	50～300 A
氩气压力	0.2～0.35 MPa
最大熔金量	40 g
熔解时间	90 秒

（三）操作常规

1. 操作方法

（1）铸造准备：

1）打开氩气瓶气阀旋钮。

2）调整氩气瓶的压力至 0.31 MPa。

3）打开电源：①打开电源按钮至"ON"；②打开铸造主机电源按钮至"ON"；③确认真空泵电源开关至"ON"。

4）按下启动键，保护窗自动打开，铸造臂旋转至水平位置，照明灯点亮。

5）真空检测、加压检测。按下真空检测键，真空指示值会升至正常位置。打开铸腔按下加压检测键，检测到有氩气喷出。

6）铸腔内检查：①打开铸腔；②检查铸腔的垫圈是否有伤痕，并更换有伤痕的垫圈；③调查旋臂离空腔内边缘之距离是否为 50 mm。

（2）铸造操作：分手动方式和自动方式。

1）手动方式：

铸造类别选择及电流的设定：①在铸钛时，选择铸钛键；②根据不同的铸造金属，选择不同的电流，贵金属为 40～50 A，镍、铬金属为 100～150 A，钛为 280～300 A。

选择安装不同类别的石墨坩埚，将铸造金属置于坩埚中。不同的金属，使用不同的石墨坩埚，按照有关要求放入适量所铸金属于坩埚内。

调整电极棒至所需位置，固定旋钮。

安置铸圈：选择适当大小的铸圈，使用专用钛铸造圈进行安装，关闭铸腔，并旋紧顶盖旋钮。

检查密封性：按下密封检测键，确定其检测灯是否熄灭。如果灯仍亮，再次旋紧顶盖旋钮，直至灯熄灭。

按下铸造开始键，保护窗关闭，铸造开始运行。①当熔解灯亮时，目视其金属熔解状态；②当金属熔融到铸造条件时按下铸造键，其铸腔内开始进行离心、加压、吸引程序；③铸造结束后，保护窗自动升起，打开铸腔，取出铸圈，取出石墨坩埚；④按下启动键，准备第二次铸造。

2）自动方式：设定工作参数，按铸造材料预先设定电流值、熔解时间等参数。按启动键即可开始铸造。其铸造全程由计算机控制，直至其旋转臂停止运行，完成铸造。

（3）铸造完成后处理：

1）取出铸圈。

2）关闭保护窗。

3）关闭氩气压力阀和氩气瓶总阀。

4）关闭变压装置电源至"OFF"。

5）关闭铸造机主体电源至"OFF"。

2. 注意事项

（1）设备安装应符合安装要求。

（2）氩气压力应保持在0.2 MPa与0.35 MPa之间，否则会损坏设备。

（3）配重位置若不恰当，旋转时将产生剧烈振动，严重损伤设备。

（4）连续铸造的时间间隔应参照厂家说明书。

（5）铸造结束，应在真空表和压力表复位后才能开启铸造室。

（6）禁止在未装铸模和密封垫的情况下通入氩气，防止氩气进入真空系统损毁真空仪表。

（三）维护保养

（1）及时修正（使电弧棒尖端呈90°夹角）或更换电弧电极。

（2）注意调整石墨坩埚。

（3）铸腔内的耐热密封垫圈若损坏，应及时更换。

（4）经常检查过滤器是否清洁。

（5）经常清扫目视镜，若有损伤应及时更换。

（6）定期检查通气管道（旋转臂下部），注意保持清洁。

（7）经常清扫旋转槽内异物。

（8）定期更换铸腔内电极棒的瓷性护套。

（9）氩气用完应及时更换氩气瓶。

（10）定期更换保险管。

（四）常见故障及其排除方法

钛铸造机的常见故障及其排除方法详见表8-9。

表8-9 钛铸造机的常见故障及其排除方法

故障现象	可能原因	排除方法
铸造时电弧产生不稳定	电极棒尖端呈圆形	调磨其尖端呈90°
熔解时，目视看不清	目视窗有污物	将目视窗换下擦拭干净
变压装置异常灯亮	电压不稳或温度过高	稳定电压并休息10分钟

故障现象	可能原因	排除方法
旋转铸造臂异常杂音	旋转槽有污染 平衡臂有异常	清除其中污染 调整平衡臂至标准状态
铸腔密封键灯亮	铸腔密封不良 铸圈底面不是平面 铸腔密封垫圈破损 铸腔密封橡胶圈破损	注意密封 包埋时去底面 更换密封垫圈 更换密封橡胶圈
不能产生电弧	变压装置异常灯亮	确定电压和温度
不能启动变压装置	变压装置未打开	打开变压装置
熔解金属困难	电极距离未达要求 与坩埚电极接触不良 氩气量过少	按标准调整电极距离 调整其放置位置 加大流量或更换氩气瓶

（刘福祥　于海洋）

五、金沉积仪

金沉积仪（gold electrodeposition apparatus）又名电镀仪，简称金沉积。该设备是利用电解沉积原理，对翻制带有基牙模型的预备体表面进行金元素的化学结构沉积，形成具有一定厚度的牙科纯金修复体。采用该工艺制成的嵌体、高嵌体、单冠、固定桥、种植体等修复体具有极高的精确性和生物相容性，展示了纯金在修复体制作方面的优势。金沉积仪是口腔技工室的重要设备之一。

（一）结构与工作原理

1. 结构

金沉积仪主要由电源、电子智能控制系统和电镀组合槽两部分组成。

（1）电源和电子智能控制系统：是提供电镀仪进行电镀工艺时所需的电流并控制电镀时间、加热温度、电磁搅拌速度、余金回收的部件。进行电镀工艺时，需根据电镀件的大小和沉积的厚度选择电流的等级和电镀时间。电子智能控制系统由整流板块、时间控制板块、加温控制板块、电磁搅拌控制板块、余金回收控制板块和液晶显示控制屏等组成。

1）整流板块：经过变压器降压后的交流电，经整流滤波变为直流电，供后续电路使用。

2）时间控制板块：利用电子集成调节电流脉冲控制电镀时间。

3）加温控制板块：利用电子智能控制电流导热、起止时间，控制加温温度。

4）电磁搅拌控制板块：利用电子智能控制电流、电磁方向，控制电磁搅拌速度。

5）余金回收控制板块：经过电子智能控制系统，通过导电的余金回收专用海绵，将电解液中的余金回收。

（2）电镀组合槽：由烧杯、正极/热电偶、负极镀头、电磁搅拌棒组成。烧杯用于存放纯金电解液和电磁搅拌棒。电极分正极、负极，在电镀时将涂有导电银漆的石膏代型和铜丝与负极（负极镀头）相连接，与热电偶、正极棒一并进入一定位置的电解液中。控制面板装有电源指示灯、电源开关、液晶显示控制屏、电流设定、时间调节设定。电磁搅拌和热电偶在开机后按程序启动。

2. 工作原理

涂有导电银漆的石膏代型在电解液中处于负极，中央热电偶圆柱棒为正极。烧杯内一定量纯金电解液，在电流的作用下，经热电偶加温和电磁搅拌下，金离子（正电离子）定向地向负极泳动并沉积下来。这种技术选用亚硫酸铵金复合物 $[(NH_4)_2Au(SO_3)_2]$ 作电解液，在电场中 Au^+ 向负极定向移动并均匀而致密地沉积在悬挂于那里的涂有导电银漆的石膏代型上。这样在代型表面形成一层厚度均匀的金沉积层，厚度为 0.2～0.3 mm，纯金度可达 99.9％。电解液中余金量与操作前计算使用的电解液量有密切关系，最后金沉积仪进行余金回收处理。

金沉积仪的工作原理如图 8-14 所示。

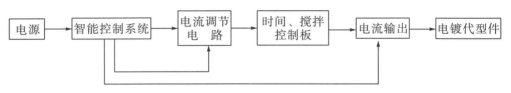

图 8-14 金沉积仪工作原理示意

（二）操作方法

（1）制作嵌体、高嵌体、单冠、固定桥、种植体等修复体代型。

（2）AGC 导电铜丝的安装：在预备体代型的底座用裂钻（1 mm）距肩台边界大约 1 mm 处钻一长 2～3 mm 的孔，AGC 导电铜丝与预备体代型孔内用黏结剂粘牢。

（3）AGC 导电银漆的涂布：将预备代型需要电镀部位、导电铜丝与代型连接 1 cm 处涂布导电银漆，两者之间涂布连接点。

（4）AGC 收缩橡皮管的安装：在导电铜丝上套入收缩橡皮管，用吹风机加热使橡皮管收缩。

（5）电流等级、沉积厚度及纯金电解液用量的确定：根据代型所沉积面积大小，对照"7 等级三维参照表"进行比较，确定纯金电解液用量、电流等级及沉积厚度（按照电镀仪要求配套使用电解液和增亮剂）。

（6）打开电源总开关，使机器处于待机状态。向上拉动电镀头、正极和热电偶至止动部（适用于 AGC Micro 微型电镀仪）。

（7）配备组装电镀头、电解间隔键和橡胶封闭圈，将铜丝穿过相应插孔，预备体代型应按规定的高度和箭头指示方向排列。

（8）烧杯内放入电磁搅拌棒，倒入计算好量的电解液和增亮剂。电镀头归位，输入参数，按动开始键，电解液达到工作温度时仪器自动开始进行电镀。

（9）电镀结束后，向上拉动电镀头，待电镀部件滴尽水滴，剪断铜丝，取出代型。

（10）电镀过程结束后，仪器恢复静止状态，按时间显示键取消所有输入值，仪器准备做余金收回。

（三）维护保养

（1）了解和掌握电镀仪的性能和操作方法。

（2）保持仪器干燥、清洁。

（3）工作台应保持整洁，否则会影响电镀效果。

（4）确定电源电压稳定，并与电镀仪要求的电压一致（建议使用 USV 供电器）。

（5）注意使用前的检修，工作时随时注意显示屏的提示。

（四）常见故障及其排除方法

金沉积仪的常见故障及其排除方法详见表 8－10。

表 8－10　金沉积仪的常见故障及其排除方法

故障现象	可能原因	排除方法
接通电源开关，指示灯不亮	电源未接通 保险丝熔断 指示灯损坏	检查供电电源 更换保险丝 更换指示灯
显示热电偶故障	热电偶损坏或安装不正确	更换或重新安装热电偶
金沉积冠发暗无光泽	没有加入增光剂	加入增光剂
显示电解液过量	电解液过量	倒掉过量的电解液
显示负极断路	铜丝未接好或铜丝与代型间未涂银漆	检查插接点、涂布银漆

（孔庆刚）

第四节　技工用切割打磨清洗设备

一、技工用微型电机

技工用微型电机（laboratory handpiece）又称微型技工用打磨机，是牙科打磨抛光设备之一，主要用于技工制作义齿时打磨、切削、研磨。

（一）结构与工作原理

1. 结构

技工用微型电机由微型电动机、打磨手机和电源控制器三部分组成。

（1）微型电动机：由定子和转子构成，并且分有电刷和无电刷两种。有电刷微型电机：电流通过电刷和整流环，送到线圈上，在磁场的作用下转动。有电刷微型电机的特点是效率低、易发热、转子惯性大、不易制动，在进行精细雕刻、打磨时不方便。无电刷微型电机的结构与有电刷微型电机大致相同，只是取消了电刷，改由霍尔电路来承担电刷的作用。其特点是电机没有因电刷引起的火花和摩擦，避免电磁干扰，电机效率高、不易发热、重量轻、转子惯性小、转矩大等。

（2）打磨手机：在一根空心主轴内装有弹簧夹头（亦称三瓣簧），用于夹持打磨车针和砂石针；主轴前后装有轴承，并装有强力弹簧，靠它拉紧、松开弹簧夹头。主轴后部装有联轴叉，与微型电动机相连接。

（3）电源控制器：用于控制微型电动机的启动、停止、转速和旋转方向。控制器由电源控制电路、脚控开关和各种功能开关等组成。

技工用微型电机如图8-15所示。

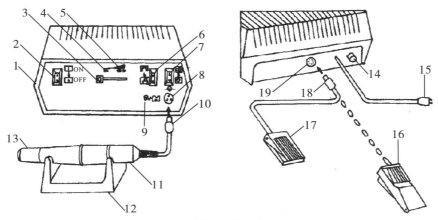

图8-15 技工用微型电机示意

1. 控制器；2. 电源开关；3. 调速手柄；4. 电源指示灯；5. 速度显示灯；6. 手、脚控选择开关；7. 正、反转选择开关；8. 微型电机电源插座；9. 恢复按钮；10. 微型电机电源插头；11. 微型电动机；12. 微型电机托架；13. 打磨机头；14. 保险装置；15. 电源插头；16. 可调速脚控开关；17. 脚控开关；18. 脚控开关插头；19. 脚控开关插座。

2. 工作原理

技工用微型电机的工作原理如图8-16所示。

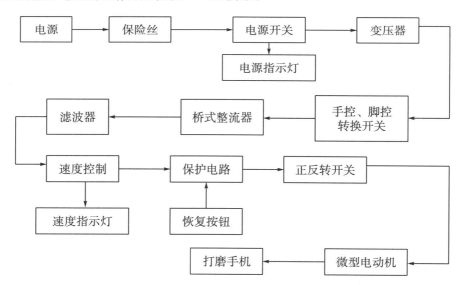

图8-16 技工用微型电机工作原理示意图

（二）临床应用

技工用微型电机是牙科打磨抛光设备之一，是口腔修复设备的重要组成部分，主要用于技工义齿修复加工过程中打磨、切削、研磨。在义齿修复加工的过程中清除残留物，提高表面光洁度，使义齿符合口腔的解剖生理条件以及外观要求。技工用微型电机的发展，提高了工作效率和义齿加工质量。

（三）操作常规

（1）将微型电动机电源插头插在控制器上。

（2）接通电源。

（3）选择微型电动机的旋转方向。

（4）选择车针或砂石针并夹持到打磨夹头上，针柄的粗细应符合国际标准（针柄直径为 2.35 mm）。

（5）选择控制方式，若用脚控则将脚控开关与控制器连接。

（6）将电源开关拨至 ON 位。

（7）调整转速，每次启动时一定要从最低速开始。

（8）打磨时用力要均匀，且不宜用力过大。

（四）维护保养

（1）车针或砂轮杆若有弯曲切勿使用，即使矫直后亦不要使用。因为微小的弯曲肉眼无法分辨，在高速旋转时会产生剧烈抖动，既影响打磨工件的质量，也缩短轴承寿命。

（2）使用大直径的砂轮时，一定要降低电动机的转速，以免发生砂轮杆弯曲、砂轮飞裂、打磨工件质量下降等现象，并会影响轴承使用寿命。

（3）保持打磨手机的清洁和干燥。

（4）定期用压缩空气清洁夹头。

（5）定期清扫微型电动机内碳粉，防止电动机短路。

（6）间歇使用，避免发热损坏电动机。

（7）防止碰撞和摔打微型电动机，以免损坏电动机。

（8）不要在夹头松开状态下和未夹持车针的状态下使用电动机。

（五）常见故障及其排除方法

技工用微型电机常见故障及其排除方法详见表 8 - 11。

表 8 - 11　技工用微型电机常见故障及其排除方法

故障现象	可能原因	排除方法
打开电源开关，手机不转	未接通电源或电源插头接触不良	检查电源，插好插头
	保险丝熔断或电源线断路	检查原因，更换同规格保险丝或电源线
	超负荷运转，保护电路自动切断电源	纠正不正确的操作方法，按一下恢复按钮，即可重新使用
	脚控开关及控制器故障	检查脚控开关，更换损坏的元器件
	电刷磨损	更换同规格的电刷
手机震动较大，车针摆动剧烈	车针柄不符合标准，车针未安装到位，针杆弯曲或砂石针的砂石松动	更换标准车针并安装到位，不要使用有问题的车针和砂石针
	轴承损坏	更换轴承

故障现象	可能原因	排除方法
微型电机或夹头发热，发出不正常的气味和声音	车针未夹紧或未安装到位，造成转轴扭力增大，使电机或夹头温度升高	重新装夹车针，清理弹簧夹头内部的粉尘污物
	电机有短路，造成电流大或出现"打火"现象，使温度升高并产生异味	检修微型电机，清除机内碳粉
	使用不当或使用时间过长	消除短路故障，间歇使用，避免发热损坏电机

（胡　民）

二、技工用打磨机

技工用打磨机（laboratory lathe）是技工室基本设备之一，用于修复体的打磨和抛光。

（一）结构与工作原理

1. 结构

技工用打磨机由打磨机主体和附件构成。主体是动力源，是一部双速双伸轴异步电动机，提供打磨时所需的旋转动力。附件则是用于安装打磨抛光用砂轮、布轮、车针、砂石针等工具，供技工根据需要选择使用。附件有：机臂支架和三弯臂打磨机头，带绳轮锥形螺栓和锥形螺栓，车针轧头和砂轮夹头（图8-17）。

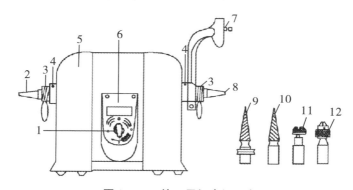

图8-17　技工用打磨机示意

1. 调速开关；2. 左伸轴；3. 螺母；4. 加油孔；5. 机身；6. 铭牌；7. 机臂支架；
8. 右伸轴；9. 右旋锥形螺栓；10. 左旋锥形螺栓；11. 砂轮夹头；12. 车针轧头。

2. 工作原理

技工用打磨机的电动机为单相异步电容启动电动机，该电动机由转子（双伸轴）、定子、启动电容器、离心开关和速度转换开关等组成。电动机的启动旋转原理：通电后定子线圈产生磁场，由于单相交流电不产生旋转磁场，因此双伸轴单相异步电动机需增加启动部分；常采用的方法是电容启动电动机，即将电容器、离心开关和启动绕组串联，然后和运行绕组并联，接入220 V电源。由于电容器的作用使通过启动绕组的电流滞后于运行绕组，把单相交流电分裂成双相交流电，分别加在两个绕组上。当具有90°相位差的两个电流通过空间差 90° 的两组绕组时，产生的磁场就是一个旋转磁场，于是在旋转磁场的作用下，转子得到启动转矩而开始转动，当电动机的转速达到额定转速的 70% 以上时，离心开关断开，启动绕组停止工作，电机启动过程结束，电动机在运行绕组的作用下继续运转。电动机转子采用的是双伸轴，用于安装各种附件和传递扭矩，增加使用功能。外伸轴两端为圆锥形，便于快速装卸附件。打磨机的转速分快速和慢速两挡，其变速方法采用变极调速，由旋转式速度转换开关控制。

技工用打磨机的工作原理如图 8－18 所示。

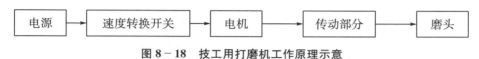

图 8－18　技工用打磨机工作原理示意

（二）临床应用

技工用打磨机主要用于牙科修复体的打磨和抛光，是技工室基本设备之一。

（三）操作常规

（1）技工用打磨机应放置在平稳牢固的工作台上，电源应采用三孔插座，要有良好的接地保护。

（2）按工作需要正确选择和安装抛光轮、砂石轮等附件。必须注意左旋螺栓应安装在左轴上，右旋螺栓应安装在右轴上，否则在使用过程中会自行脱落。

（3）仔细检查砂轮有无破损和裂纹，有破损和裂纹的砂轮绝对不能使用，否则会发生危险。安装砂轮的正确方法是：将砂轮平稳放入砂轮夹头上，用起子均匀拧紧夹头螺丝，不可用力过猛，以免损坏砂轮。

（4）安装附件时，要先将端轴擦拭干净，将附件的内孔正对着端轴插入，在距安装到位还差 10 mm 左右时，使用快速冲击力将其装入，使之不易松脱。卸下轴上的附件，只需将打磨机两端带有手柄的螺母旋转退出与附件接触，然后用力退出手柄，使其附件松脱卸下。切不可用其他工具敲击附件或轴，以免损坏附件和轴。

（5）速度转换开关位于打磨机正面下方，旋转开关应按顺时针方向旋转。若使用慢速时，亦应先按顺时针方向旋转到快速挡，待电动机启动运转正常后，再按顺时针方向旋到慢速挡使用。切忌直接用慢速挡启动，否则电动机不能正常启动和运转，离心开关甩不开，启动线圈长时间在大电流下工作易烧毁电动机。

（四）维护保养

（1）经常用干燥的棉纱或布擦拭打磨机的表面，使其保持清洁。注意保持端轴的光洁度，常用含微量轻质润滑油的棉纱擦拭两轴及附件的内孔，防止生锈。

（2）每月向打磨机左右两侧的加油孔内各注入四五滴轻质润滑油。新购的打磨机在第一次使用前也应加注润滑油。每次加完油后，盖紧孔上的盖或塞，防止粉尘进入，影响打磨机的使用寿命。

（五）常见故障及其排除方法

技工用打磨机常见故障及其排除方法详见表 8－12。

表 8 - 12　技工用打磨机常见故障及其排除方法

故障现象	可能原因	排除方法
电动机不启动	无电源或电源插头没插好	检查电源或插好电源插头
	卡轴，电动机的转子和定子偏心	检修电动机，调整转子和定子的间隙
	轴承严重磨损或损坏	更换轴承并加油
	启动电容器击穿	更换同型号电容器
	速度转换开关损坏	修理或更换速度转换开关
	绕组断路或损坏	修理或重新绕制线圈
电动机转动速度慢	离心开关触点粘连	修理离心开关，砂磨触点
	离心开关损坏	更换离心开关
	违反操作规定，使用慢速挡启动	遵守操作规定，严禁使用慢速挡启动
打磨机启动即熔断保险丝，或运行数分钟后电动机发热并有焦糊味	电动机绕组间短路，造成电流过大，熔断保险丝或电动机异常发热	立即停止使用，请专业人员修理

（胡　民）

三、金属切割磨光机

金属切割磨光机（metal cutting polishing machine）是技工室的专用设备之一，主要用于铸造件的切割和打磨、抛光等。良好的金属切割磨光机应具有性能稳定、噪声低、体积小、震动小、防尘好及操作简便等特点。金属切割磨光机规格较多，常见的有台式和便携式两种。

（一）结构与工作原理

1. 结构

金属切割磨光机由电动机主机部分、切割部分和打磨部分组成。电动机主机部分包括双伸轴单相异步电动机及机座、电源线和主机开关。金属切割磨光机的电动机按其功能可分为固定转速电动机和无级变速电动机。前者的转速一般为1450~2900 r/min，后者的转速调节范围为0~10 000 r/min。电动机的功率为120~180 W，一般不超过1 kW。电动机的双伸轴的一端可安装切割砂片构成切割区域，另一端安装各类形态的砂轮构成打磨区域。切割部分包括防护罩、砂片和固定砂片的夹具。打磨部分包括砂轮、止推螺母、连接套和钻扎头。

2. 工作原理

双伸轴单相异步电动机的旋转原理是：通电后定子线圈产生磁场，在旋转磁场的作用下，具有双伸轴结构的转子开始旋转，从而带动切割砂片及其他附件同时旋转，达到切割和打磨的目的。由于单相交流电不产生旋转磁场，因此双伸轴单相异步电动机需增加启动部分。常采用的方法是电容启动电动机，即将电容器、离心开关和启动绕组串联，然后和运行绕组并联，接入 220 V 电源。由于电容器的作用使通过启动绕组的电流滞后于运行绕组，把单相交流电分裂成双相交流电，分别加在两个绕组上。当具有 90°相位差的两个电流通过空间差 90°的两组绕组时，产生的磁场就是一个旋转磁场。于是在旋转磁场的作用下，转子得到启动转矩而开始转动。当电动机的转速达到额定转速的 70% 以上时，离心开关断开，启动绕组停止工作，电动机启动过程结束，电动机运行工作由运行绕组执行。

金属切割磨光机的工作原理如图 8-19 所示。

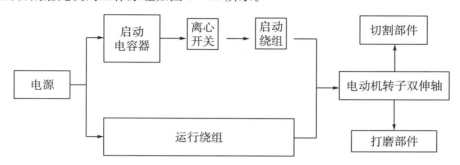

图 8-19　金属切割磨光机工作原理示意

（二）临床应用

金属切割磨光机主要用于义齿铸造件的切割和打磨、抛光等。

（三）操作常规

（1）将机器平稳地放在工作台上，并有良好的接地装置。

（2）操作前检查砂片是否有裂纹，是否安装牢固，是否与其他物体有擦碰，然后再启动电动机。

（3）拨动电源开关，接通电源。

（4）切割金属工作时不可用力过猛或者左右摆动，以防止砂片折断或破裂。

（5）由于电动机旋转速度较快，在离心力的作用下，砂片易发生飞裂事故，故操作者不能面对旋转切割砂片操作，以免发生意外。

（6）切割、打磨、抛光及模型修整等工作时，均应采用吸尘器收集灰砂，以防环境污染，保护操作人员健康。

（四）维护保养

（1）砂片使用一段时间后，容易磨损或破裂，应及时更换同型号的砂片。

（2）砂片厚度应大于定位轴套台阶长度 0.5～1.5 mm，便于紧固螺母将砂片牢固压紧。

（3）砂片两面必须垫上软垫板（石棉纸或有一定厚度的橡皮），防止砂片被压断裂。

（4）使用钻扎头时，首先要擦净电动机轴端锥度面和钻扎头锥孔，然后再用木槌轻拍钻扎头，使之紧固。不用时，扳动止推螺母，利用螺母旋转力把钻扎头退出卸下，以便下次使用。同时，应保护好电动机锥面，防止锈蚀、划伤或撞弯等。

（5）保持电动机干燥，不得有水浸入绕组。经常清除砂灰，每半年拆卸电动机保养一次，注意给轴承加油。

（五）常见故障及其排除方法

金属切割磨光机的常见故障及其排除方法详见表 8-13。

表 8 - 13　金属切割磨光机的常见故障及其排除方法

故障现象	可能原因	排除方法
电动机不启动	电源未接通，保险丝熔断	检查电源，更换同规格保险丝
	电源插头线脱落	接牢插头线
	电动机绕组断线	修理电动机绕组
	启动电容损坏	更换电容器
	离心开关接触不良或损坏	修理或更换离心开关
电动机转动缓慢	电压过低	检查电源电压
	主绕组短路	检查短路部位并修复
	转子有断条	修理或更换转子
	轴承损坏	更换轴承
	电容器故障	更换电容器
电动机运转时发生异常声音	电动机定子与转子间有摩擦	调整整机两端压盖
	轴承破裂	更换轴承
	轴承转动部分未加润滑油	清洗轴承并加润滑油
电动机运转时发出异味或发热	电源电压过高	检查电源电压
	电动机过载	降低负荷
	电动机绕组匝间短路	重新绕制绕组

（李朝云　胡　民）

四、喷砂抛光机

喷砂抛光机（sand blaster）又称喷砂机，常与高频离心铸造机配套使用。该机主要用于清除牙科修复体的铸件（冠桥、支架、卡环等）表面的残留物，使其达到初步光洁，再经电解抛光后，获得光洁度理想的牙型铸件，以满足患者需要。

喷砂抛光机有手动型、自动型和笔式喷砂型三种类型。手动型，即手拿铸造件在喷砂嘴下抛光；自动型，即将铸造件放在转篮中，转篮一边旋转一边对铸件喷砂抛光；笔式喷砂型，用于烤瓷件抛光，该型又分为双笔式和四笔式。三种类型的喷砂抛光机的功能和用途基本相同。

（一）结构与工作原理

1. 结构

喷砂抛光机由以下部件组成：

（1）滤清器：滤去压缩空气中的水分、油污和杂质。

（2）调压阀：调整供喷砂用压缩空气的压力，压力调整范围为 0.4～0.7 MPa。

（3）电磁阀：控制压缩空气的输出。

（4）压力表：显示压缩空气的输出压力。

（5）喷嘴：用于喷砂抛光，压缩空气带动金刚砂，从喷嘴的小孔内高速喷出，打在铸件表面进行抛光。

（6）吸砂管：利用压缩空气喷射时产生的负压吸取金刚砂。

（7）转篮：自动喷砂抛光机有一转篮，用于放置铸件，在喷嘴下自动旋转，保证喷砂能均匀地喷到铸件各个表面。

（8）定时器：自动喷砂抛光机有定时器，可以选择自动抛光时间。

喷砂抛光机外形是一箱体结构，工作仓与外界呈密封状态，防止粉尘外溢，排气口设有过滤布袋，使排出的空气洁净。滤清器、调压阀、电磁阀、压力表、开关，以及定时器装在箱体外。箱内工作仓有照明灯、喷嘴和吸砂管。箱体正面有个视窗，可以观察工作仓的工作情况。自动喷砂抛光机还包括转篮和自动旋转系统。不同粒度的砂粒可选择不同的喷嘴。喷嘴是采用高硬度的耐磨材料（硬质合金钢或陶瓷材料）制成，使用寿命长，更换方便。

2. 工作原理

空气压缩机为喷砂抛光机提供气源，经滤清器过滤，又经调压阀调定喷砂压力。接通电源，电磁阀工作，压缩空气从喷嘴喷出，并带动金刚砂一起从喷嘴射出，对铸件表面进行抛光。

喷砂抛光机的工作原理如图 8-20 所示。

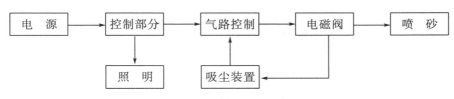

图 8-20 喷砂抛光机工作原理示意

3. 主要技术参数

喷砂抛光机的主要技术参数如下：

工作电源　　　交流电，电压为 220 V±22 V，频率为 50 Hz

气源压力　　　0.6~0.8 MPa

喷砂压力　　　0.4~0.7 MPa

金刚砂　　　　氢氧化铝

（二）操作常规

（1）将空气压缩机的输出气管与喷砂抛光机输入管路接通。

（2）接通电源，箱内照明灯亮。

（3）将金刚砂装入工作仓砂池内。

（4）调整喷砂压力至 0.4~0.7 MPa。

（5）放入铸件。对于自动喷砂机，将铸件放入转篮，关好密封机盖即可。对于手动喷砂机，先将右手从套袖口伸入箱内，将铸件从机盖处转给左手，密封机盖；然后，接通吸尘开关，启动工作开关或踩脚控开关，将铸件对着喷嘴，从不同角度抛光铸件表面。抛光后关闭工作开关，关闭电源。

（三）维护保养

（1）经常清除滤清器中的水和油，定期清除过滤袋中的存砂。

（2）喷嘴内孔直径为 3.5 mm，长期使用因磨损而扩大，会造成喷砂无力，效率降低，应及时更换。更换喷嘴时应断开电源，以防触电。

（3）金刚砂应保持干燥和干净，以防堵住吸管或喷嘴。

（4）经常保养空气压缩机，保证喷砂抛光机有正常的气源供应。

（5）当观察窗玻璃被砂粒打模糊后应及时更换玻璃，保证有良好的观察效果。经常注意密封件的好坏，防止砂尘外溢。

（6）换砂：将箱体下方的密封螺母旋开，放出金刚砂，然后旋紧螺母，从箱体上面放入新砂。

（四）常见故障及其排除方法

喷砂抛光机的常见故障及其排除方法详见表 8 - 14。

表 8 - 14　喷砂抛光机的常见故障及其排除方法

故障现象	可能原因	排除方法
不能喷砂	吸砂管露出砂面，不能吸砂 异物堵住喷嘴或气管 工作开关失灵	将吸砂管插入砂池内 清除异物 修理或更换开关
喷砂无力	喷嘴变形 砂粒出现粉尘或潮湿 气源压力不足（低于 0.4 MPa）	更换同型号喷嘴 更换新砂 调整气压使之达到 0.7 MPa
漏气	气管连接头松动 调压阀故障	拧紧接头 修理调压阀

（李朝云）

五、电解抛光机

电解抛光机（electrolytic polisher）利用电化学的腐蚀原理对金属铸件表面进行电解抛光，既提高了铸造件的表面光洁度，又不损坏铸造件的几何形状。该机具有效率高、加工时间短、表面光泽度好等优点，是口腔技工室基本设备之一。

（一）结构与工作原理

1. 结构

电解抛光机主要由电源及电子电路和电解抛光箱两部分组成。

（1）电源及电子电路：是提供电解抛光时所需的电流并控制抛光时间的部件。进行电解抛光时，需根据铸件的大小和铸件表面粗糙情况合理选择电流的大小和抛光时间。电解抛光机的电子电路由整流电路、时间控制电路、电流调节电路及电流输出电路等组成。

1）整流电路：是将经过变压器降压后得到的 20 V 交流电，经过整流滤波变成直流电，供后续电路使用。

2）时间控制电路：是利用调节电容器充电电流的大小，来控制抛光时间。

3）电流调节电路及电流输出电路：电流调节电路用于改变抛光电流的大小，调节范围为 0~25 A；电流输出电路是为了改变输出功率，满足抛光时所需电流值。

（2）电解抛光箱：主要由电解槽、电极和控制面板所组成。电解槽用于存放电解液。电极分正极和负极。在电解抛光时，将铸件与正极连接并浸入电解液中，负极接电解槽。控制面板上装有电流调节旋钮、电流表、时间调节旋钮、电源开关、电源指示灯、关机按钮，以及电解抛光或电镀转换开关（有些电解抛光机还可以对铸件进行电镀处理，因此设置一个转换开关，供选择使用）。

2. 工作原理

抛光铸件在电解液中处于正电位（正极），电解槽处于负电位（负极）。由电流调节电路和电流输出电路提供一定功率的抛光电流值，在电场的作用下，铸件表面产生一层高阻抗膜，但凸起部分比凹下部位的膜薄，因此凸起部分先被电解。正常状态是电流表有指示数，电解液表面起泡，抛光时间到电流表返回零位为止，达到铸件表面逐渐平滑光洁。

电解抛光机的工作原理如图 8 - 21 所示。

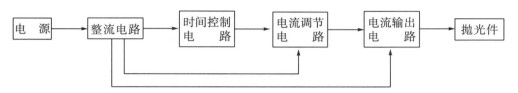

图 8 - 21 电解抛光机工作原理示意

3. 主要技术参数

电解抛光机的主要技术参数如下：

工作电源　　　　　　交流电，电压为 220 V±22 V，频率为 50 Hz

功率　　　　　　　　小于 100 W

输出电流调节范围　　0～25 A

时间控制范围　　　　1～15 分钟

允许电极短路时间　　短于 15 秒

连续工作时间　　　　8 小时

（二）操作常规

（1）将电解液倒入电解槽内，并加热至电解所需温度（20～25 ℃），然后放入抛光机内。将时间调节旋钮和电流调节旋钮调至最小，然后用不锈钢丝挂牢铸件并放入电解液中，接好电极。

（2）打开电源开关，根据铸件的大小和电解液的性能，调节抛光电流和时间。电流表有指示且电解液起泡，表明抛光正在进行。

（3）抛光时间终止，电流表返回零，抛光结束。若抛光效果不佳可重复上述操作进行第二次抛光。

（三）维护保养

（1）电源电压要稳定并与抛光机要求的电压一致。

（2）经常检查电解槽有无破裂等现象。

（3）在工作时，随时注意铸件与正极的连接是否良好，定期检查接线柱状况。

（4）使用完后，应将电解液从电解槽内倒出，并清洗电解槽。

（四）常见故障及其排除方法

电解抛光机的常见故障及其排除方法详见表 8 - 15。

表 8 - 15　电解抛光机的常见故障及其排除方法

故障现象	可能原因	排除方法
打开电源开关，抛光机不工作	保险丝熔断 电源线断开或变压器绕组短路 整流电路故障 时间控制电路损坏 抛光铸件接线柱接触不良	更换保险丝 更换或修理电源线、变压器 检修整流电路，更换损坏元器件 更换损坏元器件 修理或更换接线柱
无电流输出或输出电流不可调或调节范围小	电流输出电路故障 电流调整电路故障 电流表损坏 电流调节电位器接触不良	检修电流输出电路，更换损坏元器件 检修电流调整电路，更换损坏元器件 更换电流表 用无水乙醇清洗电位器的触点，或更换电位器
抛光机不能定时 手动关机失灵	时间控制电路损坏 关机开关电阻损坏或停机按钮损坏	更换损坏元器件 更换电阻，修理或更换停机按钮

（李朝云）

六、超声清洗机

超声清洗机（ultrasonic cleaner）是利用超声波空化冲击效应对器械进行清洗。主要用于口腔器械和小型手术器械的清洗，也可用于口腔修复，如烤瓷、金属冠等几何形状复杂的高精密铸造件的清洗。

（一）结构与工作原理

1. 结构

超声清洗机主要由箱体和清洗槽组成，箱体内有超声波发生器和电子电路等。清洗槽由不锈钢制成，换能器固定在清洗槽底部。电子电路由电源变压器、整流电路、振荡及功率放大电路、输出变压器等构成。

2. 工作原理

超声清洗机主要利用超声波空化冲击效应进行清洗。超声清洗机在使用过程中发出的超声波会产生无数细小的空化气泡，空化气泡破裂而产生的冲击波现象称为"空化"现象。这种"空化气泡"附着在清洗物体表面，气泡破裂可形成超过1 000个大气压的瞬间高压，连续不断地产生瞬间高压就像一连串小"爆炸"，不断地冲击物件表面，使物件表面及缝隙中的污垢迅速剥落，包括穿透到被清洗物的另一侧表面。同时，超声波还有乳化中和作用，能更有效地防止被清洗掉的油污重新附着在被清洗物件上。

超声清洗机的工作原理如图 8 - 22 所示。

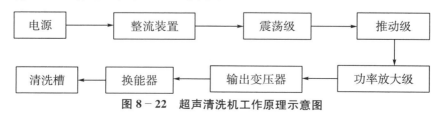

图 8 - 22　超声清洗机工作原理示意图

（二）临床应用

超声清洗机主要用于口腔器械和小型手术器械的清洗，通过加酶或添加专用清洗液，可以有效地清除血渍、污渍；也可用于口腔修复体，如烤瓷、金属冠等几何形状复杂的高精密铸造件的清洗。该机适用于所有的口腔科室、诊所、门诊部等机构。由于电子技术的发展，原来笨重的电子管超声波发生器被小巧的晶体管和集成电路所取代，超声清洗机也变得轻便且操作简单，已经被广泛应用于口腔医院和口腔诊所的清洗消毒。

（三）操作常规

（1）检查注水量和电路连接是否正常。

（2）按比例加入酶或清洗液。

（3）打开电源开关，机器进行3秒自检。

（4）用设置选择键设置除气时间（一般为1～3分钟），按启动按钮开始空载除气。

（5）除气完成，按要求放入所需清洗物件，设置清洗溶液温度（一般不超过45 ℃），按启动按钮开始加热。

（6）加热完成，用设置选择键设置超声时间，按启动键进行超声清洗。

（7）排水，用清水清洗物品。

（8）取出清洁物品。

（四）维护保养

（1）不能使用易燃的溶液及发泡洗涤剂，只能使用水溶性的洗涤剂；使用清洗酶时要做好防护，酶会伤害人体皮肤和组织。

（2）加入清洗液至水位线，不宜过满，最高在清洗槽的三分之二处。

（3）物品必须装在篮筐里面进行清洗，离超声清洗机底部应有一定距离。

（4）只能清洗金属物品，机洗之前应先手工粗洗，不要将杂质带到清洗槽内。

（5）排水时应通过排水管，不要将设备倾斜倒水。

（6）精细的器材如牙科手机、气动或电动马达和镀铬的器械不易使用超声清洗机清洗；有螺丝钉的器械在清洗过程中可能松动，清洗后应注意检查，并予以紧固。

（五）常见故障及其排除方法

超声清洗机的常见故障及其排除方法见表8-16。

表8-16　超声清洗机的常见故障及其排除方法

故障现象	可能原因	排除方法
没有电源	电源没有连接好	重新连接电源
	保险丝熔断	更换保险丝
不加热	加热丝热保护跳开	关闭加热丝热保护
没有超声波震荡	超声波发生器老化、损坏	更换超声波发生器

（张殷雷　胡　民）

七、蒸汽清洗机

（一）结构及原理

蒸汽清洗机是用于清洗金属铸件残渣和其他打磨工具的设备，主要由蒸汽机主机和水容器两部分组成。

蒸汽清洗机的工作原理如图 8-23 所示。

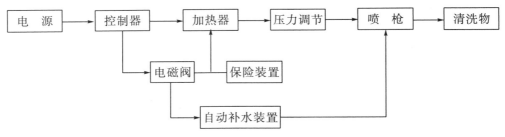

图 8-23　蒸汽清洗机工作原理示意

（二）操作常规

（1）开始工作前，在水容器内注水至标注刻度线。

（2）打开主开关。加热自动开始，指示灯亮。蒸汽压力在 15 分钟后达到预设状态，指示灯熄灭。

（3）调节压力。

（4）启动喷枪手动开关或脚控开关，释放蒸汽。

（三）注意事项

（1）蒸汽喷嘴只能对准被清洗的物体，防止烫伤。

（2）处于加热及升压状态时不能往水容器内加水。

（3）水容器内的水不应该充得太满，应按规定补充蒸馏水或软化水。

（4）水容器内无水，加热器仍在工作，不应往水容器内注水（有引起烧伤的危险）。应在机器处于冷却状态时，向水容器内注水至标注刻度线。

（四）常见故障及其排除方法

蒸汽清洗机的常见故障及其排除方法详见表 8-17。

表 8-17　蒸汽清洗机的常见故障及其排除方法

故障现象	可能原因	排除方法
不加热	加热管被烧坏	换加热管
喷枪漏水	电磁阀有异物	换电磁阀或清理电磁阀水垢
不自动上水	水箱无水或管路中有空气	需加水或排气
指示灯不显示	指示灯损坏或电路板有故障	请专业维修人员修理

（岳　莉　于海洋）

第五节　技工用焊接设备

一、牙科点焊机

牙科点焊机（dental spot welder）是用于焊接金属材料的一种设备；点焊属于电阻焊类型，是利用电流通过金属时产生的电阻热来熔焊。

（一）结构与工作原理

1. 结构

牙科点焊机外观为箱形体，箱外是点焊电极和控制开关，箱内为焊接电路。焊接电路主要由可控硅调压器、储能电容及电子电路组成。电极又称电极棒，由两个组成一对电极组，分别接在两个电极座上；点焊机有四对电极，适用于不同焊件的需要；如有特殊要求还可以自制电极。电极座用于安装和调整电极的角度，两组电极座互相垂直，并可以在水平和垂直方向自由旋转定位；电压调节旋钮是用于调整焊接电压；在电极座的连杆上有调节螺母，可以调整电极与焊件的距离和机械压力。点焊机通过调节电压值和机械压力从而达到焊接不同的金属焊件（图 8-24）。

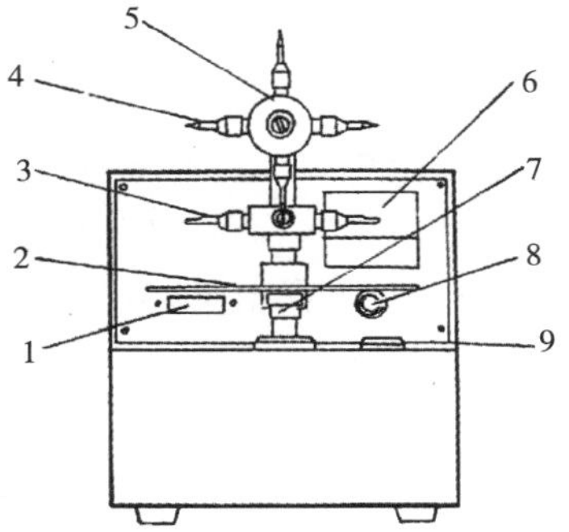

图 8-24　牙科点焊机示意图
1. 电源开关；2. 活动按板；3. 电极固定螺母；4. 电极；5. 电极座；6. 电压表；7. 机械压力调节螺母；8. 电压调节旋钮；9. 焊接按钮。

2. 工作原理

点焊属于电阻焊类型，是利用电流通过金属时产生的电阻热来熔焊。连接件的点焊过程是通过电极在焊件的局部先加压再通电，焊件内电阻和接触电阻发热，熔化局部表面金属后断电，冷却凝固，形成焊点，除去压力，焊接完成。

牙科点焊机的工作原理如图 8-25 所示。

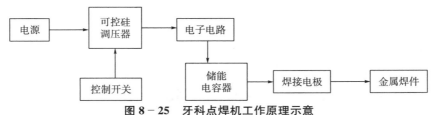

图 8-25　牙科点焊机工作原理示意

（二）临床应用

牙科点焊机主要用于制作各类义齿支架、固定桥金属件和各类矫正器等，是口腔修复科、正畸科技工室的必备设备。

（三）操作常规

（1）首先检查电源是否符合设备要求的电压。

（2）检查电极是否完好，如有氧化现象，可用细砂纸将电极磨光，保证焊接时接触良好。

（3）打开电源开关，调节焊接电压。

（4）按下按板，将焊件放入两电极间；缓慢松开按板，使上下电极压紧工件。注意调整两极对焊件的压力。

（5）按下焊接按钮或踩下脚控开关，电表上的数值降至"0"时焊接完成。

（四）维护保养

（1）点焊机应放置在平稳、干燥的工作台上。

（2）要保持设备清洁。

（3）焊接前要检查电极是否完好，如有氧化现象，可用细砂纸将电极磨光，保证焊接时接触良好。

（4）停止使用时必须切断电源，并将电极转至非定位位置，避免电极损坏。

（5）检修设备时，应将储能电容放电后再进行，避免触电。

（五）常见故障及其排除方法

点焊机的常见故障及其排除方法详见表 8-18。

表 8-18　点焊机的常见故障及其排除方法

故障现象	可能原因	排除方法
接通电源开关，指示灯不亮	保险丝故障	找出熔断原因，更换同规格保险丝
	电源插头接触不良	检查线路，插紧插头
	指示灯泡损坏	更换指示灯泡
接通电源吧，点焊机不工作	焊接按钮接触不良	用砂纸打磨触点或更换按钮
	脚控开关接触不良	用砂纸打磨触点或更换脚控开关
	储能电容损坏，电子电路元器件损坏	更换电容，更换同规格元器件
	输出部分断路，上下两电极接触处氧化	检查线路并接牢，用砂纸打磨接触处，除去氧化层

（胡　民）

二、牙科激光焊接机

牙科激光焊接机（dental laser welding machine）是现代口腔制作室的必备设备之一，主要用于贵金属、非贵金属及钛合金间的焊接。该技术不同于传统焊接方式，系无焊接剂焊接，生物兼容性高，利于环保。制作室常用于长固定桥的固位体与桥体间的焊接、RPD 金属支架间焊接、精密附着体焊接、铸造空洞修补以及整铸义齿支架的修补等方面，以达到提高固定义齿适合性和节约支出等目的。

（一）结构与工作原理

1. 结构

牙科激光焊接机主要由脉冲激光电源、激光发生器、工作室以及控制和显示系统等四部分组成。

（1）脉冲激光电源：具有单一或连续脉冲两种形式，为氙灯和激光发生器提供电源。目前常用最大脉冲能量为 40～50 J，脉冲宽度为 0.5～20 ms。

（2）激光发生器：由激光棒、光泵光源、光学谐振腔和冷却系统组成。

1）激光棒：常用的晶体棒为 Nd∶YAG 晶体，波长为 1 064 nm（红外区）。晶体棒的质量影响激光输出能量的大小。

2）光泵光源：脉冲氙灯作为光源将绝大部分电能转变成光辐射能，一部分电能变成热能。

3）光学谐振腔：可控制输出激光束的形式和能量。

4）冷却系统：常用封闭的冷却循环水，以降低光源和谐振腔内温度。

（3）工作室：由固定架、放大目视镜、激光发射头以及真空排气系统或氩气保护装置等组成。

（4）控制和显示系统：可选择焊接面焦点直径和脉冲时间并显示，也可选择合金种类等，并可编程。

2. 工作原理

牙科激光焊接机通电后，脉冲激光电源工作，使脉冲氙灯放电，激光发生器产生脉冲，激发激光棒发出激光，再通过光学谐振腔谐振后输出激光。该激光在导光系统和控制系统作用下，以一定焦点直径、能量聚焦于焊点上，熔融合金而产生焊接。

牙科激光焊接机的工作原理如图 8－26 所示。

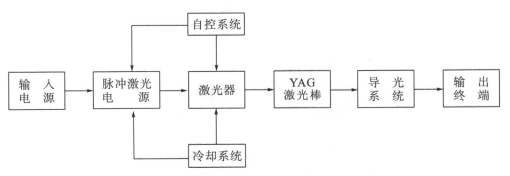

图 8－26　牙科激光焊接机工作原理示意

（二）操作常规

（1）接通水源和电源。

（2）选择经常焊接的合金种类的预编程序或人工选择焦点直径或脉冲时间。

（3）用手将焊接物放入工作室并固定。

（4）通过目镜直视下焊接。按下触发开关。

（三）维护保养

（1）仪器应接地线，工作时不要打开机箱，以免触电发生意外。

（2）注意冷却系统或真空排气系统工作是否正常。冷却水用蒸馏水，每月换一次。

（3）每次工作后工作室内应清洁干净。

（4）直视放大镜应保持干净。

（5）氩气喷嘴应对准焊点。

（6）若无自动护眼装置应戴激光防护镜。

（于海洋　岳　莉）

第六节　技工用瓷加工设备

一、烤瓷炉

烤瓷炉（porcelain furnace）是制作烤瓷修复体的设备，主要用于烧烤牙用瓷体，包括金属烤瓷和瓷坯烤瓷。

口腔科常用的烤瓷及其烧烘过程具有以下特点：

（1）目前临床常用的烤瓷熔点为 1090~1200 ℃（中温烤瓷）和 871~1 066 ℃（低温烤瓷）。

（2）由于瓷不易传热，烧烘时若加热过快，瓷体易发生破裂；烧烘完成后，若冷却过快，瓷体易产生裂痕。

（3）瓷粉中含有一定的水分，在烧烘过程中，瓷体有一定的收缩性，同时可放出二氧化碳气体。

（4）瓷在熔化时可产生气泡，使烧烘后的瓷体内形成空洞。为了遮盖瓷体表面的微孔使瓷面光滑，须在瓷面上釉。临床上一般采用的上釉方法有两种，即自身上釉（将烧好的瓷体在高于体瓷烧熔温度 10~20 ℃下保持数分钟）和釉粉上釉（将涂有低温釉粉的瓷体加热到 871 ℃，使之熔化形成表面釉层）。

鉴于上述特点，为了达到满意的烤瓷效果，要求真空烤瓷炉具备以下功能：①烤瓷炉的最高温度应能达到中温烤瓷的温度。烤瓷应具有控温设备。对烧烘过程中的各项参数应设有观察窗。②烤瓷炉应具有真空功能，并要控制真空度，以提高烤瓷质量。

（一）结构

烤瓷炉由炉膛、产热装置、电流调节装置、调温装置及真空调节装置五部分组成。

（1）炉膛：有垂直型和水平型两类，它是瓷体烧烘的场所，一般由热效率优异的石英材料制成。炉膛又分为膛体和炉台两部分，之间以密封圈密封。

（2）产热装置：多采用铂丝作产热体，如烧结低熔烤瓷，也可用镍铬合金丝或铁铬铝合金丝作产热体。

（3）电流调节装置及调温装置：用于控制炉膛内的恒定温度及升温速度。

（4）真空调节装置：用于充分排除炉膛内的空气，保持炉内的真空度。

（二）工作原理

程序设定烤瓷炉多采用电脑程序控制，功能完善。其控制电路主要包括温度传感器、压力传感器、单片机、只读存储器（ROM）、输入输出接口及显示器等。ROM 中一般储存有上百组应用程序，以满足不同烤瓷过程的需要。此外，程序中预定的内容，如升温速度、最终温度及真空烤瓷等均可由程序键进行更改。将温度传感器和压力传感器检测到炉膛内的温度和压力信息，以输入输出接口送到单片机处理。启动信号（由启动键控制）送到单片机时，单片机即按 ROM 中相应的程序控制电流调节装置和真空装置自动进行工作，使整个烤瓷过程达到所规定的要求。不同的烤瓷炉其结构、功能和程序设计均有差异，但由单片机控制的烤瓷炉均设有显示窗、键盘及功能接口。

烤瓷炉的工作原理如图 8 - 27 所示。

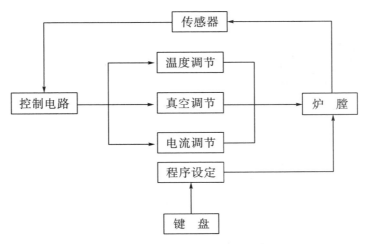

图 8 - 27　烤瓷炉工作原理示意

1. 显示窗

显示窗的作用是为操作者提供烤瓷炉工作情况的信息。

（1）程序显示：一般具有两种功能，即显示所选择程序的编号数据及该程序正在进行或已运行完毕。

（2）温度显示：主要显示现时温度（炉膛内的实际温度）和最终温度（程序所预定的最高温度）。

（3）时间显示：主要显示预热时间、升温时间、最终温度持续时间、真空烤瓷时间及程序内各顺序的经过时间。

（4）真空显示：主要显示炉膛的现实真空度及程序所预定的真空度。

（5）故障位置显示：具有自检功能的机型，在故障位置显示上，以数字或特定符号显示某些故障和程序不当部位。

2. 键盘

依据键盘的作用可将其分为数据键和功能键两类。

（1）数据键：一般设置 0~9 的数字键，使用者利用该键可以向单片机提供各种数据，该键与功能键配合可进行以下操作。

1）输入程序编号的数字，用以选择所需程序。

2）更改程序中所预定的内容，主要包括温度参数、时间参数和真空参数。

（2）功能键：不同型号烤瓷炉的功能键设置差异较大，一般应具备以下几种：

1）升降机手控键：用于控制烤瓷台送入或送出炉膛。

2）启动键：用于启动程序，使烤瓷炉按特定程序工作。

3）中断键：用于终止正在运行的程序。

4）更改键：与数据键配合，用于更改程序中所预定的内容。

3. 功能接口

烤瓷炉一般均具有真空烤瓷功能，因此，其主机上常设有真空泵的气源连接口和电源连接口，使用中应保持两个接口的良好连接。

（三）操作常规

烤瓷炉的操作主要包括程序内容的更改和程序的运行。

1. 程序内容的更改

（1）调出所要更改的程序。

（2）选择所要更改的内容。

（3）利用数据键更改此项内容。

2. 程序的运行

（1）根据烤瓷需要，调出适当的程序。

（2）使用手控键将炉膛降到底位。

（3）利用启动键，使烤瓷炉开始工作。

（4）工作完成后按动手控键，使炉膛升至封闭状态，最后关闭总电源。

（四）维护保养

（1）保持烤瓷炉的清洁，每次使用完后应罩上防尘罩。

（2）烤瓷炉的机械系统如出现运转不灵或噪声大，可加少许润滑油。

（3）在烤瓷过程中不能使瓷与炉膛内壁接触，否则可能发生粘连。

（五）常见故障及其排除方法

烤瓷炉为高档精密设备，如运作过程中出现异常故障应立即停机，请专业维修人员检修。但若出现表 8-19 中所述故障，操作人员可进行处理。

表 8-19　烤瓷炉的常见故障及其排除方法

故障现象	可能原因	排除方法
真空烤瓷炉无法馈电	保险管熔断 电源线断及插头损坏 电源开关损坏	更换同规格保险管 更换同规格新产品 修理或更换电源开关
真空系统故障	真空烤瓷炉炉膛与烤瓷台密封圈变形或有异物堵塞	清除异物或更换密封圈
烤瓷台上升或下降时噪声较大	升降传动系统缺润滑油	打开主机外壳，在传动部分加注适量润滑油

（于海洋　岳　莉）

二、铸瓷炉

铸瓷炉（casting porcelain furnace）是用于铸造瓷块的全瓷修复设备，可完成全瓷冠、桥的铸造成型。该机铸造的陶瓷修复体具有牙体密合度好，硬度、透明度、折光率与釉质类似的优点，达到了全瓷修复体在物理学和美学上的要求。有的产品功能更加完善，既可铸瓷也可以烤瓷。

（一）结构与工作原理

1. 结构

铸瓷炉主要由瓷炉基座、铸瓷室、炉盖、彩色触摸屏、压力装置、控制系统、温度自测装置、冷却装置、真空泵等组成。

2. 工作原理

铸瓷炉的工作原理是通过真空泵产生真空，铸瓷室被加热至设定温度，通过压力装置完成瓷块铸造。

3. 主要技术参数

铸瓷炉的主要技术参数如下：

工作电源	交流电，电压为 220～240 V，频率为 50～60 Hz
最大功率	1800 W
最终真空度	低于−50 MPa
保险丝标准	电压为 220～240 V（直径为 5～20 mm），电流为 3 A
最大铸瓷温度	1200 ℃（2192 ℉）
炉腔的尺寸	直径为 80 mm，高度为 48 mm

（二）操作常规

1. 操作方法

（1）选择所需程序。

（2）用相应键打开瓷炉罩。

（3）将预热好的铸圈、瓷块用推杆装入炉腔。

（4）按开始键，程序自动进行。

（5）铸瓷程序完成后，炉盖自动打开，并有提示音。

2. 注意事项

（1）使用设备前必须仔细阅读说明书。

（2）在操作中不要将手伸入炉盖下，这是相当危险的，并有可能发生火灾。

（3）在操作中不能碰铸瓷杆。

（4）包埋圈或烧结盘不能放在烧结台的周围，以免炉盖下降时被戳破。

（5）不要将任何物品放在炉盖上，通风口应随时保持干净并无障碍物，炉盖的通风装置不能受到任何阻碍，否则将有铸瓷炉过热的危险。

（6）烧结盘必须正确安放在炉腔内，烧结盘未到位时，不能直接操作压力旋转圈。

（三）维护保养

（1）用柔软的干布清洁外壳和键盘。

（2）每天使用设备前，用柔软的干布或清洁刷清洁石制衬圈、炉盖的密封圈和瓷炉基座。

（3）定期检查瓷炉温度（校准）。

（四）常见故障及其排除方法

铸瓷炉的常见故障及其排除方法详见表 8-20。

表 8-20 铸瓷炉的常见故障及其排除方法

故障现象	可能原因	排除方法
真空没有或解除很慢		等到真空解除完，取下物体，将铸瓷室关闭再打开。如果仍然不起作用，请专业维修人员修理
炉盖的微型开关启动装置不起作用	操作钉的开口被堵住	去除开口处污物
铸瓷杆噪声较大	铸瓷杆不干净或受损	清洁铸瓷杆或更换铸瓷杆
屏幕上的文本看不清	对比度设置错误	重设对比度
显示器不亮	电子控制的保险丝损坏	检查更换保险丝
炉盖打不开	保险丝损坏 采用手动挡控制 真空未清除	更换保险丝 用相应的键打开炉盖 关闭铸瓷炉再启动，若程序仍在进行，等程序完全结束后，关闭铸瓷炉再启动一次。如仍不起作用，请专业维修人员修理
瓷炉杆在终端螺丝处断裂	在终端处螺丝拧得太紧	更换瓷炉杆
瓷炉杆滑出固定器	瓷炉杆未正确固定	拧紧固定瓷炉杆的螺丝
瓷炉杆太长	瓷炉杆型号错误	更换瓷炉杆
真空泵不工作	真空泵保险丝损坏 真空泵不匹配 真空泵的插头连接错误	更换真空泵保险丝 更换真空泵 正确连接真空泵与瓷炉底座的插头
未达到设置真空值	真空管受损或连接不良 真空设置的绝对数值不正确 瓷炉密封不良 瓷炉杆受损或位置不当 真空泵的容量不精确	更换真空管或重新连接 在"设置"菜单中选择一个较低的数值 清洁瓷炉密封圈 更换瓷炉杆或确保安装好瓷炉杆 运行真空测试程序
错误或不合理的温度指示	热电偶损坏 热电偶的插头插入错误 热电偶的插头损坏 加热炉心裂缝或脱落	请专业维修人员修理 正确插入插头 请专业维修人员修理 请专业维修人员修理

（于海洋　岳　莉）

三、全瓷玻璃渗透炉

全瓷玻璃渗透炉（glass-infiltrated porcelain furnace）主要用于全瓷坯体的焙烧及玻璃料的渗透。该机铸造的玻璃陶瓷修复体，具有牙体密合度好，硬度、透明度、折光率与釉质类似的优点，达到了全瓷修复体在物理学和美学上的要求。全瓷玻璃渗透炉可用于制作冠、嵌体和瓷贴面。

（一）结构与工作原理

1. 结构

全瓷玻璃渗透炉由外壳、加热器、炉膛、炉门、炉门固定手柄、热电偶、冷却风扇、电源开关、温度控制器、操作面板等组成。

2. 工作原理

根据额定功率要求，选择好符合电源功率要求的网电源配置。电源接通后，闭合电源开关，电源指示灯亮。根据烧结要求选择程序，并检查程序内容符合要求后，按启动键。全瓷玻璃渗透炉根据设置的程序进行加温，并显示炉膛内的实际温度以及程序设置的温度与时间。当程序完成后，蜂鸣器会发出蜂鸣声，程序结束。

（二）操作常规

（1）将涂好料浆的坯体放在焙烧板上，打开炉门，将焙烧板放置在炉腔工作区内，关上炉门。

（2）接通电源，合上电源开关。根据烧结要求，选择烧结程序（大多数产品在出厂前已为用户设置好了 A、B、C、D 四种升温曲线，具体内容见产品操作说明）。

（3）检查程序数据，参照面板操作要求并对照产品烧结温度曲线要求，对选择程序的温度曲线进行核对。如发现数据有误，可根据面板操作要求进行更改。

（4）按"启动"键，并查看启动键上的指示灯亮否，如亮说明渗透炉已开始正常工作。当温度升到 150 ℃时，观察渗透炉的冷却风扇是否正常工作。如冷却风扇停转或不正常运转，应停机检查，必须保持冷却风扇运转正常。

（5）当程序运行结束后，蜂鸣器会发出蜂鸣声，提醒程序结束。查看显示器炉膛实际温度，在低于 300 ℃时方可打开炉门。取物时应戴上手套，用出炉钳将物取出，小心烫伤。

（三）注意事项

（1）全瓷玻璃渗透炉的电源应插在有可靠接地的网电源上。

（2）按启动键前必须将炉门关好。

（3）程序在运行过程中，不要打开炉门，更不要进炉膛取物。

（4）程序运行结束后，不要急于将炉门打开。因为炉内温度较高，打开后，过高的温度可能会把炉门周围的炉壁烤变形，并且由于急速冷却可使发热体断裂。要求炉温必须降到 300 ℃以下时才可打开炉门。

（5）全瓷玻璃渗透炉长时间不用，再使用时应设缓慢升温程序使炉膛干燥。这样既能保证瓷修复体的烧结质量，又能减少设备故障。

（6）全瓷玻璃渗透炉专为全瓷冠材料烧结配套设计，不能烧结其他材料，以免污染炉膛、腐蚀加热体、影响测温精度。

（7）冷却风扇一般在显示温度大于或等于 150 ℃时自动启动，低于 150 ℃时自动关闭。瓷炉工作期间，注意检查冷却风扇。如发现炉膛温度达到 200 ℃，冷却风扇没有启动，应按停止键，停止程序运行，及时检修或更换冷却风扇，在保证冷却风扇正常运转时方可使用。

（8）炉膛温度进入高温或保温时，不要碰炉门表面，避免烫伤。

（四）维护保养

（1）注意保持设备清洁，经常清理炉膛杂物，保持炉膛干净，便于材料烧结。

（2）发现故障及时联系专业维修人员修理。

（于海洋　岳　莉）

四、瓷沉积仪

瓷沉积仪（electro phoretic deposition，EPD）简称瓷沉积，是采用电磁感应和电泳沉积技术，使用氧化铝、氧化锆及尖晶石等为材料制作陶瓷底冠的口腔修复科专用设备。该设备用于制作前、后牙单冠，3个或4个单位固定桥、各种种植体瓷基台、修复体基底冠等，具有操作简便、加工速度快、成本低、修复体密合度和精度高等特点。

（一）结构与工作原理

1. 结构

瓷沉积仪由电泳装置、电流控制电路和数据处理单元三部分组成。

（1）电泳装置：主要由电泳槽、电极、升降部件组成。

（2）电流控制电路：主要由整流电路、恒流电路、电流放大电路等组成。

（3）数据处理单元：由激光扫描器、设置面板及显示装置等组成。

2. 工作原理

电泳沉积是一项应用于多种陶瓷材料制备工艺的技术。陶瓷的电泳沉积就是把陶瓷颗粒分散在介质中形成悬浮的胶体粒子，后者在电场作用下做定向移动并在电极上沉积，形成致密均匀的瓷层。电泳沉积包括电泳和沉积两个过程：带有效电荷的粒子在黏性介质中受电场作用做定向移动即电泳；粒子在电极上聚集成较密集的质团即沉积。瓷沉积仪利用该原理，将石膏代型处理成导体后作为电极，在电场作用下瓷颗粒均匀致密地沉积在石膏代型上，形成厚度均匀的瓷底冠。

瓷沉积仪的工作原理如图8-28所示。

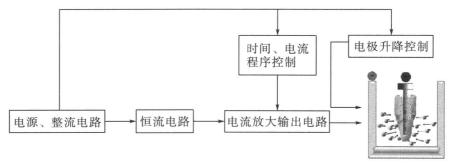

图 8 - 28　瓷沉积仪工作原理示意

（二）操作常规

1. 操作方法

（1）正确放置预备好的代型。

（2）选择应用程序，设定参数：牙位（如前牙、前磨牙、后牙、桥）、沉积厚度

（0.3~3 mm）、浸没深度（有的设备自动测量无需设定）。

（3）按开始键，程序自动进行。

（4）2分钟左右程序完成，代型自动升起。

2. 注意事项

（1）严格按要求调制瓷浆。

（2）代型要先经过导电处理。

（三）维护保养

（1）用柔软的干布清洁外壳和控制面板。

（2）使用设备后及时清理。

（3）避免在潮湿和强电场环境中使用。

（四）常见故障及其排除方法

瓷沉积仪属于精密设备，发生故障首先检查电源是否接通。如严格按照使用要求操作仍然不能正常工作，需请专业维修人员处理。

（贺　平）

第七节　电脑比色仪

比色是烤瓷修复体制作过程中非常重要的一步，比色的准确性直接影响到瓷修复体颜色与自然牙之间的协调。传统的比色方法是借助比色板通过肉眼比色的，但对色彩的感知却受到光源、周围环境（背景）颜色、物体尺寸的大小，甚至眼睛疲劳程度等诸多因素的影响。研究和实践表明，这种方法的平均正确率仅为30%，而且自然牙的颜色远比比色板上的颜色要丰富得多，加上每个人对色彩的感受不同，无法保证医生能将比色结果准确地描述给技工。

电脑比色仪（computer-aided colorimeter）是一种先进的计算机辅助比色系统，能够对自然牙、烤瓷修复体和牙齿漂白前后颜色进行数据分析，并通过红外线将数据传输到主机并进行打印。由于采用电脑控制辨识系统，故而不受外界环境或比色者技巧、经验的影响，通过量化自然牙色所具有的色彩三维结构——色相、色度、明度的数值，科学地判断肉眼不能完全表达的在数值表上的细微差距，能分辨出208种颜色，快速精确地分析牙齿颜色，从而准确地将颜色以数字形式传递给技工。内置的计算机可对数据进行分析并立即提供应用相应的瓷粉的技工制作配方，使修复体对牙齿颜色的还原效果达到最理想。可以说，电脑比色仪确立了一种新的比色概念。

新一代电脑比色仪 ShadeEye NCC 除了原有的"牙齿方式"（用于测量天然牙齿）和"瓷料方式"（用于金属陶瓷牙冠）外，又增加了"增白方式"（用于测量增白程度）和"分析方式"，并可全方位移动，无线测量，随时比色，不依赖于特定地点。

一、结构与工作原理

1. 结构

电脑比色仪主要由测量单元、打印机单元、校准头、交流适配器和交流电源线等组成。测量单元又由脉冲光源、束光器、传感器、光电转换器、CPU 芯片、液晶显示器等组成。

2. 工作原理

电脑比色仪的工作原理如图 8－29 所示。

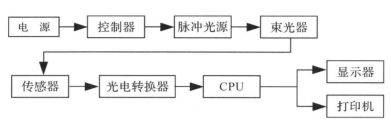

图 8－29　电脑比色仪工作原理示意

3. 主要技术参数

电脑比色仪的主要技术参数：

工作电源	交流电，电压为 220 V，频率为 50～60 Hz
交流适配器（AC-A18）	电压为 100～250 V
功率	20W
温度范围	使用温度为 10～33 ℃，贮存温度为 0～40 ℃
湿度范围	小于 80％
测色径	3 mm
光源	脉动氙灯
LC 显示器	LCD 液晶显示器

二、操作常规

详细阅读使用说明书，按说明书介绍的程序进行操作。

（1）打开电源开关，接通测量单元的电源开关🔘达 2 秒。液晶显示器首先显示"初始菜单"，然后变换显示工厂设定的"正常菜单"和"分析菜单"。"正常菜单"中将显示牙齿、瓷料、增白、传送和设置 5 种方式；在"分析菜单"中将显示分析、传送和设置3 种方式。

（2）按🔘选择"牙齿""瓷料"或"增白"方式，然后按🔘可确定选择方式。显示器上显示 CALIBRATION（校正）。

（3）校准：将校准头放在接头座上并按下 MEAS（测量）开关▭ 1 次。在校准过程中，确保校准头始终与测量单元接触。当正确执行完校准时（三声蜂鸣声），闪光灯闪3 次并在显示器上显示"OK!"，表示校准已完成，可以开始测色。

（4）选择牙齿位置：校准完毕后，将显示牙齿位置。用功能键🔘选择要测量的牙齿，并按设定开关🔘。

（5）测量：选择牙齿位置后，将显示 MEASUREMENT（测量）。在显示器下部显示"READY：1"。将接触头正确定位到要测量牙齿的正确部位（离牙龈的距离是牙颈部中心上 2.0~4.0 mm），按下 MEAS（测量）开关 ▭▭，通过闪一次光进行第一次测量，3 秒后，出现蜂鸣声和显示屏上显示"READY：2"，用相同的方法继续第二次和第三次测量。从 3 个读数可以获得测量结果，并用这些测量结果的平均值计算出测量数据。测量完成后，测量结果显示在显示器上。

（6）确认测量结果：选择不同的测量方式（牙齿方式、瓷料方式、增白方式），测量后在显示器上显示出不同种类的测量信息。

（7）处理测量数据：用功能键 ❋ 选择处理数据的方式，并按下设定开关 ● 确定，显示器将显示"数据传送菜单"：显示传输＋打印、传送、保存和删除四种，根据测量方式进行选择。

（8）关闭电源开关：测量数据处理后，液晶显示器显示"Push the Power Switch to OFF"（将电源开关按至"OFF"）。按下电源开关 ● 达 2 秒以关闭测量单元。

三、维护保养

（1）保持设备清洁，经常用干净的软布擦去灰尘或污物。

（2）保持校准头清洁，防止灰尘和污物；定期清洗校准头内部；不用时应将校准头存放在打印机单元校准头座上或保存在运输箱中。

（3）不要将设备放在有强磁场（如扬声器、电视或收音机）的房间，防止产生干扰。

（4）为防止医源性感染，每位患者使用前应更换接触头，接头夹应用乙醇消毒。

（5）当测量单元不使用时，将它放到打印机单元的充电部件进行自动充电。

（6）长时间不用设备时应关闭电源。

四、常见故障及其排除方法

电脑比色仪的常见故障及其排除方法详见表 8－21 和表 8－22。

表 8－21　电脑比色仪测量单元的常见故障及其排除方法

故障现象	可能原因	排除方法
液晶显示器不显示	电源未接通 电池电量不足 液晶显示器对比度较低	检查插头和主电源，接通主电源开关 为电池充电 调高液晶显示器的对比度
闪光灯不闪光	电池电量不足 在显示"READY"前， 按下 MEAS（测量）开关	为电池充电 等候显示"READY"
显示器显示"校准错误"	校准头位置放置不当 测量单元的光导体污染	正确放置校准头 用干软布擦拭光导体

表 8－22 电脑比色仪打印机单元的常见故障及其排除方法

故障现象	可能原因	排除方法
电源指示灯不亮	未连接交流适配器	连接交流适配器
数据不能打印	未设定纸张	正确设定纸张
	纸张的反侧朝上	正确设定纸张
	纸张锁定杆打开	合上纸张锁定杆
打印速度极慢	一个插座上连接了多台仪器，使电流变得较弱	单独使用一个插座
不能传送数据	数据传送端口与接收端口之间有故障	排除数据传送端口与接收端口之间的故障
	数据传送端口与接收端口之间的距离太长	使数据传送端口与接收端口之间的距离在 1 m 之内

（张志君）

第八节　义齿数字化印模、设计加工制造设备

在 20 世纪 80 年代和 90 年代，口腔数字化印模、设计加工制造设备主要指牙科 CAD/CAM（计算机辅助设计与计算机辅助制造）系统。到了 20 世纪末，随着各类口腔三维扫描技术及数字化制造技术的发展，口腔数字化印模与数字化加工制造设备的范围逐渐扩大。目前，牙颌模型扫描仪、口腔印模扫描仪、口内扫描仪、面部三维扫描仪、锥形束 CT、口腔用数控加工设备、口腔用三维快速成型机（3D 打印设备）等均在此范畴内。

世界第一台牙科 CAD/CAM 样机于 1983 年由法国牙医 Francois Duret 研发成功。CEREC 系统是世界上第一套商品化的牙科 CAD/CAM 系统，CEREC 系统也是目前最主要的椅旁 CAD/CAM 系统。迄今为止，国内外已先后出现几十种不同类型的牙科 CAD/CAM 专用系统，有的是封闭系统，有的是开放系统。这些牙科 CAD/CAM 系统，运用数字化、自动化、智能化技术提高口腔临床诊疗过程的标准化，避免由于经验、操作水平差异导致的诊疗质量问题。

口腔数字化印模设备主要有牙颌模型扫描仪和口内扫描仪。牙颌模型扫描仪是实现口腔形态数字化的一种间接方法。而口内扫描仪是应用小型探入式光学扫描探头，直接在患者口腔内获取牙齿、牙龈等软硬组织表面形态的设备。口内扫描仪易于实现基于网络的数据传输，更易于实现分散式就诊和远程辅助诊断设计等全新的口腔诊疗模式。

口腔医学领域常用的数字化加工制造设备主要有数控加工设备和三维快速成型机（3D 打印设备）。口腔用数控加工设备，技术成熟、加工精度高、材料适用范围广，是目前陶瓷材料主要的加工设备。而口腔用三维快速成型机，能在较短时间内批量制作出各种复杂形态模型，特别是有内部复杂结构的模型。

由于锥形束 CT、面部三维扫描仪在本书其他章节重点讲述，故本章主要介绍牙科 CAD/CAM 系统、牙颌模型扫描仪、口内扫描仪、口腔用数控加工设备、口腔用三维快速成型机等。

一、椅旁 CAD/CAM 计算机辅助设计与制作系统

CAD/CAM（computer aided design and manufacture）计算机辅助设计与制作系统是

以 CAD/CAM 技术为核心的口腔修复体的"微型加工厂"。它可在临床口腔综合治疗台旁即刻完成所需的修复体设计和制作,也可在制作室完成相应修复体的设计和制作。目前,其加工的材料包括复合树脂材料、陶瓷材料和金属材料,主要用于嵌体、贴面、多面嵌体、全冠和简单固定桥的制作,也有报道可用于全口义齿的制作。随着科学技术的发展,CAD/CAM 制作系统也在不断改进、完善,但其工作原理基本相同。它将成为 21 世纪最有前途的义齿制作技术之一。

(一) 结构与工作原理

1. 结构

CAD/CAM 计算机辅助设计与制作系统主要由数字印模采集处理系统、计算机人机交互设计系统和数控加工单元三部分组成。

(1) 数字印模采集处理系统:主要由光学探头(激光发射器、棱镜系统和 CCD 传感器)或触摸式传感装置、控制板和显示器组成。

(2) 计算机人机交互设计系统:主要由计算机、相应图像处理软件(图像编辑生成)和输入设备组成。

(3) 数控加工单元:由同步多轴铣床、冷却设备和控制板组成。

2. 工作原理

接通系统后,光学探头置于预备牙体和周围组织结构或相应代型上方一定距离,按设定像素大小发出激光束,由 CCD 传感器接收,将光信号转变成电子信号,或由触摸式传感装置按像素描记预备体和周围组织结构,再由相应软件处理后生成数字三维图像,即完成数字化预备体形态。该图像可利用相应编辑软件在其上设计出修复体的位置和形态,产生修复体的数据外形坐标集,并显示于显示器上;同时传输到数控铣床,加工出相应修复体。

CAD/CAM 计算机辅助设计与制作系统的工作原理如图 8-30 所示。

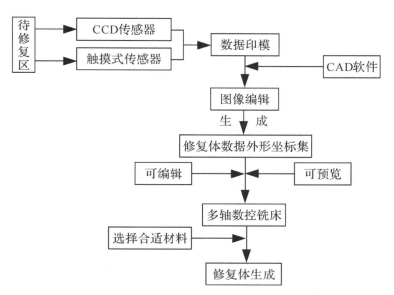

图 8-30 CAD/CAM 计算机辅助设计与制作系统工作原理示意

（二）操作常规

1. 操作方法

（1）插入钥匙软盘，接通电源启动系统。

（2）将光学探头置于预备体之上一定位置，或用触摸式传感器按一定顺序采集预备体印模的数据，并于显示器上生成正确图像。

（3）通过人机对话在预备体图像上设计修复体的外形参考点，并最终生成修复体数据外形坐标集。

（4）自动或人工选择加工件的材料、颜色和大小，置于加工单元并固定。启动加工，同步显示进度。

（5）完成后取出修复体并试戴。

2. 注意事项

（1）CAD/CAM 系统的电源应稳定，波动小于 10%。连线应牢固，有条件可配稳压器或使用净化电源。

（2）若采集的印模不清楚，切勿进行下一步。

（3）未生成修复体数据外形坐标集者不要启动加工步骤。

（4）启动系统时整个系统应固定稳定，不能有滑力。

（5）若需多次加工，每次加工应间隔 5 分钟以上。

（6）主机应安放牢固，光学探头切勿碰撞。

（三）维护保养

（1）每次使用前检查电源是否合乎要求。

（2）光学探头每次使用后应消毒并用纤维纸擦净，以免影响印模质量。

（3）冷却水应定期更换。

（4）加工刀具应定期更换，更换时必须使用专门工具。

（5）加工单元每次使用后应清洁。

（四）常见故障及其排除方法

CAD/CAM 制作系统的常见故障及其排除方法详见表 8-23。

表 8-23 CAD/CAM 制作系统的常见故障及其排除方法

故障现象	可能原因	排除方法
印模图像模糊	光学探头太高或太低 预备体前处理不良 光学探头及控制板故障	调整到正确位置 重新喷反光粉 检修或更换光学探头及控制板
设计后图像处理时间过长	编辑线不合理 控制板故障	重新编辑图像处理时间 更换或维修控制板
加工时间过长	编辑不合理 切削刀具太钝	重新编辑加工时间 更换刀具
系统不工作	钥匙盘错误 计算机故障	用正确的钥匙盘 维修或与供货商联系

（于海洋 岳 莉）

二、牙颌模型扫描仪

牙颌模型扫描仪作为口腔三维扫描仪的一种，主要用于牙颌三维数据的获取。根据口内真实形态印模后灌注成各种工作模型，配合扫描软件对印模或者石膏模型扫描，可间接得到口内牙颌形态的数字三维信息。牙颌模型扫描仪是实现口腔形态数字化的一种间接方法，不同的牙颌模型扫描仪的扫描范围不同，如扫描修复单颌模型、带𬌗架的牙颌模型、硅橡胶印模或正畸模型等；根据扫描后获取的数字模型，进行后续的计算机辅助修复体设计及制作。

目前常用的三维模型扫描仪可以分为接触式与非接触式。接触式扫描采用硬质探针或其他探头在物体表面接触扫描，可以对具有复杂形状的工件的空间尺寸进行测量，其扫描精度可达到 $0.1\sim1~\mu m$ 级别，但耗时较长。非接触式扫描仪主要是基于光学、声学、磁学等领域中的反射－接收等基本原理，将时间、距离等物理量通过各种算法转换为物体的空间坐标信息。其扫描时间相对于接触式扫描要短，精度在 $1\sim100~\mu m$ 级别。牙颌模型扫描仪常采用非接触式扫描方法。

（一）结　构

牙颌模型扫描仪由电脑、扫描仪主机、软件三部分组成。

1. 电脑的通用配置要求

操作系统通常为通用 Microsoft 各操作系统，CPU 3000 MHz 及以上，4 GB（minimum）及以上 RAM，硬盘容量 80 GB 或以上，需要足够的存储空间。扫描软件及设计软件（CAD 软件）安装在此电脑中。扫描仪通过 USB 接口与电脑连接。

2. 扫描仪部分

扫描仪部分包括箱体、3D 传感器、扫描底座、加密狗、校准工具。

（1）箱体：主开关、电源接口、USB 控制接口、保险。

（2）3D 传感器：包括发射装置和接收镜头。发射装置包括光源和光栅元器件，光源发出光经过光栅调制后，在物体表面的每一点都形成入射光，其反射的光线立即由接收镜头（CCD）接收。经模数转换器转换后形成计算机可处理的信息。

（3）扫描底座：位于扫描仪箱体内部，用于放置并固定待扫描模型（图 8 - 31）。在扫描时模型随底座做往复运动。通常用固定泥黏接或者专用固定工具固定。

（4）加密狗：用于启动扫描仪及相应计算机辅助设计（CAD）软件。

（5）校准工具：用于扫描仪初次使用及搬动后的扫描校准，配合扫描软件使用，用于确定扫描仪扫描中心及工作范围。根据放置校准工具扫描后的

图 8 - 31　扫描底座示意

位置及中心放置待扫描模型，以防止偏离扫描中心或者信息采集不全。

3. 软件部分

牙颌模型扫描仪扫描时都需要配合扫描软件使用，用以处理经扫描得到的数字模型。

若需要对各种义齿、修复体上部结构、种植导板等特殊需求进行设计，还需要使用不同专业的计算机辅助设计（CAD）软件。

（1）扫描软件：安装在扫描仪配备的计算机中，可通过扫描软件设定扫描仪的触发方式，并对扫描后获得的数据进行基本的处理和显示、测量等操作。

（2）计算机辅助设计（CAD）软件：利用 CAD 软件进行人机对话，进行各类修复体、种植导板等设计的具体操作。

4. 扫描输出（开放系统）

（1）数据类型：点云数据，是通过扫描仪获取的具有待扫描物体的空间信息的点数据的合集。

（2）数据保存类型：STL（stereo lithography）格式是最通用的类型，已被广泛应用于各种三维扫描和设计软件中，STL 格式以三角形集合来表示物体外轮廓形状的几何模型，其中每个三角形面片有四个数据项表示，即三角形的三个顶点坐标和三角形面片的外法线矢量。STL 文件即为多个三角形面片的集合。

（二）工作流程

牙颌模型扫描仪的工作流程如图 8 - 32 所示，在扫描区域内放置模型，触发扫描，传感器探知物体的空间信息并将采集到的模拟数据转换为计算机可处理的数字数据。扫描软件对获取的牙颌模型数据进行处理、编辑等具体操作，若进行具体设计，则在数字模型上使用 CAD 软件进行设计，生成的修复体可保存为 STL 等通用格式以备后续使用（开放系统）。扫描仪的精度取决于相关设备的精度及数据重建的算法。

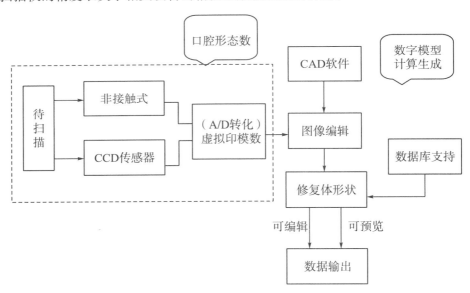

图 8 - 32 牙颌模型扫描仪工作流程示意

1. 工作原理

（1）非接触式扫描通常采用光学三角法，根据发射并接收待扫描物体表面反射回来的光的位移来确定扫描物体的空间信息，再通过 A/D 转换器将模拟数据转化为计算机可处理的数字数据。发射光束（点、线、面）并经过透镜实现光束的汇聚后，投射在物体表面形成漫反射光斑，作为传感信号，用透镜成像原理将收集到的反射光聚到成像透镜的聚焦平面上，聚焦后利用CCD感光，将光信号转变为电信号。当漫反射光斑随被测物体表而起伏时，成像光点在CCD上做相应的移动。根据像移距离的大小和传感器的结构参数可以确定被测物体表面的位置量，可确定被测表面测点的位置，如图8-33所示。

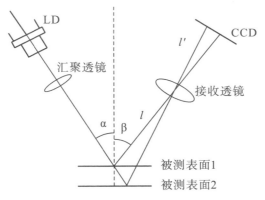

图8-33　光学三角法测位移示意

通常来讲，光源的不同可以导致扫描速度不同。例如，点光源的扫描速率低于线光源的扫描速率，线光源的扫描速率低于光栅的扫描速率。为此，现有的模型扫描仪大多采用光栅扫描方式。不同投影方式如图8-34和图8-35所示。

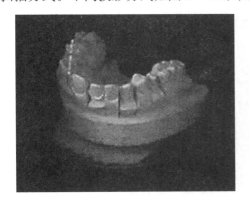

图8-34　线光源投影

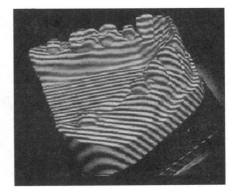

图8-35　面光源（光栅）投影

仅单一方向的入射及反射并不能完全获取模型的所有细节，因此需要改变物体的入射光及入射光的角度。在一次完整扫描中激光束移动，同时扫描仪中模型会随着扫描底座转动以完成多方向扫描。扫描仪不同，模型在扫描仪中运动的轨迹不同。常见的运动方式包括旋转或不同方向的直线移动。随后扫描软件根据不同角度及不同方位的扫描数据在电脑中合成完整的模型信息。

（2）扫描软件决定了数据采集时的规划，即确定数据采集的方法以及测点分布方法，目的是使采集的数据正确而高效。通常采点原则为：顺着特征方向走，沿着法线方向采；重要部位精确多采，次要部位适当取点；测点分布要随曲面曲率的变化分布，即曲率变化大的地方要多采点，曲率变化小的地方少采点；先采外廓数据，后采内部数据。经过非接触测量法获得的点云数据需要进行多边形网格化，建立起各点间拓扑关系，进行点云的对齐拼接，剔除噪声点等除噪、过滤、平滑、拼接等处理。设计时还需要调用数据库内的具体形态或在此基础上自行构建曲面及线条。所需要用到的信号和图像处理等数学算法集成在软件中。

（三）操作常规

1. 开机进入 Windows 操作系统

打开扫描仪电源开关，电脑主机开关，插入加密电子狗。

2. 运行系统

（1）信息编制：

1）输入患者信息、操作者信息。

2）义齿类型设定，视不同牙颌模型扫描仪而异。选择可扫描的修复体范围，如单一修复体、多个同类型牙位，邻侧牙位等。

3）扫描模式设定，是否带𬭎架、单颌或对颌模型等。

4）保存信息后可以开始扫描。

（2）模型扫描：按照说明书放置模型，通过橡皮泥或专用工具将模型固定于扫描底座上，根据不同的扫描类型在软件中设置各种扫描参数，如扫描高度、肩颈线高度等，圈定扫描范围，设置好之后运行扫描仪。

（3）生成扫描数据：若扫描数据有空洞则进行补扫，根据需要进行初扫、精扫、上下颌配准等操作后，生成模型点云。

（4）对点云数据进行处理，利用 CAD 软件进行各种设计。保存为 STL 文件（开放系统时）。

（四）注意事项

（1）仪器需放置在干燥、密闭的房间中使用，避开窗户及强光直射部位。

（2）平稳放置扫描仪，放置的台面承重能力需达标（通常承重能力需超过扫描仪自重的 2 倍）。

（3）扫描仪顶部不得放置任何物体。

（4）按照说明书步骤操作。

（5）扫描过程中不要打开扫描舱门（最新的扫描仪不带有舱门）。

（6）不用及清理扫描舱时需关闭电源。

（7）模型的高度不得超过对应扫描仪的限高。

（五）简单故障排除

（1）无法启动扫描：检查扫描舱门是否密闭。

（2）扫描仪运转不正常：关闭扫描仪主开关后，再打开舱门检查，重新启动扫描仪及扫描软件。

三、口内扫描仪

口内扫描仪作为口腔三维扫描仪的一种，用于口腔三维数据的直接获取。与牙颌模型扫描仪不同，口内扫描仪可直接获取口内真实形态，再配合扫描软件，从而直接获取口内及牙颌的三维数字形态。口内扫描仪是椅旁实现口腔形态数字化的直接方法，可利用设计软件在椅旁直接进行计算机的辅助设计，极大地缩短了工作时间。

（一）结　构

口内扫描仪通常由口内相机、触摸显示屏、影像处理系统、推车等组成（图 8-36）。

（1）口内相机：一个用于实时采集牙齿三维几何数据的手持式高速视频相机。口内相机与推车通过数据线相连。

（2）触摸显示屏：一个用于操控（比如缩放、平移和旋转等）采集到的三维几何模型的触摸显示屏。触摸显示屏也用于用户与系统软件的交互，比如输入患者信息、诊断数据等。

（3）影像处理系统：①一台位于推车内的计算机。计算机是整个系统的控制单元，用于影像数据处理、存储和信息交互等。②软件：扫描仪需要配合扫描软件使用，用以处理经扫描得到的点云数据并将其转换为数字模型。若需要进行各种口腔义齿、修复体上部结构、种植导板等特殊需求进行设计，还需要安装口腔医学不同专业的计算机辅助设计（CAD）软件。软件输出通常保存为 STL 格式。

（4）推车：一个安装有可锁脚轮的推车，便于将整个系统方便地在诊室内或诊室间移动。

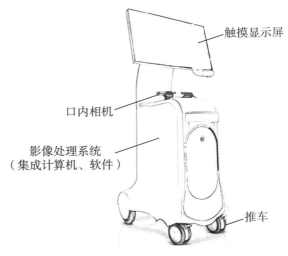

触摸显示屏

口内相机

影像处理系统
（集成计算机、软件）

推车

图 8-36　口内扫描仪

（二）工作原理

口内扫描仪采用非接触式光学扫描方法，其基本原理与牙颌模型扫描仪工作原理相似，不赘述。口内扫描仪需要配合扫描软件使用。若需要对各种义齿、修复体上部结构、种植导板等特殊需求进行设计，还需要使用不同分科的计算机辅助设计（CAD）。

扫描软件安装在扫描仪配备的计算机中，可通过扫描软件设定扫描仪的触发方式，并对扫描后获得的数据进行基本的处理和显示、测量等操作。全口牙列由多视场数据拼接而成，因此扫描软件还包括数据拼接及重建算法，且拼接后成像的精度受数学算法的影响。

计算机辅助设计（CAD）软件：利用 CAD 软件进行人机对话，进行套筒冠修复、制作种植导板等具体操作。扫描软件的输出需要与后续的 CAD 软件进行对接才可以进行设计。通常的 CAD 软件中根据不同学科，都包含相对应的各种待设计结构的数据库。

软件工作流程如图 8-37 所示。

扫描仪输出的数据类型为点云数据，是通过扫描仪获取的具有待扫描物体的空间信息的点数据的合集。数据保存类型为 STL 格式。

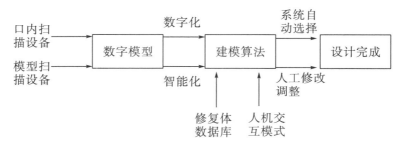

图 8-37 计算机辅助设计软件工作流程

（三）操作常规

当前临床上使用的口内扫描仪常分为两种，一种需配合口腔科光学喷粉进行口内扫描，另一种则无需喷粉。需要光学喷粉的原因是，非接触式扫描仪适用于漫反射物体，对于牙齿来说，釉质呈半透明状，且被唾液湿润后呈高反光状，因此为非漫反射状物体，需要配合光学喷粉使用。

进行口内取模时，需按以下步骤进行。

（1）扫描前准备，接通电源，显示器开机。在牙体上均匀地喷涂一层喷粉（若需要）。

（2）从推车上取下口内相机，按一下口内相机中部的电源按钮，开启相机镜头端的LED闪光灯，软件界面的右下方窗口处出现二维图像，待扫描头预热后即可开始扫描。

（3）明确扫描范围。

（4）将口内相机的探头部分伸入患者口内并定位于待扫描区域的上方；按下扫描启动按钮，系统开始三维扫描并在软件界面中部出现实时三维数据模型；缓慢连续移动相机扫描直至所有需要扫描区域的三维数据完成采集。

（5）扫描完成后，关闭相机电源，系统结束实时扫描并对已采集的数据进行后处理，将口内相机放回推车；后处理完成后生成完整的高清三维模型，用户可通过缩放、平移、旋转等方式来查看扫描的三维模型。

（四）注意事项

（1）扫描时需按要求制备牙体才可获得良好的成像效果。

（2）喷粉均匀（如需要）。

（3）扫描时动作连贯，速度均匀，尽量保证预备体肩台及以上区域数据完整，邻牙的邻接触区数据完整。

（4）移动或运输设备后，出现取像效果重影或不清晰等情况时，需对摄像头进行校准。

（5）每完成一个病例后，必须对口内相机的前端进行消毒。

（五）维护保养

（1）口内相机需要轻拿轻放，跌落、碰撞等情况均会导致口内相机内的精密光学部件受到损害，从而影响三维扫描的结果。也不可将口内相机置于高温、高湿环境中。

（2）注意散热，在使用过程中保证散热口不被遮挡。

（3）定期对出风口及散热口的灰尘进行清洁。

（4）定期对口内扫描仪的触摸显示屏和推车用软布进行清洁。

四、口腔用数控加工设备

数控加工（numerical control processing，NC 加工）即减法加工技术，也称去除式加工技术，在工业上是指用车、铣、磨、削等方式将已成型好的材料坯料加工成所需形状的方法。口腔用数控加工设备考虑到其加工对象为专用牙科材料，针对牙科材料特性和制作精度的要求，常采用铣和磨的加工方式。

（一）结构

口腔数控加工设备主要由显示器、计算机、研磨设备组成。研磨设备又由工作台、主轴、伺服电机、刀具、控制部分等组成。主要分为桌面式数控加工设备（诊室为主用）和数控加工中心两大类。

数控加工中心的特点如下：

（1）设置有刀库，刀库中存放着不同数量的各种刀具、检具。有的系统设置有坯料库，一次可自动更换多个坯料。

（2）坯料一次装夹后，数控系统能控制机床按不同的工序自动选择和更换刀具、检具。

（3）机床可自动改变主轴转速、进给量和刀具相对工件的运动轨迹及其他辅助功能，连续对工件各表面进行多道工序的加工。

（4）内置水冷却系统，最大程度降低工具磨损。

（5）废料收集系统，对加工过程中产生的废料进行自动收集处理。

整个加工过程，最大限度地降低了人工操作的干预，大大提高了口腔假体的制造精度和生产效率。

（二）工作原理

数控加工是指用数字信息控制零件和刀具位移的机械加工方法。现有商品化的牙科数控设备，根据其切削主轴的运动特性，可进一步分为三轴、四轴、五轴等设备。这里轴的概念是指切削主轴的自由度数，主轴的自由度越多，灵活性越好，可加工模型的复杂程度也就越高。三轴数控设备适合批量加工倒凹面积小、形态相对规整的牙科模型（如基底冠桥）；四轴与五轴设备更适合加工精度要求高的复杂形态牙科模型（如解剖形态冠桥、种植基台、正畸托槽等）。

五轴联动加工设备大多是 3+2 的结构，即 X、Y、Z 三个直线运动轴加上围绕 X、Y、Z 旋转的 A、B、C 三个旋转轴中的两个旋转轴组成（图 8-38），其可以完成五个面的加工。由两个旋转轴的组合形式来分：大体上有双转台式、转台加上摆头式和双摆头式三种形式。同时还需要高档的数控系统、伺服系统以及软件的支持。

四轴联动加工设备，主要是 X、Y、Z 三个直线运动轴加上围绕 X 旋转的 A 旋转轴组成（图 8-39）。

三轴联动加工采用三个线性轴形成直角坐标系统 X、Y、Z 坐标轴的三轴三联动，铣削加工时，主轴的角位保持固定，通过工作台的转向达到对不同面进行加工的目的。

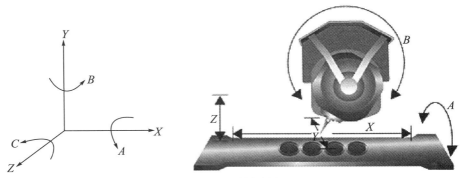

图 8 - 38　五轴数控加工

（三）临床应用

口腔数控加工设备在口腔种植、口腔修复、口腔正畸等领域的用途越来越广泛。可以制作嵌体、高嵌体、贴面、部分冠、全冠、固定桥乃至全口义齿等修复体，种植个性化基台，正畸托槽，可加工的材料包括各种陶瓷、复合树脂材料、金属材料等。

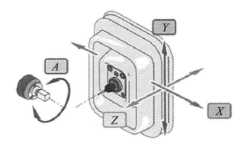

图 8 - 39　四轴数控加工

（四）操作常规

（1）打开设备电源。

（2）打开控制电脑及显示器。

（3）打开控制程序并将设备恢复初始设置，选择需加工材料类型，选择合适的刀具。

（4）打开设备舱门，放入工件并紧固。

（5）关闭设备舱门。

（6）启动加工程序。

（7）加工结束后，取出工件，并将设备恢复初始设置。

（五）注意事项

（1）设备在使用前及使用后应恢复初始设置。

（2）正确放置工件并将其紧固。

（3）再启动加工程序前必须关闭设备舱门。

（4）长期不使用设备时，应将刀具从刀具座中取出。

（5）定期更换加工刀具。

（6）定期更换冷却水。

（六）维护保养

（1）不得使用任何酸碱性清洗剂清洗设备。

（2）使用前和使用后及时清理碎屑，保证工作台的清洁、润滑。

（3）定期擦拭设备外壳及设备窗口。

（4）设备发生故障时应及时停用，由专业维修人员进行维修。

五、口腔用三维快速成型机

快速成型技术是一种基于离散堆积成型的加工技术，其原理是通过离散化过程将三维数字模型转变为二维片层模型的连续叠加，再由计算机程序控制按顺序将成型材料层层堆积成型的过程。三维快速成型机（three-dimensional rapid prototyping machine）又称 3D 打印设备，是依据打印机原理，采用分层叠加打印技术的三维快速成型设备，是目前最具有生命力的快速成型技术之一。在工业、航空航天、医学、文化创意等领域得到广泛应用。它融合了计算机辅助设计和辅助制作、数控技术、光学技术、精密伺服驱动技术、新材料等技术，可制作各种模型、实用零部件。

口腔用三维快速成型机是能制作具有石膏、树脂、金属、蜡等属性的产品模型的口腔修复工艺设备。在口腔医学领域，主要用来制作种植手术导板、颌面赝复体阴型、金属修复基底冠桥、隐形正畸矫治器、颌面外科手术导板等。

（一）结构

三维快速成型机主要由成型室、喷头（材料输送单元含原材料、固化系统）、材料存储装置、运动系统、数控系统等组成，另外还有清理装置、废料处理系统、环境控制装置等附属部分。

（二）工作原理

在口腔医学领域的 3D 打印技术是基于牙科 CT 或者螺旋 CT 等影像成像设备或口腔 CAD 系统获得的数据，将数据转换至 3D 打印机系统，然后使用不同的材料打印出相应所需要的各种形状的物体，通过进一步的后处理，可以在临床上使用。

不同种类的三维快速成型机因所用成形材料不同，成形原理和系统特点各异，但基本原理都是"分层制造、逐层叠加"。目前常见的快速成型原理有光固化成型、选择性激光烧结成型、熔丝堆积成型、三维打印等。其中，粉末材料的三维打印工作原理为铺粉装置在加工平台上精确地铺上一薄层粉末材料，系统在每一层铺好的粉末材料上有选择地固化，其他地方仍为粉末。做完一层，加工平台自动下降一个截面层的高度，储料桶上升一个截面层的高度，滚桶由升高了的储料桶上方把粉末推至工作平台，并把粉末推平，再行固化，如此循环直到把一个零件的所有层打印完毕，即可得到一个三维实物原型。打印材料为液体时的工作原理类似，也是逐层固化堆叠成型。

三维打印原理如图 8-40 所示。

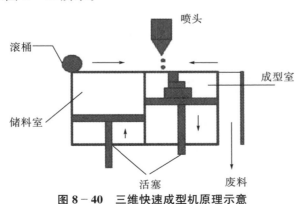

图 8-40 三维快速成型机原理示意

（三）临床应用

口腔用三维快速成型机在口腔种植、口腔修复、颌面外科、口腔正畸等领域的用途越来越广泛。

（1）与传统种植导板制作方法相比，三维快速成型机可以快速准确地将电脑中的种植导板数字模型加工成实物，使牙种植体的植入更为精确，复杂牙列缺损及牙列缺失患者的即刻种植修复得以实现。

（2）三维快速成型机在口腔修复领域主要用于金属基底冠桥、修复体蜡型、赝复体蜡型及其阴模的制作。

（3）在口腔颌面外科领域，三维快速成型机可以打印树脂材料的颅骨模型，用于术前规划与手术模拟，从而提高术前诊断设计的准确性、节约手术设计时间、方便医患交流、提高手术精度。还可以制作口腔颌面部赝复体（义耳、义鼻、义眼）蜡型或阴型，间接制作植入假体。也可直接打印出个性化植入体、正颌手术用咬合板等用于手术。

（4）在口腔正畸领域，三维快速成型机可以制作隐形矫治器及个性化托槽。

（四）操作常规

口腔用三维快速成型机制作模型是一个"建模–载入–加工–后处理"的过程。

（1）建模：打开计算机，进行数据准备，包括三维模型的 CAD、STL 数据的转换、制作方向的选择、分层切片以及支撑设计等。

（2）载入及加工：将制造数据传输到成型机中，启动加工。

（3）后处理：成型后的模型大多需要清洗、去除支撑、表面处理等操作，最终获得性能优良的模型。

（五）注意事项

（1）注意电源的开关顺序。

（2）保持加工平台清洁。

（3）成型机工作时不要打开机器外壳。

（4）皮肤不要直接接触未固化的材料，以防皮肤过敏。

（5）有高电压或高温标识的地方不要碰触，避免触电、灼伤。

（6）选择三维快速成型机时需要综合考虑制作精度、制作速度、设备成本、成型材料、运行成本、后处理耗费的时间、后处理的难易程度等问题。

（六）维护与保养

三维快速成型机是集机电一体化、高度自动化控制、精密成型设备，使用中要放置稳固、保持清洁、通风防潮；遇有异常工作状况，及时停机检查；重大故障，要请有资质的专业维修人员维修，切不可使故障扩大，以避免造成重大损失。

（范宝林　罗　奕）

第九章 口腔医学图像成像设备

第一节 牙科 X 线机

一、普通牙科 X 线机

牙科 X 线机（dental X-ray machine）简称牙片机，是拍摄牙及其周围组织 X 线片的设备，主要用于拍摄根尖片、咬合片和咬翼片。

（一）结构与特点

1. 牙科 X 线机分类

牙科 X 线机分为壁挂式、座式和附设于综合治疗台的牙科 X 线机三种类型。壁挂式牙科 X 线机常固定在墙壁上，或悬吊在顶棚上。座式牙科 X 线机又分为可移动型和不可移动型两种。可移动型座式牙科 X 线机是在立柱底座下安装有滑轮，可任意多方向滑动，因此可以在床旁进行摄影；不可移动型座式牙科 X 线机则固定在地面某一位置。附设于综合治疗台的牙科 X 线机是安装在综合治疗台上，适合于口腔科医生在诊断治疗室内拍摄，但无防护设施，不符合中国的相关放射法律法规，所以国内基本没有使用。

2. 牙科 X 线机的特点

牙科 X 线机具有体积小、安装简便，机头转动灵活、使用方便，使用固定正极（阳极）X 线管及图像清晰度高等特点。

3. 牙科 X 线机的组成

牙科 X 线机由机头、活动臂和控制系统三部分组成。

（1）机头：包括 X 线管、高压变压器和冷却系统。X 线管是以钨丝为负极、钨靶为正极的真空玻璃管。变压器分高压变压器和低压变压器两种。高压变压器是将 220 V 电压升到 40～70 kV 的高压，供 X 线管正极使用；低压变压器是将 220 V 电压降到 6～12 V，供 X 线管负极灯丝使用。灯丝加热后产生电子，在正极高压作用下，电子加速撞击钨靶，产生 X 线。

（2）活动臂：由数个关节和底座组成。

（3）控制系统：是对 X 线管的 X 线产生量进行调节和限时的低压系统。牙科 X 线机的控制系统元件安装在控制台内。控制台面板采用数码显示，控制台内装有电源电路、控制电路，以及高压初级电路的自耦变压器、继电器和电阻等部件。按牙位键电脑可自动选择曝光时间。

4. 主要技术参数

牙科 X 线机的主要技术参数如下：

管电压　　　　　　60～70 kV

管电流　　　　　　0.5～10 mA

焦点　　　　　　　0.8 mm×0.8 mm 或 0.3 mm×0.3 mm

（二）操作常规

1. 操作步骤

（1）接通外接电源。

（2）打开牙科 X 线机电源开关，绿色指示灯亮，调节电源电压到所需数值。

（3）根据拍摄部位，在控制面板上选择曝光时间。

（4）按拍摄要求在口腔内放好牙片，X 线管对准投照部位后按曝光键直到提示音消失后方可松开曝光键。

（5）曝光完毕，将机头复位，冲洗牙片。

（6）下班前，关闭牙科 X 线机电源开关，关闭外电源。

2. 注意事项

（1）X 线管在使用时应有一定的间歇冷却时间，管头表面温度应低于 50 ℃，防止过热烧坏正极靶面。

（2）使用牙科 X 线机时，应避免碰撞。

（3）发现有异常现象，应立即停机，避免发生意外，或者请专业人员来检查修理。

（三）维护保养

（1）保持机器清洁和干燥。

（2）定期检查接地装置，经常检查摩擦部位导线的绝缘层，防止破损漏电。

（3）定期给活动开关部位添加润滑油。

（4）注意校准管电流和管电压数值，调整各仪表的准确度。

（5）定期全面检修，及时消除隐患，保证机器正常工作。

（四）常见故障及其排除方法

牙科 X 线机的常见故障及其排除方法详见表 9－1。

二、数字化牙科 X 线机

数字化牙科 X 线机（digital dental X-ray machine）由牙科 X 线机和电子计算机系统联合组成，可分为有线连接和无线连接两种。数字图像技术的应用极大地扩展了牙科 X 线检查的诊断领域。

（一）结构与工作原理

1. 有线连接数字图像处理系统

有线连接数字图像处理系统（直接数字化，DR）由传感器、光导纤维束、CCD 摄像头、图像处理板、计算机及打印系统等构成。

表 9-1　牙科 X 线机的常见故障及其排除方法

故障现象	可能原因	排除方法
摄影时保险丝熔断	电路短路	检查各接线端及机头与柱体的旋转部分有无短路
毫安表示数，无 X 线产生	自耦变压器故障 机头部分故障 接插元件接触不良	检查自耦变压器输入及输出线 检修机头 检查按钮、限时器等接插元件，使其良好接触
限时器无响声，不复位	高压初级电路故障，高压发生器及 X 线管故障 动力发条或弹簧折断 传动齿轮故障 闭锁和擒纵部件失灵	测量高压初级电路输出值有无异常，检修机头，更换 X 线管 更换发条或弹簧 调整或更换齿轮，同时加润滑油 调整发条位置后重新固定
摄片时，胶片有时不感光	接触器故障，或接点有污物或簧片变形 可控硅及控制部分故障	清除接点污物，调整接点距离，或更换簧片 检修可控硅及控制部分
曝光时，机头内有异常响声	机头漏油，有气泡产生 机头内有异物 冷却油被污染 高压变压器故障	加油后排气，密封漏油部位 清除机头内的异物 更换冷却油 检修或更换高压变压器

（1）传感器（sensor）：简称探头。其体积如牙片大小，厚度为 4.5 mm，中间或边缘有一连接线。传感器的边缘圆钝、光滑，可避免口腔黏膜的损伤。传感器上有一个19.6 mm×28.8 mm 的敏感区，是接收 X 线的部分。敏感区内有一闪烁体将 X 线信号转变为光信号。

（2）光导纤维束和 CCD 摄像头：位于连接线内的光导纤维束有 4 万余支紧贴闪烁体，将可见光信号传输给纤维另一端的光电耦合（CCD）摄像头，CCD 将光信号转换为电子信号，后者沿导线输入计算机内的图像处理板。

（3）图像处理板：处理由 CCD 传送来的信号，经过 12 bit A/D 转换器转换成 4 096 级灰度的图像信号，使图像立即在电脑屏幕上显现出来。

（4）计算机及打印系统：完成图像处理、储存、管理和输出。并可通过计算机网络将图像直接送到医生诊疗室，也可将图像打印出来。

2. 无线连接数字图像处理系统

无线连接数字图像处理系统（间接数字化，CR）由图像板、扫描仪等构成。

（1）图像板（imaging plate）：厚度和面积与牙片相似，不能弯曲，由包埋于聚合体结合剂中及位于合成树脂表面的磷颗粒构成，没有连接线连接。经 X 线投照后，被照物体的影像储存于图像板上，不能直接在屏幕上显示。

（2）近几年出现的可以弯曲的图像板，改变了以往不能弯曲的状况，放入口腔拍摄时与胶片一样，而且用扫描仪扫描速度非常快。

（3）扫描仪（scanner）：用激光进行扫描的仪器。将图像板放入扫描仪内，激光通过屏发生偏转形成的模拟信号被释放并转到光探测器，模拟信号逐段数字化并产生每线特定数量的像素，使整个图像在屏幕上显示出来。

数字图像处理系统的工作原理如图 9-1 所示。

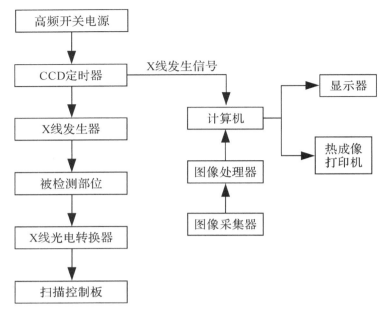

图 9-1　数字图像处理系统工作原理示意

3. 牙科 X 线机

牙科 X 线机与临床常用的机型相同，但必须是有多个曝光时间的机型。

（二）操作步骤

（1）接通外电源。

（2）打开数字图像系统和牙科 X 线机开关，使电压稳定在所需数值。

（3）将传感器或图像板放入配置的小塑料袋内，然后放入口腔内所需拍摄的部位，选择相应的曝光时间。有线连接的图像可以直接在监视器上显示，无线连接数字化系统则将图像板放入扫描仪中扫描。

（4）在计算机上设定患者的编号或姓名、性别等所需资料，并及时储存。患者的信息也可以直接从患者挂号缴费的 HIS 系统中获取，使用刷卡器或者从 worklist 工作表中获得。

（5）拍摄完毕，将获得的图像保存并传输到医院的 PACS 系统，根据需要用相应的纸质材料打印屏幕上的牙片图像。

（6）关闭机器开关及外电源。

（三）注意事项及维护保养

（1）每名患者使用前都要更换套在传感器或图像板上的塑料袋，以防止医源性感染。

（2）患者图像资料应及时存盘，以防停电或其他原因造成资料遗失。

（3）操作时应轻柔，避免连接线或图像板断裂或损坏。

（4）出现故障时，应及时停机检查或请专业人员维修。

（5）保持机器的清洁和干燥，定期检查。

（四）优缺点

1. 优点

（1）可以立刻获得图像，极大地缩短了患者的就诊时间。

（2）增加摄影条件的宽容度。通过计算机调节图像的亮度和对比度以满足临床工作的需要，扩大诊断范围和能力。

（3）X线照射剂量大幅度降低。

（4）完整保存患者的X线资料有利于病情的追踪，病例资料的总结、分析、查询。

（4）计算机网络的建立使医患之间的交流更方便、快捷。

（5）不需要胶片及冲洗药水，可避免环境污染。

2. 缺点

（1）有线连接的传感器较厚，拍摄后牙时不易将其放在最佳摄影位置。

（2）有线连接方式容易造成线路和传感器损坏。

（3）有效面积相对较小。

（4）如果使用硬质的不能弯曲的感光板，拍摄时有一定的限制性。

（5）无线连接的图像成像不能立即显示，必须经扫描仪扫描，可能会造成图像信息的损失。

（五）常见故障及其排除方法

数字化牙科X线机的常见故障及其排除方法详见表9-2。

表9-2 数字化牙科X线机的常见故障及其排除方法

故障现象	可能原因	排除方法
RVG开启图标不能点击成功	RVG板无电源 传感器未接入	打开RVG板外接电源 插好传感器
扫描图像为白色	RVG与CCD的连线未接 传感器受光面反向 无X线或未设置RVG方式 未用RVG采集图像 传感器损坏	连接RVG系统 改变传感器方向 检查X线机或重新设置RVG方式 重新操作 更换传感器
扫描图像全黑	X线机未选择RVG方式 无受检组织	设置X线机为RVG方式 重新放置传感器
图像模糊	患者晃动 RVG未在X线发射时正常采集 传感器老化 X线球管老化	让患者保持固定体位 重新拍摄 更换传感器 更换X线球管
图像不能完全显示	球管没有正对传感器	调整球管或传感器位置
打印机不工作	打印机连线损坏 未安装打印机驱动程序	更换打印机连线 安装打印机驱动程序

第二节 口腔曲面体层 X 线机

一、口腔曲面体层 X 线机

口腔曲面体层 X 线机又称口腔全景 X 线机（dental panoramic tomography X-ray machine），主要用于拍摄下颌骨、上下颌牙列、颞颌关节、上颌窦等，增设有头颅固定仪，可做头影测量 X 线摄影，进行定位测量分析，确定治疗方案，观察矫治前后头颅和颌面部形态变化及其疗效。

（一）结构与工作原理

1. 结构

口腔曲面体层 X 线机由 X 线球管、电路系统、控制台和机械部分组成（图 9 - 2）。

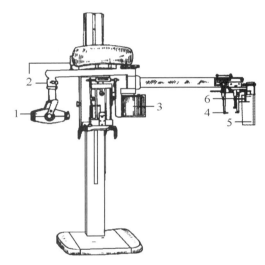

图 9 - 2　口腔曲面体层 X 线机

1. X 线球管；2. 全景与定位拍片选择钉；3. 控制台；4. 胶片夹；5. 耳塞；6. 胶片架。

（1）X 线球管：球管内装有 X 线真空管、变压器和冷却油。早期的曲面体层 X 线机只有 1 个窗口，20 世纪 90 年代以后的机器可以有 2 个或者更多窗口。拍摄曲面体层 X 线片时，X 线管窗口前为一个狭窄呈矩形缝隙的金属板即限域板，限制 X 线只能从裂缝处呈近似直线束向外射出。为了获得清晰图像，隙缝应较小，一般为 2 mm。在拍摄头颅定位 X 线片时，X 线管窗口前为一个方形的限域板。

（2）电路系统：包括电源电路、控制电路、高压初级电路、灯丝变压器初级电路、高压次级电路、管电流测量电路和曝光量自动控制电路。

（3）控制面板：为电路控制和操作部分，其面板上有电源电压表、时间/电压调节器、程序调节、机器复位和曝光开关键等。

（4）机械部分：包括头颅固定架、底盘、立柱、升降系统和头颅定位仪等。头颅固定架由颏托板与头架组成，并联接在立柱上，可上下移动，调节高低位置。以前颏托板能前后移动和固定，现在的机器多采用咬合板或固定的颏托板。头颅固定采用光标定位。立柱是承受和支持整个机器的主体，固定于墙壁和地面。在立柱上增设一个较长的支臂，支臂上设有头颅定位仪，头颅定位仪上有耳塞和眶点指针。

2. 工作原理

根据口腔颌面部下颌骨呈马蹄形的解剖特点，利用体层摄影和狭缝摄影原理设计的固定三轴连续转换，以进行曲面体层摄影（图 9-3 和图 9-4）。

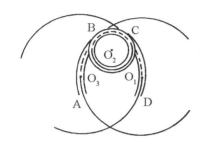

图 9-3　曲面体层摄影基本原理示意　　图 9-4　三轴连续转换曲面体层摄影原理示意

（二）操作常规

1. 拍摄口腔曲面体层 X 线片

拍摄口腔曲面体层 X 线片时，首先接通电源，调整电源电压值到所需数值，安放好胶片盒；在控制面板上将程序调整到曲面体层 X 线片摄影程序，然后按下复位键，使机头复位；让患者进入拍摄的区域，让颏部放到颏托板上；调整患者头部的位置，用光标定位，保证患者在最佳的拍摄体位；调整管电压值或放到自动曝光挡，准备完毕后，持续按下曝光开关，曝光指示灯亮，X 线产生；待机器转动到位后，自动切断曝光，曝光指示灯熄灭；按下复位键，机器自动复位。曝光时间一般为 16～20 秒。选择自动曝光挡时，X 线机可自动调整曝光参数。

2. 拍摄头颅定位 X 线片

拍摄头颅定位 X 线片时，按复位键使球管与头颅定位片位置一致，选择头颅定位片拍摄的方形窗口。让患者进入拍摄的区域，调整拍摄高度，将耳塞放到患者双侧外耳道内，眶点指针放到鼻根点。准备完毕，持续按下曝光开关。若采用自动拍摄，需放到"Auto"挡，自动选择条件，只要按下曝光开关，自动选择曝光量。若用手动挡，则需根据患者的情况调整管电压、管电流和曝光时间，然后再开始曝光，按住曝光按钮到所选时间后自动停止曝光。曝光完毕将机器复位。

3. 一般摄片步骤

（1）接通电源，指示灯亮，调整电源电压到所需数值。

（2）选择曲面体层或头颅定位拍摄程序，根据需要调整患者的体位。

（3）在控制台上调整管电压、电流和曝光时间或选择"Auto"挡。

（4）曝光完毕，关闭电源。

4. 注意事项

（1）使用时应预热，两次曝光之间要有一定间歇时间。

（2）防止碰撞 X 线管。

（3）患者的手应握住扶手杆，以保持稳定。

（三）维护保养

（1）保持机器表面洁净。

（2）经常检查活动部件，加油或固定等。

（3）定期进行安全检查，主要检查接地装置。

（4）保证机器处于水平位置，使其运行平稳。

（5）保证双耳塞对位良好，发现错位应及时调整。

（四）常见故障及其排除方法

口腔曲面体层 X 线机的常见故障及其排除方法详见表 9-3。

表 9-3　口腔曲面体层 X 线机的常见故障及其排除方法

故障现象	可能原因	排除方法
X 线片的对比度不好，曝光不良	电压不稳定 X 线管输出 X 线量不稳定 增感屏效果差	用稳压器稳定电压 检查 X 线管 更换增感屏
X 线片上的放大率不稳定，牙齿排列时宽时窄，且有条索出现	电源电压不稳定或机械传动装置不良 胶片夹过厚	安装稳压器，检修电动机、转动滑轮及连接杆等 更换胶片夹
油泵升降系统失灵或不稳定	油泵电动机故障 油质不良 管道破裂或不畅通 阀门调节不良 电路系统故障	检修电动机，检查供电电压 更换冷却油 检修管道 调整阀门 检修电路系统
毫安表无示数，无 X 线产生	控制电路故障 高压接触器故障 灯丝电路故障 高压变压器及 X 线管故障	检修控制电路 检修或更换高压接触器 检修灯丝电路 检查高压初级电路输出值、检修X 线管
曝光时，机头内有异常响声，X 线时有时无	机头漏油，有气泡产生 机头内有异物	排气加油，密封漏油部位 清除机头内异物

二、数字化曲面体层 X 线机

数字化曲面体层 X 线机与普通的曲面体层 X 线机在工作原理上有一定的区别。数字化曲面体层 X 线机采用无胶片 CCD 成像的摄影方式，图像直接在屏幕上显示出来，无需化学药水冲洗，成像快捷方便，同时能扩大诊断范围和提高诊断能力。

（一）结构与特点

1. 传感器

当 X 线照射时，传感器接收来自 X 线的信号，通过计算机自动储存。拍摄头颅测量片时，可通过交换插入同一个传感器而获得 X 线的图像，也可以在全景和头颅测量分别安装 2 个传感器。

2. 计算机系统

根据曲面体层和头颅测量片的不同要求，利用鼠标选择不同的界面框实现各种功能。

3. X线机的结构

X线机与普通曲面体层X线机相同，也包括球管、电路系统、机械部分和控制部分，所不同的是没有片盒夹而使用传感器。

（二）操作步骤

（1）接通外电源并打开机器开关。

（2）调整电源电压到所需数值，根据患者情况选择曝光因素或调整为自动曝光挡"A"。

（3）调整体位。拍摄曲面体层片时，嘱患者上下前牙咬住定位板的小槽中或颏部放在颏托板上，光标竖线正对矢状线，横线正对鼻翼－耳屏线。拍摄头颅测量片时，把耳塞放入患者的外耳道内，框针放在鼻额缝处。嘱患者后牙咬在牙尖交错位，两眼平视前方，然后进行曝光。曝光过程中必须保持头颅的稳定。曝光完毕，将机器电源关闭。

（4）把图像储存在计算机内，然后通过局域网发送到PACS系统供临床科室使用。

（5）在屏幕上根据需要选择不同的界面框，用鼠标操作。可进行图像放大、局部显示、骨密度测定、头颅定位测量等。

（6）操作完毕，关闭机器电源和外电源。

（三）优缺点

1. 优点

（1）可立即获得X线图像，提高诊断速度，大大减少患者的就诊时间。

（2）数字化意味着无需X线胶片和暗室冲洗过程，有利于环境保护。

（3）传感器对X线高度敏感，可降低辐射剂量。

（4）由于图像的可调节性，扩大诊断范围，有利于疾病的准确诊断。

（5）数据库和网络的建立可达到资料共享和远程会诊的目的。资料的保存和查询更方便、快捷。

2. 缺点

（1）价格相对昂贵。不过随着时间的推移，价格会进一步下降。

（2）工作站的界面设定有可能过于复杂，不一定符合临床实际情况和工作需要。

（3）机器维修和零件更换可能存在一些问题。

（4）数据库的数据比较大，如果没有PACS系统，数据容易丢失。

（四）维护保养及注意事项

（1）保持机器的清洁和干燥。

（2）定期检查机器的各个部件。

（3）如发生故障，应及时请维修人员进行维修。

（4）应按照操作规程进行操作。

（5）图像资料及时存盘，防止因停电或其他原因导致资料遗失。

（五）常见故障及其排除方法

数字化曲面体层 X 线机的常见故障及其排除方法与数字化牙科 X 线机基本相同。

（王　虎）

第三节　口腔颌面部 CT

口腔颌面部 CT 又称锥形射线束计算机/立体体层摄影（cone beam computed tomography，CBCT 或 cone beam volumetric tomography，CBVT），也称 3D CT，是近年来口腔影像领域最新的 X 线成像技术。这种成像技术在保证放射剂量接近数字化曲面体层成像的同时，带来比普通二维影像更多的信息，是口腔影像发展的新趋势。其影像更直观，可满足诊断中对目标空间定位的需求，结合种植、正畸及正颌外科软件等可进行术前计算机模拟，提高了手术的准确度和安全性，也使整个治疗过程更加快捷、手术效果更加理想。

一、结构与工作原理

（一）结构

口腔颌面部 CT 由 X 线成像设备、数字化传感器及计算机系统组成，可以分为卧式、坐式及立式 3 种类型。

1. X 线成像设备

坐式及立式的结构与普通口腔曲面体层 X 线机相同，而卧式的结构与螺旋 CT 相似，包括球管、机械部分、电路系统、控制部分。由于是完全数字化系统，所以不包括胶片夹。

2. 数字化传感器

当进行 X 线曝光时，数字化传感器接收 X 线信号，通过计算机接收和储存；曝光结束后，获得的图像信息通过计算机后处理，也可以进行重建三维影像。

根据传感器类型，数字化传感器可分为影像增强器和平板探测器两类（图 9-5）。影像增强器使用影像增强管汇聚加强影像，末端是 CCD 摄像机。这样较大面积的影像汇集到较小面积的 CCD 传感器上，可以提高对比度和亮度，无需大面积的传感器，以降低成本。这种技术的优点是技术成熟、价格低廉、视野更大；缺点是体积大、图像有失真、寿命短、维护成本较高。平板探测器是近年来最新的传感器技术，直接收集影像信号。其优点是体积小巧、图像无失真、寿命长、易维护；缺点是价格昂贵。

根据传感器面积，口腔颌面部 CT 又可分为大视野、中视野和小视野三类。小视野机型的成像区域为单颗牙齿或者几颗牙齿，影像清晰，对比度高，细节突出，辐射剂量小；中视野机型成像区域可以包括所有的上下牙列及周围的骨结构，但往往会出现包括不全的现象；大视野机型的成像区域包括整个上下颌骨甚至部分或者整个头颅，影像质量比小视野机型略差，但视野大，可用于正畸、整形颌面外科。现在的发展趋势是向着无级变速的方向，即从小视野到大视野均可以拍摄，也就是说可以同时拥有多个曝光视野的选择。

从材料的角度看，目前数字化传感器有 CCD 传感器，CMOS 和非晶硅（非晶硒）等平板传感器。

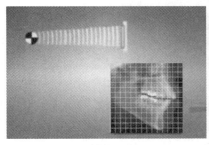
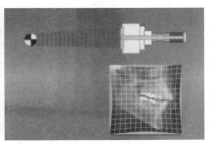

平板探测器   影像增强器

图 9-5 平板探测器与影像增强器处理过程比较

3. 计算机系统

口腔颌面部 CT 配套的计算机系统一般包括影像重建工作站及影像数据存储服务器。影像重建工作站将传感器接收到的 X 线信号经过特殊算法重建出三维影像。一般使用特殊操作系统及软件，用户无需进行操作和管理。影像数据存储服务器一般基于 Windows 平台，使用厂家专用的影像处理软件进行影像的管理。用户使用中所接触的就是这台计算机，它可以进行包括影像的存储、调用、图像处理、虚拟计划等工作。

除以上两台计算机外，还有一类计算机称为影像客户端计算机。它们通过以太网与影像数据存储服务器相连，通过网络传输影像资料，用户可以就近使用客户端计算机完成除储存以外的其他影像处理、诊断及管理工作。

（二）工作原理

口腔颌面部 CT 的工作原理与传统 CT 比较，如图 9-6 所示。

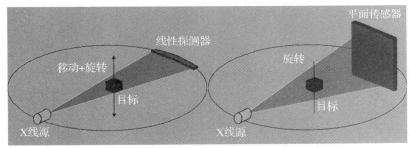

传统 CT   口腔颌面部 CT

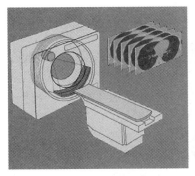

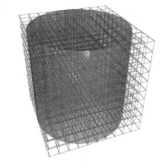

传统CT按层进行扫描   口腔颌面部 CT单次扫描即可生成立体影像

图 9-6 传统 CT 与口腔颌面部 CT 工作原理比较

传统医学 CT 的成像原理：传统 CT 球管发出的 X 射线为一个扇形面，传感器为线性探测器，接收一条线的 X 线信号。经过一个圆周或半周扫描，可以重建出一个体层的影像。当扫描一个体积的时候，扫描平面与目标物体需要进行相对移位，一般采用螺旋形运动的方式以提高扫描效率，最后将多次圆周扫描所得的体层影像排列起来，得到目标的三维影像体。

口腔颌面部 CT 的成像原理：口腔颌面部 CT 球管发射的 X 射线为锥形体射线，传感器使用平面传感器，接收一个面的 X 线信号。经过一个圆周或半周扫描即可以重建出整个目标体积的影像。它只需 180~360°（视不同机型而定）扫描即可完成重建信息的收集。扫描时间一般短于 20 秒，依靠特殊的反投影算法重建出三维影像。

二、操作步骤

（1）接通外部电源，打开口腔颌面部 CT 机器电源，并启动影像重建工作站及影像数据存储服务器。

（2）启动影像数据存储服务器中对应程序，并输入患者信息。

（3）设定相应投照程序，调整曝光参数（电压、电流）。

（4）患者入位，根据不同机型有站立位、坐位、卧位三种拍照方式。患者入位后，根据激光束进行患者定位，与数字化曲面体层 X 线机成像相似。

（5）可选预拍程序，预先拍摄正位及侧位二维投影片各一张，然后通过电脑端点击准确的目标区域对患者位置进行微调。

（6）曝光。

（7）电脑操作，重建三维影像，调整对比和亮度，寻找目标区域并重新切片。随后可进行测量及标注工作。

（8）导出 DICOM 影像至本地硬盘、CD 或 PACS 网络，启动种植计划或外科修复计划软件（模块）进行三维图像的进一步应用。

（9）操作结束，保存影像，关闭所有机器电源及外部电源。

三、优缺点

1. 优点

（1）口腔颌面部 CT 可以提供三维影像信息。相比二维影像，三维影像带来的空间位置信息对诊断及手术分析有更有力的支持。医生可根据实际需要，在任意角度及位置重新切取体层切片图像，方便快捷，无需重新拍照。

（2）影像分辨率高。口腔颌面部 CT 影像的三维体层切片的清晰度及对比度远远高于普通二维线性体层切片，解剖结构清晰；其分辨率一般都达到或小于 0.15 mm，相对于传统医学 CT 的 0.6 mm 分辨率，影像更加细致。优秀的影像质量及高分辨率对诊断及学术研究都提供了更强大的支持。

（3）可结合种植计划软件或外科修复计划软件进行术前虚拟计划。

（4）辐射剂量低。传统医学 CT 因扫描时间长，一次扫描辐射剂量非常大，达到 1 200~3 300 μSv（Dr Stuart White，UCLA）。而口腔颌面部 CT 扫描仅十几秒、一次圆周或半周扫描即可得到三维影像，高级机型更可依靠特殊的脉冲扫描方式进一步减少辐射剂量。一次口腔颌面部 CT 扫描辐射剂量仅有十几到几十 μSv（根据成像体积大小及视野而定），是传统 CT 辐射剂量的 1％，近似于一次或数次数字化曲面体层 X 线机扫描的辐射剂量。

（5）其他数字化成像的优点：无需胶片，对环境无污染，成像快捷；传感器灵敏度高，参数宽容度好；支持网络，便于影像传输。

2. 缺点

（1）价格昂贵。

（2）金属填充物产生的伪影不可避免，虽然各厂家都在通过改进扫描及重建算法的方式尽力减少伪影，但效果仍有待提高。

（3）目前仍需考虑视野大小和图像质量的平衡点问题，随着技术的不断改进及大尺寸平板探测器成本的降低，这一问题将可以得到解决。

四、维护保养及注意事项

（1）保持机器的清洁和干燥。

（2）定期检查机器各部件。

（3）定期进行校准，影像增强器机型为每月进行一次，平板探测器机型为每年进行一次。

（4）严格按操作规程操作，避免违章操作，以防止机器损坏。

（5）影像资料定期备份，防止电脑系统问题导致的数据丢失。

（6）如发生故障，应及时请专业维修人员修理。

五、常见故障及其排除方法

口腔颌面部 CT 的常见故障及其排除方法与数字化曲面体层 X 线机基本相同。

（王　虎）

第四节　牙科 X 线片自动洗片机

牙科 X 线片自动洗片机（automatic dental X-ray film processor）简称牙片洗片机，是冲洗牙科 X 线胶片的专用设备。

牙科 X 线片自动洗片机主要分为牙片专用洗片机和混合型洗片机两种类型。后者既能冲洗牙片又能冲洗曲面体层片和头颅定位 X 线胶片等。过去一般都在暗室里洗片，现在在冲洗牙科 X 线胶片时增加一个遮光罩就可以在明室内进行，使用更加方便。

一、结构与工作原理

牙科 X 线片自动洗片机分机械部分和电器部分。机械部分包括齿轮、传动杆、显影槽、定影槽等，电器部分包括加热器、电动机和控制系统等。

牙科 X 线片自动洗片机的工作原理是靠两个传动杆夹着胶片向前运行，经过显影、定影、水洗和干燥四个程序，从输出口获得干燥胶片。

牙科 X 线片自动洗片机的特点如下：①冲洗时间短，一般从冲洗到烘干可在 1.5～7.0 分钟内完成；②节省人力，并能减少人为因素对胶片冲洗过程的影响，有利于提高胶片质量；③混合型洗片机冲洗 25.4 cm×30.5 cm（10 in×12 in）以下的胶片可在明室内进行，明室内有暗箱与机器相连；④自动恒温，减少了温度对冲洗胶片的影响，温度一般恒定在 25～35 ℃范围内；⑤自动补液，当显、定影槽液面降到一定位置时能自动补充液体；⑥自动干燥，从输出口送出的胶片均为干燥胶片，多采用风机吹热风干燥。

二、操作常规

1. 操作步骤

操作步骤以混合型洗片机为例。

（1）接通电源，使药液加温。一般 10～15 分钟即可达到所需温度，然后机器自动恒温。

（2）打开自来水开关，使水洗部分形成循环水，有利于胶片的保存。在冲洗时机内水源自动打开，不冲洗胶片时自动关闭。

（3）使用前应先将干燥温度、驱动时间、补液时间和药水温度等固定在一定数值上。干燥温度一般固定在中档位置；驱动时间是驱动电动机转动进行的洗片时间，通常固定在 4 分钟；补液时间选择 10～15 秒即可；显影温度一般为 28 ℃或 30 ℃。

（4）该机分为手动和自动两种类型。使用自动时，在输入口处有光敏接收器，可在放入胶片时自动启动驱动电动机，直至胶片从输出口送出后自动停机；使用手动时，无论是否冲洗胶片，驱动电动机均在转动，在驱动电动机启动的同时，水源和烘干系统也开始工作。

（5）冲洗牙片的操作步骤依次为：工作人员在明室内将手伸入遮光罩，在罩内拆去牙片包装，取出牙片，将其放入输入口，传动系统自动启动，输片指示灯亮，胶片在传动杆带动下进入机内。输片指示灯亮，表示此输片通道禁止再输片，待输片指示灯熄灭后，方可再输入胶片。由于牙片大小为 3 cm×4 cm，在输片口同时能输入 6 张牙片，在边拆牙片包装纸边输胶片的情况下，前后两张胶片则互不影响，第一片道输入后，输第二片道，直至第六片道，如此反复进行。输入每一张胶片都可以在红玻璃窗外看见胶片是否进入机内，防止前后两张胶片重叠。胶片进入洗片机经过显影、定影、水洗和干燥四个程序后从输出口送出，传动系统则自动停止工作。洗片机长时间未冲洗胶片时，洗片功能自动启动工作 10 秒左右，保证传动杆湿润，有利于冲洗胶片。

牙片专用洗片机机体较小，在有遮光罩的箱体中片槽内一次可放入 8 张牙片。用右手向后拉开拉杆至卡住为止，机器运转时拉杆继续向后移动，牙片落入显影槽内，拉杆自动复位。此时可继续放入第 2 批牙片进行冲洗。注意不能将两张或者以上的胶片在同一时间放入同一个格子内，也不能将包装的黑纸和锡箔纸放入，造成卡片子或者齿轮的损坏。

2. 注意事项

（1）混合型洗片机冲洗咬合片或定位片时，同样从输入口输入，但不能连续进入，应有间歇时间。

（2）定期更换显、定影液，每 7～15 天更换 1 次，根据拍片的具体数量而定。使用普通药液或快速药液均可。

（3）保证管道畅通，防止液体溢出，以免损坏电器元件。

（4）更换药液时，不能将定影液混进显影液，避免产生化学反应。

（5）要保证显影液和定影液的正常安全排放，避免污染环境。

三、维护保养

1. 定期清洁

（1）显、定影槽和水洗槽内经常有沉淀物生成，需要定期清洁和更换。可用清洗剂清洗，也可用刷子刷洗，并每两周更换一次显影液和定影液。

（2）保持传动系统的清洁，可用刷子刷去传动杆上的沉积物，保证传动杆光滑，防止传动杆产生划痕。

（3）若长时间使用机器，风机和电阻丝周围会存积许多灰尘，应及时清除，以免影响胶片的干燥。

2. 通畅管道

该机内的液体均为自动补充，如管道不畅，液体溢出，易损坏电器元件。因此，应定期检查，发现问题及时处理，以保证管道通畅。

3. 防止漏电

定期检查接地装置，防止机器漏电。

4. 配制药液

显影液和定影液均应用蒸馏水配制，以减少其沉积物。更换液体时，应先过滤，以防止阻塞补液泵和管道。

四、常见故障及其排除方法

牙科 X 线片自动洗片机的常见故障及其排除方法详见表 9-4。

表 9-4　牙科 X 线片自动洗片机的常见故障及其排除方法

故障现象	可能原因	排除方法
胶片影像发灰，有时出现脱膜现象，或胶片影像变浅，似感光不足	显影温控器故障，胶片影像发灰是温度过高所致，胶片影像变浅是温度过低所致	更换损坏的温控器和加热管或电子温控器元件
胶片影像部分呈黑色或全部呈黑色	遮光罩漏光 机器上盖漏光 干燥部件向内漏光 红玻璃老化	修理或更换破损的遮光罩，若周围黑布有断裂应及时修理 修理上盖漏光处 重新安装挡板 更换红玻璃
显、定影较好，但有药膜脱落	干燥温度过高，传动杆过热，药膜在传动杆上 药液温度不匀，循环泵失灵	调整干燥温度，检查控温电阻是否损坏 检修循环泵及其线路
胶片未显影或未定影	药液限位杆未安装好，使药液流失 补液泵及管道故障	重新安装限位杆 检修补液泵及管道

故障现象	可能原因	排除方法
胶片上污物较多且有划痕	显、定影槽和水洗槽沉积物较多，胶片传动杆上污物较多；传动杆不光滑	清洁各槽，同时清洁传动杆上的污物，保持传动杆光滑
胶片不运行	供电不足，致驱动电动机不转 驱动电动机绕组烧坏 控制系统故障	检查供电电压，使其达到额定值 修理或更换电动机 检查控制系统，更换损坏零件
卡片、重叠、丢失	传动杆变形、输入口粘片、传动杆漏片、干燥温度高	更换传动杆、检修运行通道、调整干燥温度

（王　虎）

第五节　数字化 X 线成像技术

医用 X 线摄影数字成像技术主要有直接数字 X 线摄影（direct digital radiography，DDR）、间接数字 X 线摄影（indirect digital radiography，IDR）两类。它们借助人体组织和器官对 X 线的吸收差异，通过探测穿透人体后的剩余射线将模拟信息变为光电数字信息，通过计算机处理让人体组织和器官变成可以观察的影像，将所获取的图像信息数字化，再对图像信息进行后处理。利用它可以给临床工作者提供高质量的 X 线图像。

一、数字化 X 线成像方法

（一）CR 数字成像

计算机 X 线摄影（computed radiography，CR）问世已经 20 多年了，它是目前一种十分成熟的数字化 X 线成像技术，主要依靠成像板（imaging plate，IP）进行成像。近年来由于新感光材料的出现，成像板的结构和扫描方式有了较大的改进。

1. 成像板的成像原理

当今所使用的所有商业 CR 扫描器都是采用飞点扫描的原理，它是用一束紧密聚焦的激光束激发成像板中的潜影，在整个屏面上每次只激励一个点，通过适当的光学收集器、捕获从每个点发射出的光，由光电探测器将其转换成模拟电子信号，而后经过取样和量化产生数字图像。成像板是成像链中与图像质量密切相关的而且非常重要的部件。目前大多数成像板用针状结构的荧光物质作为闪射体，使荧光散射现象大大地降低，灵敏度增加。因而，所获取的图像的锐利度及细节分辨能力大为提高，图像质量得到了明显的改善。近年推出双面读成像板，采用透明基板，双面都有读出探测器。扫描时，双面读出探测器同时同步读取图像信息，称为透明双面读出技术（parented dual sided reading technology）。该技术可使信噪比（noise equivalent quanta，NEQ）提高 30%～40%。

2. 扫描方式

产生和偏转激光束所需要的硬件，以及收集、发射光信号并将光信号转换成电子信号，所需要的部件都需要一定的空间，所以无限地减小飞点扫描器物理尺寸是很难做到的。此外，这些分离部件还会增加成本和复杂性。为了克服飞点扫描器的上述诸多限制，有的厂家研究并推出了新的扫描技术，该技术是一次在成像板上扫描 1 行。实际上，由飞点扫描部件引起的尺寸限制已不再十分相关了，而且在流通量和图像质量上均有很大的优势。扫描时间比飞点扫描器的扫描时间短许多。事实上，采用新的基于 CsBr：Eu^{2+} 针状存储荧光体和新的扫描装置，能够获得与新近的基于 CsI：Tl 和 a-Si 平面阵列平板 DR 系统相媲美的图像质量。它们集第二次激发光光源与图像信息收集器于一体，称为扫描头。图像信息收集器为 CCD，第二次激发光光源与 CCD 器件分别做成 $1\sim n$ 个阵列。有两种扫描形式：一种是扫描时成像板移动，扫描头固定不动，每次读出 1 行图像信息，并直接成为数字信号。所以，整体读出速度比飞点扫描方式快。另一种为扫描时扫描头移动或激光源与接收器同步移动，成像板固定不动，每次读出 1 行图像信息。

3. 后处理软件

随着计算机技术的发展和处理算法的改进，各厂家相继推出了许多后处理软件，其中最主要的是在组织均衡方面下了很大的功夫，另外，还有诸多专用处理软件。它们的共同特点是：根据不同部位自动地使每幅图像最优化，也就是消除原曝光图像中过亮及过暗的区域，降低细节损失，从而提供高细节对比度，显示解剖结构更清晰的、协调的图像。专用处理软件有自动噪声控制（flexible noise control，FNC）、栅格消除（grid pattern removal，GPR）、曝光数据识别（exposure data recognizer，EDR）、动态范围控制（dynamic range control，DRC）等。

4. 系统空间分辨率

由于成像板的结构改进、阅读器扫描精度提高、处理软件改善，从而使系统的空间分辨率得到了比较明显的提高。现在通用机的空间分辨率可以达到 5~7 LP/mm。

（二）CCD 数字成像

电荷耦合器件（charge coupled devices，CCD）平面传感器成像方式是先把入射 X 线经闪烁器（如荧光屏）转换为可见光，经反光镜反射或由组合镜头直接耦合到 CCD 芯片上，由 CCD 芯片将可见光信号转换成电子信号，再由计算机把电子信号变为数字信号。CCD 平面数字成像技术在 20 世纪 90 年代中期就进入市场，是一种比较成熟的技术，但由于受诸多条件的限制，图像质量不理想。进入 21 世纪后，很多新技术的引入（如材料、结构、图像处理等），使该成像技术有了长足的进步。CCD 平面数字成像技术主要有以下三方面的改进：其一是与碘化铯＋非晶硅平板探测器一样，X 线闪烁体采用了针状结构的碘化铯（Tl：CsI 或 GdSO：Tb 及 GdSO：Eu），减少了光散射，提高了图像的锐利度和清晰度；其二是光学组合镜的改进，采用了航天高清晰高倍组合镜，有的还采用了 Hubble 望远镜技术，提高了灵敏度和可靠性；其三是采用充填系数为 100％ 的 CCD 芯片，像素尺寸减小、接受面积增大，从而使获取的图像信噪比增加、分辨率提高。

（三）CMOS 数字成像

互补金属氧化物半导体（complementary metal-oxide semi-conductor，CMOS）平板探测器的像素尺寸为 76 μm，空间分辨率达到 6.1 LP/mm，是目前空间分辨率最高的探测器。但该系统成像速度比较慢，生成 1 幅预览图像需要 18 秒，生成 1 幅能诊断图像从曝光到处理完成需要 120 秒，探测器成像有效尺寸为 43.18 cm×42.16 cm（17 in×

16.6 in)。目前国内还没有这类数字化摄影系统。

CMOS 的工作原理如下：当 X 线穿过被照体时，形成强弱不同的 X 线束；该 X 线束入射到探测器荧光层，产生与入射 X 线束相对应的荧光。由光学系统将这些荧光耦合到 CMOS 芯片上。再由 CMOS 芯片将光信号转换成电子信号，并将这些电子信号储存起来，从而捕获到所需要的图像信息。所捕获到的图像信息经放大、读出电路读出并送到图像处理系统进行处理。

（四）非晶硅和非晶硒平板探测器数字成像

非晶硅和非晶硒平板探测器数字成像系统就探测器本身而言，目前还没有什么新的进展，主要是在系统结构与处理软件上有一些改进，从双板结构、U 形或 C 形架结构、悬吊式 X 线管组件和立式胸片架组合结构、遥控多功能诊视床组合结构、胸部专用式结构到新型单板多功能系统结构。这种新型单板多功能系统为悬吊式 X 线管组件和落地式多轴探测器架组合或双悬吊组合结构，配单端固定升降浮动式平床；另一种为可移动单板探测器双向结构，配浮动摄影床和立式摄影架，完成单板多用，可以实现全身各个部位的数字摄影。床旁移动平板数字 X 线摄影现在也可以实现了。软件方面除了常规处理软件外，与 CR 一样各厂家有专用和组织均衡图像处理软件。专用软件有能量减影、拼接处理软件等。

（五）X 线扫描数字成像

X 线扫描数字成像系统由扫描机架，机架上安装的 X 线球管、X 线探测器及前端电子学系统，X 线发生装置及电气控制系统，计算机处理系统（包括操作工作站及医生工作站）等组成。X 线扫描数字成像的探测器种类很多，目前实际应用的主要有以下三种。

1. 多丝正比室探测器

目前对多丝正比室探测器的制作工艺进行了改进。改进的探测器采用微带加工工艺在绝缘板上蒸发出正极收集极，解决了金属丝的排列间距问题，达到1024通道，系统空间分辨率已达到 1.6 LP/mm。采用该工艺，正极通道间距最小可做到35 μm，所以已推出了2048通道的探测器，系统空间分辨率可达到 2.5~3.2 LP/mm。目前只能制作单线阵的探测器。

2. 光电二极管探测器

光电二极管探测器是近几年研发的固态半导体探测器，是以 ADANI（NTB's digital linescan X-ray camera）、DRS 系列为主的探测器，其结构由 X 线/光转换层［一般用硫氧化钆（$GdOS_2$）+锌镉（ZnCd）光电转换层］、读出电路组成。目前可以制作多线阵（常用的有 8 线阵和 16 线阵）。

3. CCD+CMOS 探测器

CCD+CMOS 探测器与光电二极管探测器一样由 X 线转换层、光电转换层、读出电路（CMOS）三部分组成，有单线阵和多线阵（如 8 线阵或 16 线阵）两种。

（六）软组织数字成像

真正应用于临床软组织的 X 线成像方式主要有胶片成像、间接数字化成像和直接数字化成像。虽然前者是作为诊断软组织疾病的"金标准"，但由于它的图像质量受诸多因素的影响，所以终究由后两种取代。目前正在开发应用与实验研究的有双能量减影（dual energy subtraction)、数字体层合成技术（digital tomosynthesis）和基于硅微带探测器（silicon microstrip detector）。

1. 双能量减影

由于钙化组织比正常软组织对低能量 X 线的吸收率要高，而对高能量 X 线的吸收两者没有明显的差异，所以对这样两幅图像进行减影处理可以使软组织图像完全被减除掉，从而获得钙化组织的图像信息，有助于早期诊断。

2. 数字体层合成技术

数字体层与常规体层不同，只是 X 线组件做弧形运动（弧形角度为 20~30°），探测器不动，一般对感兴趣区采集 8~10 幅图像，通过数据重建技术获得每一层面的图像。每一层面只有几毫米。同时可以采用三维重建技术，获得感兴趣区的三维图像，从而可更好地观察到病灶并准确定位，有助于提高疾病的诊断率和手术定位的准确率。

3. 基于硅微带探测器

软组织数字成像技术硅微带探测器是一种采用硅半导体技术的固体探测器。它是间距非常小的 PN 结半导体排，在反向偏压作用下，PN 结的载流子被耗尽，在耗尽区域的每一个光子反应产生一个可以被检测到的电流脉冲，由读出电路读取其电流脉冲。读出电路由前置放大器、鉴别器和 16 bit 的计数器组成。当放大的信号超过鉴别器设定的阈值时，计数器加 1，即计数一个电流脉冲。它的电子学部分的结构与多丝正比室（multi wire proportional chamber，MWPC）线扫描系统的结构基本相同，图像处理系统也基本类似。

二、CR 在临床的应用

（一）成像板的使用

1. 摄影条件

摄影条件是影响 CR 影像质量的重要因素之一。CR 能够检出极强与极弱的信号，与传统摄影系统相比其摄影条件有了更大的选择空间，但并不意味着摄影条件可随意选择。摄影条件（曝光量）过小则 X 线量子斑点增加，摄影条件过大则对 X 线吸收能力差的肢体部分甚至全部肢体都不能正确显示。

2. 摄影注意事项

成像板是 X 线影像信息的载体，也是影响 CR 影像质量的重要因素之一，在实际使用中的注意事项与采取的具体措施是：尽量避免成像板受到 X 线辐射和天然辐射。成像板不仅对 X 线敏感，对其他形式的电磁波如 γ 射线、紫外线以及电子射线也敏感，同时也会受到来自建筑材料、天然放射元素以及宇宙射线等影响。成像板一旦受到辐射，其信息将会被激光读取器读出，进而影响影像质量。采取的措施是将成像板放置于铅制传片箱内，并做好已照与未照标记以避免混淆。对一些长期不用的成像板，在使用前需用激光读取器的擦除程序处理一次。应严格规范成像板的放置方向。暗盒上带标记的部分放在患者被检部位的下方且正面对着患者肢体，确保原始 CR 图像与实际患者被检部位左右相一致。避免暗盒与成像板受污染，在对带血痕、油污以及其他污染的患者进行摄影时，需将装有成像板的暗盒放入一次性塑料袋内，再放在患者被检部位下进行检查，以防暗盒受到污染。发现成像板被污染，需立即清除污染，并对所有成像板定期进行清洁保养，采用厂家提供的专用清洁剂，且用软布擦拭。在实际工作中需均匀使用现有的成像板，尽量减少重照次数，不但可延长成像板的寿命、节约成本，同时也使成像板的成像性能保持稳定。由于成像板存在消退现象，同时为了缩短患者就诊时间，已照成像板应尽快进行处理。

（二）信息输入与图像重建

1. 信息输入

CR 照片上患者的个人信息也是质量控制的重要内容之一。在对已照成像板进行信息标记时，需正确输入患者的姓名、性别、年龄以及 CR 号。另外，对所拍摄的肢体部位、体位及成像板的放置方向要逐一进行准确的信息输入，这是确保原始 CR 图像与实际患者被检部位左右相一致的第二个环节。CR 图像处理系统有针对各部位显示特征的 Sensitometry 曲线，以此来优化各部位成像，从而使各部位组织的图像达到最优化显示。

2. 图像重建

对成像板存储的影像信息使用激光扫描后进行数字化、图像重建以及成像板初始化等。成像板内的灰尘以及对成像板的磨损是影响 CR 影像质量的主要因素，故对激光读取器的定期清洁、保养和保持操作室内环境清洁是非常重要的。相应措施如下：①对成像板输送滚轴每月清洁一次，发现激光头有污染伪影应及时清除；②对装有成像板的待处理暗盒，在放入激光读取器前，对其表面的灰尘和其他污染进行清除；③及时对激光读取器的软、硬件进行升级与维护。

（三）图像后处理工作站

1. 图像后处理技术

CR 系统图像后处理功能包括基本功能、图像反转、放大、标记、测量、黑白反转以及像素灰度分布分析等。灰度直方图可间接反映不同组织的信息量分布情况，是窗宽、窗位调节的定量依据之一。将 Sensitometry 曲线与灰度直方图结合，可直观、定量地显示图像在处理前与处理后的变化过程，可使某一组织的信息量显示最大化。窗宽与窗位是最基本、最直接的图像后处理技术，也是 CR 宽容度大的体现，能在一定的曝光条件内调节出多个不同组织的最佳显示，如骨和软组织。图像校正是针对 CR 图像处理中把某些兴趣区的组织计算成背景来显示而进行的错误校正，是非常实用的图像后处理技术。在 CR 图像后处理过程中，操作者所掌握图像处理的知识与经验以及经激光读取器重建后的 CR 原始图像所包含的信息量是影响 CR 影像质量的两个重要因素，这一环节采取的质量控制措施是：工作人员根据不同的摄影部位和诊断要求进行窗宽、窗位的调整，若有特殊要求，为了不同的观察目的不能兼顾时，可再重建一幅图像。如胸部摄影时，肺窗用于观察肺部病变，骨窗用于观察肋骨骨折或其他肋骨病变；四肢摄影时，骨窗用于观察骨折及其他骨的病变，而软组织窗用于软组织观察如异物或软组织缺损等。要求工作人员对患者姓名、性别、年龄、CR 号以及摄影部位等认真逐一核对，发现有误立即修改，检查正确后再通过 Mini PACS 进行传输、打印和存储。对于由各种原因造成不能满足诊断要求的 CR 图像，及时与摄影操作者联系，给患者重照，直到满意为止，使废片率降到零。

2. 图像存档与胶片打印

（1）图像存档：科室存档的 CR 图像通过 Mini PACS 传输到另一图像工作站，进行储存、图像处理以及刻录光盘，用光盘来备份 CR 图像。对已刻录光盘要求认真标记号码、刻录日期，然后按顺序存放在档案橱中，并有专人负责管理。

（2）胶片打印：用激光打印冲洗系统进行胶片打印，其药液的衰减程度对影像质量有很大影响。根据工作量，一般每两周更换一次显影液、定影液。换药液时要求认真清洗滚轴系统及水槽，以防照片出现划痕、污染。对水槽的进水采用三级过滤。

三、CR 成像和 DR 成像的比较

（一）成像原理

DR 是一种 X 线直接转换技术，它利用硒作为 X 线检测器，成像环节少；CR 是一种 X 线间接转换技术，它利用影像板作为 X 线检测器，成像环节相对于 DR 较多。DR 和 CR 将穿透被照射物体后的 X 线信息转化为数字信息，灰阶由胶片的 256 级提升至 2 048 级，能在计算机中处理，因而可通过软件的功能实现图像的优化，图像质量大大提高。DR 的核心技术是它的平板（FP），采用一个带有碘化铯闪烁器的单片非结晶硅面板，将吸收的 X 线信号转换成可见光信号，再通过低噪声光电二极管阵列吸收可见光，并转换为电子信号，然后通过低噪声读出电路将每个像素的数字化信号传送到图像处理器，由计算机将其集成为 X 线影像，以 DOE 为评价参数。DR 的图像层次丰富，影像边缘锐利、清晰，细微结构表现出色。CR 首先将信息记录在涂有氟化钡的成像板上，再通过扫描装置实现数字化转换，其曝光条件仍由所匹配的 X 线成像设备所限制，因而其图像与 DR 相比略逊。

（二）图像分辨率

DR 无光学散射引起的图像模糊，其清晰度主要由像素大小决定。CR 系统由于自身的结构，在受到 X 线照射时，影像板中的磷粒子使 X 线存在散射，引起潜像模糊。在判读潜像过程中，激光扫描仪的激光在穿过影像板的深部时产生散射，沿着路径形成受激荧光，使图像模糊，降低了图像分辨率。因此，当前 CR 系统的不足之处主要为时间分辨率较差，不能满足动态器官和结构的显示。

（三）临床应用

CR 系统更适用于 X 线平片摄影，其非专用机型可和多台常规 X 线机匹配使用，且更适用于复杂部位和体位的 X 线摄影；DR 系统则较适用透视与点片摄影及各种造影检查，由于单机工作的通量限制，不宜取代大型医院中多机同时工作的常规 X 线摄影设备，但较适合于小型医疗单位和诊所，可达到一机多用的目的。事实上，CR 和 DR 系统在相当长的一段时间内将是一对并行发展的系统。

尽管 DR 是今后的发展方向，但就目前而言，电子暗盒的尺寸为 35.56 cm×43.18 cm（14 in×17 in），由 4 块 109.5 cm×20.32 cm（75 in×8 in）采集板所组成，每块的接缝处由于工艺限制不能做到无缝，且一块损坏必将导致 4 块全部更换，不但费用昂贵，还须改装现有的 X 线设备；而 CR 的相对费用较低，且多台 X 线机可同时使用，无须改变现有设备。

（四）患者接受的 X 线剂量

DR 和 CR 采用高电压进行胸部摄片，患者所接受的 X 线剂量能显著降低。DR 的屏感光度最高可达 400，甚至 1000，很低的 X 线量就能成像，通过数字化图像处理技术能获得理想的诊断图像。CR 的屏感光度为 200，与常用的增感屏相当，同样能实现小剂量成像，并且使用与传统投照方法相同的剂量时，图像质量明显要好。

（五）图像质量

DR 和 CR 强大的质量控制模块和后处理技术保证了图像质量的稳定性。DR 所具有的自动曝光控制（automatic exposure control，AEC）技术，其原理是通过设定不同的探测区域（电离室），在曝光前准确测量打在患者身后 X 线胶片上的辐射剂量，当达到屏幕胶片联合使用的预定剂量时自动关闭 X 线系统。这就保证了只采用最小的所需剂量，由于图像中的错误而使 X 线检查重复进行的可能性减小。同时用这种方法摄影时，也可间接地减少患者的照射剂量。通过 AEC 技术，配合其工作站上的多种处理模式，使成像质量稳定且操作简单化，无需进行任何人为的调整和再处理。CR 的曝光指数（exposure index，EI）参考值和 EVP 值是影响图像质量的重要参数。不同的部位都有不同的 EI 和 EVP 值，对应有各自的图像处理曲线，能使扫描转换后的图像达到最佳效果。因而可通过控制手动曝光量，使每次曝光后的 EI 值尽量接近所对应的参考值，再利用 EVP 处理，达到监控图像质量的目的。但由于成像和后处理缺乏直接的关联，要获得质量好的图像，仍需要一定的技术和经验以取得合适的摄影条件，因此 CR 操作的简易性和图像质量的稳定性逊于 DR。

（六）患者的等候时间

DR 摄影明显缩短了患者的等候时间，体现了"以患者为中心"的服务宗旨。DR 是直接式数字摄影，在曝光后 26 秒即可成像，再通过 PACS 网络约 10 秒的输送、存储，即可供影像工作站即时调用，调用时间为 2～4 秒。整个胸部正侧位从摄影到影像生成共需 2 分钟。CR 在数字化处理器（digitizer）中的扫描时间约为 70 秒，整个摄影过程约需 6 分钟，与传统 X 线摄影的时间相当或稍快（如使用多槽扫描方式时）。传统 X 线摄影，从患者检查至发报告，约需 7 分钟（以一名患者照完片马上冲洗计算，若多人时此时间会更长）。DR 和 CR 与传统 X 线摄影比较，分别将检查时间缩短了 71％和 20％，DR 则比 CR 缩短了 67％。由此可见，DR 能更有效地缩短患者检查和获得报告的时间，从而改善了医疗服务质量。

（七）工作流程

DR 与 X 线系统整合成一体，其外观明亮简洁，极具个性化设计，扶手的安装设置、球管自动跟踪对应探测板等都充分考虑到被检者的舒适性和操作者的简便性。CR 外形小巧，占用空间极少，其操作为触摸屏式，界面友好而且简单易用。CR 与 X 线成像系统的非对应可分离性，使 CR 能利用已有的摄片设备，接受通过不同途径的成像板成像并进行数字化转换，如小型移动式床边机、传统 X 线乳腺机或多台不同的 X 线机。长期的临床观察，DR 和 CR 设备质量稳定，故障率较低，售后服务及技术支持较令人满意。

随着数字化摄影的不断发展，DR 和 CR 也将不断普及。DR 成像速度更快，图像质量更高，能量减影、组织均衡、体层三维合成等高级应用功能进一步提高病变的检出率，且 DR 曝光剂量极低。随着数字化摄影技术的不断发展，DR 的优势将越来越为医院所认识而广泛应用。

（王　虎）

第六节　口腔摄影设备

自从摄影术发明以来，就一直被视为医学的重要的记录手段。尤其是口腔医学界更是把对口腔的软硬组织的形态、颜色的记录当作自己诊疗过程的一个重要组成部分。口腔医师把记录下来的影像用于记录、储存、交流和展示，这是文字描述所不能比拟和替代的。口腔摄影设备也就成了必需的设备之一。通常口腔科医生把口腔内拍摄的直观图像和其他影像资料，如 X 线片、CT 重建、病理图像和超声图像等视为同等重要。在数码技术普及之前，因为不能所见即所得，所以要求拍摄者具备较高的拍摄技巧；加上胶片的保存，索引和交流都受到局限，传统的胶片照相机曾经是口腔科医生难以掌握的设备之一。随着近20 年数码相机的迅猛发展，如今口腔摄影已经成为每位口腔科医生都能掌握的必备技术。尽管目前摄影器材层出不穷，日新月异，但是基本原理并未发生根本改变。

一、结构与工作原理

（一）结构

1. 相机机身

要求使用所见所得的单镜头反光相机，或者目前的微型单镜头相机机身。可以是全画幅也可以采用 APS 画幅（advanced photo system）。要求带有自动对焦和手动对焦功能和闪光灯触发接口或者闪光灯热靴，包括传感器、快门、取景系统、回放和控制屏幕、电池仓和存储卡。

2. 镜头

镜头是影响成像质量的另一个关键部件。原则上我们要采用微距定焦镜头或者带有微距功能的变焦镜头。

3. 光源

口腔内的微距摄影一般采用闪光灯（flash light）。优势是亮度大，适合用低感光度加上小光圈，最大限度地保存更多的细节；瞬间发光，不会让被摄者长时间暴露在强光下；亮度和色温精准，有利于重复和再现拍摄环境。

（1）环形闪光灯（ring flash）：闪光灯的发光管是包围在镜头前端的，其主要目的是消除阴影，有效地将光线投照到口腔内。目前有闪光管和 LED 常亮式两种发光体，闪光管的色温比较恒定。引闪方式可分为热靴引闪和红外引闪等方式。

（2）微距双头灯：多用于前牙美学修复等领域，特别是比色等对牙齿色彩还原和表面纹理要求比较高的案例适用。双头灯控制比较灵活，可以有效控制放光量，对细节的表现优于环形闪光灯。双头灯可以和相机一起移动布光，也可以固定在牙科椅头靠两侧，单纯移动相机位置来拍摄。

4. 辅助工具

口腔摄影对辅助工具的要求比较高，在各专科要求也不同。主要辅助工具有口角拉钩、反光镜、背景板、偏振滤色镜等。

（1）口角拉钩：用于暴露视野，形态大小根据用途区分，一般用透明的可反复消毒的材料制成。

（2）反光镜：是用金属或者玻璃等材质制成的特定形状的镜面，主要用于牙体的殆面、舌腭侧的拍摄，可反复消毒。

（3）背景板：用于去除牙齿背景的杂色干扰，可有效表现牙齿的质感。

（4）偏振滤色镜：一般用于比色记录时，可以有效地滤掉反射光，最大限度反映出牙齿的色相、明度和色度。

5. 计算机系统

现代数码相机基本上都可以记录无损格式（RAW），需要用计算机硬件和与相机相匹配的专用软件，正确地处理照片，还原最佳、最真实的照片效果。

（二）工作原理

数码相机最基本的原理就是将通过镜头成像的影像，通过传感器的转换功能，将光能转化为电信号，然后经过编译成规定格式的图片编码，并存储在存储卡上或者通过网络传输到计算机系统。计算机系统通过解码软件再现图像，高度还原被摄物体的形态和颜色。因为采用了数码进行存储和传输，所以不存在颜色和画质的改变，非常有利于图片资料的长期保存。

二、操作常规

（1）相机和闪光灯的操作完全可以参照相机使用说明书的内容进行。

（2）拍摄时要检查电池的电量，并确认闪光灯的同步引闪状态。

（3）相机和闪光灯长时间不用的时候要及时取出电池。

（4）每次拍照完成都要检查照片是否符合记录的需求，必要时应该及时重拍。

（5）拍摄完成后的照片要及时处理和归档。并及时清空存储卡，防止资料的丢失和混乱。

（6）反光镜、口角牵拉器、口内背景等辅助用品要及时消毒。

（7）反光镜应该妥善保护反光界面，防止刮花。

（邝　海）

第十章　口腔教学设备

第一节　模拟临床诊疗教学设备

在一个与人类头颅真实比例的仿真头模上进行口腔临床操作实习，对进入临床实习前的口腔医学生来说，具有很强的临场感，是口腔医学生必须经历的临床前训练过程。借在该训练系统上的临床诊疗过程模拟练习，学生可以逐渐熟悉掌握自己和患者之间的体位关系，体会口腔内实际的操作视野、牙齿的空间位置以及和口腔软组织的关系等，熟练掌握各种常用器械在口腔内的使用，感受口镜反射镜像操作实际感觉。同时还可以熟悉各种椅旁常用设备的摆放、使用以及和助手之间的配合关系。

仿真头模是口腔临床教学过程中不可缺少的设备。

一、仿真头模教学设备

口腔模拟教学系统（dental simulator）是口腔医学生进行临床实习前模拟临床操作、进行专业训练的系统设备，包括口腔仿头模（dental simulator）教学模块和多媒体教学评估模块，两个模块也可独立设置运行。通过仿头模教学模块模拟的临床环境，使学生在进入临床前，能充分掌握自己的坐姿与患者位置的关系，并熟悉各类治疗仪器与工具，尤其是初步掌握牙科手机在口内的位置和使用，提高学生的学习兴趣及临床操作技巧。

（一）结构与工作原理

1. 结构

仿头模主要由头体，人工下颌与活动颞颌关节，上、下颌模具，仿真牙，人工面颊部，仿上部躯干等组成。

（1）头体（phantom head）：由特殊高强度工程塑料制成，用于支撑固定上、下颌模具和人工面颊部。头体与仿真上身（躯干）相连，并能在一定范围内相对仿真上身自由腹背向、左右两侧运动和定位。

（2）人工下颌与活动颞颌关节（phantom jaw）：一般由金属制成，用于固定下颌模具并与头体共同模拟颞颌关节的运动。

（3）上、下颌模具（partially dentate models）：用于固定仿真牙，能取下更换或调整仿真牙牙位等。模具通常由硅树脂制成，覆盖有仿真牙龈黏膜。上、下颌模具一般以阴型模具提供，可使用相应牙体配件或含有牙体的上、下颌模具，商业上有各种形式的模具用于模拟口内缺牙、无牙𬌗、牙周病牙𬌗等各种情况。上、下颌模具一般只与同品牌的头体和人工下颌配套，个别公司的上、下颌模具有广泛的适配性。

（4）仿真牙（model teeth）：由特殊工程塑料制成，可以在仿真牙上进行洞形制备、开髓、根管治疗、修复备牙等各种临床牙体手术操作训练。由于其硬度接近天然牙体，可逼真模拟临床环境，增强学生手感。仿真牙只与同品牌的上、下颌模具配套。

（5）人工面颊部：由特殊橡胶制成，具有特定的弹性，但不能无限伸展，能较好地模拟正常面颊部组织。

（6）仿上部躯干：由金属和工程塑料制成，具有较高的刚性，内部装有仿头模的气动、机械系统，可调节上身的高度、倾斜度。

2. 工作原理

现代仿头模系统多采用气动式，由压缩空气动力对仿头模的位置、高度进行精确调节。由于上、下颌模具因实习需要经常调换，故人工颌骨模具的位置调节仍然采用传统的螺丝固定式，铰链位置模拟正常人的下颌骨在颞颌关节；颞颌关节除能根据需求以正常角度进行滑动运动（模拟口腔开闭活动）外，现代仿头模的颞颌关节也能做适度的侧方运动（模拟口腔咀嚼运动）。在实际学习使用过程，应根据具体练习项目如备洞和根管预备、牙体预备、洁治、取模等相应调节人工颌骨模具和颞颌关节的位置。同时在调整过程中，考虑下颌骨模具与头体、上身之间的相对位置。

现代可卸仿真牙都是通过热成型工艺制作，其硬度和质感接近天然牙，一般在人工牙根底部有相应的编号。牙体形态与颞颌关节之间的功能性相互连接经专门计算所得。当仿真牙在（同一品牌）不同模型基座上交换时，基座上的附件系统能可靠地防止模型间的咬合误差。现代可卸仿真牙和模型基座甚至允许橡皮障的使用，逼真地模拟临床实际操作情况。可卸仿真牙的牙𬌗面模拟了正常成人牙体𬌗面的 Spee 氏曲线和 Wilsons 氏曲线两种补偿曲线，对理解颞颌关节运动以及学习半口、全口牙列缺失修复有积极意义。

（二）应用范围

（1）口腔检查操作：学生按照教学要求在仿真头模内完成牙体和牙周以及各项专科检查。

（2）洞形制备：牙体窝洞洞形制备是仿真头模的最主要适用功能。可以利用成品树脂牙进行反复多次的牙体洞形制备操作练习，也可以完成充填、成型等牙体牙髓疾病治疗的基本操作训练。

（3）牙周病治疗操作：使用牙周专用可拆卸牙颌模型，完成龈上和龈下的刮治等牙周病的基础治疗操作练习。

（4）麻醉药物注射：结合带有硅胶仿真黏膜以及特制的上下颌麻醉注射点感受器，可以考核评估进针方向、角度、深度等评估考核内容，通过蜂鸣器和指示灯光提示实验者正确操作。

（5）拔牙操作：可以进行前牙、前磨牙及磨牙的脱位模拟，利用拔牙器械将仿真牙从颌骨模型上拔出。也可以模拟各种模式的阻生第三磨牙的拔除。

（6）修复学备牙模拟操作：可以进行前牙、前磨牙及磨牙的牙体制备模拟，以及冠桥修复设计等修复学操作，并完成全口牙的排牙、转关系、前牙美容修复等一系列模拟操作练习。

（7）颌学模拟：使用特殊的𬌗架，可以模拟下颌运动，观察颌关系。

（8）种植牙模拟操作：包括植入和上部结构制作。

（9）正畸操作：配合使用特殊的蜡基颌堤，完成安置锁槽、黏结、加力等模拟操作，并加热观察移动情况。短时间内完成正畸操作的模拟操作练习。

（10）颞颌关节运动记录：配合专用关节模型，模拟各种开闭颌运动，并完成关节复位、手法牵引等治疗模拟操作练习。

（三）操作常规

不同品牌的仿真头模在操作上都基本相同，应按照产品说明书或教师的指引正确操作。

（1）将仿头模的气动开关打开，按动相应按钮或脚控开关，移动、调整仿头模到合适位置与体位。仿头模上身的高度，应与个人在医生椅的位置匹配，并根据个人身高调整头体的倾斜角度。仿头模的头体位置应与临床操作一样调节，即：当处理下颌患牙时，下牙咬合面应与地面平行；当处理上颌患牙时，上颌咬合面应与地面垂直。

（2）安装人工面颊部。

（3）安装人工上、下颌模型。在安装人工上、下颌模型之前，应按教师要求和实习指导的内容，选取合适的颌骨模具。一些品牌的颌骨模型还能与不同型号、外形的仿真牙适配（如较大、较长的牙体等），可根据实习要求选取。要确保仿头模系统的颌骨模型能与所选取的仿真牙匹配，避免不同品牌的仿真牙在同一颌骨模型上安装。

（4）调节人工下颌与颞颌关节，使张口度大小适合操作。通常人工下颌与颞颌关节的调节以适合操作的张口度为准。但对于实习半口、全口牙列缺失修复，颞颌关节的前倾角度、中线对齐等，必须按照教师以及实习指导的要求调整。否则，既容易损坏设备，又达不到练习的目的。

（5）打开冷光灯工作。具体操作见相关章节，注意避免冷光灯过于靠近仿头模系统造成损坏。

（6）操作轻柔，特别是仿头模的人工面颊部，避免暴力操作。一般的人工面颊部厚度在 2 mm 之内，操作时过度牵拉等极易损坏。

（四）维护保养

（1）保持仿真头模的外部清洁。

（2）定期清洗空气过滤网。

（3）定期更换排水管道、滤网，并在每次使用后冲洗和消毒。

（4）弹性面颊部要避免油污、腐蚀性、有机溶剂洗涤清洁。使用过程中避免尖锐器械的损伤。

（5）活动关节要定期添加润滑油。

（6）每次使用完毕要将头模恢复到休息体位，取下口内的模型和人工下颌。

（7）建立每一个头模的维护档案。

（五）常见故障及其排除方法

仿头模的常见故障及其排除方法详见表10-1。

表 10 - 1　仿头模的常见故障及其排除方法

故障现象	可能原因	排除方法
上身不能调节就位	电源、气源失灵	插紧电源插头，更换同规格保险丝，排除短路故障；调节气压
牙模错位	关节弹簧失灵	检查双关节头有无破损，弹簧损坏应更换
上、下颌模具松动	固位螺丝松动	拧紧固位螺丝
人工牙松动	固位螺丝松动	取出上、下牙列，检查牙齿固位钉，拧紧固位螺丝
人工口腔浸水	水管堵塞、面颊橡胶破裂	找出堵塞点，予以疏通或补漏
机器漏水	机器内部水管老化、破裂，水阀密封胶垫破裂	查出漏水点，更换相应水管，更换相应的密封胶垫
面颊部橡胶脱落	固定面颊部橡胶的螺丝松动或面颊橡胶破裂	拆开头模，拧紧固位螺丝，更换面颊

二、仿真模拟综合治疗单元

现代的口腔临床模拟教学系统已经不局限在单纯的头模，一般都模拟完整的口腔临床的治疗单位。让学生能在治疗单位内模拟整个治疗的过程，甚至包括多媒体应用，采集设备（口内摄像头、根管显微镜、椅旁 X 线牙片机、椅旁口内扫描仪等）应用。

口腔教学仿头模系统的组成及工作原理与普通口腔综合治疗台近似，操作者配置包括可消毒三用喷枪、高速涡轮手机、技工用手机、脚控开关等；助手配置包括光固化灯、集中负压抽吸系统、活动手术器械盘、治疗仪自动气刹系统、储物柜等。由于临床医生几乎每天都要跟口腔综合治疗台打交道，学生必须从一开始就习惯临床工作环境，包括备牙、取模等操作都应严格要求自己在仿头模系统上完成。

（一）结构

仿真模拟综合治疗单元的结构包括仿真头模、动力系统（气动或者电动）、高/低速手机、吸唾管、三用喷枪、器械托盘、脚控开关、口腔无影灯（图 10 - 1）等。

（二）操作常规

（1）正确安装仿真头模，接通水、电、气开关，检查排水是否畅通。

（2）调整头模的角度和位置，调整气体的压力。

（3）安装好上、下牙颌，调整适当角度，保持适当的开口度。

（4）调整好光源角度，保证视野明亮。

（5）连接上牙科手机，安装车针，设定转速。

（6）检查脚控开关是否正常，空转 10 秒排除杂质。

（7）检查吸唾管和三用喷枪是否正常。

（8）开始教学操作。

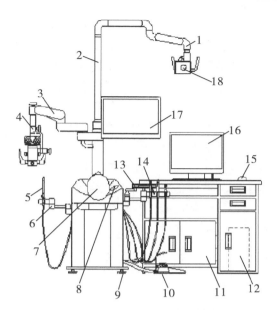

图 10-1 口腔仿真模拟综合治疗单元结构示意

1. 灯臂；2. 灯柱；3. 显微镜臂；4. 显微镜；5. 吸唾器；6. 吸唾转臂；7. 带肩仿头模；
8. 肩体控制面板；9. 支脚；10. 脚控开关；11. 操作台；12. 主机；13. 器械盘；14. 枪架；
15. 鼠标；16. 显示器；17. 显示器；18. 口腔灯。

（三）维护和保养

（1）定期检查水、电、气体的压力，必须符合机器的使用要求。

（2）头模部分保养参见前述维护和保养部分。

（3）高速涡轮手机使用后，都要取下并消毒注油等常规维护，快接口需空转几秒将管内的污物冲出。

（4）吸唾器每次使用结束后都要吸入一定量的清水，用以清洁管路；定期更换滤网等组件。

（5）口腔冷光灯不用时尽可能关闭。

（6）计算机系统要定期维护，导出成绩和不用的图像和视频数据，保证系统盘的容量充足。

（邝　海　李容林）

第二节　数字化模拟临床诊疗教学设备

一、数字化评估评测系统

数字化评估评测系统是采用空间定位的原理，整合模拟实境系统、教学评分系统及3D虚拟实境技术，用于口腔医学生与专业技术人员临床教学操作训练和口腔模拟临床训练。模拟真实临床情境训练，通过口腔临床操作过程的即时回馈影像，协助训练者熟练掌握口腔常规临床操作，提供标准化疗程操作辅助。系统可同步记录使用者练习过程，有助于即时报告错误，重复其完整的操作过程，使其更易于评分及考核。

多媒体教学评估模块由教师工作站主机、学生终端以及激光扫描系统三部分组成，之间通过局域网连接。激光扫描系统对学生的已备牙或备洞的牙体进行激光扫描，获取牙体表面的三维坐标信息并传送到教学评估系统的软件进一步分析。软件可根据设定的程序计算、展示与牙体长轴成任意角度的截面，从而可客观地从不同观察角度评估备牙是否符合要求，找出不足和原因等。通过多媒体教学评估模块，使教师与学生进行最大限度的互动，教师的备牙、取模等示范操作以视频或图片实时展现在学生的显示屏上，每个学生能同步、同角度观察；教师也能具体评估每个学生实践情况，使学生互不干扰同时得到教师的个别指点。对于共性的问题，教师还能作为典型案例展现给每个学生，有利学生举一反三，极大地提高了学习效率。教师在教师工作站控制整个系统的运行，进行教学实时管理和教学评估。

（一）结构与工作原理

1. 结构

（1）仿真头模系统，包括上、下颌模型，动力及排水系统。

（2）带多媒体设备的综合治疗教学单元。

（3）计算机主机、系统软件、3D虚拟实境系统、各种口腔临床操作标准课程数据库。

（4）空间定位装置，包括信号接收器、手柄标定器和颌骨固定标定器。

2. 工作原理

（1）带有两个红外摄像头的信号接收器接收来自手柄标定器和颌骨固定标定器上LED发出的红外脉冲信号；并计算出颌骨和活动的手柄之间的相对空间位置坐标，并进行整合，以显示模拟影像的方式显示在屏幕上供学生和教师观看。

（2）空间的相对坐标可以实时记录和回放；也和标准的操作数据库进行比对，对操作的整个过程和结果进行客观的评测和评分。操作者也可以通过系统的颜色和声音提示不断修正自己的操作动作，避免重复错误操作。

（3）这种系统在红外发射和接收装置之间不能有任何遮挡物。光学定位器根据其原理可以分为主动式、被动式和混合式三种。

（二）应用范围

目前主要用于牙体牙髓的操作过程的追踪、评测和评分，随着标准操作的软件设计和数据库生成，本系统可以在口腔教学中的牙周手术、种植模拟等大部分环节应用，具有很高的实用性。

（三）操作常规

（1）调整头模、灯光。

（2）开机预热，启动对应程序。

（3）调整操作者的位置，保证手柄的标定器，颌骨固定标定器和接收器之间没有阻挡。

（4）标定校准，这一步是很重要的一步。标定后不能改变位置，也不能改变手柄的长短，车针的长度也不能发生变化。

（5）在人机界面上选择操作的课程。

（6）选择操作的具体牙位。

（7）测试灵明度，当手柄离开控制区域会出现报警。

（8）按下录制按键。

（9）按照仿真头模常规操作。

（10）完成后检查录制好的文件并提交。

（11）评测系统自动评分。

（四）维护保养

（1）定期检查接收器的基座是否牢固，标定器与颌骨和手柄之间的连接是否牢固。

（2）接收器与颌骨的固定标定器之间相对位置必须是稳定的关系。

（3）注意提交后的文件管理，保证软件有足够的运行空间。

二、模拟患者机器人

长期以来以仿真头模为基础的技能操作训练主要把重点放在操作技术上，很少考虑患者的感受和情绪，与实际有一定的距离。近来开发出具有与人体相似的外观和反应（表情、动作、会话）的患者机器人，以及各种临床实习程序构成的互动型临床实习教育模拟系统（图10-2）。并且，因为能记录、回放、评价学生一系列的实习状况，所以能客观地反馈实习信息，提高基本技能和交流能力，为实现以患者为中心的医疗做出贡献。

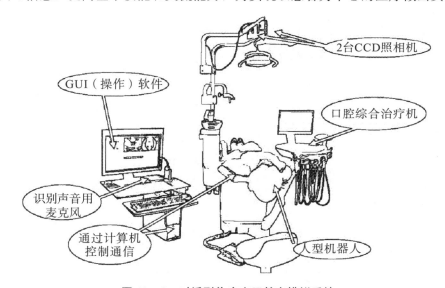

图 10-2 对话型临床实习教育模拟系统

（一）结构与工作原理

1. 结构

（1）口腔综合治疗台：一套完全和临床使用一样的综合治疗台，以及完整的周边设备。

（2）人形的机器人：完全模拟患者外形，具有感受和反应能力（包括面部表情、声音反射、体位动作）的机器人。

（3）上、下颌牙颌模型。

（4）摄像机：安装在各个角度的 CCD 摄像机。

（5）各种感受器：包括声音感受器、压力感受器、温度感受器等。

（6）计算机硬件及 GUI（操作）软件系统。

2．工作原理

机器人可以模拟人的大部分表情和动作，对操作者的语言和动作可以及时反应。操作者完全可以感受到在真人上操作的状态。机器人通过各种传感器接收信号，经软件处理后及时通过声音、动作等反应，表达疼痛、受压以及呕吐反射等感受。整个过程都能被画面和对话文本等媒体准确记录，这些记录包括操作的过程，操作者的体位、动作和机器人的各种反应经过以及双方语言沟通的全部文本。操作者可以根据回放录像画面和文字记录反馈及时调整自己的操作（包括对患者的语言提示及安慰），逐步减少机器人的不适反应等，从而不断提高实际操作技能，达到接近完善的境界。

（二）操作常规

（1）接通电源，接通水、电、气体等管道，启动计算机软件和机器人以及摄像机等记录设备。

（2）通过语言（问候和询问病史）进行操作前准备。

（3）按照临床要求调整到最舒适状态。

（4）进行各种操作教学。

（5）提交操作记录并分析。

（6）回放操作录像和观看对话文字记录。

（7）使用完成后关闭系统。

（三）维护保养

（1）常规维护口腔综合治疗台和各种辅助设备（见第六章口腔综合治疗台及附属设备）。

（2）使用之前要初始化机器人各种感受器和调节摄像机机位。

（3）定期更换机器人的面部皮肤，保持清洁。维护各种感受器，并在使用前校准感受器的灵敏度。

（4）定期进行软件校准，维护机器人的反射动作，包括眨眼、呕吐、疼痛反射以及发声功能。

（5）每次使用完成要将上、下颌模型取出，清洁并恢复到初始状态（带芯片的上、下颌模型）。

（邝　海）

第三节　数字化虚拟仿真培训系统

虚拟型口腔模拟实验教学设备（virtual oral simulation teaching equipment）是以计算

机虚拟技术为支撑的虚拟型口腔模拟教学设备，使用计算机虚拟 3D 影像，模拟临床环境，以期实现可重复的训练、更有效的教学和更客观的评价。操作者通过专用设备在虚拟图像上进行操作，获得临床操作的真实感受。虚拟实验室提供给操作者大量不同虚拟患者的病史及患牙的基本情况，完全模拟现实生活中的诊疗过程，提高操作者的好奇心和自主学习的兴趣和积极性。2011 年，"结合力学反馈的计算机虚拟技术"被引入口腔医学实验室教学，并研发出目前在窝洞制备及牙体预备方面较为成熟的数字化虚拟仿真培训系统。该系统是用于口腔医学教学的虚拟模拟器，采用虚拟现实（VR）技术与教学课件相结合，模拟各种不同口腔疾病。其特点为屏幕所见模型或病例并非真实存在，但在屏幕下进行相关操作时基本与临床手感一致，无粉尘、无污染、无噪声、低损耗。

一、结构与工作原理

（一）结构

数字化虚拟仿真培训系统由专用型训练系统、触觉牙钻、手持仪器、口镜及脚控开关等组成（图 10 - 3）。工作时利用口镜进行观察，用脚控开关控制机头，整个设备完全模拟实际的临床牙科椅进行工作。

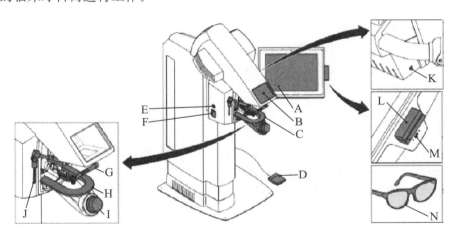

图 10 - 3　数字化虚拟仿真培训系统结构

A. 平板电脑（访问用户界面和课件）；B. 3D 观察器（观察 3D 虚拟牙显示）；C. 触觉显示；D. 脚控开关（用于钻机控制）；E. 待机/开机开关；F. 高度调整开关；G. 电钻的触觉显示；H. 手支撑架的触觉显示；I. 空间鼠标的触觉显示；J. 口镜的触觉显示；K. 平板电脑（侧视图）的耳机连接（用于带触觉反馈的用户钻机）；L. 平板电脑（侧视图）的用户卡读卡器（用于用户登录）；M. 平板电脑（侧视图）的 USB 连接；N. 3D 眼镜。

1. 专用型训练系统

该数字化虚拟仿真培训系统用于教授操作者如何在特定的环境中进行备牙操作。该系统提供真实的视像、触觉及音效体验，优化操作者从训练到实际操作的转化过渡。

（1）界面：课程软件的开放式构架方便其他不同类型的课件与训练器集成。

（2）集中管理：可通过中央指导站对多个训练站进行中的练习予以督视和重放。

（3）视像：显示精细、实际尺寸的视像，借助投影与映射技术可在牙科手用器械的工作区内看到全分辨率全立体影像。

（4）音效：由脚控开关控制的牙钻速度以及操作者对牙钻施加的力道驱动内置式音效模块，可再现气动牙钻或其他类型牙钻发出的声音。

（5）牙齿库：提供真牙扫描图库供练习使用，可向图库中添加来自各种来源的牙齿扫描图像，以增强模拟器的多样性和真实性。

2. 触觉牙钻和手持仪器

触觉系统采用准入控制技术，牙钻手持件内装配的力传感器能精确模拟钻磨和接触力道；再现釉质的硬度，并可与牙本质和牙髓区分。牙钻手持件的振动在被操作者感受到的同时也反映到屏幕上，牙钻钻头与手持仪器上的力也被同样处理，并备有手用器械及机用钻针数据库系统。

3. 口镜

利用口镜柄可对牙齿从各个侧面进行真实检查，视像显示中"看到"的图像与口镜及其镜映像均为实际尺寸。

4. 脚控开关

使用真正的脚控开关控制虚拟牙钻的速度。

（二）工作原理

教学系统以"准入控制"技术为基础。该技术保证在训练、操作或装配等情况下的最精准动作，并具有以下特性：

（1）高级控制技术：采用力传感器模拟高保真感觉的准入控制技术。

（2）可靠性：历经验证的技术和控制算法，允许从大力到轻柔不同程度的力控制训练器所需的全方位运动。

二、应用范围

（1）在窝洞制备及牙体预备方面，数字化虚拟仿真培训系统能很好地衔接理论知识、基本实验操作和临床实习操作。操作者在临床实习前可以在虚拟实验室中练习基本的操作以及与虚拟患者交流，了解牙体牙髓病学、口腔修复学等治疗领域中的基本临床步骤和流程。

（2）实时三维虚拟环境模型的形成。通过完善的传感设备生成相应的反馈信息，提供操作者关于视觉、听觉和触觉等感官的模拟。虚拟环境的建立主要包括虚拟口颌模型（唇、颊、上腭、下颌、舌、牙龈、喉、腭垂和牙体等），虚拟牙体（龋坏牙、附牙石的牙体、牙体缺损牙、牙周炎病理模型等），虚拟工具（尖探针、牙周探针、手机、钻针、洁治器和刮治器等）和虚拟视觉（通过高分辨率阴极射线管的头盔式全息影像显示器实现）。

（3）进行Ⅰ、Ⅱ、Ⅲ、Ⅳ、Ⅴ类窝洞预备，贴面、嵌体、全冠、桩核冠牙体预备。操作者持口镜柄可对牙体从各个侧面进行检查，视像显示中的图像与其镜映像均为实际尺寸。探诊是牙体治疗中所用到的最基本操作，当操作者操控虚拟探针沿牙体表面划动，可因接触力方向改变而感知到其轮廓形态，挤压深度的变化引起接触力大小连续变化而感知其硬度状况。窝洞预备是治疗龋病的最基本操作，其操作模拟基于切削仿真力觉渲染。操作时牙钻手持件内装配的力传感器对钻磨和接触力道进行模拟，釉质的硬度被再现且与牙本质和牙髓区分开来，牙钻手持件的震动在被操作者感受到的同时也反映到屏幕上。

（4）采用虚拟电子病例模拟各种常见的临床病例，给操作者提供可选择的虚拟患者症状档案，并进行诊断和诊治规划，如浅/中/深龋、急/慢性牙髓炎、急/慢性根尖周炎、牙列缺损、美容修复等。

（5）自动检测并评估试验结果以及操作者的手灵巧度，评估完成后，系统将演示正确的诊疗过程，以提高操作者的学习效率。

（6）每位操作者可建立个人档案，包括每次练习的时间和成绩，还可标记复杂或者疑惑步骤，一次实验结束后，可在标记处重复开始实验，节省时间。

（7）除了牙体牙髓病学、修复学，虚拟现实在其他口腔领域如牙周病学、口腔种植学和口腔颌面外科等均有广泛的应用。牙周探诊及以清除和控制菌斑微生物为核心内容的牙周基础治疗主要是依靠触觉和力觉来完成的精细操作，因此，能实现牙周操作的触觉虚拟现实模拟器可成为牙周诊疗技能重要的学习工具。口腔种植虚拟手术系统用于训练无经验的口腔医学生感知种植机备洞的手感，掌握种植体在三维方向上的位置与轴向角度。虚拟现实技术在口腔颌面外科多用于三维解剖模拟、手术计划、手术预测和骨组织操作。软组织手术及拔牙等操作由于动作和力的复杂性而不能被较好地再现模拟。

三、操作常规

（1）获得最佳人类工效学坐姿。调节椅子的高度，使双脚可以舒适地平放在地上；确保小腿竖直，大腿略向下弯；后背靠在椅背上。按照上述要求正确坐下时，检查是否处在针对系统的正确工作高度。如要调整高度，按下摇臂开关的向上箭头提升高度，按下摇臂开关的向下箭头降低高度。建议 3D 观察器的底部应大致与胸骨高度平齐。

（2）按上述方法获得正确的坐姿后，获得脚控开关使用的理想位置——在使用脚控开关的过程中不用移动身体。

（3）带上 3D 眼镜后再启动和操作机器，在平板电脑的桌面屏幕上打开课件，选定工具，用脚控开关开始用选定的仪器进行钻孔。如果选择的是非钻孔机器，则不必使用脚控开关。

（4）Snapshots（快照）菜单用于创建和加载以前保存的课程作业至系统，点击创建图标可在课程中保存作业的快照。

（5）停止钻孔并点击平板电脑屏幕右下方的停止课程按钮结束课程。

四、维护保养

（1）使用前需接收专业培训，初次使用者要在实验技术人员的指导下进行。
（2）保持机器的清洁和干燥，定期检查机器的各个部件。
（3）如发生故障，应及时请维修人员进行维修。
（4）应按照操作规程进行操作，避免动作过大造成机器损坏。
（5）课程资料及时存盘，防止因停电或其他原因导致资料损失。

五、优缺点

1. 优点
虚拟教学系统提供包括牙体、牙髓、修复等各种类型的实践操作，难易程度有区分，适用于不同阶段的操作者。操作者还可在复杂的或是不懂的步骤上给出标记，一次实验结束后，可在标记处重复实验，只要针对个人需要改进的地方反复练习，在技术上就会有质的飞跃。系统在每次诊疗结束给出分数后，也会将正确的诊疗过程演示一遍，以提高学习效率。考核结果通过计算机进行自动保存后可随时调取，使培训时间和考核时间更加灵活。与传统仿头模相比，数字化虚拟仿真系统有其特点和优势（表 10-2）。如能将系统中丰富的病例、完善的器械、安全的操作、良好的时间成本及重复性好等优点与传统仿真头模的优势相互配合、取长补短，将取得更好的教学效果。

表 10-2　数字化虚拟仿真系统与传统仿头模的区别

区　别	传统仿头模	虚拟仿真系统
材料、技术	塑料牙：解剖结构、材质不尽如人意，与人牙差异明显 离体牙：来源困难	虚拟仿真技术 精确的数字模拟，力学控制 影像逼真
病例	局限，可获得龋病、牙体缺损等病例	丰富，可获得除龋病外，急慢性牙髓炎、根尖周炎等的虚拟电子病例
安全系数	较低，存在细菌、粉尘颗粒等病源危害及高速涡轮机来源的机械伤害	高，清洁 无病源危害及机械伤害
培训时间	较长	灵活
可重复性	不可重复	可重复性高 减少成本
考核结果偏移	偏移大，样本具有个体差异性 评分者之间偏移 评分者本身的偏移	偏移小，病例可重复 系统自动评分
医患沟通技巧的培养	缺乏医患沟通 仅限于操作本身	提供虚拟患者信息 模拟现实诊疗过程 培养诊疗思路 明显提高医患沟通技巧

2. 缺点

（1）价格昂贵，尚未在高校中完全普及。

（2）手感还不能完全跟真实的牙相媲美，其落空感还稍有欠缺，并且完成备洞后不能进行充填。

（3）缺少味道和喷雾。

（4）软件功能扩增速度慢。

（麦　穗）

第四节　数字化图形互动教学系统

口腔数字化图形互动教学系统（oral digital interactive morphologic teaching system）是以数码显微镜、计算机网络和相关程序为基础组成的，进行口腔形态学包括口腔组织病理学、口腔微生物学等教学的实验设备，可使多个学生与教师同时观图、多向语音问答及交流互动。

一、结构与工作原理

1．结构

口腔数字化图形互动教学系统由图像采集设备（显微镜、摄像头、指针）、计算机硬件系统及软件、服务器、局域网、图像处理设备以及语音采集播放设备等组成。

2．工作原理

口腔数字化图形互动教学系统功能应用除了显微镜的常规功能外，主要体现在图像数字化处理方面，由数码互动教室软件接入多路显微镜，支持多台显微镜。图像处理部件输出的图像经图像处理软件处理后输入计算机，利用数码互动教室软件，可以实现同时控制所有学生端数码显微镜的图像显示、捕捉和放大，以及教师端数码显微镜的图像显示、捕捉；并可对每一台数码显微镜的实时图像进行单独调整；强大的语音功能能够方便师生之间的交流，使讨论内容更明确，沟通更方便。

二、应用范围

1．图像采集、处理与管理

对图像静态、动态或自动捕捉采集，对任一动态图像进行录像；对图像自动曝光、白平衡、区域预览、除噪声、背景平衡、动态滤波、校准与测量、对图像进行分割和分割设置并对分割结果进行自动计算、选取目标、目标腐蚀、目标扩展、填充孔洞、去除噪声、目标内轮廓、目标外轮廓、目标梯度和八种颜色分割等处理；对图像文件进行新建、编辑、保存、打印报告及相册管理（含图像合并）专业自动拼图，将不同焦平面的图像合成得到清晰完整的整幅图像，增加高倍物镜的景深，数字切片等管理。

2．生成实验报告

图像处理后通过程序进行储存、打印，并可达到数据导出生成实验报告。

3．师生互动

学生可借助语音问答设备随时向教师提问，教师可以选择通话模式与学生进行交流。真正实现一对一、一对多、多对一和多对多的可选择无障碍沟通模式。学生学习中对显微镜切片图像的留存需要，可通过学生端的拍照按键在经教师许可后将图像自动存储在教师机的独立存储空间中，制成每个学生的个性化组织学相册。

4．实验测验与考试

为实验测验与考试提供了新的形式和手段，使教学质量得到较大提高。

5．图片远程共享和远程教学

数码互动形态学教学设备可以实现图片的远程共享和远程教学功能，最大限度地应用现代信息技术放大本设备的多种功能，实现课堂资源共享。

三、操作常规

（1）打开总电源，再打开电脑主机电源；打开投影仪电源，放下投影屏幕。确定1394线与设备相连接。

（2）在教师电脑桌面点击进入数码软件。

（3）打开教师显微镜电源开关（底座后面），用 10 倍物镜，在不放切片情况下，将光源调到舒适的位置，依次调节瞳距、视度、孔径光阑、视场光阑。

（4）在软件中切入"教师通道"，再点击"自动曝光"和"白平衡"按钮。

（5）放上切片，调节适合的观察亮度，再调焦获得目镜下观察清晰图像。再点"自动曝光"按钮以获得好的电脑显示器图像。

（6）调整软件"伽马值"、饱和度、红、蓝等调节功能，直至得到真彩色，即电脑图像与镜下图像很接近。

（7）进入高级按钮，曝光方式选择"自动调整曝光"。

（8）开始用教师显微镜示教，遇到细节结构，应用"区域预览/恢复"进行放大预览。

四、维护保养

（1）为了确保仪器各指标的稳定性，延长仪器的使用寿命，仪器应存放在干燥、阴凉、无尘和无腐蚀性气体的地方。

（2）所有物镜均经校正，不得自行拆装。

（3）使用 100 倍油镜时，应在物镜与标本之间、标本与聚光镜之间充满显微镜用油。

（4）不得在载物台上放置过重物体，以防载物台变形。

（5）目镜、物镜、聚光镜长期不用，宜放入干燥缸内，以免受潮、生霉。

（6）仪器不用时，应加防尘罩并切断电源。

（柳 茜）

第十一章 口腔消毒灭菌设备

口腔器械的消毒灭菌对防止医源性感染有着极其重要的意义。在整个消毒灭菌流程中，主要采用清洗设备、手机注油养护设备、器械包装设备和灭菌设备。

第一节 清洗设备

在口腔医疗领域，清洗设备主要包括清洗消毒机和超声清洗机，本节只介绍清洗消毒机，超声清洗机详见第八章第四节相关内容。

清洗消毒机（washer disinfector）作为器械清洗消毒的设备，现在越来越得到广泛应用。它采用机械化清洗方式，建立方便、有效、快速的清洗和消毒流程。在整个无菌物品供应链中，清洗步骤非常重要，通过清洗可以去除可见污垢、组织碎片、血渍；去除95％以上的细菌等微生物；有效的清洗可以防止器械生锈，确保设备、器械和物品的安全有效运转。机械化、标准化的清洗流程与手工刷洗相比，既减少了医务人员意外受伤的机会，又确保了清洗效果，是消毒灭菌质量的基本保证。

清洗消毒机根据其容积和构型分为立式和台式。立式又分为单门清洗消毒机、双门清洗消毒机，这类设备由于容积和体积偏大，多用于专科口腔医院、综合性医院中心供应室等。台式清洗消毒机多用于清洗牙科手机。

热清洗消毒机（thermal washer disinfector）又称全自动机械热力清洗消毒机，是采用机械化热清洗方式去除可见污垢、组织碎片、血渍的全自动器械清洗消毒设备。建立机械化、标准化、方便、快速的清洗和消毒流程，确保设备、器械和物品的安全有效运转。

一、结构与工作原理

1. 结构

热清洗消毒机由内水循环系统、框架喷淋系统、进排水系统、多重过滤系统、清洗剂供给系统以及微处理控制系统等构成。口腔用清洗消毒机内设置的牙科手机专用附件用于牙科手机清洗，如图 11-1 和图 11-2 所示。

2. 工作原理

通过五种要素——水、化学试剂、机械力、清洗温度和时间的优化配合达到清洗消毒的目的，包括凉水预洗、加洗涤剂升温清洗、清洗冲洗（去洗涤剂残留）、高温消毒、热风干燥程序。

图 11-1 清洗消毒机外观

1. LED 显示屏；2. 程序选择
旋钮；3. 进程显示及故障提示灯；
4. 门开关；5. 电源开关。

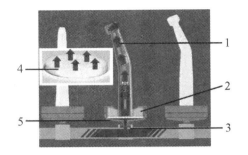

图 11-2 清洗舱内牙科手机清洗示意

1. 牙科手机；2. 硅胶密封圈；3. 加
压热水管；4. 过滤片放大；5. 陶瓷过滤
片或金属过滤片。

3. 特点

（1）全自动运行，清洗过程全封闭，无接触，安全、卫生。

（2）采用口腔器械专用清洗框架，能直接冲刷洗净器械表面及内腔，确保彻底、安全、有效地消毒中空器械，如牙科手机。

（3）换水系统确保每个清洗及漂净阶段更换新水；标准化消毒过程，93 ℃加热消毒，有 10 分钟的保持时间，可对各类细菌进行彻底消毒。

（4）干燥程序的选择利于口腔器械的注油养护。

二、应用范围

热清洗消毒机作为口腔器械清洗消毒的设备，现在越来越得到广泛应用，可用于各种耐湿且可耐受 90 ℃以上温度的器械物品的清洗消毒。它采用机械化清洗方式，建立方便、有效、快速的清洗和消毒流程，确保设备、器械和物品的安全有效运转。在整个无菌物品供应链中，清洗步骤非常重要，通过清洗可以去除可见污垢、组织碎片、血渍；去除 95% 以上的细菌等微生物；有效的清洗可以防止器械生锈。机械化、标准化的清洗流程。相比手工刷洗，既减少了医务人员意外刺伤的机会，又确保了清洗效果，是消毒灭菌质量的基本保证。

三、操作常规

（1）检察水电连接是否正常。

（2）打开电源开关。清洗消毒机一般设计有电子门锁，所以需要先打开电源开关才能打开门。在断电或程序运行过程中，门是锁住的，确保安全。

（3）器械和物品装载。牙科手机需要插在专用的手机座上。其他器械如拔牙钳、根充治疗器械、不锈钢弯盘等根据要求放置。

（4）关门。选择相应的程序，按开始键后程序全自动运行。运行结束后程序有提示音，清洗消毒完成。

（5）开门取出器械。开门时应防蒸汽烫伤。

四、维护保养

（1）清洗消毒机不可安装在有爆炸危险或极冷的环境中。

（2）清洗消毒机供电需接地线并符合当地的和国际的有关规定，遇到损坏时要立即关掉电源。

（3）清洗消毒机需用软化水，对软化水要定期检验，使其符合使用要求。

（4）有血迹的器械或滞有牙齿黏合剂或汞合金的器械应先预清洗和乙醇消毒后再放入清洗消毒机清洗。

（5）位于清洗舱底部的粗、细过滤器应每日检查并清理，清理时应戴手套，注意安全，小心划伤。

（6）牙科手机和其他器械的放置应符合要求，有关节的器械要打开关节。

（7）插牙科手机时，垂直向下用力；拔取时垂直朝上，不能旋转，用力适当。手机插口内置的陶瓷过滤片变黄应及时更换。

（8）喷淋臂在旋转过程中不应有阻碍，可事先做旋转测试，切记物品不要掉入该层。

（9）当增亮剂剂量指示器呈明亮或白色状态时应添加增亮剂。

（10）每天第一次操作时应选用预洗程序对清洗消毒机空载预洗一次，定期检查并及时添加专用清洗剂。

五、常见故障及其排除方法

清洗消毒机的常见故障及其排除方法详见表 11 - 1。

表 11 - 1　清洗消毒机的常见故障及其排除方法

故障现象	可能原因	排除方法
上下水报警	水龙头关闭 水输入软管处过滤器太脏 上水管扭曲弯折 下水不畅 上水水压低	关掉机器，打开水龙头 关掉机器，清洁过滤器 摆正上水管 使下水畅通 上水增压
程序完成太早，指示灯闪烁	排水软管扭曲弯折	弄直软管，将水泵出并再次运行程序
清洗舱中的水不热且运行程序时间太长	加热部件被大量的物品覆盖 清洗舱中的过滤器被阻塞	调整物品装载 清洗或更换过滤器

（张志君）

第二节　手机注油养护设备

手机注油养护机（handpiece cleaning and lubricating device）是对牙科手机进行注油养护的设备。注油是对牙科手机维护保养重要的一环，目前全自动注油养护机越来越被广泛使用。与喷罐注油相比，全自动注油养护机注油效果稳定可靠，对环境污染小。注油养护机品牌较多，现以 W&H 为例进行介绍。

一、结构与工作原理

1. 结构

注油养护机由储油罐、活塞泵、定时器、油污过滤器、喷嘴及转换接口等组成，有的配有清洗罐，外接空气压缩机（图 11-3）。

2. 工作原理

利用活塞泵精确控制注射清洗液和注油量，压缩空气一方面带动牙科手机低速旋转，同时驱动清洗液对内部冷却水管路、雾化气管路及风轮进行喷射清洗，在吹干残留清洗剂后，再驱动润滑油进入内部管道、风轮和轴承注油润滑，再吹去多余润滑油，完成养护过程，即喷清洗液—吹清—喷油—吹清过程。

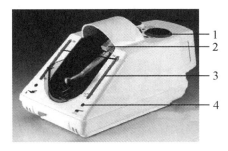

图 11-3　注油养护机外观
1. 油剂和清洗剂的筒盖；**2.** 手机插口；
3. 液位指示管；**4.** 液体指示小球。

二、操作常规

（1）打开空气压缩机或中心供气阀门。

（2）注油前吹干牙科手机内腔管路水分。

（3）选择适配的转换插头，将牙科手机与转接口连接，插在喷嘴上。

（4）盖上保护盖，按下开始按钮并保持 2 秒，清洗、注油过程全自动运行，全部过程只需要 35 秒。

（5）注油机停止，注油完成。打开保护盖，取下牙科手机。

三、维护保养

（1）通过液位指示管检查清洗剂和润滑油的量，注意最低液面和最高液面，需添加时注意清洗液和润滑油的标识。

（2）注油养护机需正压、无油、干燥压缩空气带动，气源压力为 200～250 kPa。

（3）插拔牙科手机时，不要左右旋转，注意保护插座上的 O 形密封圈。

（4）定期更换排气过滤器。

（5）经常检查进气管过滤器有无堵塞，一般一年更换一次，如有堵塞应及时更换。

四、常见故障及其排除方法

手机注油养护机的常见故障及其排除方法详见表 11-2。

表 11-2　手机注油养护机的常见故障及其排除方法

故障现象	可能原因	排除方法
指示小球无动作	管脱落 注油喷嘴堵塞或损坏	把管重新接好 清洗或更换喷嘴
注油时间过长	压缩空气中的杂质将定时器放气孔堵小	清理定时器

第三节　器械包装设备

器械包装设备主要指封口机。随着包装材料的发展和包装方法的改进，纸塑包装袋已越来越多地用于对口腔诊疗器械进行单个封装，封装时需使用封口机。封口机（sealing device）分手动封口机及电动封口机两种类型。

一、结构与工作原理

1. 结构

封口机主要由热导轨、按压手柄或传动带、滑动刀片等组成（图 11-4）。

2. 工作原理

器械注油养护后可选择装入专用的纸塑包装袋进行封装。纸塑包装袋一面是医用纸，一面是塑料。封装即利用加热熔化包装材料的塑料面，同时加压使塑料和纸面粘贴且有一定强度，达到密闭封装的目的。

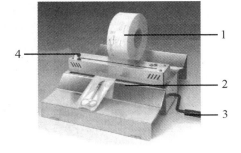

图 11-4　封口机外观

1. 封口纸袋；2. 热导轨；
3. 按压手柄；4. 滑动刀片。

二、操作常规

（1）纸塑包装袋封口一般设定温度为 170~180 ℃。等离子包装袋为全塑，所需温度与此不同。

（2）接通电源，打开电源开关。

（3）预热 1~2 分钟，达到设定温度后，将已装入器械的纸塑包装袋放到热导轨上，塑料面朝上，按下手柄并保持 2~4 秒，抬开手柄封口即完成。如为全自动封口机，则纸塑包装袋随着传动带的移动，自动完成封口。

（4）封口结束后，降低封口机设定温度，温度降低后再关闭电源。

三、维护保养

（1）每日擦拭，保持封口机清洁无尘。

（2）封口温度按要求设定，既不能过高，也不能过低。过高影响封口机性能，过低不能保证封口安全。

（3）封口距离应调整适当，封口宽度大于 6 mm，封口处到包装器械的距离应大于 25 mm，避免错误操作损坏被封装器械及封口机。封装较厚的器械应保留较大的距离，或采用专用包装袋，以保证封口安全。纸塑包装袋封口粘接应可靠。

（4）封口结束后，温度降低再关电源。

（5）正确操作，避免卡带影响运行，避免异物掉入封口机。

四、常见故障及其排除方法

封口机的常见故障及其排除方法详见表 11-3。

表 11-3 封口机的常见故障及其排除方法

故障现象	可能原因	排除方法
封口处粘接不严密	设定温度过低	调整设定温度
封口时有焦煳味	设定温度过高	调整设定温度
封口时封装袋不移动	传动带按钮开关未开	按下传动带按钮
封口时有异常响动	掉入异物	请维修人员检查处理

（曾淑蓉）

第四节　灭菌设备

口腔消毒灭菌技术与设备种类较多（详见第四章），本章仅介绍压力蒸汽灭菌器和过氧化氢气体等离子体低温灭菌器。

一、压力蒸汽灭菌器

压力蒸汽灭菌（pressure steam sterilization）是安全、有效、经济的灭菌方法，凡是耐高温、耐湿热的物品应首选压力蒸汽灭菌法进行灭菌处理。压力蒸汽灭菌器（pressure steam sterilizer）根据其工作原理可分为下排气式、预真空式、正压排气式。由于口腔诊疗器械涉及带管腔的器械，如牙科手机，因此口腔医疗机构宜选用预真空式或正压排气式压力蒸汽灭菌器。正压排气式压力蒸汽灭菌器主要是指卡式压力蒸汽灭菌器。

卡式压力蒸汽灭菌器体积小，灭菌循环所需时间相对短，适用于门诊量不大的口腔科室、诊所、门诊部等机构。立式压力蒸汽灭菌器由于体积和容积偏大，多用于专科口腔医院、综合性医院中心供应室等。

（一）预真空压力蒸汽灭菌器

预真空压力蒸汽灭菌器根据灭菌器的大小和构型可分为台式和立式压力蒸汽灭菌器。下面主要介绍台式压力蒸汽灭菌器。

1. 结构与工作原理

（1）结构：压力蒸汽灭菌器由控制系统、管路系统、冷却系统、蒸汽发生器、真空泵、数字显示屏以及灭菌舱、夹套和附件等组成（图 11-5）。

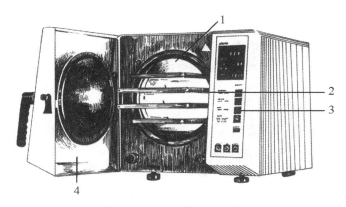

图 11-5 压力蒸汽灭菌器

1. 灭菌舱；2. 器械盘；3. 控制面板；4. 灭菌舱门。

（2）工作原理：应用温度、压力和容积的波马定律，利用机械抽真空的方法，使灭菌舱内形成负压（最高真空度达-92 kPa），饱和蒸汽得以迅速穿透到物品内部，尤其是中空器械（如牙科手机）。饱和蒸汽作为热传递的媒介，将热量快速传递到器械的各个部位，杀灭细菌芽胞和病毒等病原微生物。到达灭菌时间后，抽真空使灭菌物品迅速干燥，器械剩余湿度小于2%。

台式压力蒸汽灭菌器的工作原理如图 11-6 所示。

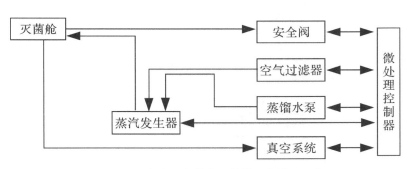

图 11-6 台式压力蒸汽灭菌器工作原理示意

2. 操作常规

（1）先检查蒸馏水桶内有无足够的蒸馏水，电源是否正常。

（2）打开设备电源开关，设备进入预备状态。

（3）打开门开关，将需要消毒灭菌的物品均匀地放在托盘上，装入灭菌舱。

（4）关闭门开关，如警告信息提示门未关严，需重新操作。

（5）根据灭菌物品及灭菌器设定的应用程序进行选择。

（6）确定好使用的程序之后，按启/停键，程序即自动运行，"进程"自动显示在显示屏上。

（7）程序结束时有音响提示，如果开启了打印机，则其自动打印出所有的状态参数。灭菌结束，即可打开灭菌器的滑动门锁，开门取出器械。

3. 维护保养

（1）每日工作完毕，关闭水源和电源。

（2）用75%乙醇或湿布擦拭舱门的密封圈和舱门的边缘，以保持良好的密封性。

（3）台式灭菌器所需蒸馏水一周更换一次，并保证吸水管浸没在液面下。

（4）经常检查自来水进水口处的过滤网，清除水管中异物造成的堵塞。

（5）门的密封圈会老化，半年或一年进行更换。

（6）检查空气过滤器是否连接可靠，空气过滤器需要半年或一年进行更换。

（7）疏水阀应3个月清理一次，进气与进水管路上的过滤器应半年清理一次，以防杂质堵塞。

（8）停止使用3天以上时，再使用前应重新清洗一次。

（9）定期对灭菌器及灭菌效果进行监测。

4. 常见故障及其排除方法

台式压力蒸汽灭菌器的常见故障及其排除方法详见表11-4。

表11-4　台式压力蒸汽灭菌器的常见故障及其排除方法

故障现象	可能原因	排除方法
灭菌器屏幕无显示	电源线没有插好 主电源保险丝熔断	接通电源 更换主电源保险丝
器械干燥不好	器械装载量大 灭菌舱内后部的冷凝水回流管路堵塞 自动预热功能没有激活	适当装载 清理冷凝水回流管路 激活自动预热功能
常见故障报警		
没有蒸馏水	蒸馏水桶内没有足够的蒸馏水 蒸馏水管扭曲	将桶内装足够的蒸馏水 将水管弄直
没有冷凝水	水龙头未打开，水压低	检查水的输入，增加水压
蒸馏水水质超标	蒸馏水水质差，放置时间长	更换合格的蒸馏水

（曾淑蓉　张殷雷）

（二）卡式压力蒸汽灭菌器

卡式压力蒸汽灭菌器（cassette pressure steam sterilizer）是一种新型的正压排气蒸汽灭菌设备，与传统的蒸汽灭菌设备相比，具有灭菌时间短，周转快，对器械损坏小等特点，适用于口腔科器械和牙科手机、眼科器械及内镜的灭菌。

1. 结构和工作原理

（1）结构：卡式压力蒸汽灭菌器由主机、蒸汽发生器、卡式灭菌盒、电脑控制器、蒸汽冷凝及废水排出装置等部分组成。

（2）工作原理：正压排气蒸汽灭菌。机器启动后，蒸汽发生器加热，将泵入的蒸馏水转化为蒸汽注入灭菌腔，同时迫使灭菌盒内空气不断地被排出。反复多次后，灭菌腔内空气残存量在0.014%以下，温度控制在135～137℃，持续3.5分钟后完成灭菌过程（或121℃，15分钟）。整个灭菌过程约6分钟完成，干燥过程另计时间。

卡式压力蒸汽灭菌器的工作原理如图 11－7 所示。

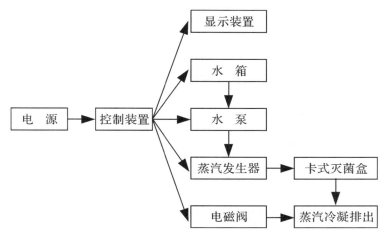

图 11－7 卡式压力蒸汽灭菌器工作原理示意

2．操作常规

（1）检查蒸馏水储备量，打开电源。

（2）将装载物品后的灭菌盒插入主机，选择其中一个灭菌程序。

（3）按开始键，机器开始运行，机器屏幕显示全部运行过程。

（4）灭菌程序完成后机器自动停止运行。

（5）灭菌结束，取出灭菌盒。

（6）关闭电源。

3．维护保养

（1）灭菌盒的密封圈是机器重要的耗材，每周用无味液体皂给灭菌盒的密封圈润滑一次。

（2）灭菌工作结束后，将液体皂涂在灭菌盒盖内显露出来的密封圈部分和盖后部的接口处。再次使用前，冲洗干净灭菌盒盖和所有的肥皂残痕，不装器械让机器运转一个循环，以延长密封圈的使用寿命。

（3）卡式压力蒸汽灭菌只能使用杂质少于 5 mg/L 或传导性低于 10 μs/cm 的蒸馏水，不能使用脱离子水或脱矿物质水以及过滤水。在任何情况下严禁使用自来水。

4．常见故障及其排除方法

卡式压力蒸汽灭菌器的常见故障及其排除方法详见表 11－5。

表 11－5 卡式压力蒸汽灭菌器的常见故障及其排除方法

故障现象	可能原因	排除方法
灭菌盒漏气	密封圈老化 灭菌盒碰撞变形	更换密封圈 调整灭菌盒

（张志君）

二、过氧化氢气体等离子体低温灭菌器

过氧化氢气体等离子体低温灭菌技术（low-temperature hydrogen peroxide gas plasma sterilization technology）是在灭菌舱内充分利用活性极强的过氧化氢等离子体，结合过氧化氢气体本身的强氧化性特性，作用于微生物脂膜、DNA 和其他重要细胞结构，破坏微生物的生命力；同时将灭菌舱内、器械表面及管腔内剩余的过氧化氢分解成水和氧气，从而达到快速、安全、环保的灭菌要求。过氧化氢气体等离子体低温灭菌器（low-temperature hydrogen peroxide gas plasma sterilizer）一个灭菌循环需 30～80 分钟，温度在 35～55 ℃，灭菌后的物品不需要通风，取出后可直接使用。

（一）结构与工作原理

1. 结构

过氧化氢气体等离子体低温灭菌器主要由等离子发生器、电源系统、控制系统、注射系统、真空系统等组成。

（1）等离子发生器：低频能量发生器产生、传递能量至灭菌舱，使舱内过氧化氢等离子化。等离子体是继固态、液态、气态以外的新的物质聚集态，即物质第四态，主要由电子、离子、原子、分子、活性自由基及射线等组成。等离子体产生及存在的条件为：高温、高强度的电场或高强度的磁场。等离子体产生及存在的本质是气体分子获得高能量后转变为等离子状态。实际应用中的等离子发生器多采用高强度的电场或高强度的磁场产生等离子体。

（2）电源系统：分配、控制各部件需要的电源。

（3）控制系统：包括 CPU 核心控制电路、软件、信号接口，是整个灭菌系统的控制枢纽。

（4）注射系统：完成过氧化氢液体的注入、汽化和传递。

（5）真空系统：即真空泵及连接腔体的管路系统，使灭菌舱按灭菌流程处于响应的真空状态。

2. 工作原理

（1）低温过氧化氢等离子灭菌系统采用高精度的低温、低频等离子发生器，在灭菌舱内激发过氧化氢等离子体。

（2）等离子化过程会在舱内生成紫外线和大量活性极强的自由基，辅助灭菌过程。

（3）等离子化过程将灭菌舱内、器械表面及管腔内剩余的过氧化氢分解成水和氧气，并排出舱外，确保器械表面及管腔内无过氧化氢残留，保证医护人员及患者安全。

（二）操作常规

（1）准备工作：

1）检查电线插头是否已插上。

2）检查过氧化氢剂量是否充足，不充足需更换或添加过氧化氢灭菌剂。

3）彻底清洁、干燥需灭菌的物品及器械。

4）选择适合的器械盒、包装材料（特卫强或无纺布）、化学指示条和/或化学指示胶带、生物指示剂。

（2）将物品置入灭菌舱内，物品之间应留有空隙，便于灭菌因子穿透。

（3）选择合适的灭菌程序，按下相应的灭菌程序按钮，所需程序即被选定，进入灭菌循环。

（4）灭菌循环正常运行结束后，机器会提示灭菌完成。

（5）打开灭菌舱门，操作者即可取出已灭菌的物品。

（三）维护保养

（1）例行保养：

1）检查更换过氧化氢灭菌剂（卡匣或瓶容器）。

2）更换色带、打印纸等消耗性物品。

3）设定时间及日期。

4）清洁灭菌舱、托盘及机器外部。

（2）应定期请专业维修人员保养灭菌器。

（四）常见故障及其排除方法

过氧化氢气体等离子体低温灭菌器一旦出现故障，应联系专业维修人员修理。

（五）应用前景

由于其低温特性，该设备非常适用于精密口腔器械如超声洁治器、关节镜等设备的灭菌，加之灭菌循环时间短、安全环保，很适合消毒供应中心集中灭菌。但是，目前该类设备市场供应品牌较少，价格昂贵，耗材费用较高，近阶段一般口腔医疗机构可能不会常规配置。

（苏　静）

第十二章　口腔诊所的设计与装备

随着社会进步和口腔医学事业发展，人们对口腔疾病防治和健康意识逐步增强。建立不同规模的社区口腔诊所、口腔门诊部，加强社区口腔医疗服务，可减轻口腔专科医院负担，满足社会多层次口腔医疗服务需求，解决我国口腔医疗服务中存在的供需矛盾，促进我国口腔医学事业发展。本章对口腔诊所的结构、布局、医疗环境与设备装备设计做简要的介绍，通过对一个典型口腔诊所设置的介绍，使读者能够理解和掌握口腔医疗设备的系统使用方法。口腔诊所的设计与装备涉及的范围较广，本章仅对涉及口腔诊疗的医学设计与设备装备内容做重点介绍。

第一节　口腔诊所选址及申办程序

一、口腔诊所选址的综合因素

筹建口腔诊所首先面临的就是选址。选址关系到口腔诊所今后的社会效益和经济效益，因此，应对备选区域进行医疗环境和就诊人群等众多可能发生的条件进行评估。

（一）选择区域和就诊者因素

首先应对预选区域内的常驻和暂住人员的经济状况、受教育状况、文化素养、知识结构、职业分布、消费意识，以及对口腔医疗和预防保健的需求状况进行详细而全面的调查研究。不同性质的区域，如工业园区、科技园区、商业区域、行政区域和居民区，其主流人群对口腔医疗的需求亦有较大的差异，直接影响口腔诊所的医疗项目和经济效益。社区居民的人口学特征，在很多方面决定了人们对口腔卫生服务的需求项目，所以开设地域的人口数量是保证口腔诊所有足够门诊量的前提。根据国内目前的口腔医疗消费水平，还应该了解所选地域内的居民的年龄结构及其发展变化趋势，以及不同年龄阶段居民的口腔疾病患病情况。居民的受教育程度、人均收入，家庭的收入水平、执业状况、从业种类；低收入的人口数量以及低保人数；口腔诊所对周边地区居民的医疗保险覆盖状况等因素不仅决定选址，而且有助于确定口腔诊所的开办档次，还为诊所的装修和设备采购提供有价值的依据。投资大、服务高档的诊所，应该选择经济收入和消费水平比较高的地区；投资小、以基本口腔常规治疗、保健为特色的诊所，则应该选择在经济收入和消费水平中低等的地域。

（二）医疗人群和费用

目前的医疗人群和费用基本有三种方式：公费医疗的人群主要集中在行政事业单位，

他们在县级、市级以上的大中型医疗机构就诊，有的地区还要签约医疗就诊协议。这些人群的医疗费用回单位按照比例报销；医疗保险的人群主要集中在区级、社区医院以上的医疗机构和较大规模的民营医疗机构就诊，需要在医保中心办理相关的医保卡，各地有差异，就诊交费时从医保卡里扣除，自费部分当时缴纳；自费人群一般是医疗机构就可以就诊，费用自理。符合医保条件的较大的民营口腔诊所已经把自费和医保人群纳入口腔医疗服务范围。

（三）市政规划建设及地理环境

在预选口腔诊所的开设区域时，还要考虑所选定地点的可行性，即：政府的法律法规、城市规划和区域方面是否有限制，市政设施（如排水、供水、供电、供气、道路等）状况，房租、地价高低，周围的自然环境和人文环境等情况。

1. 市政建设规划

（1）要了解政府部门对备选区域周边的发展规划，公共设施的改造、重建计划，如主干道路改造，楼堂馆所、商业市场修建是否影响医疗机构计划实施期限。若十年之内没有实施计划，那对口腔诊所的影响就不大。

（2）了解备选区域周边是否增修商品房和商业区，将来有什么样的人群来往于这个区域，这关系到口腔诊所服务范围的扩大和发展规模与服务项目。

2. 市政设施

（1）水源：首先要了解当地的水源状况，最好是自来水公司的水源，若该区域是自供水，会影响水质，用水设备都应加装水过滤系统。经常停水或水压过低都会影响诊所的正常运转。口腔设备要求使用水压在 0.2～0.4 MPa 以上，否则要加装增压系统。国内较大的部分医疗机构（含口腔医疗）都有自己的水处理系统，新建或改造的医疗机构都作为一个重点项目实施。

（2）电源：电压忽高忽低会直接影响口腔设备的正常使用，否则主要设备应加装电源稳压器。一般要求单台牙科椅使用交流电，电压为 220 V±220 V×5%，功率为 1.2～1.5 kW，即使仅有两台口腔综合治疗台的诊所，供电线直径也不可小于 6 mm。经常停电的地区，要自备合适的发电机，否则会影响诊所的正常工作。最好选择双电源地域。到目前，还有些口腔设备使用电压 380 V±380 V×5%，如无油空气压缩机、真空泵、大型消毒设备等，要求电压高、电流小、功率强、噪声小等。电功率还要根据口腔诊所的规模再计算，或由供应商提供主要数据。

（3）污水处理：根据国家环境保护条例，口腔诊所的污水必须进行处理后方可排入市政污水管网，所以要修建污水处理池和购置专用污水处理机。新建的口腔诊所的污水处理系统，须经过当地卫生部门的主管机构检验合格后方可使用，我国现行的为环保一票否决制，环保方面必须达标，否则不准开业。卫生机构主管人员还要不定期的抽查水质。

（4）噪声与废气：诊所设备如抽吸器、空气压缩机的噪声，负压抽吸器、污水处理的废气对附近居民有影响。距离较近或诊所设在底层时，要选择低噪声的设备或采取降噪措施和废气处理器。

（5）X 射线辐射：建设口腔诊所时，要考虑到 X 射线设备对周围环境的影响，并做好相应的防护设施。

（四）与口腔诊所选址有关的行政和法律因素

在选址时要遵守国家卫生健康委员会等制定的法律法规，还要了解区域性的法律法规及特殊规定，卫生医疗机构的规章、劳动保护法、政府的医疗保障政策、税收政策等可能对口腔诊所的选址产生直接影响。例如，某某市的某某区规定每台口腔综合治疗台使用面积不小于 9 m^2，而在同一座城市的另一个区规定每台口腔综合治疗台使用面积不小于 12 m^2。所以要在法规允许的前提下选择口腔诊所区域，关系到今后的发展和成功与否。

（五）交通现状及发展规划

考虑就医者和医护人员上下班方便，口腔诊所应建在公共交通车站、地铁站、城铁站附近。最好附近有停车场，供就医者和员工使用。若有固定停车位就更方便。更要了解附近公交、轻轨、地铁等线路，以及道路是否有拓宽、改造、新增规划，方便就医者将有利于口腔诊所的发展。

（六）其他应考虑的因素

（1）口腔诊所选址应宜于利用周围的公共设施，如暖通、给排水、电梯等。

（2）环境相对安静，应远离污染源。

（3）建筑力求规整，优先考虑平面积大的建筑，其次考虑垂直面积。

（4）远离易燃、易爆、危险品生产区和储运区，不宜距离高压线路及设施和重要地下管线过近。

（5）不宜距离儿童活动密集的区域过近，污染物品要远离人员活动密集区域或主通道。

（6）中、大规模的口腔诊所，有患者活动的区域，出入口不得少于两个，医疗废弃物通道不得与人员通道共用。

（张志君　张振国）

二、申请开设口腔诊所的基本程序

申请开设口腔诊所的程序各地卫生行政管理部门虽有所不同，但必须遵照国家《医疗机构管理条例》《医疗机构管理条例实施细则》等规定，而地方性规章差异较大，也要遵守。

第一步：申请设置口腔诊所批准书。

向区县级以上地方政府、卫生行政部门申请开设口腔诊所，需提交下列文件：

（1）开办口腔诊所申请书。各地的申请格式要求不尽统一。

（2）开办口腔诊所的可行性书面报告：包括诊所名称（需通过地方工商局核名）；计划椅位数；平面功能布局图；医护人员资质正本；所使用的房屋产权证明（商业或办公用房）；自然人开办口腔诊所，须设一名法定代表人，并提供其口腔专业的基本资质；社会团体开办口腔诊所，需设立主要负责人一名；周围两公里以内的口腔诊所情况，城市街道简略图等。

（3）选址报告和楼房或平房的建筑设计平面图：报告包括选址的依据，所在地区环境和公用设施情况，如周围托儿所、幼儿园、中学、小学、食品生产经营单位布局的关系，占地面积和建筑面积，附申请人的资质证件。经卫生行政部门现场查看后审核批准，发给

《设置医疗机构批准书》后，到其他有关部门办理手续。

第二步：申请口腔诊所执业登记。

申请口腔诊所执业登记应填写医疗机构申请执业登记注册书并向登记机关提交下列材料：

（1）设置医疗机构批准书。

（2）医疗机构用房产权证明或者租用证明。

（3）医疗机构验资证明、资产评估报告。

（4）法定代表人或主要负责人有关资格证书、执业证书，完善的规章制度。

（5）上级和属地区域卫生行政部门规定的其他材料。

第三步：进行口腔诊所的设计、装修与设备购置。

（1）装修前按消防部门要求，如消防设施（喷淋头的水压、单头的面积、烟感的位置、安全出口等）、管理措施，专职负责人员，应有标准图纸和文字上的承诺，才能进行申报，获得批准才能施工。

（2）向卫生监督部门申报污水处理措施，获批准后施工。

（3）若拟装备牙片 X 线机、口腔曲面体层 X 线机、口腔 CT 等放射设备，应做好 X 线检查室的设计，并严格按防辐射要求施工。通过当地卫生监督或疾病预防控制中心部门检测，取得放射设备使用合格证书；再按照网上的格式要求申报环评，现场验证合格后，审批环保许可证书。

（4）装修竣工后，应经消防、卫生管理、污水处理等多个主管部门验收合格，到当地工商行政管理部门登记注册，领取"工商税务登记证"，再由当地卫生行政部门来验收，合格后发放医疗机构执业许可证，方可正式营业。

三、口腔诊所医护人员资质

按照《中华人民共和国执业医师法》《中华人民共和国护士管理办法》《医师资格考试暂行办法》《医师执业注册暂行办法》，在口腔诊所服务的医生和护士必须参加资格考试，成绩合格者取得执业医师（护士）资格，并向当地卫生行政部门申请注册，获得执业医师（护士）资格证、执业医师（护士）注册证；放射技术人员除具备上述资格外，还应持有放射技师上岗证；消毒供应室的工作人员按护士证件提供。申报时需提供证件正本，复印件存档。执业医师和执业护士每年获得 12 分继续教育学分，执业医师（护士）证书方有效。卫生监督人员将不定期地审查诊所人员资质。各地区的管理办法有差异。

（张志君　张振国）

第二节　口腔诊所的功能布局

一、口腔诊所布局中应考虑的原则

口腔诊所设计与建设首先要考虑的是：①医疗安全；②职业安全；③环境安全。合理功能分区，医疗区、候诊区、办公区分区明确。做到人、物（医疗用品），洁、污，医、患，人、车流线组织清晰，减少相互干扰，降低诊所内的感染风险和不安全因素。其次要考虑的是：商业装修风格、豪华程度与材料选择等。在建筑的选择上，使用面积适中的平层建筑便于诊所的设置、运行和管理，平面面积小、楼层多的建筑结构不适宜建设较大的口腔诊所。

二、口腔诊所的整体布局

口腔诊所由功能科室、医疗辅助科室、候诊区、办公区等组成。功能科室应根据患者的疏密程度由外向里布局。比如，儿童诊区、老年修复诊区、残疾人诊疗位应该设在进出方便的通道附近，其次是一般诊区、VIP诊区、手术区等。消毒供应室尽量设计在诊区的中心位置。义齿模型修整、放射设备应设置在建筑的角落或边缘。导诊台或前台的位置应尽可能观察到全部诊区。口诊诊所的功能布局应减少护士行走的距离，同时加大其顾及的空间。应减小物料传递距离和物料传送负荷，有条件时可设置物料传递通道：多个楼层间可设置垂直机械传送通道（安装小微型货梯），同层设置水平人工传递通道。

口腔诊所设计中降低医疗污物的污染是设计工作的重点，为最大限度地降低对诊室内的污染，污染物品和洁净物品的物流通道和存放点应符合设计规范。口腔诊所的空间设计应具备"污染物品不过人，洁净物品不过夜"的条件，即每一名患者治疗完毕后，全部医疗污染物要清出诊室。规模大的口腔诊所在每个楼层或诊区设置一个污染物品"分拣处"，分拣处具有一次冲洗、废弃物暂存和护士洗手的功能，同时设计污染复用品传递通道至消毒供应室，废弃物丢弃通道至医疗废弃物存储处。在此附近设计洁净物品供应通道：①护士可就近取走洁净物品；②没有用完的洁净物品工作结束前应送回消毒供应室。中小规模的口腔诊所"分拣处"可以设在消毒供应室的污染物品收纳口。应避免医疗物品与患者使用同一部电梯。

口腔诊所的设计中，除充分考虑口腔医疗的功能布局外，其设备布局，供水、排水、供气、供电、负压、弱电等管道的走向、铺设和注意事项，也是设计的重点。

三、口腔诊所布局示例

下面介绍小规模的口腔诊所布局图示例。

该口腔诊所设置五台口腔综合治疗台，由服务台、病历室、候诊区、儿童诊疗室、种植手术室、显微根管诊疗室、CAD/CAM修复诊疗室、X线检查室、模型室、消毒供应室、集中供气与负压抽吸设备机房、污水处理室、医用污物暂存间等组成，并设有办公室、更衣室、洽谈室、培训会议室等。

口腔诊所各功能科室的布局如图12-1所示。

根据诊所的定位和总面积规划布局功能科室，主要科室的使用面积参考如下：

（1）诊室长3200～3600 mm，宽2800～3300 mm。各地区卫生主管部门规定有差异。

（2）X线检查室［计划安装口腔锥形束CT（CBCT）机］长2800～3500 mm，宽2400～3000 mm。操控区在检查室外设置。

（3）消毒供应室使用面积可适度增减，功能房间不能减少，需保证满足功能要求。

（4）不同的口腔诊所使用场地和房间不同，应以医疗服务为主，按照诊所医疗服务定位设置功能科室，优先满足其面积要求；办公室、会议室、更衣室等可以减少。

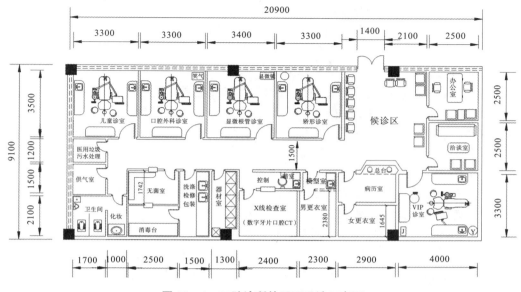

图 12-1 口腔诊所的平面设计示意图
（单位：mm）

四、口腔诊所各功能分区

1. 服务台与病历室

服务台（兼管病历室）主要任务是接待就医者，进行咨询、导医、挂号、收费；候诊区就医者的管理和服务；诊所背景音乐、候诊区视频播放的管理；电子病历和手写病历的整理归档；就医者的网络预约和电话预约等活动；它是口腔医疗与服务的形象窗口，硬件设施、待人接物、服务效率等，均应给就医者以亲切感与信任感。

2. 候诊区

候诊区应按人性化服务进行布局，创造让患者放松、情绪稳定的环境，使其有在家的感觉。暖色调更温馨；设有沙发、茶几、饮水机和纸质一次性口杯；在适当位置安装电视机，播放口腔保健和防病常识、风光片、喜剧片、动画片等；摆放报纸、杂志、书籍，让患者候诊时阅读；准备小桌椅供学生写作业；在适当位置摆放花草、盆景及鱼缸；可以做循环水瀑布墙、壁挂花卉墙以美化环境；提供无线网络，方便患者上网，供不同层次的患者查阅资料。设立专区摆放口腔保健用品、口腔疾病模型、宣教用品和精美义齿等。

3. 口腔诊疗室

诊疗室（简称诊室）应尽可能设置为独立诊室，治疗环境不受干扰，保护患者隐私，减少诊所内治疗器械的噪声。功能上可分为修复诊室、口腔外科诊室、口腔内科诊室、儿童诊室、VIP诊室、种植治疗室等。设置诊室时除设置可进行口腔全科诊疗的标准诊室外，尚应考虑设置特殊功能的诊室。

（1）VIP诊室：根据口腔诊所被服务人群状况，可设置VIP诊室。VIP诊室的面积比标准口腔诊室大，采用预约、挂号、检查、治疗、交费、取药一条龙服务模式。根据设计的医疗功能，面积可达12~20 m²；医护人员可配置为医生、四手制医生助理和巡回护士3人，必要时可加配专职服务助理1人；VIP诊室具有的特殊高端全科化医疗功能特性，需要该区域配置更多的设备；VIP 诊室应为行动不变的残障人士提供推车（推床）通道，这些都需要相应的工作空间。VIP 诊室尚应设置相应的候诊休息区。还应准备患者使用的储物柜。如条件允许可设置卫生（化妆）间。

（2）显微根管诊室：是口腔内科诊室的一部分，通常是在标准口腔内科诊室增加口腔显微镜，在口腔显微镜下做根管诊疗、取出分离的根管器械等操作，视野清晰、操作方便、效率高。口腔显微镜可以实时录制诊疗过程视频，用于科研教学。口腔显微镜分移动式和顶挂式。移动式：可移动至多个诊位使用，但占地面积较大；顶挂式：固定在牙科椅上方的天花板（承重 90 kg）上，单机专用，结构紧凑，空间使用率高。具体内容参见第七章第五节。

（3）种植治疗室：随着口腔种植技术的普及推广，口腔诊所陆续开展牙种植诊疗。开展牙种植诊疗需要专用的设备和诊疗空间，种植治疗室应单独使用一个区域。整体布局上应以种植体植入治疗室为核心，同时具备患者准备室、医护人员准备室、患者留观室及无菌物料存储空间。治疗室面向主要通道要留一个 1000 mm 以上宽度的子母门，以备急救推车无障碍通行。种植治疗室应安装急救设备、生命体征监护设备、信息系统。

（4）修复工作室：除能实施传统修复操作以外，修复工作室增设计算机口内扫描仪和石膏模型扫描仪、计算机辅助设计、制作 CAD/CAM 修复系统，氧化锆陶瓷烧结设备，这些数字设备可短时间高精度完成修复体制作，极大地方便患者。使用房间面积 6~8 m² 即可。

4. 洽谈室

洽谈室是医生与患者沟通的场所。如对患者诊疗涉及的复杂治疗方案、高价值修复方案、复杂的侵袭性手术方案等，医生将治疗计划、基本程序、效果预测、治疗时间和费用等与患者沟通，取得患者的理解和配合，并签署治疗协议。

5. 石膏模型室

在诊室取完的印膜，需要及时灌制石膏模型，再送往义齿加工中心。模型室需配置的主要设备有石膏振荡器、石膏模型修整机、抛光打磨机、模型消毒机等。其边台宽度应大于 500 mm。水池下设置沉淀池，并定期清理固体垃圾。

6. X 线检查室

口腔牙片机、口腔曲面体层 X 线机是口腔诊所常用的检查诊断设备，目前已有不少诊所开始装备使用口腔 CBCT 机。X 线检查室参考布局如图 12 - 2 所示。用数字 X 线机拍照后，X 线数字图像直接存入电脑，医生在计算机上阅片诊断。使用胶片 X 线机拍照后，需做洗片处理，医生阅读 X 线胶片做诊断。成像方法的差别带来 X 线检查室的结构差异。

（1）X 线摄像室：普通牙片机体积小，分为立式和壁挂式，使用面积为 4~5 m²。曲面体层 X 线机和口腔 CBCT 机的机房长和宽不小于 2.6 m×2.8 m，使用面积应在 7~10 m²（各地规定有差异）。有条件可为患者和操作者布局各自的门和通道。X 线摄像室应为射线屏蔽室，每台 X 线机占用一个屏蔽室，射线屏蔽室经由主管部门检验合格，获得许可证方可使用。

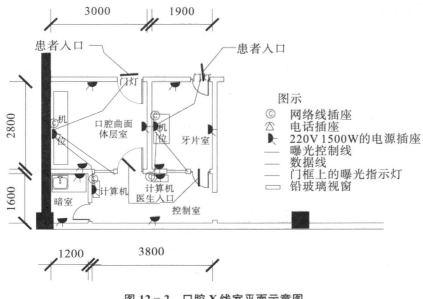

图 12－2　口腔 X 线室平面示意图

（单位：mm）

（2）操作室：X 线机在射线屏蔽室内对患者拍照，以减小射线对周围环境的影响。医生在射线屏蔽室外通过视窗观察患者姿势、操作拍片过程。操作人员要佩戴计量笔，定期检验，做好防护。

（3）暗室：用于牙科 X 线胶片洗片的暗房面积为 $4\sim6$ m^2，应装通风设施，门窗墙面按暗室要求装修。根据洗片程序（显影—水洗—定影—水洗—干燥）做设备及房间使用设计，预留供水和污水排放管道，目前因广泛使用数字化 X 线设备，暗房正在逐渐消失。

（4）大多数口腔诊所装备数字化 X 线牙片机、曲面体层 X 线机甚至 CBCT 机，所拍摄的影像经网络传送，在诊室的显示器上显示，供医生使用或远程会诊。

7. 消毒供应室

为防止医疗过程中的医源性感染和医疗器材的交叉污染，口腔诊所应设置口腔器材消毒供应室，按照口腔医疗器材消毒灭菌要求，消毒供应室应按照污染医疗器械预处理区、消毒预备区、灭菌消毒区、灭菌物品储存发放区设置。诊所应设立医疗垃圾暂存室，临时集中存放医疗垃圾，防止医疗垃圾散放在诊室引发污染危害。消毒供应室内容参见本章第三节相关内容。

8. 更衣室

更衣室为工作人员更衣和存放随身物品设立，若诊所面积允许可分男女间。同时可为患者在口腔综合治疗台前方设自锁的衣柜或者储物盒。

9. 卫生间（化妆室）

患者用卫生间除常规设置的便池区外，应分区设置洗手区、刷牙区、化妆区。设置干手机、镜子。选择性配备一次性牙具、口杯、牙线、漱口液、吹风机、梳子、纸巾盒、洗手液等。卫生间（化妆室）方便患者在治疗前清洁口腔牙齿，治疗后整理仪容、补妆、化妆。设清洗池，供卫生员清洁拖把使用。

10. 设备机房

（1）集中供气系统：主要设备有空气压缩机、储气罐、空气干燥机、空气过滤器、减压系统、电控系统等。设专用配电箱，有过载和漏电保护功能，接地良好。

（2）供水系统：口腔综合治疗台的供水多采用纯净水、消毒水等，供涡轮手机、电动和气动低速手机、三用枪、机载洁牙机使用。其他用水直接使用市政自来水净化水。

（3）负压抽吸系统：主要设备有真空泵、气水分离罐、电控系统等。其作用是将治疗过程中口腔内的液体、颗粒物和气雾等抽吸到储污分离罐，分离为液体、气体和固体排放物，经过无害化处理达标后排出。

（4）配电箱：根据诊所的规模制订配电箱的容量。供电要确保三相五线制或单相三线制。用电依据设备功能分相设计。三相电用户要注意平衡搭配，满负荷时 N 相对 L 相电压不得超过 3 V。供电线直径要根据设备的功率计算而定。制订配电箱的开关数量。配电箱安放在明显、方便的位置，按照国家相关标准施工。

（5）污水处理：口腔诊所的医疗污水应做无毒化处理。小型口腔诊所可采用污水处理机做医疗污水的无毒化处理。医疗污水经处理并达到排放标准，排入市政污水管道。

第三节　口腔诊室的设计与装备

一、口腔诊室设计

（一）口腔综合治疗台的使用面积和设备安置

口腔诊所的单间诊室安装一台口腔综合治疗台。口腔综合治疗台的长度为 1800～195 mm，前端离墙距离为 350～450 mm，头顶部的活动空间为 800 mm，故口腔综合治疗台占地纵向总长度不小于 3000 mm。医护坐姿活动空间各为 750～950 mm，口腔综合治疗台横向占用宽度不小于 2800 mm，四手时宽度为 3200 mm。独立诊室要求总长度为 3200～3500 mm，总宽度为 2850～3300 mm（含器械台），如图 12 - 3 所示。

一台口腔综合治疗台的诊室占用面积在 9～12 m²，如果考虑物流通道可适当增加。口腔医疗常规操作一般取坐姿，医生及助理通过座椅移动。在口腔综合治疗台和器械边台合理布局条件下，医生、助理、患者和设备可以获得最佳人机功效。如果诊室过大，医生和护士坐行距离延长，甚至需要站行，影响人机功效。当诊室面积过大时，可在诊室布局其他功能：如景观、茶位、陪护休息、洽谈等，而不增加诊疗功能区的面积，以免破坏诊疗区的人机工效关系。

开放式诊室每台口腔综合治疗台的空间宽度不应小于 2800 mm，长度不小于 3000 mm，开放式诊室应在治疗位之间安装高度为 1450～1650 mm 的隔断墙，以保护治疗隐私、缓解患者紧张情绪，也便于护士管理服务多个椅位。有条件时诊区的穹顶做吸音设计，以减小治疗噪声对患者的不良影响。

口腔综合治疗台的斜位摆放能利用房间对角线长轴的空间，口腔综合治疗台两侧的空间较为充分，空间使用效率高，适合于安装机椅一体化的口腔综合治疗台，详见图 12 - 3（1）；正位摆放的口腔综合治疗台在视觉传达上给人以方正整洁的感受，且适合安装分体式口腔综合治疗台，详见图 12-3（2）。两种摆放方式的机椅位置应方便患者进入诊室和上下牙科椅，医生、助理使用设备和取放器材时身体转动角较小。

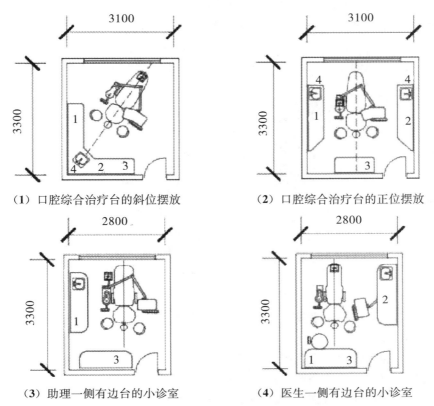

（1）口腔综合治疗台的斜位摆放　　　　（2）口腔综合治疗台的正位摆放

（3）助理一侧有边台的小诊室　　　　（4）医生一侧有边台的小诊室

图 12-3　标准口腔诊室平面设计示意
（单位：mm）
1. 助理药械台；2. 医生器械台；3. 计算机或病历书写桌；4. 洗手池。

（二）口腔综合治疗台的动力箱位置设计

口腔综合治疗台在诊室的摆放位置，决定了医生和助理有合适的工作空间，患者上下牙科椅方便，机器能正确展开并发挥其功能。口腔综合治疗台动力箱（俗称地箱）的位置决定口腔综合治疗台在诊室的位置。如图 12-4 所示，图中以地箱和洗手池的位置关系表示地箱的位置。

口腔综合治疗台与地箱有三种位置关系：地箱位于口腔综合治疗台左侧正中位置，这是较早期牙科椅设计，目前较少使用；地箱位于左前方位置，牙科椅与地箱之间由单根粗套管连接，优点是地箱定位后牙科椅位置可在一定范围内调整，缺点是套管不易清洁不美观；地箱位于牙科椅中心线前下方位置，与牙科椅一体化设计，占用空间少、美观，要求牙科椅定位准确，且地箱定位后牙科椅不能移动。本参考图采用地箱在正前方位置的设计。

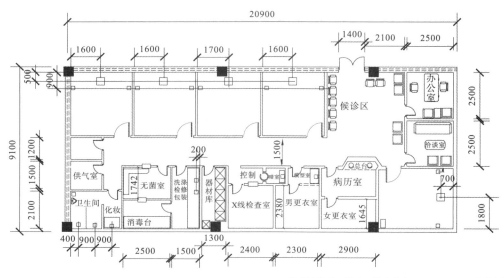

□洗手池位置，供水、排水管在100mm×100mm的范围内
□牙科椅地基动力源位置，各种管线在200mm×200mm的范围内均可

图 12－4　地箱和洗手池位置关系平面设计示意

（单位：mm）

口腔综合治疗台地箱内集成有供水、排水、供气、供电、真空负压管、数据线、显示器线、视频线等管线。各种管线的排布位置很重要，口腔综合治疗台须根据地箱的位置安装。安装新的口腔综合治疗台，需根据口腔综合治疗台厂商提供的地箱图纸布置管线接口。地箱的中心以供水管为基点，其他各种管道采用软管连接，在地箱空间（200 mm×200 mm）的范围内即可以通用。地箱管道位置参照图 12－5 所示。

以下地箱的位置数据，可供不同地箱设计的口腔综合治疗台安装参考。

1.　正前方位地箱

目前广泛采用地箱在牙科椅的正前方位设计，详见图 12－3（1）、（4），其优点是口腔综合治疗台设计安装整洁，牙科椅前端需有足够空间便于维修。地箱的安装位置在牙科椅中心线上，地箱中心点（供水管或排水管中心）距前端墙面350～500 mm（视房间面积决定）。

2.　左前方位地箱

左前方位的地箱位置详见图 12－3（3），优点是维修方便，但不够整洁美观。其位置是将正前方位的地箱的中心点向左移动，前端距墙面300～500 mm。

3.　左正中方位地箱

左正中方位的地箱目前较少见，详见图 12－3（2），在牙科椅的中心线的中点，向左460～480 mm 为地箱的中心点。前端距墙面1280～1320 mm。在购置此类设备时，应注意厂家的提示。

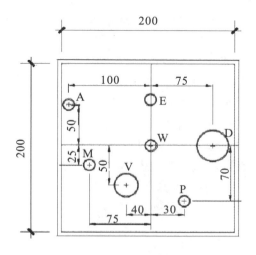

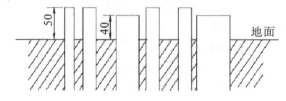

图 12－5 地箱管道平面设计示意

（单位：mm）

W（供水管）：直径为 13 mm，离地高度为 30～50 mm，留丝扣。

D（排水管）：直径大于 40 mm，离地高度为 20～40 mm。

A（供气管）：直径为 13 mm，离地高度为 30～50 mm，留丝扣。

V（真空负压管）：直径为 20～40 mm，离地高度为 50 mm（管径是厂标）。

P（供电管）：直径为 20 mm，离地高度为 20～40 mm。电源为交流电，电压为 220 V，功率为 1500 W，接地线。

M（数据线管）：直径为 20 mm，离地高度为 20～40 mm。

E（显示器、视频线管）：直径为 20 mm，离地高度为 20～40 mm。

（三）口腔综合治疗台的设备配置

1. 口腔综合治疗台的基本数据

口腔综合治疗台的主要参数如下：电源为交流电，电压 220 V，频率 50～60 Hz，功率 1.2～1.8 kW；供水压力不低于 0.15 MPa；供气压力 0.45～0.50 MPa，气源流量不低于 120 L/min；抽吸系统的真空度不低于－40 kPa；整机净重 220～260 kg；采购或更换新设备前应向厂家详细了解设备参数。

2. 口腔综合治疗台的简易配置

口腔综合治疗台简易配置：折叠式简易牙科椅、半自动油泵牙科椅或半自动电动牙科椅，简易治疗照明灯，配合自带空气压缩机的治疗机；1 支气动涡轮高速手机，1 支低速手机，或配串激式三弯臂电动牙钻；1 支三用枪和 1 个水压式弱抽吸器。简易配置可满足口腔疾病基本治疗需求，适合在边远地区基层使用。

3. 口腔综合治疗台的标准配置

口腔综合治疗台标准配置：2 支气动涡轮高速手机，1 套低速牙科手机（含直、弯手机），2支三用枪（医生、助理侧各一支），强、弱抽吸头各一套，牙科手机采用气压式供水系统及防回吸装置，手动冷光照明灯（强弱光两挡可调）。

4. 口腔综合治疗台的升级配置

口腔综合治疗台升级配置：2支光纤气动涡轮压盖式手机；1套可调速低速电动手机，含直、弯手机，有光纤系统、可手动和脚控调速、内喷水装置；牙科手机采用气压式供水系统、防回吸装置；2支三用枪（医生、助理侧各一支）；1支 LED 光固化机；1支机载超声洁牙机；1套高频电刀；1套口腔内镜；机载液晶显示器，用于观看数字 X 线片、口腔内镜实时照片、修复设计图等医学图像；感应冷光照明灯（连续无级调光）；水、气管道有防回吸装置及消毒系统；负压抽吸系统，配备强、弱抽吸器各一支。另配置根管测量仪、根管治疗车、根管显微镜等。这种升级配置装配在 VIP 诊室，发达地区的口腔诊所正在普及中。

（四）诊室器械边台布局与物流通道

双器械边台适合四手操作，便于医护人员分别取放器材；在较小面积的诊室开展四手操作，器械台设在助理侧，参见图 12-3（3）；在无助理配合医生独立操作时，器械台宜设在右侧，方便医生使用，参见图 12-3（4）。

器械边台的高度为 780～820 mm，宽度为 450～550 mm，长度根据诊室的房间大小和角度而定。水池不宜太大，建议安装感应式供水龙头。

器械边台的设置要有洁净物品→污染物品流程的概念，污物箱要设在边台的末端。污染物品的物流和洁净物品的物流应避免交叉。图 12-6 表示带有物流通道的诊室布局。

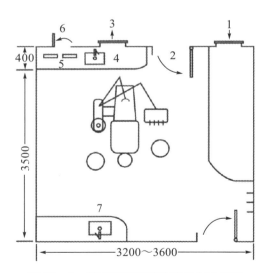

图 12-6　带有物流通道的诊室布局示意

1. 洁净物品入口；2. 医护人员出入口；3. 污染复用器械出口；4. 污物区冲洗池；
5. 尖锐、普通废弃物丢弃口；6. 废弃物室外取出口；7 医疗洗手池。

条件允许时，诊室外设物流通道，连通消毒供应室。通过该通道，洁净物品从"洁净物品入口"进入诊室。污染医疗用品在诊室口腔综合治疗台前方污物处理边台上分拣，复用医疗器械通过"污染复用器械出口"送出。普通废弃物和尖锐废弃物经台面上的相应丢弃口丢入其下的废弃物储存箱，废弃物储存箱内的垃圾袋可通过"废弃物室外取出口"从诊室外取走。废弃物储存箱面向诊室一侧的边台全封闭，向通道侧开门，以免污染诊室。医护人员可与患者共用诊室入口，亦可在通道侧多设一个入口。

二、口腔诊室的装修设计

（一）诊室的朝向采光

对于阳光直射的口腔诊室，牙科椅面向窗口布局，过强光线产生的眩光，容易造成医护人员的视觉疲劳，影响诊疗。应在窗户上安装百叶窗或纱帘，调节室内的光线亮度，避免眩光干扰。

修复科备牙、印模等无需自然光，用冷光灯照明完成治疗。义齿修复需要在自然光线下比色，可以更真实地反映自然光照下天然牙的色度和质地，比色准确，达到自然光照条件下修复体的色泽和天然牙无区别的美观要求。

口腔内科治疗也需要自然光照环境。例如，前牙的树脂充填修复，需要在自然光环境下与天然牙比色，选择相应颜色的充填材料进行修复，使充填修补的牙齿更接近天然牙的色泽质地；后牙的充填治疗可以在口腔综合治疗台冷光灯下完成。

对诊室朝向和窗户特点的合理应用，应充分利用其自然通风和光照特点。诊室的采光朝向要考虑我国不同地区的光照强度、医生的工作习惯以及建筑的朝向等因素。在我国西南地区，阳光直射入窗的时间少，可采用医生面向窗口的设计。在我国北方地区，坐北朝南的建筑采光条件好，布局选择的余地比较大；其他朝向的建筑上下午日照强度变化较大，宜采用侧光或背光设计。在拉萨等高海拔地区，阳光平射入窗的时间较长，以背光为宜。在我国香港、澳门、台湾地区，人员成本较高，医生希望能多做一些照顾患者的工作，可优先考虑服务因素，选用医生面向患者入口的方向布局。目前，各种照明灯具的性能已经很完善，较高性能的人工照明可以满足多种治疗需要。

（二）诊室的整体色调

有些诊所装修风格偏爱颜色简单、朴素，装饰简洁明快。有些诊所装修偏爱色彩绚丽、装饰繁复，大量设置背景墙、造型顶、彩色角线等。诊所应根据当地民情、风俗和诊所的艺术定位选择装修风格。诊室可根据其功能定位选择冷色调或温馨色调。例如，儿童诊室可以采用暖色调——红色、黄色、橙色，营造欢快童年和成长活力的氛围。手术室、外科诊室采用冷色调——蓝色或灰色，给人安静、平和、秩序、信任的心理空间。颜色可以改变建筑形式，起到扩展、缩短、拓宽、延长空间的视觉作用，并且使人产生天花板升高或降低的感觉。浅白色显得宽大明亮，深色显得暗淡狭小。合适的颜色可改变环境的外观，改变人们对建筑空间的感受，更利于有效地开展医疗活动。

（三）诊室的地面

（1）诊所若选择在商业楼房内，诊所周围环境好，进入诊室的道路为整洁、干净、无尘、无尖锐物的室内道路，建议诊所地面铺设医用地胶。医用地胶防水、防静电、防滑，质感柔和，整体效果好；地胶有弹性，器械坠地不易损坏。

（2）若诊所选在外部环境较差的平房或从室外道路直接进入的一楼，可铺设防滑瓷砖。瓷砖具有容易清扫、不容易划伤、不怕潮湿等优点。

（3）诊所若定位高端，选择在商业楼房一层以上，就诊人群素质较高，可选择木地板，让患者感觉优雅、舒适。

（4）面积较大的诊所，可在患者进入区、过渡区以及卫生间、消毒供应室铺设石材或瓷砖等硬质地面，候诊区、患者通道和诊疗区铺设医用地胶，VIP诊室候诊区铺设木地板局部地毯，使诊所地面铺设更加适应诊室分区功能的要求，美观舒适。诊所应有防止产生静电的措施，减少静电对仪器的干扰。

（四）诊室的墙壁

诊室墙面的装饰对患者应有放松、安静、减少焦虑的作用，并通过尊贵传统用色彰显诊所的文化传承，通过时尚潮流用色表达诊室的品位和对患者艺术素养的尊敬。

（1）诊所天花板多以白色为主。墙壁色样较多，金黄色显得富贵，红色显得温馨，蓝色显得冷静等，应根据功能要求，合理使用墙壁色彩。

（2）建议VIP诊室选择沉稳、内敛、优雅的色调，如高级灰，亦可适度使用富贵金色调；口腔诊疗区多选冷色；儿童诊室选择温馨色彩并装饰卡通画、播放动画视频。

（3）诊所入口和候诊区是诊所的形象，彰显诊所的风格与艺术定位，该区域墙壁的装饰特别是色彩装饰极为重要，力争设计出色、施工精细、效果完美。

（五）诊室的家具

候诊区配备皮革或布艺沙发，备用软座折叠椅；诊室以薄的吊柜和边台为主存放仪器、药品及其他用品。消毒供应室、抛光打磨室边台的台面选用天然石或人造石，易清洗、少污染。诊室的家具、器械台色调要和口腔诊所整体色调协调搭配，尽量选用相近色系。

（六）诊所的防火要求

消防法规、条例规定：面积 $10\sim20$ m² 有烟感器，$4\sim6$ m² 有温感喷淋头，$50\sim100$ m² 设置消防水栓、消防斧，灭火器是必备消防器材；二层楼房以上的安全通道应设立应急逃离器和应急设施。在购买或租赁房屋时，必须查验建筑监理部门的消防验收合格文件的正本并复印存档。装修时必须安装应急灯和带照明的"安全出口"示意标牌。施工时预留消防通道，安装有资质的防火门。装修完毕，消防部门验收合格，发放消防合格证书，方可正式启用。

（七）环境保护措施

根据当地主管部门要求，开设口腔诊所应先做环境评估（简称环评），各地的环评标准有差异，主管部门到开设地点实地考察、评估，做出批复，方可开设诊所。以下几条必须做到：

（1）诊所装修材料应使用有检验合格证、注册证的绿色环保建材。

（2）需设置专用暂存室临时存放医疗垃圾，专职机构上门收集或自己将医疗垃圾送往医用垃圾处理厂统一处理。

（3）X线检查室应做有效的X射线屏蔽处理，X线检查室不能泄漏X射线。经卫生和环保专管部门检验合格后发放使用许可证。

（八）诊室的结构要求与新风系统

1. 诊室的基础结构要求

一般诊室内净高大于 2.6 m，公共通道部分净高大于 2.3 m。

诊室地面需做抬高垫层时，垫层材料宜采用不吸水实芯结构。采用木龙骨支撑的抬高垫层，在安装口腔综合治疗台的位置下应加强龙骨，防止口腔综合治疗台晃动。抬高的垫层下应有良好的排水、通风、防潮、防鼠措施，防止鼠害以及意外漏水时泡塌地板。地板表面应有硬质耐磨涂层，色彩与诊室色调和谐。使用地胶做铺地材料时，要考虑地胶的表面硬度和耐磨程度，医生和助理的座椅脚轮滚动摩擦容易造成地胶磨损，影响美观和使用。

诊室墙壁宜采用可以擦拭的防水涂料，墙角应为有圆弧的阴阳角。水平方向不应有凹凸存在，减少灰尘沉积。墙壁饰面材料之间的缝隙应做封闭处理，防止藏匿细菌。壁纸表面凹凸不平、不易擦拭清洁、接缝容易开裂，故不宜采用。

顶棚内部如果有专业管路时，顶棚材料宜采用金属集成吊顶材料，石膏板吊顶时要确保其上的管路不会漏水，顶棚的设计应避免积纳灰尘。灯具应嵌入天花板，与之平齐，避免沉积灰尘。天花板飘落的灰尘污染治疗面，是增加医源性感染的危险因素，在诊室顶棚的设计施工和诊室使用的医院感染管理中均应高度重视这一危险因素的危害。

诊室内主光源位于平卧于口腔综合治疗台的患者的膝盖上方天花板内，提供诊疗区域的基础照明，形成治疗区周围柔和的环境光源。

对于口腔诊所多个诊室的设计应基本保持一致，方便医生在不同诊室工作。

2. 诊室的空气环境管理

口腔治疗时产生的粉尘、含菌的水雾气溶胶，是导致口腔诊室环境污染的重要组成成分。

一些建立在通风不良的楼房里的口腔诊所，通过新风系统改善室内空气质量，过长的密闭管道不容易清洗消毒，长期积累在管道里的污染物，直接污染新风并持续污染诊室。这类诊所宜在诊室里安装空气净化器，每台使用面积 $5\sim8$ m²。空气净化器应定期保养、清洗、消毒或更换过滤层。安装空气净化器后的诊室应定期做空气细菌培养、空气粉尘含量监测，并采用相应的空气质量改善措施，确保诊室空气合格。

在口腔诊所设计时，应将通风、采光、空气质量控制做通盘规划。通过口腔诊所室内的空气自然流通，与外界新鲜空气有效交换，使诊室内空气清新；通过治疗时口内强弱吸和口周空间抽吸器，吸除治疗产生的污染飞雾和气溶胶，从源头减低诊室空气污染，确保口腔诊所空气质量符合要求。

由于口腔医疗活动的特殊性，口腔诊室新风系统不同于普通居住房间的安装方式与要求。送风管路与吸风管路需分别设置。医疗区、办公区、设备区的管路不可共用。送风系统的出风口，根据口腔综合治疗台安装位置，应该设在医生工位身后的顶部；吸风口应设在助理侧前方的顶部。例如，患者平卧在牙科椅上，脚指向的位置是 12 点，出风口应该在 4 点位置，吸风口应该在 10 点位置。

（九）医用污物暂存与处理

医用污物垃圾暂存处应为专用封闭空间，外部有明显的标识。空间的大小根据诊所的规模确定。地面须瓷砖铺地、内墙瓷砖贴到顶，能够冲洗、消毒。废弃物的提取口应设在诊所之外的通道。暂存处内放置两个硬质材料垃圾容器，容器内衬有医疗垃圾专用回收塑料袋，分别装一般废弃物和尖锐器械毁形废弃物。由专业人员和车辆定期上门收集。医用污物暂存处的入口处，应备有专用毁形器械，用于一次性物品的毁形。在没有回收体系的地区，一次性用品首先要毁形，消毒处理后再送医用垃圾处理厂统一处理。

（十）紫外线杀菌灯的配置

紫外线杀菌灯有效杀菌半径为 1.5 m。紫外线杀菌灯安装位置过高灭菌效果不确定，安装高度应在 1.8~2 m。中小诊所宜使用移动式紫外线杀菌灯。豪华装修或规模较大的诊所，建议使用程控自动调整高度的紫外线杀菌灯，定时降到预定高度开启灭菌，结束后回升隐藏在天花板内。紫外线灯管要有使用时间记录，达到使用时间后及时更换灯管。

（张振国　罗　奕）

三、X线诊断设备区的设计

X线诊断设备是口腔诊所的重要设备。用于安装 X线诊断设备的射线屏蔽室应按照防辐射要求设计施工，射线屏蔽室不能泄漏 X射线。X线机的操作人员须经当地疾病预防控制部门岗前培训，获得上岗资格方可操作设备。

摄像室（射线屏蔽室），X线牙片机功率小，设备安装面积大于 4 m²；口腔曲面断层机、口腔 CBCT 机，安装面积大于 6 m²。不允许两台 X线设备共用一个房间。屏蔽室做射线防护，推荐使用 1~2 mm 铅皮（铅当量大于 1.0 mmPb），门和房间内六个面无缝隙全面覆盖。施工时用强力胶将铅皮粘贴在墙和地面上，不能用钉子固定。门框、合叶、锁头用铅皮压缝。无论使用何种防护措施，应先安装 X线设备，通过 X线机真实运行检查射线有无泄漏，合格后再做内墙面装饰。屏蔽室亦可采用 X线防护门定型产品。

安装 X线诊断设备，应预留有射线屏蔽措施的电源线和数据线管路出口，避免穿线时破坏屏蔽层。防护室视窗所用的铅玻璃造价昂贵，可以用摄像对讲系统代替铅玻璃视窗。

由于数字 X线诊断设备已经普遍采用，手工洗片的暗室设计不再赘述。

四、消毒供应室设计

为做好口腔诊所的医疗感染控制，诊所应设置消毒供应室。

为防止医疗器材交叉污染，消毒供应室要求人物分流、洁污分流。消毒供应室设置四个分区：污染医疗器材预处理区、消毒预备区、消毒灭菌区、灭菌物品储存发放区。消毒供应室设计应贯彻流程与隔离的概念，物品的收集、处理和发放应在不同的隔离空间内进行，物品在隔离空间之间通过隔离窗传递。待消毒医疗器械经污染物收纳口进入，通过传递窗口在分拣区、清洗打包区、灭菌消毒区传递，消毒灭菌后的医疗器械通过洁净物品发放口发出。由于地区差异，各地区对消毒供应室的具体要求不尽相同，有的地区要求器材进入口和各分区的连接处设置缓冲区，分区的隔离程度要求亦有差别。

诊所应设置医用垃圾暂存室，消毒供应室与医用垃圾暂存室的墙和地面应能清洗、消毒。

（一）污染医疗器材预处理区

在预处理区处理污染器材的主要程序是器材分拣、浸泡、清洗等。

从诊室送来处理的污染医疗器材，按普通废弃物、尖锐废弃物和处理后重复使用器械分类处理，前两类垃圾毁形、整理后分类包装，打印日期，集中存放在医疗垃圾暂存室，按时交由医疗垃圾收集机构集中统一处理。复用医疗器械经污染物品收纳口进入清洗、打包、消毒流程。

1. 污染物品收纳口

污染物品收纳口是复用医疗器械（如拔牙钳、牙挺等）进入消毒供应室的窗口，该窗口应为双门、带联动自锁的标准物料传递窗。窗口前设置污染物品分拣台，污染医疗器材在此分拣。该区应设工作人员洗手处。

2. 浸泡清洗区

浸泡清洗工作台较普通工作台宽，安装：①一次清洗池；②浸泡池；③二次清洗池；④护士洗手池。必要时设置超声清洗机。其中，浸泡池要有耐腐蚀密封性能好的上盖，二次清洗池应设蒸馏水龙头和水气喷枪，浸泡与清洗池下水口均应设置滤网，防止细小器件落入下水道。室内可安装视频对讲系统，方便与诊室联络。由收纳口进入的医疗复用器械，在这里完成浸泡、清洗过程。

（二）消毒预备区

浸泡清洗后的医疗器材经传递窗口，送至消毒预备区，该区安装的设备有：热敏封口机（高档机具有打印日期功能，以记载保质期）、超声清洗机、手机清洗注油机。该区工作台上方应设电源插座和供牙科手机清洗注油机使用的正压气源（气压 0.3 MPa，流量 20 L/min）接口，经浸泡清洗后的医疗器材在此进行深度清洗、保养、检查、分类、包装、打码后传送至消毒灭菌区。

（三）消毒灭菌区

消毒灭菌区安装消毒灭菌设备。消毒灭菌设备在高温下工作，每台设备周围 200 mm 空间内不得放置任何物品，以利散热。消毒灭菌区边台的承重和宽度应依据设备的要求设置。电力供应要适合消毒设备对供电的需求，应设置交流电，电压 380 V 和 220 V 双电源，功率 4~6 kW，以满足不同机型要求。应专路供电。蒸汽消毒过程中，水蒸气容易凝结在屋顶，建议屋顶材料使用金属集成吊顶。

需消毒灭菌器材分类放入压力蒸汽灭菌器里，如包装好的牙科手机、不锈钢裸件、布包装器具、液体药品、玻璃制品均应按照规定程序进行灭菌。灭菌器应能记录打印灭菌时间、温度、压力等信息。

消毒灭菌后的物品，传递至灭菌物品储存发放区。

（四）灭菌物品储存发放区

灭菌物品存放区由多个灭菌物品存放柜组成。存放柜设置双面可开玻璃门，方便灭菌物品从消毒灭菌区一侧放入，并从洁净物品发放口发放。灭菌物品存放柜可作为灭菌区和灭菌物品储存发放区的隔离墙。柜子的隔层上应设置物品信息标识牌。灭菌器材应分类放置在灭菌物品存放柜。灭菌物品储存区设发放窗口和边台，对灭菌物品分类登记，核对有效日期，发放签字。有条件时可通过灭菌物品包装上的条码，对发放物品进行数字管理。房间内及物体表面不得低于Ⅲ级洁净度标准。

（五）洁净物品发放口

全部洁净物品均由此窗口发放。

消毒供应室的操作台和物料传递窗口要具有连贯性，窗口的下槛与操作台面平齐，保证物料从传递窗一侧向另一侧传送时可以平滑推送。

消毒供应室在各个隔离空间及缓冲区均应设置空气自动消毒装置,按照设定时间对工作环境自动消毒。消毒供应室各隔离区应分别安装性能良好的通风装置。

根据诊所空间条件,消毒供应室可以参照"一字形"或"田字形"布局。

"一字形"布局的消毒供应室如图12-7所示,"田字形"布局的消毒供应室平面设计如图12-8所示。

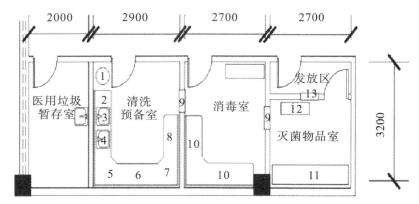

图12-7　"一字形"布局的消毒供应室平面设计示意
（单位：mm）

1. 丢弃物；2. 分拣区；3. 浸泡区；4. 清洗区；5. 干燥区；6. 检修区；7. 注油区；
8. 包装区；9. 传递窗口；10. 消毒灭菌区；11. 灭菌物品存放柜；12. 发放台；13. 领物窗口。

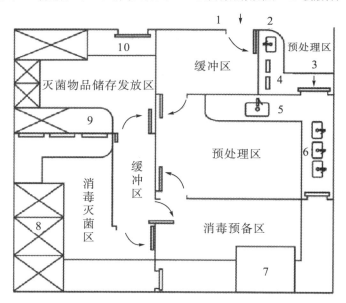

图12-8　"田字形"布局的消毒供应室平面设计示意

1. 工作人员入口；2. 分拣区洗手池；3. 污染复用品入口；4. 废弃物丢弃口（尖锐、普通废弃物）；5. 清洗区洗手池；6. 清洗、浸泡池；7. 手机自动清洗注油机及器械打包区；8. 消毒灭菌设备；9. 双面开灭菌物品存放柜；10. 洁净物品发放口。各隔离空间的物品通过传递窗单向传递。

部分消毒设备和自动清洗设备,工作中会排出高温废水,该类设备的排水口应加装排水降温设施。在我国湿度较大的地区，消毒供应室还应加装除湿设备。

五、手术区、手术室、种植治疗室设计

手术室配置，具有 6 台口腔综合治疗台或有种植手术的口腔诊所，建议至少设有一间手术室的门诊手术区。手术室面积大于 4.8 m×4.2 m，室内净高为 2.7～3.0 m。手术区设置专用外科洗手间，洗手池水龙头不少于 2 个，安装非手动开关。手术区应设进入缓冲区通道及患者通道。手术室内应达到Ⅲ级洁净度标准，空气洁净度 7 级，周边和手术区内 8 级。

手术室地面应采用防滑、防水、防静电、浅色材料，地面不设地漏。墙壁不得有横向的凹凸或棱角，纵向接缝须密封处理。墙壁与屋顶直角接缝应采用圆弧阴角，阳角亦须做圆弧处理。墙壁表面需采用耐擦拭材料，建议采用玻面材料，有条件时可采用一体化整体手术室。有条件的中规模口腔诊所，建议设置两间手术室，共用缓冲、刷手区的空间资源，手术与手术准备在两间手术室交替进行，以充分利用医护资源、提高工作效率。

手术室功能设置上，一间侧重种植手术，一间侧重牙槽外科手术。诊所手术室可设双层密闭玻璃窗，用于自然通风。

患者椅（手术台）位置：患者椅（手术台）靠背处于 45°位置时，患者头部位于手术室的长轴与短轴（净空间）交叉的十字线中心。

手术室全部挂装设备、气体终端、显示器、器械柜等应嵌入式安装。麻醉气体需有回收装置。手术区和数据中心建议专路电源供电，并设相应功率的 UPS 不间断电源。手术室应设应急照明灯。

开展种植诊疗需要专用的设备和相对独立的诊疗空间，种植治疗室应单独使用一个区域，如图 12-9 所示。应具备：①患者准备室。患者在此休息准备，穿鞋套、戴帽子、漱口后进入治疗室。②医护人员准备室。医护人员在此更衣洗手进入治疗室。③患者留观室。患者术后在此休息观察。治疗室面向诊所主通道应设置一个 1000 mm 以上宽度的子母门，以备急救推车无障碍通行。

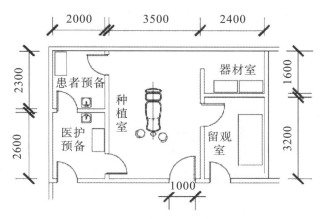

图 12-9　种植治疗室平面布局设计示意

（单位：mm）

种植治疗室应设置吸痰器、氧气、心电监护器、心脏起搏器、笑气、急救器材与药品，种植医生护士应接受系统的急救训练。

六、集中供气、供水与负压抽吸设备中心设计

集中供气、供水与负压抽吸设备中心的设计建设是口腔诊所设备系统建设的核心内容。设备中心应设置成两个隔离空间，分别为洁净设备区和污染设备区。①洁净设备区：该区安装空气压缩机、空气干燥机、进气净化设备、过滤器、空气压缩机管理器、水净化消毒和供水设备等洁净设备。空气压缩机应设置专用进气通道，设备区内设有专用室内新风设施及空气消毒设备，保证洁净设备区内环境清洁。洁净设备区的建设标准应达到Ⅲ级洁净用房标准。②污染设备区：污染区的环境应相对密闭，防止污染扩散，具有独立的通风系统和空气消毒设备。安装污水处理设备、集中负压抽吸器、废气处理设备等，集中负压抽吸器应设专用的废气排气通道，污水排出管路路径应尽量短，减少污物积存。

污染设备的排出物要全部进行无害化处理。

定期监测室内空气的污染程度，防止污染聚集与扩散。在选择污染处理设备时应尽量选购人工操作环节少、自动化程度高、具有远程控制功能的设备。同一处理系统的设备尽量选择同一厂家产品，如污水处理设备中的污水泵、废气处理设备、清渣处理设备等，这样各设备间的协同和后期维护保养均较方便。

七、供配电系统设计

口腔诊所一般无需高压供电。口腔诊所选址时应优先选择双路电源供电区域。根据口腔诊所的规模定制总配电箱。供电要确保三相五线制或单相三线制，在供电入口的适当位置做独立接地电极。诊所内用电设备的分相原则：①口腔综合治疗台；②全部动力插座；③洁净设备区；④污染设备区；⑤消毒供应室；⑥X线诊断设备；⑦空调和通风设备；⑧照明和办公设备（如电脑、冰箱等）；⑨景观和广告灯光等；⑩手术区和数据中心（有条件时可安装 UPS 应急供电设备）。分楼层的诊所可再设楼层分路控制配电箱。三相电用户要注意平衡搭配。满负荷时功能地线 N 与保护地线 PE 的电压差不得超过 1 V。X 线设备瞬间电流较大，供电线路要有足够的余量。控制元件与开关除⑨、⑩项以外应全部采用动力控制元件与开关。

八、医疗污水处理设计

口腔诊所的污水处理，根据国家 GB 18466—2005 要求：县级以下或具有 20 张以下住院病床的医疗单位，污水经过消毒处理方可排放。医疗污水包括消毒供应室的器械浸泡、清洗用水，口腔综合治疗台下水、诊区洗手池排水、集中负压抽吸器排水等。较大规模的口腔诊所应处理全部排出的污水，包括生活污水。排入市政下水管网的医疗污水要进行预处理，以达到市政污水排放标准。没有市政下水管网，污水直接排入天然水体的诊所要对医疗和生活污水进行彻底处理，达到地表水标准后排放，设备和处理过程均较复杂。

目前已有不同规格的小型一体化污水处理设备产品，能满足诊室的污水处理要求。污水处理设备应安装在下水道附近。集中负压抽吸器排出的污水黏稠、污染重，应邻近污水处理设备安装。中小规模口腔诊所多使用一体化的污水处理设备，由于所处环境不同，污水处理设备排水管路的安装要求也不同。如图 12－10 和 12－11 所示，污水处理设备排水管路布局有两种适应条件。

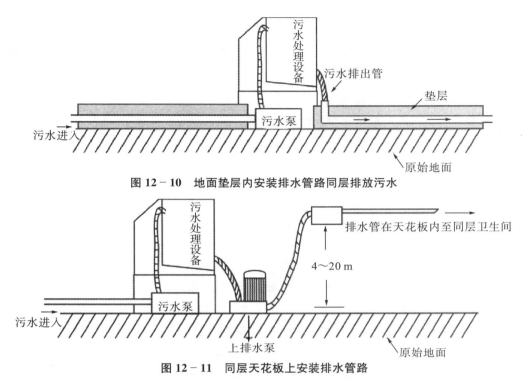

图 12 - 10   地面垫层内安装排水管路同层排放污水

图 12 - 11   同层天花板上安装排水管路

（1）地面垫层内安装排水管路同层排放污水：适用于建在写字楼里或只有一层的口腔诊所，诊所所在建筑空间内有下水管，诊室地面做了抬高垫层，其内可以布置诊所污水排水管路，连接诊所污水处理器和建筑物污水管路。

（2）同层天花板上安装排污管路：诊所所在建筑空间内没有污水排水管路，其他房间地面不允许布置排污管路，楼板不允许开孔，只能将处理后的污水通过安装在天花板内的排污管路排到同层的建筑污水管路内。

九、装修工程的监管与验收

装修工程的监管与验收是保证装修质量的重要措施。除聘请专业的工程监管部门实施监管与验收外，以下一些简单易行的方法可供业主参考。

（一）使用材料的评定

在施工现场收集所用材料样品，包括带有标识的材料片段、外包装等，送到专业部门鉴别，电路元器件、线缆、开关等拍照后到专业市场比对。能比较准确地了解材料的真伪和品质。

（二）电路系统试验

关闭所有用电设备和照明后，总电表应无运转；开、关检查各个控制回路准确有效；保护地线与功能地线之间无电压差；有漏电保护的部分，断路这两个地线时，保护器应瞬间动作；照明器件不能有闪烁和鸣响等。

（三）供水系统泄漏试验

管路正常供水后，关闭全部用水开关，总水表不应运转。

（四）供气管路泄漏试验

供气系统安装完成后，空气压缩机通电供气，关闭所有管路出口的阀门，停止一切用气点用气，空气压缩机自动停机后，在 12 小时内空气压缩机不应自启动。

（五）新风系统试验

诊室内要求新风流向适合医疗操作布局，在口腔综合治疗台的手术灯下方粘贴纸条，观察纸条运动方向以判断新风流动方向。手术室的新风系统应在室内外设压差计，以便随时观察压差。

（六）污水管路试验

污水排出管路是全部专业管路中的重中之重，在管路施工过程中要优先保证污水管路的坡度，其他管路应给污水管路让路，污水管路应该直通少弯，路径最短。管路落差大于3‰，直角弯落差为 1 mm。在落差较小的情况下，应先考虑落差后考虑管径。例如，在有限的垂直空间中，使用直径 50 mm 的管路时落差为 3‰，而使用直径 75 mm 的管路时落差低于或等于 1‰，前者的污水在管路中的流动性大于后者。必要时使用污水管路负压抽吸器增加污水流动性。污水管路简单的检验方法：①将管路灌满水，在各个排水点和终点测量其水面距离管路底部的距离即可计算出落差。②将管路灌满染色水（用红墨水染色），打开直通阀 15 分钟后，寻找存有染色水的排水点，显示该位置落差不足，容易发生淤堵。污水在管路中的积存对口腔诊所的影响很大，应当彻底根除。新建口腔诊所启用时，应彻底冲洗污水管路，排出装修时残留在管路中的杂物，避免管路积存异物加速管路堵塞。

十、特殊环境口腔诊所的设计思路与移动口腔诊所

我国如西藏地区、油田、特殊任务封闭地区等，设备配置要考虑到维护不便带来的影响，其水气集中供给和负压抽吸系统设备配置方案要主、备分明，并能自动联动。此外，还应有备用措施和方案，做到无论任何设备出现故障均不影响系统的正常运行。

目前，流动口腔诊所逐步进入口腔医疗市场。车载式口腔诊所有搭建式和专用口腔诊疗车两种配置方式。①搭建式：使用专用的口腔设备和搭建器材，用汽车运至医疗现场，搭建一个口腔诊室。该方式可避免长期养车负担，可租用合适车辆运输设备器材。②专用口腔诊疗车：将口腔医疗设备安装在汽车内，形成移动口腔诊疗空间，医疗活动在车内进行。这需要注册口腔医疗用途的车辆。汽车本身就是一个完整的机械设备，它有完整的气压、空调和供电系统，适度改造并安装口腔综合治疗台即可以使用。口腔诊疗车参考布局如图 12-12 所示。

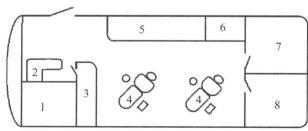

图 12-12 口腔诊疗车参考布局
1. 驾驶室；2. 导诊台；3. 更衣室；4. 治疗台；5. 器械台；
6. 无菌物品储存处；7. 消毒供应室；8. X 线检查室。

治疗用气、水设备，污水处理设备，污物暂存处，设在汽车底部的行李舱内。

（刘　平）

第四节　技工室（所）的布局和装备要求

技工室（所）是修复体的制作单位，是口腔医院、大型口腔诊所以及口腔技工加工所的重要组成部分，对其建筑装修有明确的要求。首先，要保持室内空气洁净，有些化学合成剂挥发性较强，需要强行排出室外，所以在建筑或装修时，需设换气装置，以保持空气流通。在有条件的口腔科，排水各支管排到主管道前，需设沉淀池、过滤池；主管道单独施工用直径为 110~130 mm 的聚氯乙烯（PVC）材质的下水管道。口腔技工室（所）平面设计如图 12-13 所示。

图 12-13　口腔技工室平面设计示意
（单位：mm）

1. 工作室；2. 灌胶热处理室；3. 铸造室；4. 模型室；5. 烤瓷室；
6. CAD/CAM 制作室；7. 喷砂室；8. 更衣、休息室；9. 办公室。

一、工作室

技工室（所）的使用面积应根据口腔医疗机构的规模和技师人数而定。工作室的采光要合理，防止眩光产生。技师在精密制作时，需要集中精力，细心操作，良好的自然光有利于减轻眼睛的疲劳，保证视力不受影响。技工台一般高度 780~820 mm，功能要齐全、操作要方便。配备低压冷光、滤色的照明灯；配置技工用微型调速电动马达，要求扭矩大、转速为 0.25 万~3.5 万 r/min、体积小、操作灵活。要安装负压吸尘系统，把打磨下来的颗粒物吸附至收集器并集中处理。高档技工台还需配备电蜡刀、气水枪等。

灌模干燥后的石膏模型，按照门诊工单的色号配置牙，在工作室完成雕刻蜡形和排牙，然后去包埋灌胶等工序；铸造件、热处理后的塑胶义齿等都要在工作室完成。

二、模型抛光室

模型室又称灌模室，常用设备包括真空搅拌机、振荡器、石膏模型修整机、抛光打磨机等。其主要功能是石膏模型修整、震荡灌模、模型制作、包埋、复制模型、抛光等。视口腔医疗机构规模大小，一般模型室的使用面积为 8～12 m²，主要设施有电源、气源、水源和边台。方形水池设在边台上，边台下必须设沉淀池，排水孔留在沉淀池深度的 1/3 处，池底有足够的沉淀空间，每天下班前清理沉淀的固形物。

三、灌胶热处理室

灌胶热处理的主要流程为冲蜡 → 灌胶 → 压盒 → 煮盒热处理。将相应设备按顺序放置在边台上。灌胶热处理室应配置冲蜡机。冲蜡机有电热和蒸汽之分，水温在90 ℃以上，喷头小巧、灵活、使用方便，带废蜡收集功能。灌胶台半密封，要有抽气装置，把过滤的化学气体排出。压榨器固定在边台上，有液压和气压两种类型。热处理俗称煮盒，使胶聚合固化。原始办法为放在水里煮，后来改用蒸汽处理，现在采用电热煮盒，配有温度自动控制器。该室为高温度、高湿度环境，需要安装通风换气设备。

四、打磨抛光

把冷却后的成型塑胶义齿牙盒清除石膏，整理后，需要在工作室里去毛刺、打磨粗糙表面，然后去抛光室，进行抛光处理。铸造件亦是如此工序。

五、铸造室

电源为交流电，电压为220 V、功率为20 kW，或电压为380 V、功率为10 kW，有良好接地。铸造室的主要设备有除蜡箱，旧的办法是手工浇热水除蜡。高温电阻炉（茂福炉）的主要功能是加热铸圈里的铸模，熔去蜡形的蜡。高频、工频自动离心铸造机，进行贵金属熔化和铸造。由于去蜡、熔化金属时会产生异味，需要安装排风换气设施。

六、喷砂室

喷砂室的主要功能是加工、抛光修复体。设施有电源、气源、水源和边台，主要设备包括喷砂机、笔式喷砂机、高速切割打磨机、技工用打磨机等。供气压力不低于0.7 MPa，空气流量不低于150～200 L/min。该室为粉尘环境，除配备过滤除尘装置外，还应安装强力排风系统。喷砂机的主要功能是用高速气流吹动细砂，清除修复体表面的包埋材料。

七、烤瓷室

烤瓷室的主要功能是将瓷粉烧结在贵金属的制备牙表面，制作烤瓷牙。烤瓷室主要设备包括电解抛光机、超声清洗机、烤瓷振荡器、烤瓷炉、铸瓷炉、烤塑固化机等。烤瓷室要有自然光，有利于准确比色；室内恒温、恒湿，安装空调而且避免对流冷风以防裂瓷。

八、CAD/CAM 制作室

一代 CAD/CAM 是二维在石膏模型上扫描，将信息传给制作机数码切削而成。三代 CAD/CAM 的传感器直接从患者口腔内扫描，提取数据并传递给 CAD/CAM 制作而成，省时省力，精确无误。

（张振国　罗　奕）

第五节　集中供气与负压抽吸中心设计与装备

小规模口腔诊所，如装备一至几台口腔综合治疗台，可采用单台牙科椅单台空气压缩机供气和使用牙科椅内置负压装置的方式工作，不设置中心集中供气和集中负压抽吸系统。多台牙科椅一般采用集中供气和集中负压抽吸系统，经济且易于管理维护。

一、集中供气系统

（一）集中供气系统需要气量的估算

高速涡轮手机的工作气压为 $0.20\sim0.25$ MPa，单支流量为 $30\sim40$ L/min；低速气动马达的工作气压为 $0.25\sim0.28$ MPa，单支流量为 $35\sim45$ L/min；三用枪工作气压为 $0.15\sim0.20$ MPa，单支流量为 $15\sim18$ L/min；空气气压式吸唾器工作气压为 $0.45\sim0.5$ MPa，流量为 $60\sim65$ L/min。临床工作中单台牙科椅常开启一支吸唾器和一支手机，其使用频率大约为 $30\%\sim40\%$，如此可估算出单台牙科椅的耗气量。

根据口腔诊所、口腔门诊部、综合性医院的口腔科等患者就诊量，系统气压和流量损耗，根据口腔综合治疗台强力抽吸器（空气气压式吸唾器）和各种牙科手机用气量的技术资料，综合取基数估算，单台牙科椅需要的供气源压力应为 $0.45\sim0.50$ MPa，消耗流量为 $110\sim130$ L/min（含空气气压式吸唾系统）。已经使用负压抽吸系统的供气压力不变，流量可以减少至 $45\sim50$ L/min。据此可以初步计算出集中供气系统的气压和流量，以选用合适的供气设备。

（二）供气的质量与影响因素

压缩空气是由多种气体混合组成的，主要成分是 N_2 和 O_2，还有极少量的 He、Ar、Ne 等惰性气体，水蒸气，CO_2，以及一些其他气体和成分。

（1）水分：大气中潮湿的空气经过压缩冷凝后，产生的水分在压缩空气管道和储气罐中，它会腐蚀空气压缩机和管道。较先进的空气压缩机有自动排水装置，储气罐的最底部一般安装有自动排水装置。没有自动排水装置的需定期人工排水。

（2）油分：除空气中含微量的油气外，有油空气压缩机本身会产生油气，无油空气压缩机不产生油气。

（3）粒子：大气中含有颗粒物，经过空气压缩机压缩混杂在压缩空气里；空气压缩机的高速摩擦也产生颗粒物，混合在空气中。这些颗粒物可堵塞、损害各种手机的管路，影响旋转系统，使其转速变慢。同时微生物的浓缩也会给治疗带来污染。

（4）异味：空气压缩机机房内和压缩机吸气口附近不应有任何异味和空气污染源。

（三）供气设备的布局

1. 供气系统设备构成

集中供气室主要设备有空气压缩机、储气罐、冷冻或热干燥机、过滤器、减压系统、电控系统等，为口腔设备提供清洁、干燥、无油的气源。空气压缩机启动的次数和工作时间根据口腔综合治疗台用气量的多少而定。一般应配置备用机，以便进行检修。可用"供气系统控制器"实现自动控制、排水，以及故障自动应对。完善的口腔医疗气源供应设备安装顺序为：空气过滤 → 杀菌净化器 → 空气压缩机 → 一级过滤器 → 储气罐 → 干燥机 → 二级过滤器 → 调压控制器 → 口腔综合治疗台。由于空气中污染物较多，使用空气杀菌净化器能杀灭空气中 96% 的细菌，还能去除部分化学污染物。

电控系统的电源容量要满足空气压缩机负荷要求，防止空气压缩机启动时造成电压突然降低，影响其他用电设备。应设置单独空气开关控制，用气量少时可能启动一台空气压缩机，用气量增加时另一台同时启动，依次顺加；反之逐步减少启动空气压缩机。

2. 机房设计要求

集中供气室的使用面积取决于口腔综合治疗台的装备数量，选择空气压缩机大小而定，一般应在 8 m² 以上；室温不超过自然温度 5%，要通风良好；室内设有地漏，以便空气压缩机排水。集中供气室的房顶、门窗、墙壁应有消音降噪或隔音措施，设换气口。电源要求交流电，电压 380 V、功率大于 8 kW，或电压 220 V、功率大于 15 kW，应有良好接地线和短路保护系统，按照国家标准施工。集中供气室的平面设计如图 12-14 所示。

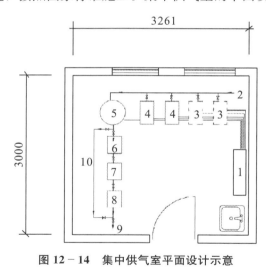

图 12-14　集中供气室平面设计示意
（单位：mm）

1. 电控箱；2. 供气管；3. 可以增加的空气压缩机；4. 现有的空气压缩机；5. 储气罐；
6. 油水分离器；7. 冷冻干燥机；8. 减压系统；9. 接诊室供气口；10. 旁路管道。

二、集中负压抽吸系统管路及安装要求

部分口腔综合治疗台还在使用气压发生器产生负压吸唾，它安装在治疗机的箱体里，从患者口腔抽吸的含菌空气和液体在负压发生器分离。含菌气体排放到诊室里会造成诊室空气污染，含菌液体流入下水道造成水污染，应逐步淘汰。负压抽吸系统通过真空泵直接把患者口腔中的含菌气雾、液体、颗粒物等污染物通过管道抽吸到分离罐，然后分离处理；重金属沉淀在储渣器，气体经过消毒过滤排出室外，液体进入污水处理系统，大大减少诊室的环境污染。负压抽吸系统已成为现代口腔诊所的必备设备。负压抽吸系统主要由真空泵、气水分离罐、过滤器、重金属分离器等组成。根据系统功率大小，供不同台数的口腔综合治疗台使用。口腔综合治疗台数量多，可以增加真空泵；反之则减少。

如果口腔综合治疗台数量少，直接选择一拖一、一拖五……的真空泵就可以满足功能要求。口腔负压中心（10台以上）布局如图12-15所示。负压抽吸系统安装在独立房间。

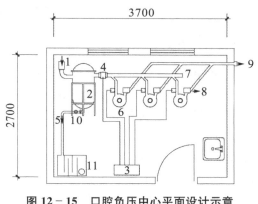

图 12-15 口腔负压中心平面设计示意
（单位：mm）

1. 抽吸口；2. 水气分离罐；3. 电控箱；4. 传感器；5. 自动放水口；6. 真空泵；7. 可以增加设备的延伸管；8. 空气过滤消毒器；9. 伸向排气口；10. 金属分离器；11. 污水处理池。

其主要结构和功能如下：

（1）电控系统：与供气室的电控系统基本原理相同，如果口腔综合治疗台使用得少，需要一台真空泵启动；使用得多需要多台启动，由负压传感器的信号控制启动。如果某台需要检修，关闭管路、断开电源即可检修。

（2）气水分离罐：从口腔综合治疗台吸出的是颗粒物（备牙粉尘等）、液体和气雾，经过分离罐分离。液体沉淀下来并流进污水处理池；气体通过再过滤、消毒，排到室外；固形物需定期清理。

（3）重金属分离器：从气水分离罐分离出来的液体含有银、汞，还有金属磨削粉等金属，重金属分离器收集金属，液体排进污水处理池。

（4）空气过滤消毒器：每台真空泵的排气口应设过滤消毒系统，有多种过滤材料，主要有触媒、活性炭等。过滤后的洁净空气排到室外。过滤材料使用 600~800 小时需要更换，否则失效。根据 GB 51039 中要求，负压抽吸系统废气排出口必须装有废气处理器。

（5）抽吸管道：建议采用聚丙烯（PPR）、聚氯乙烯（PVC）塑料管或不锈钢管，管路中不能使用 90°弯头，可用两个 45°的三通弯头实现 90°管路转向；主管上的分支使用 Y型管最好或 45°三通弯头。其主要管径和数据参考表 12-1 中的要求。

表 12－1　负压抽吸系统要求

椅子台数	真空泵台数	电压 AC（V）	功率（kW）	主管直径（mm）	长度（mm）	末端直径（mm）	长度（mm）
2	1	220	0.42	40	15 000	30	4 000
6	2	220	0.55	50	20 000	30	6 000
12	3	220	0.75	70	25 000	30	10 000

（6）污水处理系统：把负压抽吸分离的液体连接到污水处理系统。污水处理设备安装设置在负压机房，若有空间可以设置污水处理机房。负压抽吸系统的排气口须通往室外，加装空气污染处理降噪设施，无害化后排入大气。

（刘　平　张振国　张志君）

三、空气压缩机选择与配置

空气压缩机（air astringent machine）简称空压机，俗称气泵。其作用是：将电能转换为机械能，通过机械能加压于自然空气，使之成为压缩空气并贮存在贮气罐中，通过管路送至口腔综合治疗台。压缩空气是动力传递媒介，用以驱动涡轮牙钻等设备。

（一）结构与工作原理

空气压缩机分有润滑油型（有油空气压缩机）和无润滑油型（无油空气压缩机）两大类。有油空气压缩机包括皮带活塞式、旋片式、单螺杆式等类型。无油空气压缩机包括电机直连驱动膜片式、电磁驱动膜片式、旋涡式等。口腔医疗常用的有油空气压缩机为皮带传动活塞式和单螺杆式。无油空气压缩机多为电机直连驱动膜片式和旋涡式。各型的空气压缩机特点分述如下。

1. 有油空气压缩机

有油空气压缩机的润滑油具有润滑、降温、密封和吸附磨损碎屑等作用，其工作状态平稳、效率高、寿命长（8～12 年），特别是单螺杆式空气压缩机由于其没有往复运动机件，工作更为平稳。缺点是：压缩空气中含有少量油雾，随着设备使用年限的增加，这种现象会加重，造成压缩空气污染。皮带传动的机械结构适应性较好，所以皮带式有油空气压缩机具有不同大小多种规格。由于螺杆机械强度限制，小型螺杆空气压缩机比较少，在实际应用中，10 台口腔综合治疗台以下供气规模的不宜选用螺杆式空气压缩机。螺杆式空气压缩机对润滑油的要求较高。

2. 无油空气压缩机

无油空气压缩机的全部运动部件无润滑油润滑，使用寿命较短（5～8 年）。工作中没有润滑油对磨损碎屑的吸附作用，碎屑随气体喷出会形成对口腔治疗区的污染。由于没有润滑系统，膜片的行程较短而直径较大。受此限制，无油空气压缩机单泵的体积、功率不会太大，通过增加单泵数量以达到对较大供气量的要求，但多泵工作存在协调问题。无油空气压缩机的供气量不太容易满足中、大规模口腔诊所的用气需求。膜片式无油空气压缩机对膜片的精度和机械强度要求较高，损坏后修复较为困难。其工作效率相对较低，相同用电负荷下，产气量及压力低于有油空气压缩机。随着制造技术的提高，轴流式无油空气压缩机逐步走向市场，其气体压缩部分运行时无机械摩擦，依靠高速旋转涡轮产生风压，通过单向阀控制将气体压入储气罐，效率高。但是，由于其转速较高，噪声较大。

实际应用中，无论采用何种结构原理的空气压缩机，完善的空气过滤和净化处理设备不可或缺，这是决定口腔医疗用气气源质量的关键。空气压缩机的主要功能是提供一定流量、流速和压力的压缩空气源，经过净化处理的压缩空气才能达到口腔医疗用气的要求。

第六章已介绍了空气压缩机（有油空气压缩机和无油空气压缩机），此章不再赘述。

（二）供气系统的配置

使用空气压缩机的指标是其产气能力，即"排气量"（L/min 或 m³/min），单台口腔综合治疗台的用气量应大于 45 L/min。多台口腔综合治疗台共用空气压缩机，可按照如下公式计算排气量：

$$排气量 = (45-n)\,n$$

排气量是指空气压缩机在 0.4~0.45 MPa 压力时的排气量，单位是"L/min"，n 是口腔综合治疗台的台数。该公式适用于 10 台口腔综合治疗台以下的规模供气测算。

使用无油空气压缩机时所需排气量应增加 15 L/min 左右。一般口腔诊所配置空气压缩机应在两台以上，以防故障影响使用：一个具有 10 台口腔综合治疗台的诊所，应该配置两台"一拖五或六"的空气压缩机和一个空气压缩机管理器，两台空气压缩机交替工作。一台空气压缩机即应满足口腔门诊工作的正常用气量，当用气量提高时两台空气压缩机自动同时工作，用气高峰结束后继续原先的单机工作状态。这样可以在最小用电负荷情况下满足口腔诊所用气要求，噪声、产热量均较低，且节电、环保。医疗用空气压缩机最大工作压力小于 0.8 MPa。

完善的供气系统应该由以下几个部分组成：①空气无菌化净化器；②空气压缩机；③两级过滤器；④干燥机等。在空气压缩机的进气口应加装空气前处理设备，以减少空气中的粉尘和细菌带入压缩空气，进入治疗面，造成医源性污染。

干燥机有热式干燥机和冷冻干燥机两种。热式干燥机中心温度大于 150 ℃，具有抑菌和干燥的双重效果，冬季还可提供适宜温度的气源（37 ℃）。冷冻干燥机由于内管路冗长，温度适宜细菌滋生，不利于消毒。

（刘　平）

四、集中负压抽吸器的选择与配置

集中负压抽吸器由真空泵、汽水分离装置、分路阀三个部分组成。真空泵是负压抽吸系统的动力源，气水分离装置是负压抽吸物的分离排出装置，分路阀是安装在口腔综合治疗台地箱处的控制阀。负压抽吸管路系统的安装要求详见相关章节。集中负压抽吸器是口腔治疗的辅助设备之一，也是口腔治疗、洁牙等常规操作中必不可少的重要工具。在操作过程中使用负压抽吸器，目的不仅仅是清理操作面，主要是及时吸走治疗中产生的液体、飞雾（唾液、血污，以及手机、洁牙头喷出的水雾等），减少操作对治疗范围内的污染。

真空泵有两种形式：①旋涡式真空泵（干式）；②水环式真空泵（湿式）。

旋涡式真空泵：电动旋涡负压吸气机驱动电机功率达到 1.2~1.6 kW 时，可获得 -14~-20 kPa 的负压。一套抽吸装置能够满足 4 或 5 台甚至更多台口腔综合治疗台使用，多台口腔综合治疗台时可增加风机的台数。此类集中负压抽吸器，抽气风机只抽走气体，没有液体，故称之为"干式"抽吸。这种抽吸方式气体和液体分离彻底，在排出的液体中没有气体，所以在排水口没有气体污染；而由风机吸出的气体中水分很少，可以通过管道排到指定的位置。因此，"干式"抽吸器对安装环境的污染较小。其抽吸流量大，相对压力较低，适合管路口径比较大的安装环境和口腔综合治疗台，可以最大限度地吸走更多的治疗飞雾，在减少污染的程度上优于"湿式"抽吸器。

水环式真空泵：其金属叶轮在金属壳体内高速运转时用水作为密封介质，工作时除了用电外还应有水源连续供水，否则不能产生负压，并可能烧毁泵头。密封水与抽吸出的气、液混合物一同排出，在没有加装气液分离罐的情况下，会在排出口造成气体污染。由于工作中需要供水，在北方安装时要考虑防冻。该抽吸器产生的压力大，相对抽吸流量小，适合于管道口径较小的安装环境。全科医院所用的集中负压抽吸器（吸痰器）多为水环式真空泵，在管径较小的情况下，压力较大适用于抽吸手术的血液混合物和气管中的痰液等黏稠液体。这种负压抽吸器不适合频繁开、关的工作状态，一般多用于全科医院的集中吸痰系统，并且需在每个抽吸口加装分离罐，需人工随时清洗，不适合口腔科使用。

在全科医院的口腔科或有住院部的口腔专科医院，往往共用一套负压抽吸系统，会造成牙科治疗时抽吸流量不足，住院部使用时压力不足的现象。需要加装辅助设备改善。

中、大规模的口腔诊所的集中负压抽吸系统应设气水分离罐和完善的自动冲洗、排水装置。日常使用时，负压管路中的污物最终潴留在气水分离罐中，由于污物的比重不同，大比重的部分往往沉积在分离罐的底部，阻碍排水影响使用。人工清理不仅麻烦而且污染严重，自动冲洗可使沉渣混悬于水中顺利排出。在排水口还应加装沉淀池，用以容纳沉渣并便于清理，避免影响排水系统。根据使用情况，定期清洗气液分离罐，重点是分离膜片，并确保分离罐中液位感应器灵敏。

无论何种形式的抽吸器，在口腔综合治疗台一侧（地箱内）均需安装分路控制阀，让不使用负压抽吸器的口腔综合治疗台处于关闭状态。控制阀的封闭程度会影响负压抽吸系统的总体压力，膜片阀容易泄漏；球式阀关闭元件能有效阻断气体泄漏，从而降低系统的整体功耗和噪声。应定期检查抽吸器管路和关闭阀，防止因泄漏影响系统性能。

负压抽吸系统的结构如图 12 - 16 所示。

负压抽吸器应安装在全诊区的最低点。

若用普通外科使用的电动抽吸器代替口腔负压抽吸器，其废气直接排放在诊室内，会污染诊室空气。污染物吸入污物瓶需人工清除，易造成污染。若污物瓶不经消毒放置在手术室内，则会成为持续污染源。

集中负压抽吸器是减少口腔治疗过程中飞雾污染的重要设备，其流量应尽可能大，这不仅要求设备适合大流量抽吸，负压管路也需要大直径和较小阻力。

口腔诊所所用的负压抽吸器中还有两个具有特殊功能的设备，即空间抽吸器和污水管路负压抽吸器。

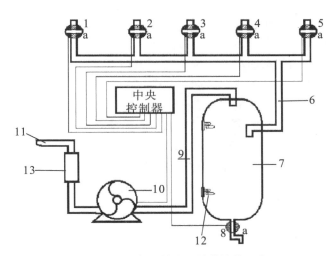

图 12－16 负压抽吸系统的结构示意

1~5. 口腔综合治疗台；6. 连接管路；7. 分离罐；8. 分离元件；9. 连
接管路；10. 旋涡吸气机；11. 排气口；12. 液位感应器；13. 废气净化器。

（1）空间抽吸器：抽吸口悬置在患者面部上方，对患者口周形成较强负压区，吸走治疗产生的大部分飞雾气溶胶。其系统由一个大流量轴流风机作为主机，通过预埋在建筑里的管路和控制线，连接到口腔综合治疗台左前方位置的延伸臂和吸口。喇叭形吸口可以固定在患者的面部上方。设备工作时，在患者口腔周围形成负压区，吸除患者口内的治疗飞雾和气味，减少医疗飞雾污染。空间抽吸器的主机有一拖五至一拖二十的产品，可根据口腔综合治疗台的位置布局。

（2）污水管路负压抽吸器：对于污水管路过长、坡度较小的布局情况，除了使用大功率集中负压抽吸器，减少污水管路中的黏稠污物滞留外，可使用污水管路负压抽吸器，减少污水、污物在管路中的存留。残留的污水污物不仅妨碍排污，其发酵腐败后的逸出气体，会污染诊所使之成为"臭诊所"。

（刘　平）

第六节　口腔医疗管线设计与布设

一、口腔医疗管线构成

（一）污水管路

污水管路将口腔诊疗活动中所有的污水产生设备连接到污水处理设备，需处理的医疗污水包括消毒供应室污水、口腔综合治疗台和治疗位洗手污水、检验科污水、门诊手术室污水等。材料用 PVC-R，排水管主管直径不小于 50 mm。

需根据实际情况选择管道直径，路径越长管道直径应越大，医疗污水和生活污水必须分管路设计排放，医疗污水必须经过污水处理。污水处理设备安装位置要有直通阀，条件许可应分区就近设置直通阀，所有排水点接口处要使用防臭接口。管路设计时要采用路径最短、拐弯最少的方案。直角拐弯处应采用两个 45°连接方式。直角的拐角处和管路的末端要设置疏通口，其疏通方向应该与水流方向一致。设在地下管路的疏通口要在地面上预留疏通位置，设在顶棚内的疏通口要在顶棚上预留检查孔。这些设施要避开手术洁净区，必须设置时要有密封措施。污水管路疏通口如图 12－17 所示。

部分消毒设备和手机清洗机的排水有一定的温度，这时应采取降温措施。

根据我国建筑给排水规范要求：污水排出管路的落差（坡度）不得小于 3‰，在口腔诊所的污水管路设计中，污水管路长度指的是实际管路的长度，不是两点之间的直线距离，每一个 90°的转弯应增加 1‰，即每米长度污水管路落差是 3 mm，每个 90°的转弯增加落差 1 mm。根据这些数据和管路设计长度，计算出污水管路两个点的高度差，确定地面垫层高度或地沟深度。

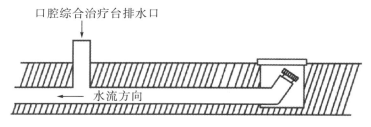

图 12－17　污水管路疏通口示意

在污水管路设计中，污水管路越短，所需坡度越小；坡度和管径互为倒数关系，在同等长度的情况下，口径加大、坡度自然减小，污水流速下降，流通不畅，故采用较小口径的管路，可使坡度增加。减小管径势必影响流量，可多管并行或使用扁平管，进而降低垫层的高度或地沟深度。如果口腔医疗设备多，实际占地面积大，垫层高度受限，可以采取部分管路隐蔽在地面之下，部分管路设在地面之上的布设方式，如图 12－18 所示。

图 12－18　侧壁式污水管路安装示意

这需要选购侧跨排水式的口腔综合治疗台（其他排水形式的应加以改造），这样排水点距离地面的高度在 220 mm 左右。利用这个排水高度，就可以满足整个诊区的排水管路达到标准要求。

为保证较大的流量，污水管路可以分组设计，设备所占平面积较大时，根据诊区分布可将污水管路分组布置，同时进入污水处理设备的提升泵或主系统排水口。消毒供应室、手术洗手室污水流量可瞬间增大，应专路设计；否则在坡度小的情况下，消毒供应室的排水会逆向流动到近端的口腔综合治疗台排水口，密闭不好时会造成短暂的冒水。分组布置的污水管路如图 12-19 所示。

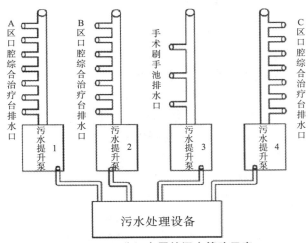

图 12-19 分组布置的污水管路示意

污水管路不应从洁净室、强电或弱电机房，以及重要的医疗设备用房的室内或顶棚内通过，必须通过时应有有效的防漏措施。在实际管路布设施工过程中，应该采取污水管路优先的操作程序，首先保证污水管路的坡度和距离为最优化状态，所有管路应该为此让路，以保证使用中污水残留最少、污染风险最低。

在污水管路的末端还可以设置"快速疏通口"。利用口腔诊所的压缩空气，通过污水管道末端的快速疏通口，清除管路中残留的污水、污物，减少污水残留带来的污染风险，如图 12-20 所示。

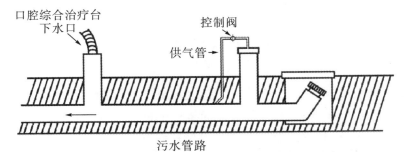

图 12-20 利用口腔综合治疗台压缩空气的污水管路快速疏通口设计

安装口腔综合治疗台时，其下水口与污水管路连接的地方要加装防臭措施，连接处要密闭。口腔综合治疗台排水管的长度要适宜，当口腔综合治疗台上升到最高位时，污水管道内不得有存水的现象。在实际使用中，口腔综合治疗台停止使用时，应将其升到最高位置，尽量排出牙科椅污水管路里的存水，减少潴留污水发臭和污染。地下管路出口应高出地面 60 mm 左右。过高时，会造成牙科椅连接软管处积水；过低时，当管路出现堵塞或流动受阻时有冒水的可能。

在污水管路中可设置污水负压抽吸器，该设备可使污水管路内形成负压，有效解决因坡度不够引起的污水流动不畅。具体的产品数据和使用方法可咨询生产厂家。

口腔诊所的污水管路材料尽量采用 U-PVC 给水管材，耐压和机械强度更好。对可靠性要求高的系统，污水管路要进行加压试验，使用 0.15～0.20 MPa 压力，24 小时加压测试。这样系统可靠性会大为提升。

（二）供水管路

连接自来水供水源与每台口腔综合治疗台和治疗位的洗手盆，提供口腔综合治疗台的冲盂漱口用水和诊室边台洗手用水。10 台口腔综合治疗台以下，供水管的主管直径为 25.4 mm，出口直径为 12.7 mm，材料选用优质双镀锌无缝铁管、不锈钢管或 PPR 冷水管。多台口腔综合治疗台的供水管规格视流量而定，建议使用复合材料的 PP-R 管，管壁中夹有铝合金或高强纤维材料，管道的机械强度和温度适应性优异，内壁具有抑菌涂层。

每个水源处应装球阀，每个出口装 4" 角向球阀。有热水管路时，管路材料需选用热水型。在管路施工过程中应考虑热合加温的温度，不宜过高和过度用力加压，以免造成连接处管路的孔径狭窄，使供水不畅。供水系统中下列用水点应采用非手动开关控制：诊区、手术区的洗手盆；消毒供应室的全部水池，检验科、病理科等有无菌要求或有污染可能的地方，公共卫生间的洗手盆、小便器、大便器等。除此之外还要考虑洗手盆防外溅问题。

（三）供气管路

连接每台口腔综合治疗台到洁净设备间的空气压缩机安装处，采用 Φ12 mm（壁厚 1.5 mm）的紫铜管做干管，干管的拐弯处使用成型弯头，三通处用成型的三通接头，不能采用在管壁上打孔的方法。支管为 Φ8 mm，出口焊接 DN8 外丝接口，装 DN8 球阀。管路隐蔽部分应全部焊接，并做防腐处理。全部供气管路中不能有 U 型弯曲出现。分区供气时，每个分区管路最低点要加装陷水器，方便排出积水。

（四）治疗用水供水管路

治疗用水供水管路为专用供水系统，根据 GB 51039 中对医院直饮水管路的要求，合理设计管路的走向，连通全部口腔综合治疗台。提供：高、低速手机，三用枪，洁牙机等治疗用水。材料：PP-R 具有抑菌内涂层的热水管材。规格：DN25。

（五）电源

口腔综合治疗台电源线，交流电，电压 220 V，每台功率 1500 W。材料：BVV 或 BVR 电线，规格 2.5 mm^2，或视实际容量而定。颜色红、蓝、黄绿，单相三线；或红、黄、绿、黑、黄绿，三相五线。多台口腔综合治疗台时要考虑使用系数，减少材料浪费。使用国标金属穿线管，要有良好的接地线。若地面管道太多，也可以从天花板到墙体走线，一机一开关。诊所（医院）要有独立接地保护地极。

（六）负压抽吸器管路

负压抽吸器管路连接各台口腔综合治疗台至集中负压抽吸器。材料：U-PVC 给水管材。规格：Φ40。多楼层布局时由于各楼层管路阻力不同，应分路设置管路，多路进入真空泵房。使用热合型管路时，要考虑其内壁光滑性对负压抽吸系统的阻力。

（七）抽吸器控制线

材料：RVV 护套软线。规格：3 mm×0.5 mm。每台口腔综合治疗台应设控制线联通到集中真空泵房。多台口腔综合治疗台共用一条控制线时，要考虑到单台发生故障时对其他设备的影响。一般大规模口腔诊所集中负压抽吸系统为常压式工作方式，不需要该控制线。

（八）USB 信号线

由地箱连接至医生电脑，传递安装在口腔综合治疗台内的电脑、口腔内镜、摄像头等的信息。长度不超过 5 m。材料：标准 USB 接头的信号线。

（九）笑气集中供给管路

连接口腔综合治疗台到笑气氧气储气瓶存放点。

1. 氧气和笑气（一氧化二氮）供应管路

材料：$\Phi 12$ mm×1.5 mm 紫铜管焊接。诊室内接口位置：口腔综合治疗台左侧（护士侧），距离地面 1.45 m 高度的中心位置，输出接口使用标准的氧气、压缩空气接口。注意防火，全部设施附近不得有油污或易燃物质。气源处要设有自动比例供气锁止装置，没有氧气时笑气不能供出。有研究证实，经常吸入笑气会影响人类的生殖系统，所以在使用笑气时一定要有良好的回收装置。

2. 空间抽吸器管路与控制线

全部管线联通到抽吸器泵房，空间抽吸器属于污染设备，故应该安装在污染设备区。管路材料：U-PVC 给水管材。规格：$\Phi 50$。控制线材料：RYV。规格：2 mm×0.5 mm 护套软线。

笑气是联合国环境组织限期禁用的气体，笑气直接破坏地球的臭氧层，且不易分解，建议慎用。禁用年限可查阅相关资料。

二、医疗管路走行设计

口腔诊所专业管路种类数量均较多，易相互干扰，对医疗活动造成影响。一般设计原则为：弱电电路、数据线走行于天花板上，水、气、供电管路走行于地下。有条件首选设置地沟方案，所有管路设置在地沟内，便于增添、维修、疏通。地沟内管线布置截面如图 12-21 所示。

在地沟的最低处应设置地漏（下水道口），以便意外漏水时自行排水。地沟应连通所有口腔综合治疗台的地箱、泵房及相关设备和站点。

除了地沟式管路布设以外还可在垫层下管路布设、沿墙壁布设、下层天花板内布设、局部垫层布设和混合式布设等多种布设方式，具体选择要根据实际情况而定。沿墙壁布设方式可以最大限度地利用口腔综合治疗台的排水高度，增加管路落差，实用效果比较好。

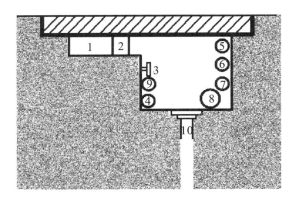

图 12－21　地沟内管线的排布设计示意

　　1. 数据线；2. 电源线；3. 保护地线（铝或铜质 3 mm×20 mm）；4. 集中抽吸器管 Φ25；5、6. 灭菌水循环管路 Φ15；7. 自来水供水管 Φ20；8. 下水管 Φ50；9. 供气管 Φ12；10. 地漏 Φ50（下水道口）。在地沟内数据线、电源线均不需要穿管，用护套线直接布设。

（一）供水、排水管道布设

　　视诊室所在空间，医疗管线可布置在地沟、墙体侧壁或下层天花板内。若能征得下层用户同意，诊室可将医疗管道安装在楼下的天花板夹层内，在本层适当的地方定位打孔、穿过管线进入地箱；诊室在地面一层可以布设地沟排布管线。诊室若设在二楼以上，无法布设地沟或垫高地面，可以沿墙角布管。如水平排水管路过长或自然坡度过小，可加装自动水平污水泵，并留有清扫口。供、排水管道的走向，主要数据及要求，以及排水管道的清扫口，根据施工现场而定（图 12－22）。

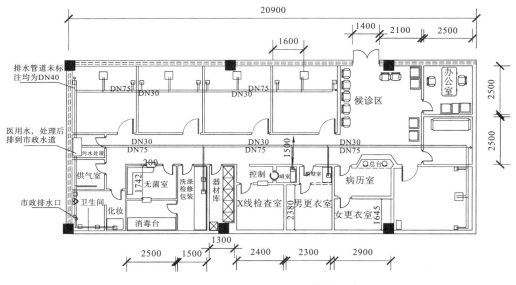

——供水管，PPR管，主管1英寸，出口1/2英寸，要阀门，离地高度40mm

——排水管，PVC-U，主管75mm，支管50mm，出口40mm，离地高度30mm

图 12－22　供水、排水平面示意

（单位：mm）

中小规模的口腔诊所一般使用一体化的污水处理设备，口腔诊所污水处理设备应安装在市政下水道附近，该类产品可对污水直接完成净化处理。

（刘　平）

（二）负压管道和控制线布设

随着口腔设备与技术的发展，气压式负压抽吸系统已经逐渐被淘汰。目前我国大中城市的口腔诊所已经换代使用负压抽吸系统，参考图 12-23。该系统可将颗粒物、唾液、液体一起通过负压管道抽到真空泵房的分离罐，分离出来的污水液体排放到污水处理系统进行处理；负压气体经过过滤的气体，经无毒化处理排入大气。

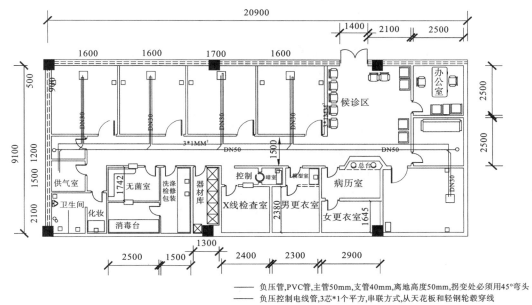

—— 负压管，PVC管，主管50mm，支管40mm，离地高度50mm，拐变处必须用45°弯头
—— 负压控制电线管，3芯*1个平方，串联方式，从天花板和轻钢轮毂穿线

图 12-23　负压管和控制电线平面设计示意
（单位：mm）

负压管道的连接注意事项：

（1）从负压抽吸系统出来的管道直径较大，至连接口腔综合治疗台的管道口径较细，负压管的主管直径为 50 mm，支管直径为 30 mm，可连接大多数口腔综合治疗台。施工之前可参考口腔综合治疗台厂家的负压管道技术数据进行调整，个别口腔综合治疗台接口可做变径处理。

（2）管道的转弯连接至为重要，直角转弯处必须用两个 45°弯头代替，三通分支处用45°弯头转出，四通的左右分支处也是 45°的弯头接出，以保证负压气流、液体、颗粒物顺畅通过。转弯处连接错误，会使该支路产生气阻、液体流动不畅甚至返流、颗粒物撞击管道，致使排污效率降低甚至管道阻塞。具体施工如图 12-24 所示。

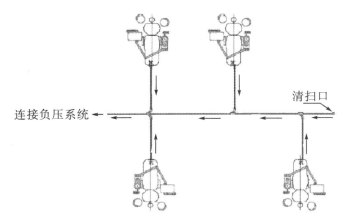

负压管，离地高度50mm，拐弯处必须用45°弯头
负压气流的方向
四通接头
三通接头

图 12 - 24 负压管道连接示意

（三）供气和供电管线布设

供气管道如图 12 - 25 所示，供气室应设置总阀门，如出现漏气能及时关闭。三级配电箱里设置安全开关，做到每台口腔综合治疗台一个开关，重要房间设置独立开关，如图12 - 25 所示。图上有表示符号和文字说明，具体位置按现场施工定位。

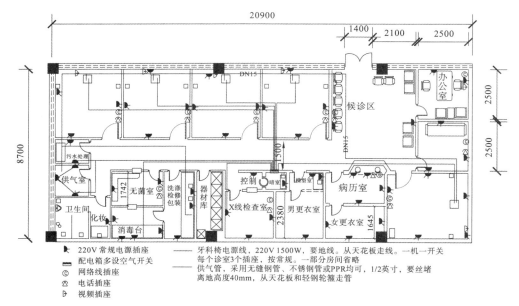

220V 常规电源插座　　　　　牙科椅电源线，220V 1500W，要地线。从天花板走线。一机一开关
配电箱多设空气开关　　　　　每个诊室3个插座，按常规。一部分房间省略
网络线插座　　　　　　　　　供气管，采用无缝钢管、不锈钢管或PPR均可，1/2英寸，要丝堵
电话插座　　　　　　　　　　离地高度40mm，从天花板和轻钢轮箍走管
视频插座

图 12 - 25 供气和供电平面设计示意

（单位：mm）

（张振国 刘 平）

参考文献

周建学，胡敏，贾骏，等. 对牙科高速涡轮手机 4 种维修方式的临床使用研究 [J]. 医疗卫生设备，2004，25（7）：46.

周建学，杨继庆，胡敏. 口腔医院牙科手机集中消毒的流程与管理 [J]. 中国医疗设备，2010，9（25）：69-70.

张志君. 口腔设备学 [M]. 3 版. 成都：四川大学出版社，2008.

赵艳萍，姚冠新，陈骏. 设备管理与维修 [M]. 2 版. 北京：化学工业出版社，2009.

李泮岭. 医院管理学：医学装备管理分册 [M]. 北京：人民卫生出版社，2003.

刘阳. 牙科手机的使用及维护保养 [J]. 中国医疗设备，2013，02：109-110.

曲振国，田树喜，刘震. 牙科手机的维护与保养 [J]. 医疗卫生设备，2003，01：277.

杰恩·马尔金. 医疗和口腔诊所空间设计手册 [M]. 吕梅，于勤，等，译. 大连：大连理工大学出版社，2005.

张震康，俞光岩. 实用口腔科学 [M]. 北京：人民卫生出版社，2009.

赵太新，王凯. 基于 LOGO 医院中心负压控制系统 [J]. 中国医学设备，2009，6（10）：39-41.

李总根. 空气压缩机操作工 [M]. 北京：中国劳动社会保障出版社，2007.

金芳，林斌，曹向群. 定量光敏荧光技术在牙齿龋病诊断中的应用 [J]. 光学仪器，2008，30（2）：44-47.

陈惠珍. 定量光导荧光法检测早期龋的研究 [J]. 国外医学：口腔医学分册，2004，31（S1）：20-22.

唐静，刘莉，李颂战. 基于荧光特征光谱的龋齿诊断新技术 [J]. 光学学报，2009，29（2）．454-458.

沈红，胡德渝. 定量光激发荧光技术检测乳磨牙窝沟封闭效果的临床研究 [J]. 口腔医学，2013，33（3）：148-150.

谢萍，万呼春，陆峻君，等. 牙体硬组织多频率电阻抗性体外比较实验研究 [J]. 临床口腔医学杂志，2009，25（2）．104-106.

刘静，郭斌. 老年人根龋早期诊断新技术 [J]. 国际口腔医学杂志，2008，35（S1）：181-183.

刘红春，俞少杰，胡德渝. 电阻抗仪评价含氟牙膏抑制早期根面龋的效果 [J]. 实用口腔医学杂志，2006，26（6）：731-734.

侯丽娟，王跃武，骆国志. EMS 超声洁牙机的临床应用与维护［J］. 口腔医学研究，2006，21（6）：669-669.

胡艾燕，宋振才. 超声波洁牙最佳输出功率的选择与研究［J］. 中国超声医学杂志，1997，13（4）：63-64.

Breininger D R，O'Leary T J，Blumenshine R V H. Comparative effectiveness of ultrasonic and hand scaling for the removal of subgingival plaque and calculus［J］. Journal of Periodontology，1987，58（1）：9-18.

Mann M，Parmar D，Walmsley A D，et al. Effect of plastic-covered ultrasonic scalers on titanium implant surfaces［J］. Clinical Oral Implants Research，2012，23（1）：76-82.

Walmsley A D. Ultrasonics in Dentistry［J］. Physics Procedia，2015，63：201-207.

刘乃妤，郝艳红，仪虹. 洁牙后牙面抛光最佳实施条件的筛选及安全性报告［J］. 武汉大学学报：医学版，2006，27（2）：217-219.

申志云，邬通生. 空气喷砂技术在正畸托槽黏结中的临床应用［J］. 中国当代医药，2009，16（15）：171-171.

梁晓敏. 洁治术后抛光处理在吸烟患者牙周基础治疗中的疗效评价［J］. 中国医学创新，2011，8（2）：168-169.

Weaks L M，Lescher N B，Barnes C M，et al. Clinical Evaluation of the Prophy-Jet as an Instrument for Routine Removal of Tooth Stain and Plaque［J］. Journal of Periodontology，1984，55（8）：486-488.

Graumann S J，Sensat M L，Stoltenberg J L. Air polishing：a review of current literature［J］. American Dental Hygienists Association，2013，87（4）：173-180.

吴顿，张红霞，贾大功，等，口腔内窥镜系统的设计与实现［J］. 光电工程，11（36）：75-78.

赵胜利. 数字化诊断系统在口腔保健医疗中的应用［J］. 西南国防医药，2004，14（4）：391-392.

赵秋玲，王霞，关立强. 90°视向角口腔内窥镜光学系统设计［J］. 光子学报，2009，38（6）：1482-1485.

Andreiko C A，Dillon R F，Sickles J A. System in communication with intra-oral imaging system，has head mounted display unit coupled to processor，where head mounted display unit is used to display data received from intraoral imaging system［P］. Patent No. US2014272766-A1.

Mehl A，Ender A，Mormann W，et al. Accuracy testing of a new intraoral 3D camera［J］. International Journal of Computerized Dentistry，2009，12（1）：11-28.

Muhammad O H，Rocca，J P，Rocca J P，et al. Photodynamic therapy versus ultrasonic irrigation：Interaction with endodontic microbial biofilm，an ex vivo study［J］. Photodiagnosis and Photodynamic Therapy，2014，11（2）：171-181.

Wang Yanhuang，Huang Xiaojing. Comparative Antibacterial Efficacy of

Photodynamic Therapy and Ultrasonic Irrigation Against Enterococcus Faecalis in Vitro [J]. Photochemestry and Photobiology, 2014, 90 (5): 1084-1088.

Arneiro R A S, Nakano R D, Antunes L A A. Efficacy of antimicrobial photodynamic therapy for root canals infected with Enterococcus faecalis [J]. Journal of Oral Science, 2014, 56 (4): 277-285.

曲长立,段明德. 光学测量技术在覆盖件 CAD 模型重建中的应用 [J]. 煤矿机械, 2007, 8 (11): 169-170.

苏发,杨玉兰. 光栅扫描技术在复杂曲面数字化检测中的应用 [J]. 控制与检测, 2007 (9): 44-46.

杨建风. 逆向工程中点云的快速采集 [J]. 机床与液压, 2006, 12: 49-51.

高志华,潘春生. 基于三坐标测量机的求反工程扫描技术研究 [J]. 设计与研究, 2011 (12): 20-23.

王勇. 口内数字印模技术 [J]. 口腔医学, 2015, 35 (9): 705-709.

医院消毒卫生标准:GB 15982 [S].

医院洁净手术部建筑技术规范:GB 50333 [S].

电离辐射防护与辐射源安全基本标准:GB 18871 [S].

医疗机构水污染物排放标准:GB 18466 [S].

综合医院建筑设计规范:GB 51039 [S].

紫外线杀菌灯:GB 19258 [S].

生活饮用水卫生标准:GB 5749 [S].

医院消毒供应中心　第一部分:管理规范:WS 310. 1 [S].

医院消毒供应中心　第二部分:清洗消毒及灭菌技术操作规范:WS 310. 2 [S].

医院消毒供应中心　第三部分:清洗消毒及灭菌效果监测标准:WS 310. 3 [S].

医院隔离技术规范:WS/T 311 [S].

医务人员手卫生规范:WS/T 313 [S].